国土资源部公益性行业科研专项经费“青海省祁漫塔格整装勘查区关键科学技术难题研究与示范”项目
青海省基金“青海省格尔木市野马泉地区铁多金属矿整装勘查区找矿部署研究”项目
联合资助

青海省祁漫塔格地区
主要矿产成矿规律与成矿系列

张爱奎　李东生　何书跃
赵俊伟　刘智刚　张　勇
等著

地质出版社
·北　京·

内 容 提 要

本书以岩石－构造－成矿作用研究为主线，以成矿系列思想为指导，系统梳理了东昆仑成矿带西段祁漫塔格地区主要矿产种类和矿床类型，建立了典型矿床成矿地质模式，划分了4个成矿系列，总结了矿床时空分布规律，深化了重大构造事件与成矿关系的认识，提升了祁漫塔格地区成矿规律认识水平。

本书可供从事祁漫塔格地区矿产勘查、科学研究的地质工作者以及高等院校相关专业师生参考使用。

图书在版编目（CIP）数据

青海省祁漫塔格地区主要矿产成矿规律与成矿系列／张爱奎等著．—北京：地质出版社，2017．12

ISBN 978－7－116－10699－4

Ⅰ．①青…　Ⅱ．①张…　Ⅲ．①成矿规律－研究－青海　Ⅳ．①P612

中国版本图书馆 CIP 数据核字（2017）第 290857 号

Qinghaisheng Qimantag Diqu Zhuyao Kuangchan Chengkuang Guilü yu Chengkuang Xilie

---

责任编辑：田　野
责任校对：王　瑛
出版发行：地质出版社
社址邮编：北京海淀区学院路 31 号，100083
咨询电话：（010）66554528（邮购部）；（010）66554631（编辑室）
网　　址：http：//www. gph. com. cn
传　　真：（010）66554686
印　　刷：北京地大彩印有限公司
开　　本：787 mm×1092 mm　1/16
印　　张：17. 25
字　　数：417 千字
版　　次：2017 年 12 月北京第 1 版
印　　次：2017 年 12 月北京第 1 次印刷
定　　价：88. 00 元
书　　号：ISBN 978－7－116－10699－4

（如对本书有建议或意见，敬请致电本社；如本书有印装问题，本社负责调换）

序

东昆仑造山带西段的祁漫塔格地区地质演化复杂，成矿条件优越，区内蕴藏着丰富的矿产资源，典型矿床众多，近年来通过大规模投入、大兵团作战，有色金属、贵金属及非金属矿产找矿取得了重大突破。祁漫塔格地区被列为全国“十大工业资源接替新基地”，为柴达木循环经济区建设提供了重要的资源保障。

受研究区复杂的地质构造演化及交通不便和自然环境因素制约，祁漫塔格地区主要矿产成矿规律研究薄弱，典型矿床成矿模式研究不够全面，以往研究多偏重于单个矿床的研究，尚未从成矿系列角度对区内主要矿产进行系统研究，重大构造事件与成矿的关系远远未被揭示出来，影响了人们对区域成矿规律的认识，直接制约了区域找矿的突破。

《青海省祁漫塔格地区主要矿产成矿规律与成矿系列》的作者长期奋战在祁漫塔格地区，积累了丰富的矿产勘查资料；在系统整理前人地质研究的基础上，充分利用第一手矿产勘查资料，以岩石－构造－成矿作用研究为主线，以成矿系列思想为指导，通过地质构造演化和典型矿床综合分析研究，取得了一系列成果和创新认识。

该专著首次提出了祁漫塔格地区沉积变质型铁－石墨矿床形成的构造环境和成矿模式；首次提出了不同于以往传统的接触交代矽卡岩型矿床控矿因素新认识；首次报道并总结了祁漫塔格地区隐爆角砾岩型铅锌矿和热液型金矿的发现、控矿因素和找矿意义；系统总结了祁漫塔格地区矿床时空分布规律，建立了典型矿床或不同类型矿床成矿模式和区域成矿模式，划分了 4 个主要矿床成矿系列，并系统研究了矿床成矿系列的结构、演化及其与构造背景的关系；深化了重大构造事件与成矿的关系，提出三叠纪集中成矿、深部有新的控制因素的认识；以成矿规律研究为基础，提出了祁漫塔格地区主要成矿系列的找矿潜力和找矿方向，为区域找矿提供了科学技术支撑。

该专著图、表等实际资料丰富，是祁漫塔格地区乃至东昆仑成矿带从事矿产勘查和科学研究工作者的重要参考资料。揭示的重大构造事件与成矿关系认识，对于祁漫塔格地区地质研究具有一定的科学意义；总结的典型矿床成矿模式、区域成矿模式、区域成矿规律认识及矿床成矿系列的划分，对于指导祁漫塔格地区进一步找矿具有重要的实践指导意义。

中国地质大学

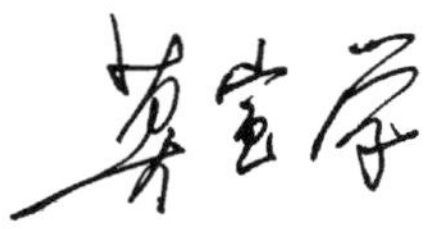

2017 年 9 月 26 日

目　　录

第一章　绪　　论

第一节　研究区概况

一、研究区范围及交通

研究区位于青海省东昆仑成矿带西段，行政区划属于青海省格尔木市和茫崖镇管辖。研究区范围为东经 90 °30 ′~93 °45 ′，北纬 36 °00 ′~38 °00 ′，南以雪山峰为界，北至柴达木盆地，西以青海与新疆边界为限，东至拉陵灶火，长约 290km，宽约 90~165km，面积约 37500km^2（图 1-1）。

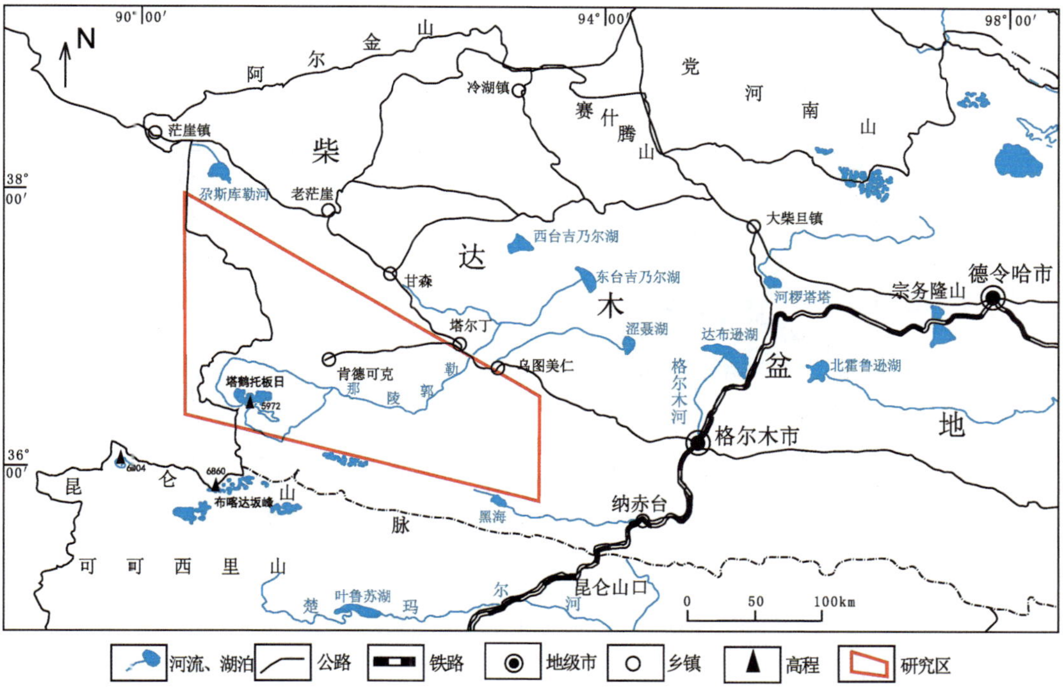

图 1-1　研究区交通位置图

研究区北部有格（格尔木）-茫（茫崖）公路，格（格尔木）-库（库尔勒）铁路（建设中）。沿格-茫公路从格尔木向西行驶约 150km 便抵达研究区东部；沿格-茫公路从格尔木向北西行驶约 237km，再沿塔尔丁-肯德可克公路向南西行驶约 80km 抵达研究区中西部。从格尔木市至研究区主干交通线行车方便，从公路到主要矿区多有简易公路或沿主要沟谷分布的便道，总体交通较好。但局部地区，尤其是中部地区沙漠广泛分布，南部易发生洪水，无公路或便道，交通条件较为恶劣。

二、自然经济概况

研究区属柴达木盆地西南缘半干旱荒漠化草原区，山脉属东昆仑山脉西段。总体地势南高北低，南部为山区，北部为平原区，最高海拔5217m，最低海拔2900m，平均海拔大约4000m。区内气候属典型的高寒、干旱的内陆高原盆地气候，多风、少雨，蒸发强烈，冬长夏短，昼夜温差悬殊。年平均降水量138.77mm，蒸发量达2941.3mm，最低气温-30℃，最高气温31.2℃，年平均气温1.58℃。区内水系不发育，主要河流有那陵郭勒河和巴音郭勒河，泉水零星分布，有休息泉、野马泉、红柳泉等。

区内有众多企业从事矿业勘查和开发，各个矿区通讯、电网、生活设施较便利，但无常住人口，夏季有少量的牧民从事牧业，地质工作所需物资需从格尔木市购买。

三、地质概况

以往工作对东昆仑区域地质构造框架进行了大量研究（殷鸿福等，1998；潘桂棠等，2002；张雪亭等，2007），祁漫塔格地区发育横贯全区的昆北、昆中2条区域性深大断裂，以昆中深断裂为界将研究区所处大地构造二级分区划分为北昆仑构造带和南昆仑构造带（王秉璋等，2014a；青海省地质调查院，2015；潘彤等，2015）。北昆仑构造带进一步分为昆北三弧盆地和昆中岩浆弧两个三级构造带（图1-2）。

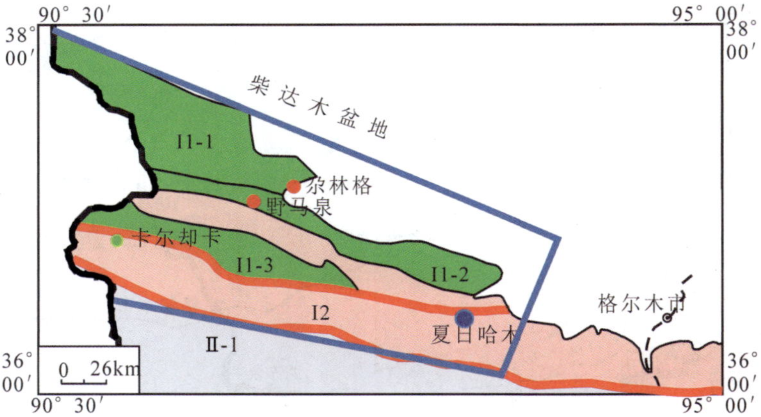

图1-2 研究区构造分区图

（据王秉璋等，2014a；潘彤等，2015；略作修改）

Ⅰ—北昆仑构造带：Ⅰ1—昆北三弧盆地，Ⅰ1-1—滩北雪峰-乌兰乌珠尔盆地，Ⅰ1-2—野马泉-苏海图盆地，Ⅰ1-3—那陵郭勒河盆地；Ⅰ2—昆中岩浆弧；Ⅱ—南昆仑构造带：Ⅱ-1—东昆仑南坡俯冲碰撞杂岩带

昆中断裂在地球物理上是一条明显的重力梯度带和磁力梯度带（青海省地质矿产局，1991；姜春发等，1992），大地电磁测深也证明昆中断裂是一条重要的构造界限（庞存廉等，1996）。重力异常显示的不均一性，以及航空、卫星遥感测量一致表明该断裂是一条现今仍在活动的岩石圈断裂（于学政等，1998）。昆中断裂南北两边地幔的不均一性至今

仍然清楚地显现出来。根据重力测量资料，昆中断裂北部上地壳厚30km，下地壳厚20～25km，地壳厚度平均值在55km左右；而昆中断裂南部，上、下地壳各厚33～35km，地壳厚度平均约66km，地壳厚度在昆中断裂带呈现南北落差达10km的斜台阶（张德全等，2001，2002）。断裂以南主要出露晚古生代—中生代地层，以北则大面积出露前寒武纪变质岩系以及晚古生代—早中生代花岗岩类岩石。昆中断裂带的蛇绿岩套分布在昆中主断裂南侧的清水泉地区，已被肢解成许多构造岩片和岩块，其时代为加里东期。蛇绿岩套由层状橄榄岩/蛇纹岩、辉长岩、辉绿岩和基性熔岩等组成。在构造带附近破碎带、糜棱岩带发育，近地表断层面北倾，倾角60°～80°。昆中断裂具多期活动的特征，主期为加里东期。

昆北断裂带由一组北西向和近东西向断裂组成，主断裂位于那陵郭勒河，向东经夏日哈木，再向东于格尔木西部与北部的另外两条次级断裂交汇。昆北断裂带内夏日哈木地区发现呈透镜状分布的榴辉岩及其退变质的榴闪岩，沿小灶火—苏海图—夏日哈木—拉宁灶火断续延伸长达20km，获得榴辉岩相峰期变质年龄为（411.1±1.9）Ma，高压变质的峰期时代为晚志留世—早泥盆世，其形成可能与大规模的陆－陆碰撞事件有关（祁生胜等，2014）。昆北断裂带部位航磁异常反映明显，断裂北侧为低缓变化的负异常，南侧为高磁异常带。沿着昆北断裂带以北分布有三叠纪鄂拉山组火山岩，断裂带以南很少见三叠纪火山岩出露，以上事实证明断裂两侧的地质演化历史有明显差异。

在昆北断裂带的南、北两侧均发现深变质岩系，且没有发现蛇绿岩，这些地质事实说明，昆北断裂不能作为划分二级构造带的依据，将其作为亚带（三级构造带）的划分界限是可行的（潘桂棠等，2002，2009；莫宣学等，2007；李荣社等，2008）。昆北断裂形成于早古生代弧后盆地俯冲消亡过程中，控制了早古生代昆中洋的消减。主期变形时限为晚奥陶世，华力西期—印支期运动方向为右行斜冲，并且控制了晚古生代沉积（尹福光等，2008）。在韧性剪切带花岗质糜棱岩中获得的（271.1±2.2）Ma绢云母$^{40}Ar-^{39}Ar$同位素年龄代表了古特提斯洋（昆南洋）俯冲的远程效应（郭通珍等，2011）。燕山期—喜马拉雅期主要表现为由南向北的逆冲推覆。

昆北三弧盆地主要以早古生代碎屑岩、碳酸盐岩的沉积建造和大量基性火山岩的喷发为特征，主体属于早古生代弧后盆地性质的火山－沉积建造。昆中岩浆弧以大范围出露各个时代的深成侵入岩和前寒武纪基底变质岩系为特征，特别是花岗岩浆活动尤为强烈，是东昆仑花岗岩带的主要出露区。南昆仑构造带在研究区仅有一个三级构造带——东昆仑南坡俯冲碰撞杂岩带，带内古生界、中生界广泛出露，下古生界以纳赤台群碎屑岩、碳酸盐岩和基性火山岩为代表，上古生界以弧火山岩为特征，中生界主要为一套碎屑岩。

区域大地构造演化经历了4个主要阶段，即元古宙基底演化阶段、早古生代多岛洋演化阶段、晚古生代—早中生代造山阶段和晚中生代—新生代造山阶段（青海省地质矿产局，1991；张德全等，2004；莫宣学等，2005，2007；张爱奎，2010a，2012；王秉璋等，2005，2014a）。

（1）元古宙基底演化阶段

基底性质的厘定对于元古宙成矿研究具有重要意义。祁漫塔格所在的东昆仑基底性质主要存在4种不同的认识（莫宣学等，2005，2007）。根据莫宣学等（2005）研究，东昆仑基底属于造山带的基底，而不是克拉通的基底，东昆仑的基底既不是扬子型或华北型，亦不是塔里木型基底，而是属于克拉通边缘或从克拉通边缘分离出来“优地槽”的基底。

近年发现的那西郭勒铁、石墨矿床就形成于基底演化阶段。

（2）早古生代多岛洋演化阶段

早古生代寒武纪—奥陶纪发生广泛的裂解作用（莫宣学等，2005，2007），昆中洋盆形成，晚奥陶世—早志留世洋壳俯冲消减，早志留世洋盆完全闭合，泥盆纪柴达木陆块和昆中陆块碰撞拼合，构成一个新生的大陆地壳块体。近年来发现的夏日哈木铜镍硫化物矿床即处于此阶段晚期。

（3）晚古生代—中生代造山阶段

研究区晚古生代—早中生代成矿作用显著，成矿多与岩浆岩关系密切，特别是与三叠纪岩浆岩关系密切。区内岩浆岩较清晰地反映了昆南洋的俯冲和大陆碰撞造山过程（古风宝，1994；王秉璋等，2009，2014a）。

（4）晚中生代—新生代造山阶段

经历了晚古生代—中生代造山阶段以后，特提斯构造域转入了新特提斯构造演化阶段（莫宣学等，2007），研究区内主要表现为逆冲构造系的形成、发展及陆壳的水平缩短，东昆仑山脉的强烈隆升。该阶段对矿床具有改造和破坏作用，矿床变化保存条件研究时值得关注该构造演化特征。

研究区已发现的矿产丰富，共发现矿床34处（图1－3）。已发现的矿床类型主要有沉积变质型、接触交代矽卡岩型、岩浆熔离型、喷流沉积－热液改造型、热液型、隐爆角砾岩型、斑岩型。矿产种类主要有铁、铜、铅、锌、镍、金、石墨、钴、钼、锡、钨、铋、银。

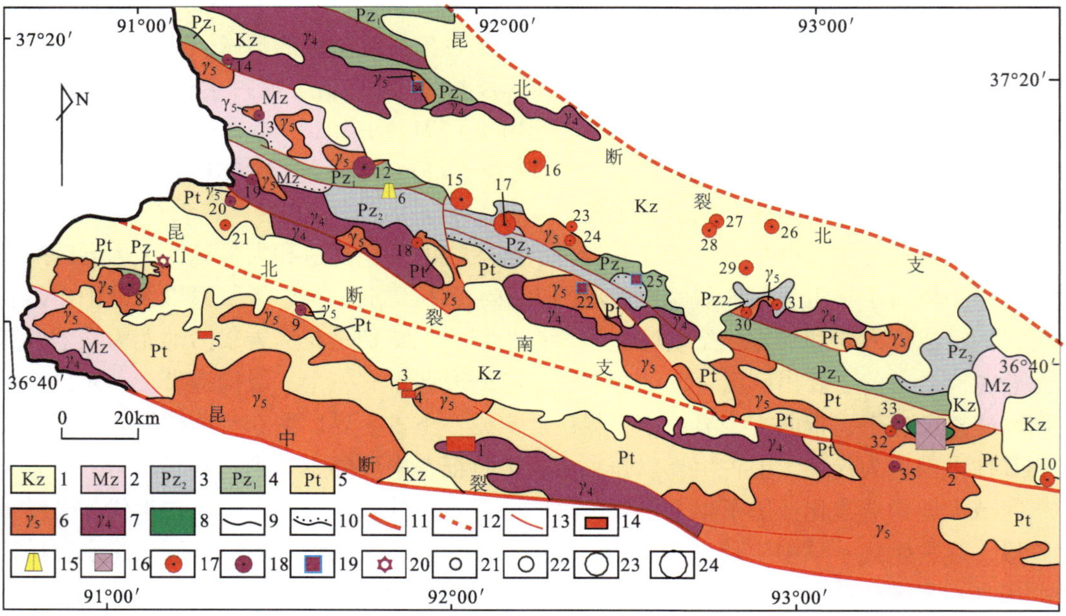

图1－3　研究区地质矿产图

1—新生界；2—中生界；3—上古生界；4—下古生界；5—元古宇；6—印支期岩浆岩；7—华力西期岩浆岩；8—基性—超基性岩；9—地层及岩体界线；10—地层不整合界线；11—实测区域性大断裂；12—推断区域性大断裂；13—一般性断裂；14—沉积变质型铁－石墨矿床；15—喷流沉积型钴－金－铋矿床；16—岩熔离型镍－铜－钴矿床；17—矽卡岩型铁多金属矿床；18—矽卡岩型或热液型多金属矿床；19—斑岩型铜－钼（锡）矿床；20—隐爆角砾岩型铅锌矿床；21—小型矿床；22—中型矿床；23—大型矿床；24—超大型矿床

四、地质工作程度综述

（一）基础地质工作

中华人民共和国成立前研究区内地质工作十分零星，主要有1899年瑞典人斯文海定（Svenhedin）越过祁漫塔格到柴达木盆地西部作了路线地质调查；1946年李树勋随青海公路勘探队，沿柴达木盆地南缘到阿尔金进行了地质观测，著有《柴达木盆地报告》。

中华人民共和国成立后，地质工作相继开展，1958年青海石油勘探局115队以及青海省地质局石油普查大队在该区分别进行了1:20万、1:50万地质及水文地质调查。

20世纪60~70年代，开展了部分中比例尺区域地质调查。1964年地质部石油地质局综合研究队西北区队利用1954~1961年青海省1:20万区调、1:20万及1:5万区域地质普查、科研的成果资料，完成了《柴达木幅1:100万地质图及说明书》；1969~1970年青海省地质局第一区调队在祁漫塔格北坡山前开展了1:20万区域地质调查。

20世纪70年代末~80年代，系统的区域地质调查工作展开。青海省地质局第一区调队完成了伯喀里克、那陵郭勒、乌图美仁等17幅1:20万区域地质调查，青海省地质局区调综合地质大队先后完成了土窑洞、茫崖、塔鹤托坂日、可可西里湖等5幅1:20万区域地质调查，并进行了1:50万遥感解译工作。

2000年以来，区内地质调查资金投入迅猛增加，基础地质工作全面开展，主要开展了1:25万地质调查和五十余幅1:5万地质矿产调查，除北部风成砂覆盖区外，基本完成了研究区1:5万地质矿产调查工作。

（二）矿产勘查工作

20世纪60年代末~80年代初，青海省地质局在野马泉地区开展了矿产勘查大会战，主要对野马泉、尕林格、肯德可克和五一河（巴音郭勒河）矿床开展了以铁矿为主的普查及部分矿区的详查工作。通过工作，野马泉、尕林格和肯德可克矿床规模达到中型，提交铁矿石量约1.3×10^8t，共（伴）生多金属资源量25×10^4t。

2000年以来，中国地质调查局和青海省国土资源厅在该区先后部署开展了1:5万地质矿产调查和矿产勘查。2010年启动了国家级祁漫塔格地区整装勘查，包括了青海省3个省级整装勘查，即野马泉地区铁多金属矿整装勘查、拉陵灶火地区铜多金属矿整装勘查和卡尔却卡地区铜多金属矿整装勘查，区内找矿取得了重大进展：

1）新发现夏日哈木超大型铜-镍-钴矿床，新发现四角羊-牛苦头、虎头崖、卡尔却卡大型多金属矿床，夏日哈木矿床提交镍矿资源量达到120×10^4t，四角羊-牛苦头矿床提交多金属资源量160×10^4t，虎头崖矿床估算多金属资源量100×10^4t，卡尔却卡矿床估算多金属资源量100×10^4t。

2）新发现那西郭勒、乌兰拜兴、哈西亚图中型铁矿床，新发现它温查汉、它温查汉西、那陵郭勒河西、沙丘等中型铁多金属矿床，新发现拉陵灶火中游、楚阿克拉千等中型多金属矿床，提交铁矿石资源量2×10^8t，多金属资源量100×10^4t。

3）尕林格、野马泉等矿区通过进一步勘查，铁多金属资源量有了很大提升，尕林格矿区铁矿石资源量达到 1.19×10^8t，多金属资源量 50×10^4t，野马泉铁矿石资源量 7000×10^4t，多金属资源量达到 100×10^4t。

4）新类型矿床不断被发现，近年来发现的新类型矿床有夏日哈木岩浆熔离型铜－镍－钴矿床、楚阿克拉千隐爆角砾岩型铅－锌（铜）矿床、拉陵灶火沟脑斑岩型（广义）钼矿床、那西郭勒沉积变质型铁－石墨矿床。

5）区内矿产种类不断丰富，从2000年以前评价铁、铜、铅、锌矿产为主逐步拓展到铁、铜、铅、锌、金、银、镍、钴、钼、锡、钨、石墨矿等，尤其是铜、镍、钴、钼、金及石墨矿的评价越来越受到重视。

（三）科研工作

20世纪80年代以后，青海地矿局开展了一系列专题研究，完成了青海省区域成矿地质背景、物化遥、自然重砂、成矿规律及成矿预测等一系列基础图件和成果图件，对矽卡岩型、热液型、斑岩型矿床成矿特征和成矿规律进行了比较细致的分析和总结。科研院所研究工作主要始于90年代，出版了大量的专著，发表了大量的基础地质、成矿规律研究论文。通过研究，基本查明了区内主要矿床成矿条件，初步提出了区域资源评价的主攻矿种、主攻矿床类型和找矿方向，初步建立起了区域找矿模型。这些工作结果显示，研究区是青海省找矿最具有潜力的地区之一。

1. 典型矿床研究现状

研究区内20世纪发现众多铁多金属矿床，前人对其成因进行了大量研究，尤其是野马泉地区大量接触交代矽卡岩型矿床研究程度较高（青海省区调综合地质大队，1993；青海省地质矿产勘查开发局，2003，2013）。随着矿产勘查的深入，近年来新类型矿产不断被发现，典型代表有夏日哈木岩浆熔离型铜－镍－钴矿、那西郭勒沉积变质型铁－石墨矿、楚阿克拉千隐爆角砾岩型铅－锌（铜）矿、卡尔却卡热液型金矿、拉陵灶火沟脑斑岩型（广义）钼矿。这些矿床的发现不仅在成矿类型上有所突破，在矿产种类上也有了重大拓展，但由于发现较晚，矿床特征、控矿因素、矿床成因及成矿时代研究仍较薄弱，未能有效地建立起成矿地质模式。

2. 构造背景与成矿关系的研究现状

研究区所在的东昆仑造山带规模巨大，一个完整的造山旋回可以产生从大洋打开、板块俯冲、大陆碰撞、后碰撞、造山后的各种岩石－构造组合，从而形成不同构造背景下的成矿系统，形成非常丰富的矿产资源。开展岩石－构造组合－成矿研究对于区域成矿规律研究和矿产勘查都具有十分重要的意义。

岩石－构造组合（petrotectonic assemblage）是表示板块边界或特定的板块内部环境特征的岩石组合（Dickimson，1971）。国内文献中出现的构造－岩浆类型与岩石－构造组合基本上是同义的，被定义为“在一定构造环境下所产生的具有共同的岩石化学、地球化学特征的一种或几种火山岩组合或（和）侵入岩组合的总称”（Mo et al.，1991；莫宣学等，1993）。岩石－构造组合分析不仅是恢复古板块构造格局和历史的最有效手段之一，也是研究造山作用与大地构造关系的基本方法，对区域成矿的研究具有重要的意义（邓晋福等，2003）。Carmichael et al.（1974）、Hyndman（1985）、Maniar和Piccoli（1989）、

Mo et al.（1991）、莫宣学等（1993）、Barbarin（1990，1996，1999）、Condie（1982，1997）等对火成岩岩石－构造组合开展了详细研究，取得了一系列重大成果。

研究区早古生代、晚古生代—早中生代两个主要旋回的岩石－构造－成矿特征已进行了初步探讨（罗照华等，2002；潘彤等，2005，2006；莫宣学等，2007；李世金等，2008，2012；丰成友等，2010；张爱奎，2012；王秉璋，2014a）。但对早古生代超基性岩的岩石－构造组合－成矿研究涉足不够，对元古宙岩石－构造组合－成矿研究刚刚起步，对早古生代、晚古生代—早中生代岩石－构造组合－成矿研究则需要进一步深入。

总体来看，祁漫塔格地区成矿与地质构造演化的关系远远没有被揭示出来，早古生代岩浆熔离型铜－镍－钴矿的形成环境、晚古生代—中生代集中成矿与古特提斯洋演化的关系，以及元古宙构造演化与铁－石墨矿的关系等一系列重大科学问题依然没有解决。

3. 区域成矿规律研究现状评述

以往工作对区内已发现的矽卡岩型、热液型、斑岩型矿床特征和成矿规律进行了比较细致的分析和总结，从成矿系列的角度进行了区域成矿规律的初步总结，对新发现的岩浆熔离型和沉积变质型矿产也进行了初步分析和总结（潘彤等，2015）。但是受成矿背景和典型矿床研究仍较薄弱的限制，目前仍未系统梳理研究区主要矿产时空分布规律，区域成矿规律研究与地质构造事件的联系还不够紧密。

国内许多地质学家从不同的方向进行区域成矿规律研究，取得了突破性进展。程裕淇、陈毓川院士等提出的成矿系列理论（程裕淇等，1979，1983；陈毓川等，1998，2006）是国内广泛运用的成矿理论，得到了广泛的推崇；翟裕生院士等以成矿系统理论（翟裕生，2000，2003，2004；翟裕生等，2002）为指导研究区域成矿规律，是区域找矿靶区圈定的有力理论工具；裴荣富院士等以金属成矿省等级体制划分理念（裴荣富等，2004）来研究地球化学省与有利构造耦合的成矿规律；於崇文院士等从成矿动力学角度（於崇文，2002）研究成矿规律，指导找矿实践；赵鹏大院士等从地质异常致矿的视角（赵鹏大等，1996，1998，1999，2003，2012；赵鹏大，2001，2007），用不同常规的方法找出被忽视的矿床。

成矿系列是矿床地质科学中研究区域成矿规律的一种学术思想，用系统论、活动论观点研究在地质历史发展各阶段、各特定地质构造环境中的成矿作用过程及形成的矿床组合自然体（毛景文等，2013），成矿系列亦是一种矿床的自然分类。成矿系列研究具有重要的理论意义及找矿的实用价值（程裕淇等，1979，1983；陈毓川等，1998，2006）。研究成矿系列的思路是：以区域构造－地球化学为环境背景，以构造－成岩－成矿为统一体系，以矿床的时空演化为主线，探讨成矿系列的形成、分布和演化规律。

由单个矿床研究到成矿系列研究，是成矿学研究的重要进展，对深入认识成矿规律有着重要意义。当前，成矿系列的研究更加形式多样，成矿系列的划分更加突出以重大构造事件与大规模成矿的耦合关系作为出发点，力求从更大尺度上认识当时的成矿地质背景。在这些新学术思想不同视角的指导下所建立的矿床模型，有效指导区带和区段的找矿勘查和预测，其效果日益显著。

目前，研究区尚未系统地从矿床成矿系列角度方面进行成矿规律研究，对矿床的时空演化规律研究仍较薄弱。

第二节　研究课题的提出

祁漫塔格地区蕴藏着丰富的矿产资源，典型矿床众多，近年来通过大规模投入、大兵团作战，有色金属、贵金属及非金属找矿取得了重大突破。虽然前人的工作逐渐形成了对祁漫塔格地区构造演化和成矿规律的初步认识，但是随着新类型、新矿种矿床的发现，加之研究区复杂的地质构造演化及交通不便、气候恶劣等自然因素制约，对研究区主要矿产种类、典型矿床特征及控矿因素、矿床成因及成矿模式、矿床成矿系列，以及成矿与地质构造演化的关系研究仍较薄弱，区域成矿规律的总结明显不足，这在很大程度上影响了我们对区域矿产分布规律的认识和矿产勘查实践的理论指导，直接制约了找矿的突破，具体表现为以下几个方面：①沉积变质型、岩浆熔离型、隐爆角砾岩型等新类型矿床成岩成矿年代、控矿因素及矿床成因研究仍较薄弱，典型矿床成矿模式未能有效地建立起来；②成矿地质背景研究，特别是构造演化的深部机制、构造转化机制研究还存在不足；③成矿地质背景研究和成矿规律研究结合不够紧密，成矿与地质构造演化的关系远远没有被揭示出来，尤其是重大成矿事件的研究缺乏岩石－构造－成矿作用的系统研究；④从矿床成矿系列角度方面进行成矿规律的研究较薄弱，尚未系统地对主要矿产时空分布规律进行深入研究。

为此，本次研究本着以岩石－构造－成矿作用研究为主线，以成矿系列思想为指导，通过地质构造演化和典型矿床综合分析研究，建立祁漫塔格地区主要矿产典型矿床成矿模式和成矿系列，揭示成矿与构造演化的关系，深化祁漫塔格地区区域成矿规律的认识，更加科学地指导区内找矿取得突破，为柴达木循环经济区建设和发展提供更加丰富的资源保障。

第三节　研究目标和任务

本次研究得到“青海省祁漫塔格整装勘查区关键科学技术难题研究与示范”和“青海省格尔木市野马泉地区铁多金属矿整装勘查区找矿部署研究”项目资助。“青海省祁漫塔格整装勘查区关键科学技术难题研究与示范”是国土资源部公益性行业科研专项经费项目，项目编号：201411025，工作起止年限为2014～2016年，经费2843万元。“青海省格尔木市野马泉地区铁多金属矿整装勘查区找矿部署研究”是青海省基金项目，工作起止年限为2010～2015年，项目费用199.20万元。

本次研究的总体任务是通过系统收集整理祁漫塔格地区地质矿产、物探、化探、遥感及科研工作取得的成果和资料，有针对性地开展野外调查和室内分析研究，查明区内主要矿产种类、矿床类型及控矿因素，开展典型矿床研究，建立祁漫塔格地区典型矿床成矿地质模式，总结区域成矿规律，揭示成矿与地质构造演化的关系，构建祁漫塔格矿床成矿系列，为实现祁漫塔格地区找矿突破提供科技支撑。

第四节　研究思路和研究内容

本次研究工作分三个层次，一是系统收集研究区已有地质工作成果资料，紧密跟踪区内矿产勘查新进展，修编区域成矿规律研究所需的系列综合图件，深化区域成矿背景的认识；二是选择具有代表性的典型矿床开展野外调查和研究，采集样品；三是开展样品测试及室内综合分析，完成课题研究任务目标，编制研究报告。具体研究思路及研究内容如下：

1）系列图件修编的总体思路是在收集整理1∶5万区域地质矿产调查成果的基础上，充分吸收矿区勘查和科研成果，以成矿系列思想为指导，修编矿床成矿系列图件，突出不同矿床成矿系列图件重点表达，如元古宙矿床成矿系列图件以修编构造－建造图为主，早古生代和晚古生代—早中生代矿床成矿系列图件以修编构造－岩浆图为主。编研结合，深化区域成矿条件的认识，为区域成矿规律的研究、矿床成矿系列的建立提供依据和支撑。

2）典型矿床研究选择不同时代、不同成因，且具有一定规模和研究基础的矿床，典型矿床数量的选择以该类型矿床产出的数量及规模为基础，每一种类型的矿床数量不少于2个。本次重点调查的矿床有那西郭勒铁－石墨矿、查可勒图铁－石墨矿、夏日哈木铜－镍－钴矿、冰沟南铜－镍－铅－锌矿、野马泉铁－铅－锌（铜）矿、四角羊铁－铅－锌（铜）矿、尕林格铁－铅－锌矿、它温查汉西铁－铅－锌（铜－金）矿、沙丘铁－铅－锌（铜）矿、虎头崖铜－铅－锌－锡（钨）矿、卡尔却卡铜－钼－锌－金（铁－铅）矿、乌兰乌珠尔铜－锡矿、拉陵灶火中游铜－钼－金矿、拉陵灶火沟脑钼（铜）矿、克停哈尔钼－铜矿、长山钼（铁）矿矿床等。

3）典型矿床的研究需要抓住矿床产出的构造背景、主要控矿因素及矿床形成机制等关键科学问题，以岩石－构造－成矿为主线开展深入研究，查明成矿地球动力学背景及控矿因素，建立典型矿床或不同类型矿床成矿模式。

4）成矿构造背景的研究在收集吸收前人研究的基础上，突出重大成矿事件的构造背景研究，特别是要突出构造转化期的构造背景研究。

5）样品采集要在分析前人研究的基础上，突出主要成矿要素的研究，有针对性地根据成岩－成矿过程、构造演化及成矿机制反演研究的需要进行采集。

6）区域成矿规律研究需要开展矿床时空分布规律、矿床成矿系列，以及构造演化与成矿关系的总结。

第五节　主要进展和成果

本次研究以岩石－构造－成矿作用研究为主线，以成矿系列思想为指导，通过较系统地收集研究区地物化遥资料、系列图件修编和野外典型矿床调查，系统梳理研究区主要矿产种类及矿床类型，建立区内典型矿床成矿地质模式，分析成矿与构造演化的关系，从矿床成矿系列角度研究成矿地球动力学背景及矿床时空分布演化规律，取得了如下主要进展和成果：

1）系统厘定了祁漫塔格地区主要矿产种类和成矿类型，矿床类型主要有沉积变质型、接触交代矽卡岩型、岩浆熔离型、喷流沉积－热液改造型、热液型、隐爆角砾岩型、斑岩型。

2）首次提出祁漫塔格地区沉积变质型铁－石墨矿床形成于中元古代活动大陆边缘火山－热水沉积盆地，并建立了祁漫塔格地区沉积变质型铁－石墨矿矿床的成矿模式。研究表明，铁矿主要产于金水口岩群斜长角闪片岩岩组，石墨矿产于斜长角闪片岩岩组和大理岩岩组中，主要含矿岩性为石英岩、大理岩、石英片岩和斜长角闪片岩。矿石来源既有海相－热液沉积物的贡献，又存在陆源物质的贡献。矿体产出受地层、岩性和变质变形作用的控制，后期岩浆作用对矿体具有一定破坏作用。矿床是在造山带基底环境下形成的一种铁矿新类型，与克拉通基底环境下形成的阿尔戈马型，稳定克拉通上的海相沉积盆地或被动大陆边缘环境下形成的苏比利尔型矿床具有一些差异。研究区南部是寻找该类型矿床的主要部位，特别是卡尔却卡—那西郭勒一带具有良好的找矿前景。

3）深化了岩浆熔离型镍－铜－钴矿形成于早古生代晚期碰撞向碰撞后转化阶段伸展造山环境的认识，建立了软流圈地幔物质上涌成矿模式。岩浆熔离型镍－铜－钴矿形成于晚志留世—中泥盆世由同碰撞挤压体制转变为碰撞后的伸展体制阶段，由软流圈地幔物质上涌及其诱发先前经过洋壳消减板片流体交代改造的岩石圈地幔部分熔融，二者混合形成幔源岩浆，经历了橄榄石和斜方辉石的分离结晶和地壳混染，导致岩浆中的硫达到饱和，从而形成硫化物矿床。晚志留世—中泥盆世构造体制的转变是超基性岩及岩浆熔离型镍－铜－钴矿床形成的先决条件。矿床的形成受断裂和超基性岩体的控制，北西西向大断裂附近的次级断裂控制着超基性岩体的定位，矿体则主要赋存在超基性岩体的橄榄岩相和辉石岩相中。

4）首次提出三叠纪花岗岩岩石组合类型是控制祁漫塔格地区接触交代矽卡岩型矿床矿产种类的首要侵入岩因素，成矿主要受岩体和围岩的控制。接触交代矽卡岩型、热液型铁多金属矿床与三叠纪花岗岩关系密切。中晚三叠世花岗岩形成于晚古生代—早中生代构造旋回的碰撞、后碰撞阶段，花岗岩岩石组合类型、岩石形成时的壳幔相互作用强度及壳幔物质贡献大小，对形成矿产的种类，甚至矿床规模具有明显的控制作用。矽卡岩型铁－铅－锌（铜）矿床的典型花岗岩组合是石英二长闪长岩－石英闪长岩－花岗闪长岩，矽卡岩型－热液型铜－铅－锌－锡－钼矿床的典型花岗岩组合是似斑状二长花岗岩－二长花岗岩－花岗岩－碱长花岗岩。研究区接触交代矽卡岩型矿床具有明显成矿优势，成矿受围岩地层、岩性、侵入岩、接触带、矽卡岩类型等因素的综合控制。寻找铁矿的有利部位是石英二长闪长岩、花岗闪长岩与滩间山群近接触带形成的钙、镁矽卡岩，其次是与缔敖苏组近接触带形成的钙矽卡岩；寻找铜矿的有利部位是二长花岗岩、似斑状二长花岗岩与滩间山群近接触带形成的钙、镁矽卡岩；寻找铅锌矿的有利部位是侵入岩与滩间山群、缔敖苏组远接触带形成的锰矽卡岩或沿构造带发育的锰矽卡岩。接触交代矽卡岩型矿床大量矿体远离岩体接触带是祁漫塔格地区成矿的一大特色，与区内锰矽卡岩的普遍存在密不可分，锰矽卡岩的形成受控于围岩发育的硅钙界面。

5）首次报道了祁漫塔格地区发现隐爆角砾岩型铅锌矿和热液型金矿，并提出热液型金矿床、隐爆角砾岩型铅－锌（铜）矿床与斑岩活动有关。

6）系统总结了祁漫塔格地区矿床时空分布规律，建立了区域成矿模式。祁漫塔格地区成矿主要分为4个阶段，即中元古代、寒武纪—奥陶纪、晚志留世—中泥盆世、三叠纪。不同时代成矿具有一定专属性，中元古代主要形成沉积变质型铁和石墨矿，寒武纪—奥陶纪形成喷流沉积 - 热液改造型铁、铅锌、钴、铋、金矿（源），晚志留世—中泥盆世形成岩浆熔离型镍、铜、钴矿，三叠纪形成接触交代矽卡岩型、热液型、隐爆角砾岩型、斑岩型铁、铜、铅、锌、金、钼、锡、钨、银矿。从早到晚，成矿出现两个高峰期，分别是中元古代和三叠纪，尤其是三叠纪形成的矿床数量多、矿床类型和矿种丰富。从矿床空间分布情况来看，中元古代沉积变质型铁 - 石墨矿主要产于昆中岩浆弧，与中元古代活动大陆边缘相对应；晚志留世—中泥盆世岩浆熔离型镍 - 铜 - 钴矿也主要产于昆中岩浆弧，与早古生代后碰撞阶段沿昆中断裂的局部伸展有关；中晚三叠世接触交代矽卡岩型、热液型、隐爆角砾岩型、斑岩型铁 - 多金属 - 贵金属矿在昆中岩浆弧和昆北三弧盆地内均有不同程度产出，仅仅是昆中岩浆弧成矿时代以中三叠世为主，昆北三弧盆地内以晚三叠世为主，反映了晚古生代—早中生代自南向北的构造演化。

7）将祁漫塔格地区主要矿产划分出4个矿床成矿系列，即中元古代沉积变质型铁 - 石墨矿成矿系列、早古生代喷流沉积 - 热液改造型铁 - 铅锌 - 钴 - 金 - 铋矿成矿系列、早古生代晚期岩浆熔离型镍 - 铜 - 钴矿成矿系列、三叠纪与中酸性侵入岩有关的矽卡岩型 - 热液型 - 隐爆角砾岩型 - 斑岩型铁 - 多金属 - 贵金属成矿系列，并系统研究了矿床成矿系列的结构、演化及其与构造背景的关系。建立了4个成矿系列的典型矿床或类型矿床成矿模式。

8）研究了重大构造事件与成矿的关系，深化了中元古代大陆边缘、早古生代大陆裂解、早古生代晚期大陆碰撞 - 伸展、三叠纪碰撞 - 伸展等构造体制的成矿规律认识，提出挤压向伸展转变构造事件引起的强烈壳幔相互作用是三叠纪集中成矿的深部控制因素，即晚古生代—早中生代俯冲 - 碰撞转换期俯冲板片断离引起的地幔物质底侵，以及后碰撞阶段地壳加厚诱发下地壳拆沉引起的地幔物质底侵，两种壳幔相互作用是三叠纪集中成矿的深部控制因素。

9）以成矿规律研究为基础，提出了祁漫塔格地区主要矿床成矿系列的找矿潜力和找矿方向。

第六节 致　　谢

本书第一章由张爱奎编写；第二章由张爱奎、刘智刚编写；第三章由李东生、张爱奎编写；第四章由赵俊伟、张爱奎、刘智刚编写；第五章由张爱奎、何书跃、李东生、张勇编写；第六章由张爱奎编写。最后由张爱奎、李东生统一审核定稿。

项目研究内容、研究思路等方面得到了赵鹏大和莫宣学两位院士的悉心指导，在研究过程中两位院士提出了许多宝贵的意见。青海省地质矿产勘查开发局潘彤总工程师对本书编写给予了大力指导。

项目实施过程中得到了中国地质调查局、青海省国土资源厅和青海省地质矿产勘查开发局领导的大力支持和热情帮助。青海省国土资源厅原厅长刘山青、副厅长李志勇、总工程师韩生福；青海省地质调查局局长李世金、副局长田承盛、副局长王富春、主任宋恩玉、院长刘世宝；青海省地质矿产勘查开发局副局长孙王勇、原总工程师任家琪，以及退休专家庞存廉、古凤宝、张俊太等给予了无私的帮助和关怀。

吉林大学孙丰月教授团队、中国地质大学（北京）袁万明教授团队和江万、丰成友研究员在野外工作和室内测试等方面给予了许多指导和帮助。天津地质矿产研究所、澳实分析检测（广州）有限公司、西安地质矿产研究所实验测试中心、核工业北京地质研究院分析测试研究中心、西南冶金地质测试所、西宁矿产资源监督检测中心、廊坊市宏信地质勘查技术服务有限公司对样品进行了测试。

本书插图由刘光莲、刘智刚、孙非非、刘永乐、马璟璟、张大明、丁兆滨等人清绘。

初稿完成后，赵鹏大院士、莫宣学院士、潘彤教授级高工、任家琪高工、赵志丹教授、陈永清教授、董国臣教授、袁万明教授进行了审查，并提出了许多宝贵的修改意见。

借此机会，向为本项目顺利实施和专著的完成给予支持和帮助的领导、专家、同仁表示最真挚的感谢！

第二章　中元古代沉积变质型铁－石墨矿成矿规律

第一节　地质背景

一、含矿地层

（一）地层分布

元古宙是区内变质结晶基底形成的时期，研究区主要出露中元古界金水口岩群（$Pt_2J.$）和蓟县系狼牙山组（Jxl），其中金水口岩群是沉积变质型铁－石墨矿的主要赋矿地层。

金水口岩群是区内发现最古老的地层，在昆北断裂（南支）以南广泛分布，北部主要分布在喀雅克登－啃木都，乌兰乌珠尔地区亦有少量分布（图2－1）。该套地层属高级

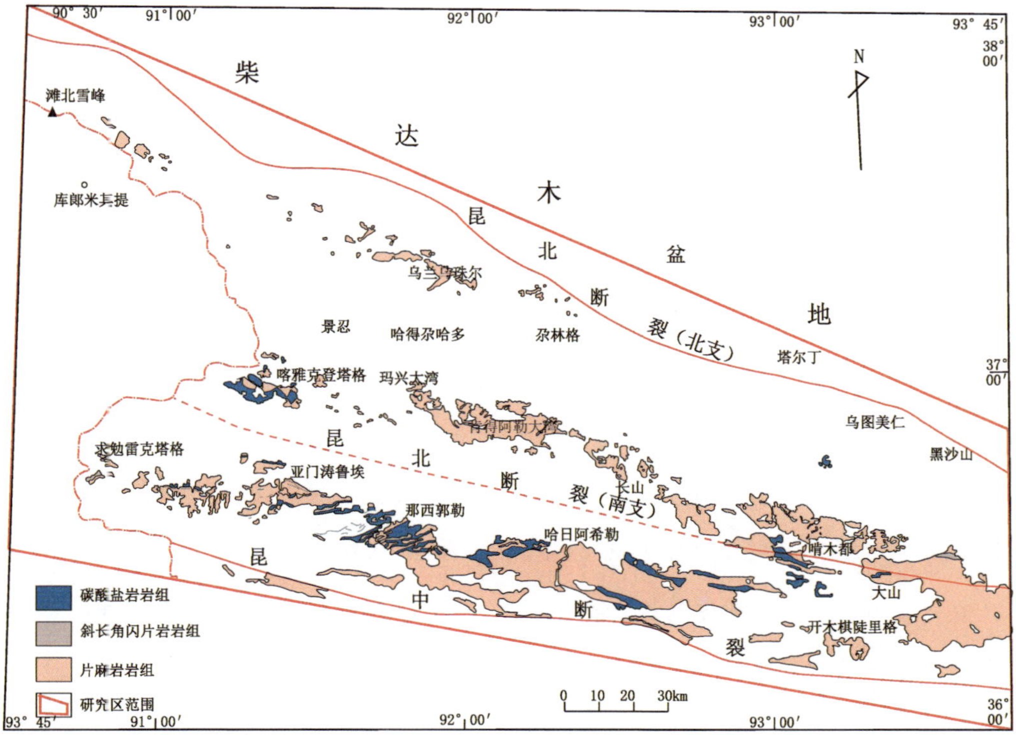

图2－1　研究区金水口岩群分布图

变质岩系，厚2700余米。地层被侵入岩吞蚀及后期断层破坏，多呈断块状或呈侵入岩的残留体。岩石经多次构造作用和强烈改造，使原来沉积叠覆关系遭受破坏，多呈现岩性无序和构造岩片叠加的特征。区域上金水口岩群顶部与狼牙山组、上泥盆统牦牛山组等呈不整合或断层接触。

（二）岩性特征

根据岩石组合、空间分布及原岩恢复，将金水口岩群分为三个岩组，即片麻岩岩组、斜长角闪片岩岩组、大理岩岩组（图2－2）。铁矿主要赋存于斜长角闪片岩岩组，石墨矿主要赋存于斜长角闪片岩岩组和大理岩岩组。斜长角闪片岩岩组和大理岩岩组在研究区主要分布于卡尔却卡—那西郭勒一带，片麻岩岩组则分布更加广泛一些。

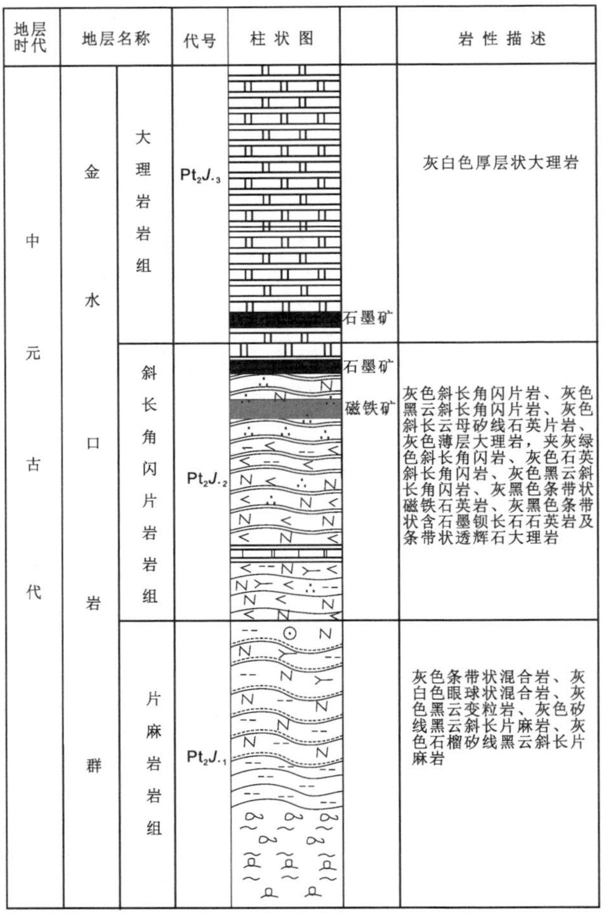

图2－2　金水口岩群岩性柱状图

片麻岩岩组岩性主要有灰色条带状混合岩、灰白色眼球状混合岩（图2－3）、灰色黑云变粒岩、灰色矽线黑云斜长片麻岩、灰色石榴矽线黑云斜长片麻岩（图2－4）。

斜长角闪片岩岩组岩性主要有灰色斜长角闪片岩（图2－5）、灰色黑云斜长角闪片岩（图2－6）、灰色斜长云母矽线石英片岩（图2－7）、灰色薄层大理岩，夹灰绿色斜长角闪岩（图2－8）、灰色石英斜长角闪岩、灰色黑云斜长角闪岩、灰绿色黑云辉石角闪岩

（图2－9）、灰黑色条带状磁铁石英岩（图2－10）、灰黑色条带状磁铁绿泥石英岩、灰黑色条带状含石墨钡长石石英岩（图2－11），顶部局部发育灰黑色条带状透辉石大理岩（图2－12）。

大理岩岩组岩性较单一，主要为灰白色厚层状大理岩。

图2－3　眼球状混合岩

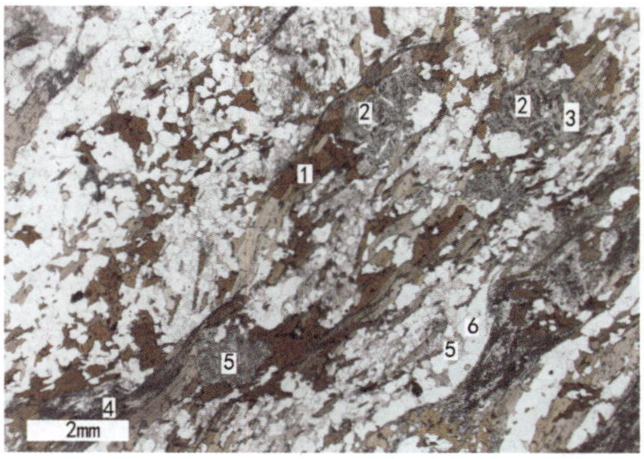

图2－4　灰色石榴矽线黑云斜长片麻岩（－）
1—黑云母；2—石榴子石；3—角闪石；4—矽线石；5—斜长石；6—石英

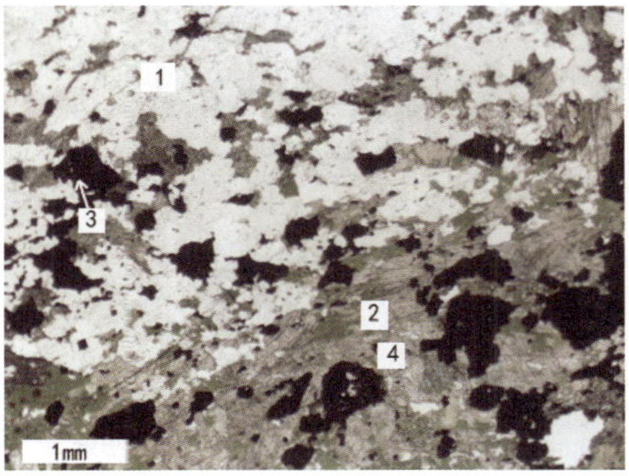

图2－5　灰色斜长角闪片岩（－）
1—石英　2—角闪石；3—金属矿物；4—斜长石

图2－6　灰色黑云斜长角闪片岩（＋）
1—斜长石；2—角闪石；3—石英；4—黑云母

图2－7　灰色斜长云母矽线石英片岩（＋）
1—石英；2—矽线石；3—黑云母；4—金属矿物

图2－8　灰绿色斜长角闪岩（＋）
1—石英；2—斜长石；3—角闪石

图 2 - 9　灰绿色黑云辉石角闪岩（+）

1—角闪石；2—黑云母；3—辉石

图 2 - 10　灰黑色条带状磁铁石英岩

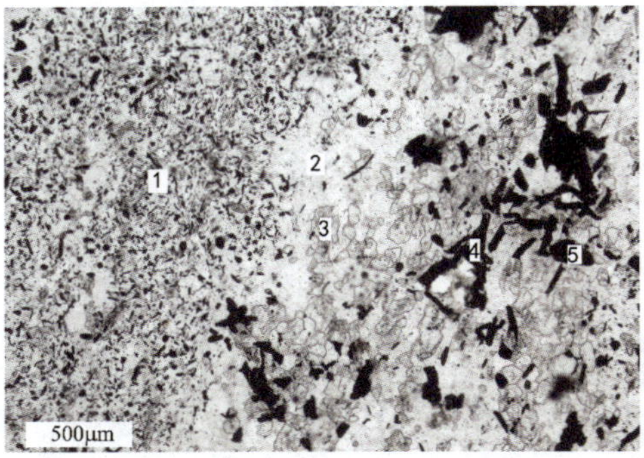

图 2 - 11　条带状含石墨钡长石石英岩（-）

1—石英石墨带；2—石英；3—钡长石；

4—石墨；5—金属矿物

图 2 - 12　灰黑色条带状透辉石大理岩

二、原岩恢复

从金水口岩群各类岩石的尼格里参数特征来看（表 2 - 1），斜长角闪岩和斜长角闪片岩类岩石 qz 为 - 33.71 ~ - 12.53，平均值为 - 19.30（ZK036GS3 为 45.55 除外），属于 SiO_2 不饱和的岩石，氧化铝指数 $t = -15.62 \sim -7.24$，$alk < al < alk + c$，属于铝正常类型岩石；片麻岩类岩石石英数 qz 为 155.17 ~ 182.12，属于 SiO_2 过饱和的岩石，氧化铝指数 $t = 3.44 \sim 5.95$，$al > alk + c$，为铝过饱和型；石英岩、石英片岩类岩石石英数 qz 为 26.49 ~ 871.88，属于 SiO_2 过饱和的岩石，其中石英岩氧化铝指数 $t = -20.54 \sim -1.37$，$alk < al < alk + c$，属于铝正常类型岩石，而石英片岩氧化铝指数 $t = 11.9 \sim 11.91$，$al > alk + c$，为铝过饱和型。

表 2 - 1　金水口岩群主要岩石类型的岩石化学成分及特征参数值

样号	ZK4001 - 1 *	NXGL - T04Z05 *	ZK4001 - 2 *	ZK8801 GS6	ZK036GS3	ZK7201 - 1 *	I ZK1602GS4
岩石名称	磁铁矿斜长角闪片岩	磁铁矿化斜长角闪片岩	斜长角闪片岩	磁铁矿化斜长角闪岩	磁铁矿化斜长角闪岩	斜长角闪岩	磁铁石英岩
SiO_2	49.52	44.84	47.72	46.91	62.35	49.05	61.53
TiO_2	1.76	3.61	3.24	2.76	0.52	1.51	0.3

续表

样号	ZK4001－1*	NXGL－T04Z05*	ZK4001－2*	ZK8801 GS6	ZK036GS3	ZK7201－1*	ⅠZK1602GS4
岩石名称	磁铁矿斜长角闪片岩	磁铁矿化斜长角闪片岩	斜长角闪片岩	磁铁矿化斜长角闪岩	磁铁矿化斜长角闪岩	斜长角闪岩	磁铁石英岩
Al_2O_3	14.22	12.24	12.26	17.97	11.38	14.04	3.26
Fe_2O_3	3.59655	6.80115	1.17711	15.89	5.68	1.13549	28.12
FeO	8.95	10.35	13.99	9.23	3.36	9.41	12.85
MnO	0.188	0.286	0.225	0.13	0.15	0.166	0.16
MgO	6.57	7.29	5.5	2.32	5.59	7.46	2.03
CaO	9.75	10.28	9.89	9.58	6.43	10.89	1.26
Na_2O	3.04	1.97	2.73	3.72	1.21	2.36	0.2
K_2O	0.343	0.273	0.843	0.29	3.89	1.21	1.44
P_2O_5	0.171	0.144	0.282	0.14	0.13	0.152	0.05
灼失	0.87	0.76	0.57	0.41	2.64	1.5	1.42
总量Σ	98.97855	98.84415	98.42711	109.35	103.33	98.88349	112.62
al	19.89	15.96	17.21	22.11	20.45	19.25	4.87
fm	47.81	55.06	49.96	48.54	47.4	46.49	88.89
c	24.79	24.37	25.24	21.43	21.01	27.14	3.42
alk	7.51	4.61	7.58	7.92	11.14	7.12	2.82
c/fm	0.52	0.44	0.51	0.44	0.44	0.58	0.04
si	117.52	99.21	113.67	97.95	190.12	114.1	155.96
t	－12.42	－13.02	－15.62	－7.24	－11.7	－15.01	－1.37
qz	－12.53	－19.23	－16.67	－33.71	45.55	－14.37	44.68

样号	ⅠZK1602GS5	ⅠZK4002GS2	ⅠZK4002GS4	DP2－GS8	DP2－GS9	DP2－GS1	DP2－GS2
岩石名称	磁铁石英岩	石墨矿化石英岩	石墨矿化石英岩	石英片岩	石英片岩	（斜长）片麻岩	（斜长）片麻岩
SiO_2	59.81	89.43	82.14	82.46	82.63	73.16	74.98
TiO_2	0.14	0.11	0.18	0.31	0.29	0.29	0.24
Al_2O_3	4.29	2.33	3.93	8.22	8.03	12.98	12.53
Fe_2O_3	22.64	1.43	2.66	1.39	1.67	3.11	2.64
FeO	11.45	0.89	1.38	0.65	0.62	2.6	2.24
MnO	0.32	0.03	0.04	0.05	0.04	0.04	0.04
MgO	3.48	1.63	3.18	0.62	0.57	0.61	0.26
CaO	4.98	2.15	3.89	1.15	1.13	0.78	1
Na_2O	0.67	0.38	0.47	1.21	1.23	1.7	2.1

续表

样号	Ⅰ ZK1602GS5	Ⅰ ZK4002GS2	Ⅰ ZK4002GS4	DP2 - GS8	DP2 - GS9	DP2 - GS1	DP2 - GS2
岩石名称	磁铁石英岩	石墨矿化石英岩	石墨矿化石英岩	石英片岩	石英片岩	（斜长）片麻岩	（斜长）片麻岩
K_2O	1.75	0.81	1.32	1.78	1.63	6.27	5.71
P_2O_5	0.11	0.13	0.21	0.02	0.01	0.08	0.09
灼失	1.27	1.56	2.17	1.67	1.88	0.56	0.32
总量Σ	110.91	100.88	101.57	99.53	99.73	102.18	102.15
al	6.06	15.54	14.74	44.27	43.68	39.04	40.1
fm	76.91	48.38	50.47	23.36	24.54	27.86	23.25
c	12.8	26.07	26.53	11.26	11.18	4.27	5.82
alk	4.23	10.01	8.26	21.1	20.6	28.83	30.83
c/fm	0.17	0.54	0.53	0.48	0.46	0.15	0.25
si	143.42	1011.94	522.79	753.7	762.72	373.45	407.18
t	-10.97	-20.54	-20.05	11.91	11.9	5.95	3.44
qz	26.49	871.88	389.76	563.35	574.35	155.17	182.12

注：样品采集自那西郭勒地区；带*样品测试单位为核工业北京地质研究院分析测试研究中心，其余样品测试单位为廊坊市宏信地质勘查技术服务有限公司；岩石化学数据单位为%。

斜长角闪岩类和斜长角闪片岩类岩石在（al + fm）-（c + alk）- Si 图解（图 2 - 13）中均位于火山岩区，在（Al + Fe + Ti）-（Ca + Mg）图解（图 2 - 14）中除 ZK036GS3 样品落入变质的白云质杂砂岩中，其余样品均落入火山岩区，在 TAS 图解（图 2 - 15）中，除 ZK036GS3 样品落入安山岩区，其余样品均落入玄武岩区。由此判断金水口岩群中斜长角闪岩类和斜长角闪片岩类岩石原岩为中基性火山岩。

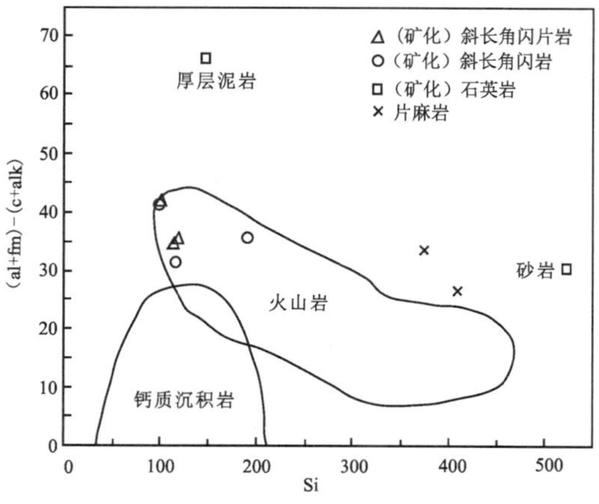

图 2 - 13　（al + fm）-（c + alk）- Si 图解
（底图据 Simonen，1953，简化）

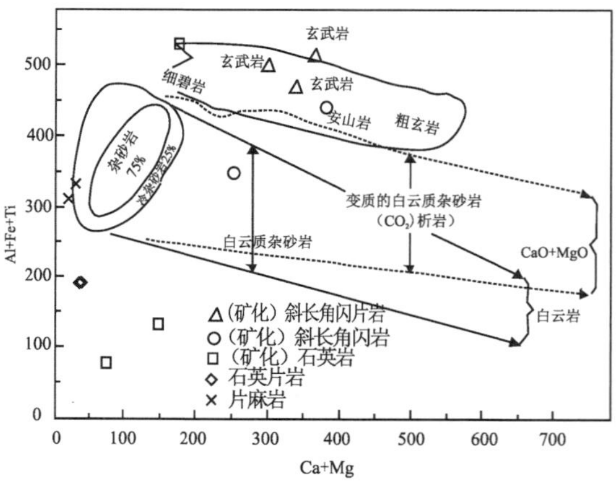

图 2 - 14　（Al + Fe + Ti）-（Ca + Mg）图解
（底图据 Moine et al.，1968）

片麻岩类岩石在（al + fm）-（c + alk）- Si 图解中样品全部落入砂质沉积岩区，在（Al + Fe + Ti）-（Ca + Mg）图解中样品落入杂砂岩区；利用 Log（Na_2O/K_2O）- Log（SiO_2/Al_2O_3）图解（图 2 - 16）对片麻岩进行投图，样品落入长石砂岩区域。由此可以说明矿区金水口岩群中片麻岩类岩石原岩主要为砂岩类。

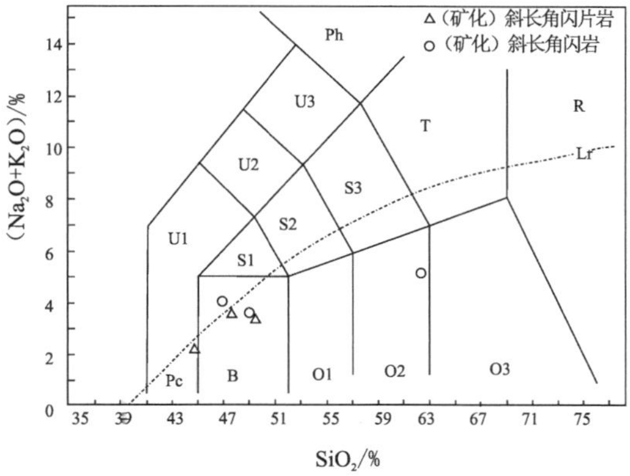

图 2 - 15　TAS 图解

（底图据 Pettijohn et al.，1972，简化）

Pc—苦橄玄武岩；B—玄武岩；O1—玄武安山岩；O2—安山岩；O3—英安岩；R—流纹岩；S1—粗面玄武岩；S2—玄武质粗面安山岩；S3—粗面安山岩；T—粗面岩、粗面英安岩；U1—碱玄岩、碧玄岩；U2—响岩质碱玄岩；U3—碱玄质响岩；Ph—响岩；Ir—Irvine 分界线，上方为碱性，下方为亚碱性

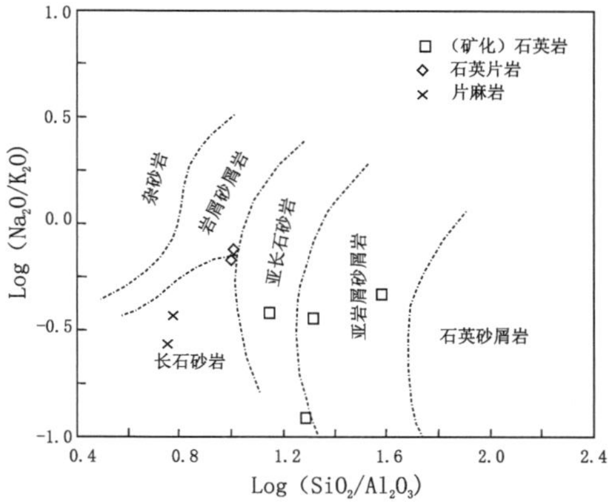

图 2 - 16　Log（Na_2O/K_2O）- Log（SiO_2/Al_2O_3）图解

（底图据 Pettijohn et al.，1972，简化）

石英岩及石英片岩类岩石在（al + fm）-（c + alk）- Si 图解、（Al + Fe + Ti）-（Ca + Mg）图解中全部落在火山岩区外，在 Log（Na_2O/K_2O）- Log（SiO_2/Al_2O_3）图解中，石英岩样品主要落入亚长石砂岩和亚岩屑砂屑岩区域，石英片岩样品落入长石砂岩和岩屑砂屑岩区域。

三、成岩时代

近年来，区域上开展了金水口岩群众多副变质岩层碎屑锆石年龄谱的研究。吉林大学孙丰月团队对祁漫塔格地区哈西亚图矿床内分布的金水口岩群片麻岩开展了碎屑锆石年龄谱研究，在锆石年龄频率分布曲线上，出现了 1500Ma 和 925Ma 两个年龄值的高频区（图 2 - 17）。陆松年等（2009）对东昆仑跃进山金水口岩群副变质岩（含石榴红柱黑云斜长片麻岩）碎屑锆石年龄谱研究，24 个锆石微区同位素年龄出现了 1486Ma 和 1270Ma 两个年龄值的高频区，认为原定为古元古代的金水口岩群，地层的时代应属中元古代或新元古代初期。

根据上述年龄值，结合地层改造程度和岩石面貌，以及所处地质构造环境和区域上被蓟县系等地层盖覆的特征，笔者认为研究区金水口岩群成岩时代属于中元古代。

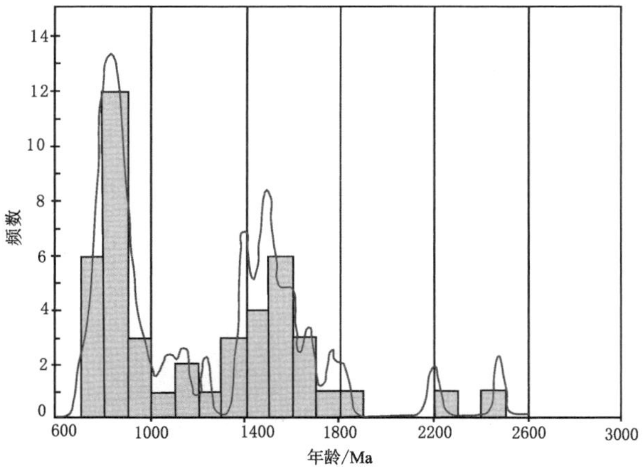

图 2－17　哈西亚图金水口岩群片麻岩碎屑锆石年龄频率分布曲线

（据钱烨等未发表资料）

四、构造背景

（一）基底性质

前人对于东昆仑造山带基底的性质主要有四种不同认识：①传统观点，也是占主导地位的认识，认为昆中断裂带以北属于华北型结晶基底或硬基底，其南属扬子型变质基底或软基底（例如，青海省地质矿产局，1991；姜春发等，1992）；②基于前长城系基底的 Nd 同位素年龄，昆中断裂以北约为 1800～1900Ma，而昆中断裂以南约为 2200～2400Ma，由此提出昆北为扬子型基底，昆南则为华北型基底（郝太平等，1992）；③基于同位素年龄 3 个峰值（1800Ma、1400Ma、1100Ma）提出东昆仑基底属于西域地台型基底，它既不同于华北型（前长城纪 1800Ma 地台固结），亦不同于扬子型（700～800Ma 地台固结）（陈炳蔚等，1995）；④东昆仑广泛出露的前寒武纪变质岩是抬升达地表的柴达木块体的深部陆壳（邓晋福等，1995；莫宣学等，2005）。

前寒武纪基底可分出两大类，即克拉通基底与造山带基底，鉴别它们的依据主要有：①TT（G）形成的年龄；②显生宙花岗岩类的 Nd－模式年龄；③地幔橄榄岩的 Re－Os 亏损年龄（莫宣学等，2005）。

金水口岩群是东昆仑迄今发现的最老的变质岩系，金水口岩群主体为角闪岩相片麻岩与英云闪长岩－奥长花岗岩组合（TT）（邓晋福等，1995）或 TTG 组合（青海省地矿局区调综合地质大队，1995）。

东昆仑花岗岩的 Nd 模式年龄 TDM 集中于 1.8Ga、1.5Ga、1.0Ga 3 个峰值。由此可以初步推断，东昆仑基底属于造山带的基底，而不是克拉通的基底（莫宣学等，2005）。东昆仑的基底既不是扬子型或华北型，亦不是塔里木型基底，而是属于克拉通边缘或从克拉通边缘分离出来“优地槽”的基底，即属于柴达木块体的部分。根据前述金水口岩群中元古代的成岩时代，笔者认为东昆仑基底主要形成于中元古代早期，更倾向于东昆仑基底属于造山带基底，且属于柴达木块体部分的认识。

（二）基性火山岩、碎屑岩形成构造背景

金水口岩群原岩建造为碎屑岩 + 基性火山岩 + 碳酸盐岩建造。

基性火山岩在 Th/Yb – Ta/Yb 图解（图 2 – 18）上，样品落入活动大陆边缘及其附近；在 TiO_2 – Zr（图 2 – 19）和 Zr/Y – Zr（图 2 – 20）图解中所有样品均落入板内玄武岩区域；用安山岩构造环境 La/Yb – Sc/Ni 判别图进行投图，4 件样品落入大陆边缘弧区域，2 件样品落入安山弧区域。

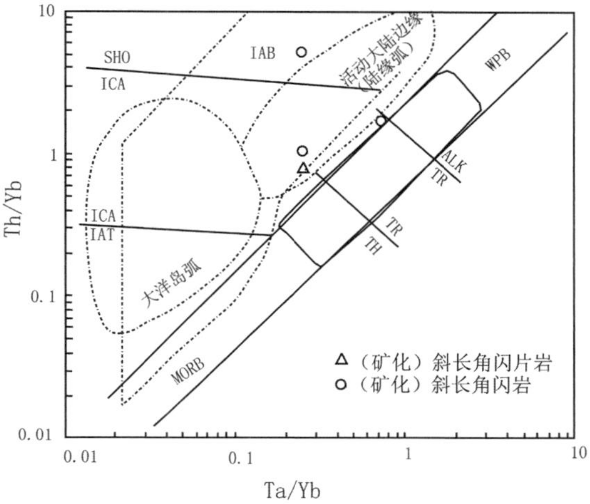

图 2 – 18　那西郭勒金水口岩群斜长角闪（片）岩 Th/Yb – Ta/Yb 构造环境判别图解

（底图据 Pearce，1982）

IAB—岛弧玄武岩；IAT—岛弧拉斑系列；ICA—岛弧钙碱系列；SHO—岛弧橄榄玄粗岩系列；WPB—板内玄武岩；MORB—洋中脊玄武岩；TH—拉斑玄武岩；TR—过渡玄武岩；ALK—碱性玄武岩；实线为洋脊玄武岩；虚线为板内玄武岩；点线为岛弧玄武岩

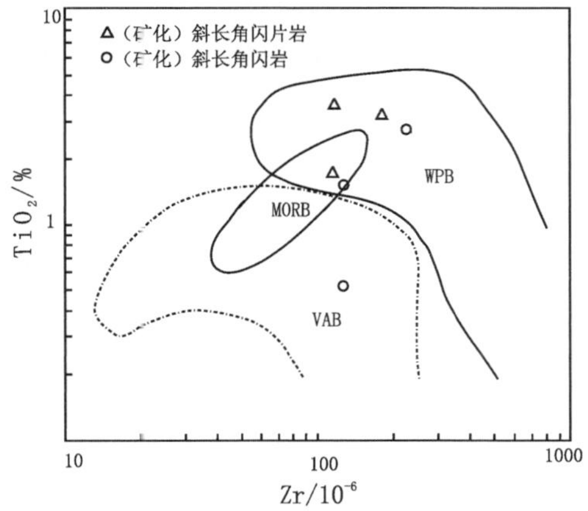

图 2 – 19　那西郭勒金水口岩群斜长角闪（片）岩 TiO_2 – Zr 构造环境判别图解

（底图据 Pearce，1973）

MORB—洋中脊玄武岩；WPB—板内玄武岩；VAB—火山弧玄武岩

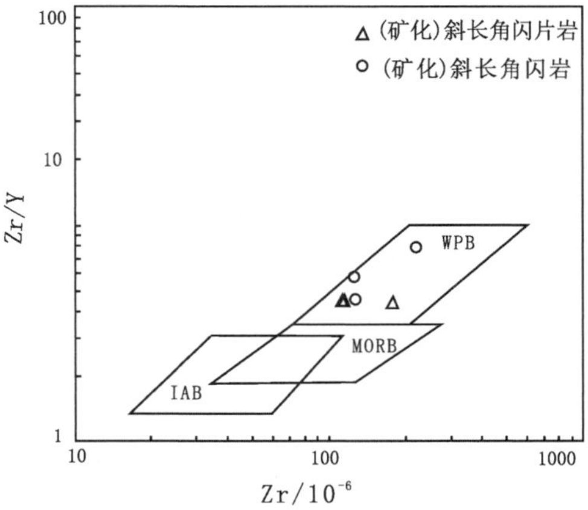

图 2 – 20　那西郭勒金水口岩群斜长角闪（片）岩 Zr/Y – Zr 构造环境判别图解

（底图据 Pearce，1979）

MORB—洋中脊玄武岩；WPB—板内玄武岩；IAB—岛弧玄武岩

碎屑岩成分极不纯，多为杂砂岩类，铝、硅过饱和。碎屑岩在 $La_N/Ce_N - Al_2O_3/(Al_2O_3 + Fe_2O_3)$ 图解（图 2－21）和 $Fe_2O_3/SiO_2 - Al_2O_3/SiO_2$ 图解中均有 4 件样品落入大陆边缘及其附近；在杂砂岩构造环境 Ti/Zr－La/Sc 判别图解中 4 件样品位于活动大陆边缘附近，2 件样品落入大陆岛弧。

总体来看，金水口岩群基性火山岩、碎屑岩形成于中元古代活动大陆边缘。

（三）石英岩原岩沉积环境

石英岩、石英片岩在 $Al_2O_3 - SiO_2$ 判别图（图 2－22）中的投点结果都落在热水成因区域。

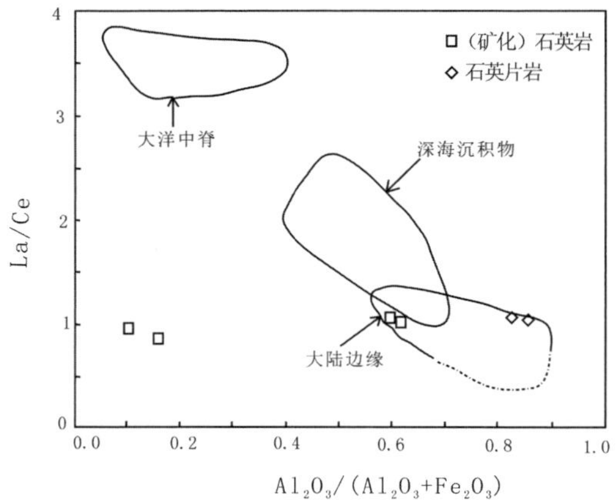

图 2－21　$La_N/Ce_N - Al_2O_3/(Al_2O_3 + Fe_2O_3)$ 沉积环境判别图解

（底图据 Richard W，1994）

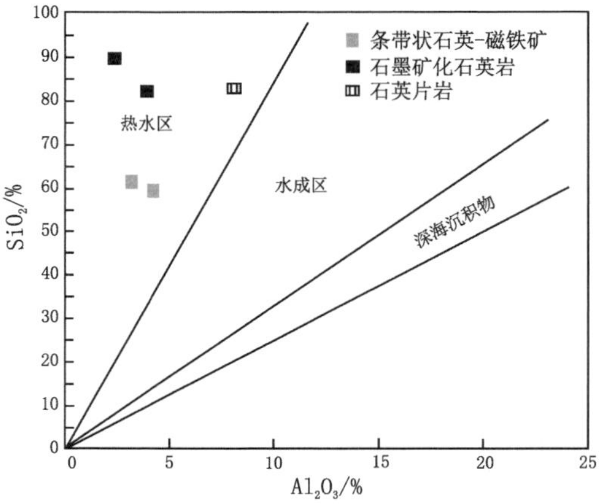

图 2－22　那西郭勒金水口岩群石英片岩 $Al_2O_3 - SiO_2$ 判别图

（底图据 Murray et al.，1992）

Al、Fe、Mn 3 个元素作为沉积物源指示剂广泛应用于沉积环境的研究中。Fe、Mn 的富集主要与热水参与有关，而 Al 的富集则与陆源物质的加入有关（Adachi et al.，1986）。

Bostrom（1983）等研究认为海底热液沉积岩（Fe + Mn）/Ti 值大于 20，Al/(Al + Fe + Mn）值小于 0.35，Fe/Ti 值大于 20，反之反映为碎屑来源。

研究区磁铁石英岩的（Fe + Mn）/Ti 值为 163.62～294.13，Al/(Al + Fe + Mn）值为 0.05～0.08，Fe/Ti 值为 162.94～291.21（表 2－2）；石墨矿化石英岩的（Fe + Mn）/Ti 值为 25.70～27.14，Al/(Al + Fe + Mn）值为 0.41～0.42，Fe/Ti 值为 25.35～26.86；石英片岩的（Fe + Mn）/Ti 值为 8.06～9.55，Al/(Al + Fe + Mn）值为 0.72～0.74，Fe/Ti 值为 7.86～9.38。从中可看出磁铁石英岩、石墨矿化石英岩具有热液沉积岩的特点，从石英片岩到石墨矿化石英岩，再到磁铁石英岩，热液沉积岩的特点更加明显，表明铁矿更加靠近热水活动中心。

综合上述，金水口岩群形成于中元古代活动大陆边缘火山－热水沉积盆地。

表 2-2　石英岩中 Al、Ti、Fe、Mn 元素含量比值

样品及样号		(Fe+Mn)/Ti	Al/(Al+Fe+Mn)	Fe/Ti	资料来源
海底热液沉积判别值		>20	<0.35	>20(±5)	Bostrom，1983
I ZK1602GS4	磁铁石英岩	163.62	0.05	162.94	实测
I ZK1602GS5	磁铁石英岩	294.13	0.08	291.21	实测
I ZK4002GS2	石墨矿化石英岩	25.70	0.42	25.35	实测
I ZK4002GS4	石墨矿化石英岩	27.14	0.41	26.86	实测
DP2-GS8	石英片岩	8.06	0.74	7.86	实测
DP2-GS9	石英片岩	9.55	0.72	9.38	实测

注：各元素之比为质量分数之比。

第二节　典型矿床特征

研究区已发现中元古代沉积变质型铁-石墨矿床 5 处：那西郭勒、查可勒图、东沙子、莫斯图、呼热郭勒矿床，其中那西郭勒矿床石墨达到大型规模，其余均为中小型矿床。下面重点介绍那西郭勒典型矿床特征。

那西郭勒矿床由青海省第三地质矿产勘查院在检查磁异常的基础上发现，矿区已发现有磁铁矿体和石墨矿体，估算铁矿石资源量 6500×10^4t，石墨矿 209×10^4t。

一、矿区地质

矿区出露地层主要为中元古界金水口岩群（$Pt_2J.$）。根据岩石组合特征、岩石变质变形特征等可分为片麻岩岩组（$Pt_2J._1$）、斜长角闪片岩岩组（$Pt_2J._2$）和大理岩岩组（$Pt_2J._3$），该套地层遭受后期多期次构造运动及岩浆活动的改造及侵蚀，呈带状或残留顶盖状以北西—近东西向分布于矿区的中南部及西部（图 2-23），系一套中高级变质岩系。片麻岩岩组分布于矿区中部，组成矿区背斜的核部；斜长角闪片岩岩组和大理岩岩组分布于片麻岩组两侧，组成矿区背斜的翼部，北侧地层倾向北，南侧地层倾向南，倾角 38°~68°。矿区金水口岩群岩性与区域基本一致，仅混合岩、变粒岩较少，而斜长角闪片岩、石英片岩和磁铁石英岩则较发育。

矿区构造较为发育，其形式以断裂和褶皱为主。断裂主要发育北西向断裂，其次为北东向断裂，另有少量近东西、北东东向和南北向断裂。北西向断裂控制着地层的展布方向。背斜构造由金水口岩群组成，受印支期侵入岩体影响，背斜两翼地层并不完整、不对称，北翼大部分缺失。目前发现的 4 条磁铁矿带位于背斜的两翼。

矿区岩浆岩活动十分强烈，侵入岩发育，出露面积约占基岩面积的 30%。侵入岩主要是早三叠世花岗闪长岩和二长花岗岩。岩体对矿体具有强烈的破坏作用。

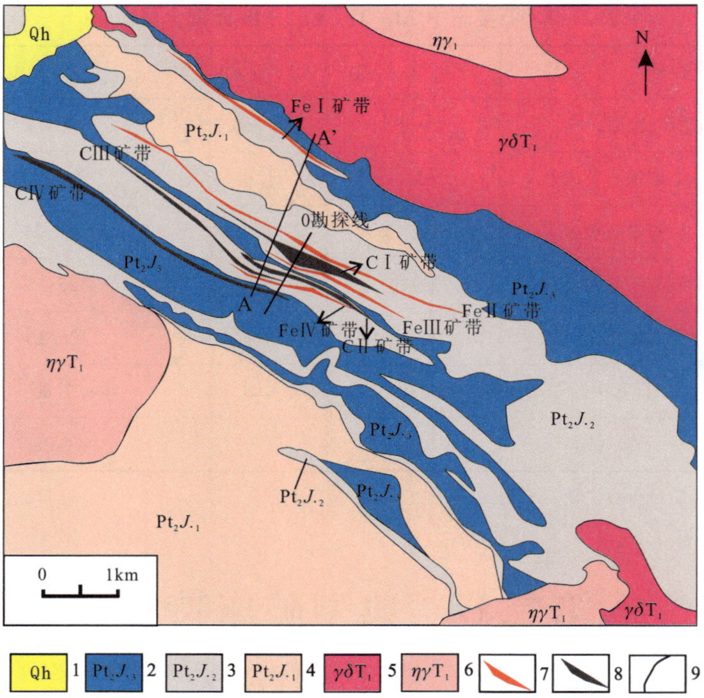

图 2－23　那西郭勒矿区地质图

1—第四系洪积物；2—中元古界金水口岩群大理岩岩组；3—中元古界金水口岩群斜长角闪片岩岩组；4—中元古界金水口岩群片麻岩岩组；5—早三叠世花岗闪长岩；6—早三叠世二长花岗岩；7—铁矿带；8—石墨矿带；9—地层界线

二、矿床地质

（一）矿带特征

矿区已发现四条磁铁矿带位于背斜两翼，主要产于金水口岩群斜长角闪片岩岩组中，呈条带状北西—南东向展布，长度 1.2～5km，Ⅰ矿带倾向北，倾角 45°～60°，Ⅱ、Ⅲ、Ⅳ矿带倾向南，倾角 40°～70°（图 2－24）。

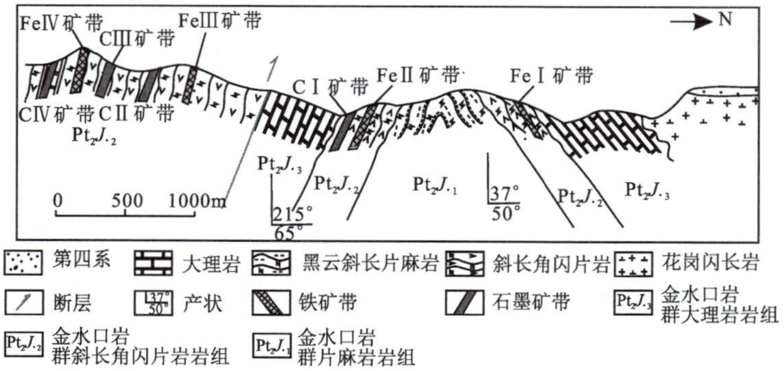

图 2－24　那西郭勒矿区 A－A′地质剖面图

4条石墨矿带主要位于金水口岩群斜长角闪片岩岩组和大理岩岩组中，长度5～10km，宽20～80m，矿带倾向南，倾角50°～70°。

（二）矿体特征

铁矿体主要含矿岩性为石英岩、斜长角闪片岩和石英片岩，矿体底板常出现斜长角闪岩，顶板多为大理岩。矿体厚度变化较大，但品位相对均一，反映矿体受后期变形作用控制。总体来看，靠近背斜转折端矿体厚度较大。

Ⅰ矿带圈出磁铁矿体11条，矿体长100～600m，厚度4.2～7.45m，TFe平均品位23.48%～27.58%。Ⅰ－3主矿体长600m，厚度2.88～3.50m，平均厚度2.29m，TFe品位21.13%～24.63%，平均品位24.40%。矿体整体北倾，倾角在50°左右。

Ⅱ矿带圈出磁铁矿体16条，矿体长200～2390m，厚度1.02～14.75m，TFe平均品位21.65%～26.37%。矿体向深部延伸稳定，最大延伸超过1000m。Ⅱ－5主矿体南倾，倾角为40°～70°（图2－25），矿体长2390m，厚度1.38～37.66m，平均厚度12.25m，TFe品位20.7%～27.11%，平均品位24.85%。

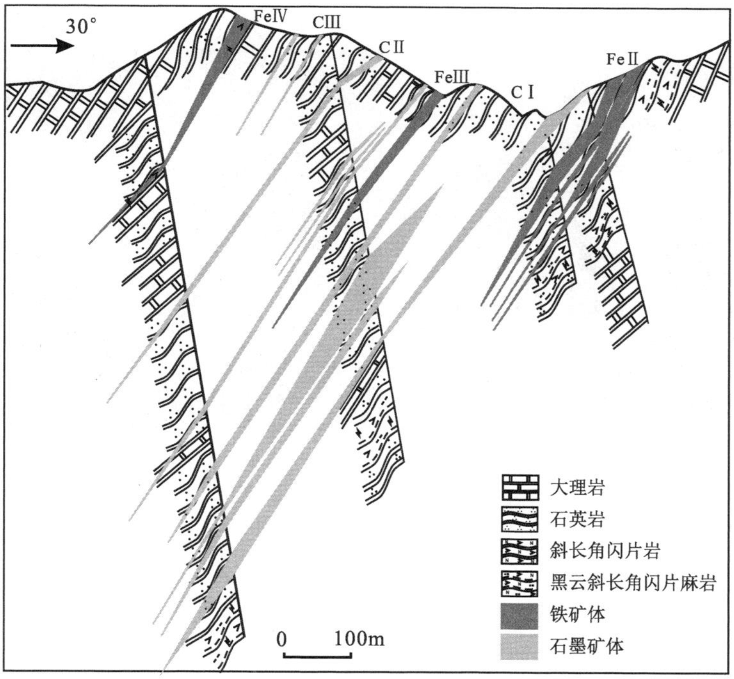

图2－25　那西郭勒矿区0勘探线剖面图

Ⅲ矿带圈出磁铁矿体4条，Ⅲ－1主矿体长1200m，厚度2.43～10.69m，平均厚度5.41m，TFe品位21.93%～28.64%，平均品位23.62%。

Ⅳ矿带圈出磁铁矿体1条，矿体近地表出露，最大厚度约20m。

石墨矿体含矿岩性为石英岩、斜长角闪片岩、石英片岩和大理岩，多位于铁矿顶部（图2－24，图2－25）。两个岩组中产出的石墨矿具有一定差异，斜长角闪片岩岩组产出的石墨矿体厚度大，但品质相对差一些。矿区发现石墨矿体10余条，圈定5条主矿体，长200～1000m，走向未系统追索，地表厚度1～30m，钻孔中厚度3.9～60m，单孔累计最大厚度达127.10m，固定碳品位通常为3%～4%，最高可达到25.58%。

（三）矿石特征

矿区矿石类型主要为磁铁矿矿石和石墨矿石。

磁铁矿矿石：半自形粒状、他形粒状结构、鳞片变晶结构为主，次有胶状结构；以条带状（图2－26）、稠密浸染状构造为主，次有角砾状、脉状构造、似片麻状构造等。矿石矿物主要为磁铁矿，次有赤铁矿、褐铁矿等，磁铁矿含量25%～30%，褐铁矿0.1%，赤铁矿少量，黄铁矿极少量。磁铁矿呈他形粒状，大小一般为0.05～0.1mm，部分0.1～0.2mm，少量0.2～0.5mm，星散状定向分布。部分集合体呈似纹层状分布。脉石矿物主要有石英、斜长石、角闪石、绿泥石及少量黑云母等。对20件磁铁矿矿石进行统计，矿石中硫含量0.02%～0.34%，平均含量为0.08%；磷含量0.037%～0.72%，平均含量为0.21%；SiO_2含量44.65%～57.49%，平均含量为51.65%，矿石属低磷低硫铁矿石。

a　　　　　　　　b

图2－26　条带状磁铁矿矿石

a—标本；b—镜下照片：1—磁铁矿，2—黄铁矿

石墨矿石：石墨矿根据含矿岩性不同，分为大理岩型和石英岩、斜长角闪片岩型。大理岩型石墨矿石墨含量5%～10%，石墨呈鳞片状变晶结构（图2－27），多具弯曲变形，片径大小在0.06mm×0.01mm～0.58mm×0.16mm之间，强非均质性，反射色具多色性，为灰色带棕－蓝灰色，偏光色为橙黄－暗蓝紫色，定向或半定向较均匀分布，呈片麻状构造，偶见少量的星点状、浸染状构造。脉石矿物主要为方解石、白云石，少量透闪石、透辉石、绿泥石。石英岩型石墨矿石墨含量3%～8%，石墨片径0.015～0.38mm（长径），浅灰棕色，石墨呈半自形片状结构，带状、稀疏浸染状、星点状构造，石墨沿长轴方向定向排列，少部分呈星散状分布。脉石矿物主要有石英、斜长石、角闪石、绿泥石及少量黑云母等。

a　　　　　　　　　　　　b

图 2-27　石墨矿矿石

a—标本；b—镜下照片：1—石墨，2—其他非金属矿物

（四）围岩蚀变

矿区围岩蚀变不明显，矿层顶底板见微弱绿泥石化、黏土化，在Ⅰ矿带靠近岩体部位的铁矿围岩大理岩中局部发育矽卡岩化，斜长角闪片岩中发育轻微角岩化、硅化。

（五）成矿阶段

成矿经历了热水喷流沉积期、变质作用期和构造-岩浆-变形改造期3个阶段。铁矿和炭质在热水喷流沉积期随着热水沉积岩一同沉淀，变质作用期炭质变成为石墨矿，构造-岩浆-变形改造期矿体连续性、厚度、品位等发生一些改变。

三、矿床地球化学特征

（一）矿石主量元素

那西郭勒矿区铁矿石与 Algoma 和 Lake Superior 型铁矿石相比，矿石主量元素存在明显的差异（表2-3），那西郭勒矿区铁矿石 MgO、CaO、Al_2O_3、Na_2O 和 P_2O_5 含量偏高，Fe_2O_3 和 FeO 含量偏低，可能反映了矿石形成过程中陆源碎屑和碳酸盐相的沉积组分较多。

表 2-3　那西郭勒矿区铁矿石主量元素分析结果　　　　单位：%

样品号	SiO_2	TiO_2	Al_2O_3	Fe_2O_3	FeO	MnO	MgO	CaO	Na_2O	K_2O	P_2O_5	Lol	Total
ZK8801GS8	48.88	2.47	15.53	15.45	10.65	0.18	4.73	7.82	3.97	0.22	0.20	0.68	110.78
ZK1602-2*	55.20	0.22	3.90	16.03	12.34	0.37	2.52	3.61	0.55	1.65	0.68	1.04	98.09
ZK8801GS9	48.53	2.62	17.04	16.18	9.97	0.15	3.62	6.56	4.57	0.20	0.19	0.36	109.99
ZK8801GS10	47.63	2.81	15.50	17.56	10.65	0.22	5.55	6.09	3.45	0.75	0.19	0.46	110.86
NXGL-T02Z03*	46.15	0.19	2.56	24.86	11.68	1.47	3.73	5.30	0.75	1.19	0.65	0.14	98.67

续表

样品号	SiO_2	TiO_2	Al_2O_3	Fe_2O_3	FeO	MnO	MgO	CaO	Na_2O	K_2O	P_2O_5	Lol	Total
NXGL - T03Z04 *	37. 34	0. 27	1. 96	37. 33	15. 77	0. 25	1. 02	1. 98	0. 27	0. 71	1. 09	0. 14	98. 13
DP2 - GS12	74. 74	0. 11	1. 84	18. 66	7. 24	0. 10	1. 50	1. 68	0. 34	1. 06	0. 20	-0. 20	107. 27
样品平均			7. 46	14. 67	10. 79		5. 60	8. 21	1. 51	0. 71	0. 45		
Algoma（氧化物相）			3	41. 1	13		1. 53	1. 51	0. 31	0. 58	0. 21		
Lake Superior（氧化物相）			1. 39	44. 5	8. 2		1. 24	1. 58	0. 12	0. 14	0. 06		
Algoma（硅酸盐相）			7. 56	36. 1	18. 1		3. 89	0. 83	0. 05	0. 41	0. 42		
Lake Superior（硅酸盐相）			2. 41	26. 7	16. 3		2. 73	2. 4	0. 2	0. 63	0. 1		
Algoma（碳酸盐相）			6. 07	20	15		5. 54	1. 78	1. 07	0. 86	0. 44		
Lake Superior（碳酸盐相）			1. 4	28. 5	21. 2		4. 54	5. 12	0. 15	0. 15	0. 15		
Algoma（硫化物相）			6. 23	27. 7	14. 6		2. 42	2. 27	0. 91	0. 73	0. 17		

注：带 * 样品测试单位为核工业北京地质研究院分析测试研究中心；其余样品测试单位为廊坊市宏信地质勘查技术服务有限公司；Algoma 和 Lake Superior 数据来源于 Gross，1980。

（二）矿石稀土元素

由于 Y 元素离子半径和化学性质与 Ho 元素相似（Henderson，1984；Bau et al.，1996，1999），近年来，很多学者经常利用 REE 元素和 Y 元素来研究前寒武纪条带状铁建造。

矿石中稀土总量（ΣREE）为 $39.63\times10^{-6}\sim142.08\times10^{-6}$（表 2－4），变化范围较大，平均为 96.83×10^{-6}。经 PAAS（后太古宙澳大利亚沉积岩）标准化后，呈现轻稀土元素相对亏损，重稀土元素相对富集的分馏模式（图 2－28），具 Eu 正异常（$\delta Eu=0.91\sim1.42$，平均 1.16），轻微的 Y 异常（$\delta Y=0.84\sim1.17$，平均 0.99），较低的 Y/Ho（Y/Ho = 24.20～33.15，平均 28.37），大部分样品都有 La 正异常。

表 2－4　那西郭勒矿区铁矿石稀土元素含量及参数特征

样品编号		ZK8801GS8	ZK1602 - 2 *	ZK8801GS9	ZK8801GS10	NXGL - T02Z03 *	NXGL - T03Z04 *	DP2 - GS12
$\frac{w_B}{10^{-6}}$	La	19. 1	13. 2	23. 8	20. 9	10. 6	14. 6	6. 5
	Ce	45. 2	27. 5	52	47	21. 9	29. 2	14. 8
	Pr	5. 9	3. 59	6. 8	6. 2	2. 83	3. 9	1. 8
	Nd	25. 3	16	28. 5	26. 7	12. 3	17. 3	7. 2
	Sm	6. 48	3. 52	6. 69	6. 4	2. 53	4. 06	1. 69
	Eu	1. 93	0. 738	2. 05	1. 99	0. 679	0. 918	0. 4
	Gd	6. 61	3. 98	6. 95	6. 63	3. 13	5. 15	1. 88
	Tb	1. 07	0. 752	1. 06	1. 03	0. 501	0. 981	0. 29
	Dy	6. 32	4. 34	6. 14	6. 01	3. 69	6. 01	1. 94
	Y	1. 25	0. 887	1. 19	1. 17	0. 76	1. 31	0. 39

续表

样品编号		ZK8801GS8	ZK1602－2*	ZK8801GS9	ZK8801GS10	NXGL－T02Z03*	NXGL－T03Z04*	DP2－GS12
$\frac{w_B}{10^{-6}}$	Ho	3.37	2.94	3.37	3.11	2.34	4.04	1.15
	Er	0.46	0.426	0.46	0.43	0.357	0.658	0.18
	Tm	2.88	3.07	2.68	2.66	2.75	4.17	1.22
	Yb	0.41	0.466	0.39	0.39	0.437	0.68	0.19
	Lu	30.6	29.4	28.8	29.8	24.4	42.3	10.5
	ΣREE	126.28	81.41	142.08	130.62	64.80	92.98	39.63
	LREE	103.91	64.55	119.84	109.19	50.84	69.98	32.39
	HREE	22.37	16.86	22.24	21.43	13.97	23.00	7.24
LREE/HREE		4.65	3.83	5.39	5.10	3.64	3.04	4.47
La/La*		1.23	1.65	1.23	1.31	1.51	1.65	1.09
Y/Y*		0.84	1.16	0.83	0.87	1.13	1.17	0.94
δEu		1.37	0.91	1.39	1.42	1.10	0.92	1.04
δPr		0.98	0.96	0.99	0.98	0.97	0.97	0.99
δCe		0.97	0.92	0.94	0.94	0.92	0.89	0.99
La_N/Yb_N		0.49	0.32	0.65	0.58	0.28	0.26	0.39
Y/Ho		24.48	33.15	24.20	25.47	32.11	32.29	26.92

注：带*样品测试单位为核工业北京地质研究院分析测试研究中心；其余样品测试单位为廊坊市宏信地质勘查技术服务有限公司。

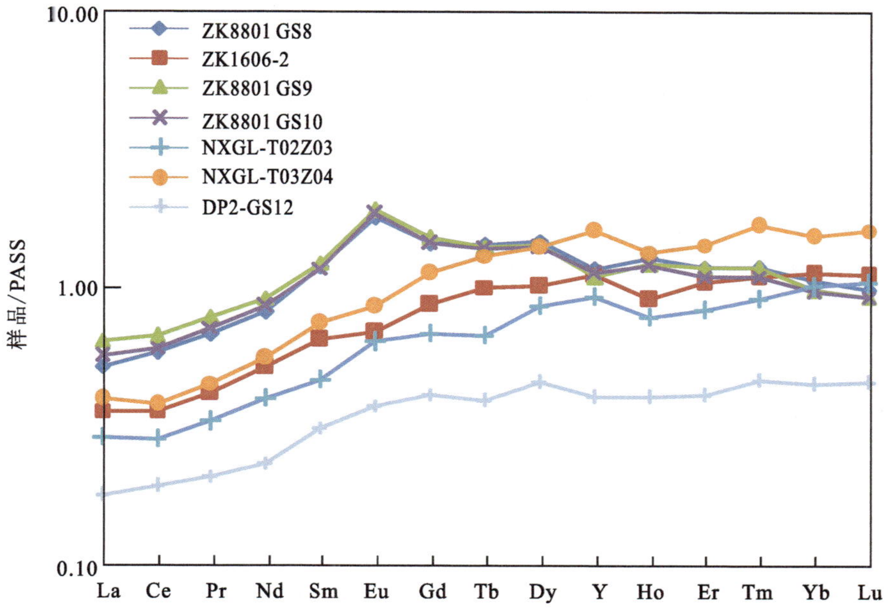

图 2－28　那西郭勒铁矿石稀土元素配分曲线

（PAAS 标准化数据据 Mclennan，1989）

由于 Eu 正异常是高温海底热液成矿的特点，Eu 异常的大小可以代表混合溶液中高温热液的相对贡献量（Danielson et al.，1992）。现代海水热液以富集轻稀土和强烈的 Eu 正异常为特征，因此那西郭勒矿区矿石富集轻稀土和明显的 Eu 正异常暗示存在热液成矿作用。

现代海水 Y/Ho 为 44～74，球粒陨石平均为 28，碎屑物质（长英质和玄武质地壳）平均为 26，矿区样品 Y/Ho 平均为 28.37，略高于碎屑物质而低于海水，表明矿区矿石继承了海水和碎屑物质的特征。前人研究表明，华北地区 BIF 的 Y/Ho 平均为 37.4，与海水的 Y/Ho 值更为接近（李志红等，2014）。因此，那西郭勒地区与华北地区 BIF 矿床所指示的古海洋环境是不同的，反映了那西郭勒地区沉积建造中有更多碎屑物质的加入或这个时期的海水与典型海水的化学成分是不同的。矿区矿石 La/La^* 的比值均 >1，表明矿石形成过程中有大量陆源碎屑的加入。

热液流体的 $La_N/Yb_N>1$，而海水和热液混合则会导致 $La_N/Yb_N<1$，所以 La_N/Yb_N 比值可以用来示踪 BIF 矿床的成矿物质来源。矿区矿石 La_N/Yb_N 比值为 0.26～0.65，平均值为 0.42，明显具有海水参与的特征。

Ce 是海洋环境中一个重要的具有氧化还原反应转变的稀土元素。Ce 异常可有效地判别古海洋的氧化还原状态（Byrne et al.，1996）。对于发生沉积作用的古海洋环境，目前大多数学者通过研究发现，BIF 矿石中均未出现正 Ce 异常，普遍认为是一种缺氧的环境（Bau et al.，1996；Bekker et al.，2010）。$Ce/Ce^*-Pr/Pr^*$ 图解（图 2－29）中矿区矿石未出现 Ce 正异常，但负异常亦不明显，表明那西郭勒铁矿形成于弱还原环境。

综上所述，矿区矿石形成于热水和海水混合的弱还原沉积环境，并存在有陆源物质的加入。

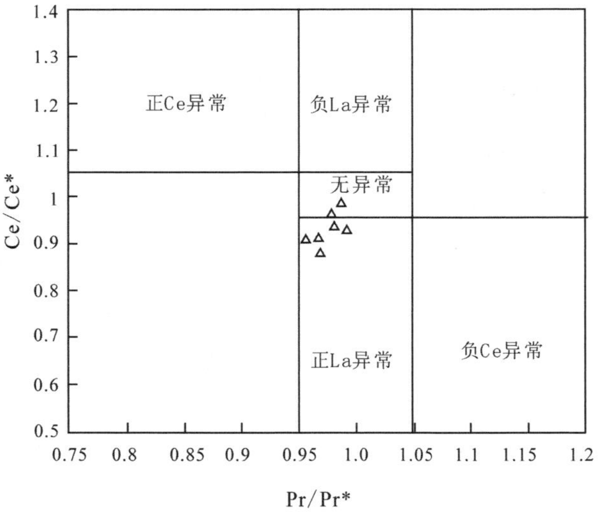

图 2－29　那西郭勒铁矿石 Ce 异常判别图解

（底图据 Bau et al.，1996）

（三）矿石微量元素

那西郭勒矿区铁矿石微量元素分析结果见表 2－5。

表 2-5　那西郭勒矿区铁矿石微量元素含量

样品编号		ZK8801GS8	ZK1602-2*	ZK8801GS9	ZK8801GS10	NXGL-T02Z03*	NXGL-T03Z04*	DP2-GS12
$\frac{w_B}{10^{-6}}$	Sc	33. 1	7. 53	35. 7	38. 9	6. 84	8. 82	5. 2
	V	392	50. 5	392	410	44. 5	86. 8	30
	Cr	160	37. 3	140	240	31. 7	23	40
	Co	53. 5	70. 5	46. 8	58. 6	49. 4	108	15. 5
	Ni	83. 9	86. 8	74. 8	112. 5	15. 8	113	26. 1
	Cu	241	6. 39	219	305	5. 6	6. 39	10. 4
	Zn	119	37. 8	112	126	20. 2	34. 1	26
	Ga	24. 1	5. 81	22. 9	25	8. 81	8. 04	2. 22
	Rb	5. 2	78. 5	5. 7	22. 4	33. 8	24. 7	26
	Sr	274	63. 3	453	326	54. 9	39. 6	20
	Mo	0. 35	0. 304	0. 8	0. 49	0. 303	0. 333	2. 19
	Sb	0. 63	0. 089	0. 15	0. 11	0. 535	0. 033	0. 36
	Ba	71. 1	2175	33. 8	37. 7	384	2541	853
	Pb	4. 3	6. 17	6	5. 6	8. 77	3. 74	2. 5
	Th	2. 59	0. 755	3. 16	2. 23	2. 45	1. 52	1. 59
	U	0. 46	0. 091	0. 44	0. 34	0. 394	0. 42	0. 47
	Nb	23. 2	2. 83	24	26. 3	3. 48	6. 36	2. 3
	Ta	1. 39	0. 169	1. 51	1. 55	0. 204	0. 27	0. 08
	Zr	158	32	207	186	53. 5	60. 9	49
	Hf	4. 7	0. 71	6. 1	5. 3	1. 09	1. 22	0. 9
Ti/V		34. 10	26. 26	36. 43	37. 06	25. 26	19. 00	20. 49
Sr/Ba		3. 85	0. 03	13. 40	8. 65	0. 14	0. 02	0. 02
Ni/Co		1. 57	1. 23	1. 60	1. 92	0. 32	1. 05	1. 68
Th/U		5. 63	8. 30	7. 18	6. 56	6. 22	3. 62	3. 38

注：带*样品测试单位为核工业北京地质研究院分析测试研究中心；其余样品测试单位为廊坊市宏信地质勘查技术服务有限公司。

原始地幔标准化蛛网图（图 2-30）显示，大离子亲石元素相对富集，Nb、Zr、Hf 高场强元素和 Ti 元素明显亏损，这与流体交代地幔楔形成的正常岛弧火山岩中出现显著的 Nb、Ti 负异常是一致的。

Ti/V 值常用来区分成矿物质来源和条带状铁矿的成因类型，铁质页岩中 Ti/V 值为 1.33～10.9，火山建造中 Ti/V 值为 13～85（张连昌，2014）。矿区铁矿石 Ti/V 值为 19～37.06，明显高于铁质页岩中 Ti/V 比值，与火山活动有关。磁铁矿的 Ni/Co 比值可以反映其成因，火山成因及接触交代成因磁铁矿的 Ni 和 Co 含量高，但 Ni/Co 比值小于 2（王奎仁，1989；汤蔡联，1990）。矿区铁矿石 Ni/Co 比值平均为 1.34，小于 2，亦表明矿石形成与火山活动有关。

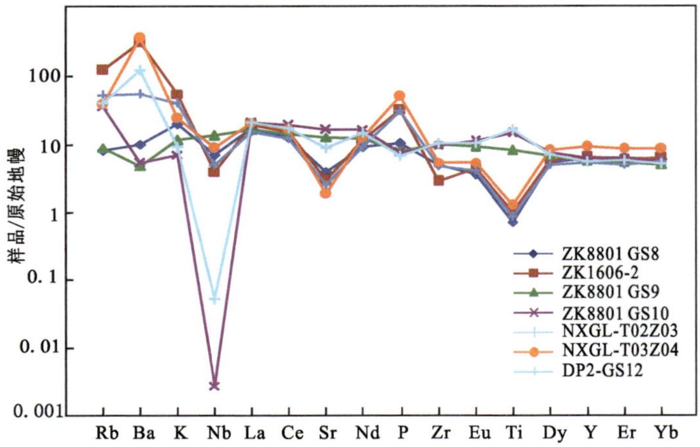

图 2-30 那西郭勒铁矿石微量元素蛛网图

（原始地幔标准化数据据 Sun and McDonough，1989）

沈其韩等（2009）的研究工作表明，Sr/Ba 比值可区别海相-热液沉积物与陆源沉积岩，前者一般大于1，后者小于1，矿区铁矿石的 Sr/Ba 比值介于0.02~13.4，变化较大，有3件样品大于1，4件样品小于1，表明矿区矿石既有海相-热液沉积物的贡献，又存在陆源物质的贡献。这与矿石稀土元素特征判断的物质来源相吻合。

四、控矿因素

（一）大地构造及盆地性质

东昆仑基底具有造山带基底的性质，是柴达木块体分离出来的部分。金水口岩群是在中元古代活动大陆边缘盆地形成的一套碎屑岩-中基性火山岩-热水沉积岩-镁质碳酸盐岩。赋矿地层普遍含石墨矿，矿石地球化学特征显示铁矿石形成于弱还原环境，盆地属于活动大陆边缘弱还原火山-沉积盆地，中元古代活动大陆边缘火山-沉积盆地是研究区形成沉积变质型铁-石墨矿的主要部位。

（二）地层及岩性因素

矿床的产出受地层及岩性控制明显。沉积变质型铁-石墨矿主要产于金水口岩群斜长角闪片岩岩组和大理岩岩组，矿体与围岩界线清晰，产状一致，矿石条带状构造特征明显，具有同生成矿的特征。铁矿体主要含矿岩性为石英岩、斜长角闪片岩和石英片岩；石墨矿体主要含矿岩性为石英岩、斜长角闪片岩、石英片岩及大理岩。研究区内其他地层中仅在蓟县系狼牙山组发现有铁矿点，寒武系—奥陶系滩间山群发现有石墨矿点，但是矿体产出十分局限，规模小。沉积变质型铁-石墨矿体主要受金水口岩群斜长角闪片岩岩组和大理岩岩组的控制。

（三）矿床变化及保存条件因素

矿体的产出形态受矿区褶皱的控制，矿带位于背斜的两翼，向褶皱转折端铁矿体厚度变大。矿区断裂形成于成矿后，北西向断裂主要控制地层及矿体的总体展布方向，近东西、北东东向和南北向断裂则对矿体具有一定的破坏作用。早三叠世花岗闪长岩和二长花岗岩岩体对矿体具有强烈的破坏作用，如Ⅰ矿带中西部矿体受岩体破坏明显，矿体在深部不连续，且在岩体内发现有磁铁矿化石英岩和磁铁矿化斜长角闪片岩，说明岩体对矿体具有“吞噬”破坏作用。

五、矿床形成机制及矿床成因

中元古代，东昆仑地区处于活动大陆边缘，该时期是基底形成的主要时期，地壳相对较薄。金水口岩群为一套活动大陆边缘火山－沉积盆地内形成的陆源碎屑岩、中基性火山岩－热水沉积岩、镁质碳酸盐岩组合。铁、石墨矿体主要赋存于金水口岩群条带状磁铁石英岩、石英片岩、斜长角闪片岩、斜长角闪岩和大理岩中。从含矿岩系及其顶底板岩石分析，由早到晚构成一套边缘海相海侵沉积，中期发育较强烈基性火山岩浆活动和热水喷流沉积。铁矿往往产出于强烈基性火山岩浆活动之后，海侵接近高潮，出现碳酸盐或白云质碳酸盐，海水相对较深的环境下。强烈基性火山岩浆活动加热海水促使海水发生循环，萃取岩石中的硅、铁等成分，在氧化－还原界面形成热水喷流沉积岩系及条带状硅铁建造，在其顶部还原条件下炭质沉积后期变质则形成石墨矿体。铁、石墨矿体的产出受地层和岩性控制，矿体与围岩界线一般清晰，产状一致，矿体不穿层。磁铁矿矿石条带状构造明显，具有典型热水沉积硅铁建造的特征。

在沉积成矿作用之后，变质作用是成矿的重要过程。变质作用过程中硅质发生重结晶形成石英，赤铁矿变质为磁铁矿，钙质流失，泥质转变为绿泥石，形成磁铁矿和石英等主要的矿石矿物和脉石矿物。变质作用过程对铁矿的进一步富集起到了重要作用，且使得磁铁矿和脉石矿物粒度变粗。石墨矿主要是在变质作用过程中形成。

成矿后区域强烈变形对矿体形态影响很大，矿体形态随地层变形而变形，在褶皱转折端矿体厚度变大。后期中酸性侵入岩岩浆活动对矿体形态进一步改变或“吞噬”，在靠近接触带部位发生角岩化，磁铁矿粒度进一步变粗。

由于后期岩浆岩的侵入，在侵入岩与金水口岩群大理岩接触部位发育矽卡岩化。矿床发现初期，存在接触交代矽卡岩型矿床和沉积变质型矿床的认识争论。但是，接触带部位的矽卡岩中很少发现有铁矿体，在侵入岩捕虏体内发现有磁铁石英岩，说明铁矿的形成明显早于侵入岩，与矽卡岩型铁矿具有本质区别。

总体来看，矿体产出受地层岩性控制，成矿经历了热水喷流沉积期、变质作用期和构造－岩浆－变形改造期三个阶段。热水喷流沉积期，铁质、炭质与热水沉积硅质、陆源碎屑物及碳酸盐一起沉积；变质作用期矿质与围岩一起发生重结晶，致使矿物形态、颗粒大小发生变化，但没有化学组分的交代；构造－岩浆－变形改造期矿体形态被构造或岩浆作用所改造，矿体厚度、连续性等发生一定改变。矿床成因属于沉积变质型。

根据成矿时代、形成环境和含矿建造的不同，前寒武纪沉积变质型铁矿主要分为两种类型（表2－6），即阿尔戈马型（Algoma type）和苏比利尔型（Superior type）。阿尔戈马型铁矿一般产于克拉通基底（绿岩带）环境（张连昌等，2012），主要形成于新太古代以前，铁矿的形成在空间和时间上与优地槽海底火山活动密切相关，主要与绿岩带中上部的火山碎屑岩相伴生，常由灰色、浅黑绿色铁质燧石和赤铁矿或磁铁矿组成窄条带状（刘磊等，2011）；苏比利尔型铁矿一般形成于稳定克拉通上的海相沉积盆地或被动大陆边缘（张连昌等，2012），主要形成于古元古代，其建造层序特征自下而上一般为：白云岩、石英岩、红色或黑色铁质页岩、铁矿建造、黑色页岩和泥质板岩，铁质建造一般产在上述层序的下部（刘磊等，2011）。

表 2-6　那西郭勒矿床与 Algoma type，Superior type 铁矿床特征对比

名称	Algoma type	Superior type	那西郭勒矿床
形成时代	>2.5Ga，太古宙	1.8~2.5Ga，古元古代	中元古代
形成环境	克拉通基底（绿岩带）	稳定克拉通上的海相沉积盆地或被动大陆边缘	造山带基底活动大陆边缘火山-沉积盆地
与火山活动关系	密切相关	无关	有关
含矿建造	基性火山岩夹少量中酸性火山岩、变质碎屑岩	变质陆源碎屑岩为主，变质火山岩少见	变质陆源碎屑岩、变质碳酸盐岩及变质基性火山岩和中酸性火山岩
规模	长小于几千米，厚几十厘米至几百米	长达几十至几百千米，厚几至几百米	长 1.2~5km，厚 1.02~37.66m
变质程度	经受了绿片岩相和角闪岩相的变质作用，个别矿床产于麻粒岩相	大多数未遭受变质或浅变质（绿片岩相），部分变质深度可达角闪岩相	经受了绿片岩相的变质作用
地球化学特征	La、Eu、Y 正异常，Ce 负异常或无明显负异常	La、Eu、Y 正异常，Ce 负异常	La、Eu、Y 正异常，Ce 负异常
可能原始成因	近喷口喷流沉积型	远喷口喷流沉积型	喷流沉积型

前人研究表明，条带状铁矿建造是以硅、铁质为主的化学沉积物，其中可夹杂一些次要的胶体物质和少量同沉积黏土矿物，形成于火山间歇期或宁静期。地球化学特征显示，矿石具有 La、Eu、Y 正异常和 Ce 负异常。目前比较公认的模式是，海底（湖底）深部高密度的硅质热卤水通过同沉积断裂上涌，携带大量的成矿物质，喷出海底地表与冷水混合，在喷口附近产生成矿作用。阿尔戈马型 BIF 矿床和苏比利尔型 BIF 矿床可能分别属于近喷口和远离喷口的热水喷流沉积矿床（刘磊等，2011）。

那西郭勒矿床形成于中元古代，含矿建造为变质陆源碎屑岩、变质碳酸盐岩及变质基性火山岩，经受了绿片岩相-角闪岩相的变质作用，变质程度与苏比利尔型铁矿具有一定的相似性，从矿床发育基性火山岩的特点比较，与阿尔戈马型铁矿具有一定相似性。

然而，那西郭勒矿床含矿建造中发育变质基性火山岩，斜长角闪片岩、斜长角闪岩等变质基性火山岩中赋存一定规模的铁矿体，与苏比利尔型铁矿以变质陆源碎屑岩为主，很少见变质火山岩的含矿建造存在一定差异；矿床形成于中元古代造山带基底演化的活动大陆边缘火山-沉积盆地环境，与苏比利尔型形成于古元古代时期的稳定克拉通之上的海相沉积盆地或被动大陆边缘环境也存在很大差异。

与阿尔戈马型相比较，那西郭勒矿床形成时代和形成环境存在明显差异，阿尔戈马型矿床主要形成于太古宙克拉通基底，那西郭勒矿床形成于中元古代造山带基底；含矿建造方面，那西郭勒矿床以大量出现变质陆源碎屑岩、变质碳酸盐岩而有别于阿尔戈马型以基性火山岩为主的含矿建造；那西郭勒矿床矿石地球化学特征显示，矿石物质来源存在大量陆源成分，这与阿尔戈马型矿床也具有明显的差异。

通过对比分析，笔者认为那西郭勒矿床即非阿尔戈马型，也非苏比利尔型，是在造山带基底环境下形成的一种铁矿类型，属于热水喷流沉积－变质型（沉积变质型）。

六、成矿模式

根据矿床特征、地球化学特征、控矿因素及矿床成因的分析，提取重要的成矿要素，建立的那西郭勒沉积变质型铁－石墨矿床成矿模式见表2－7及图2－31。

表2－7　那西郭勒沉积变质型铁－石墨矿床成矿模式

矿床模式要素	特　征
成矿时代	中元古代
大地构造环境	造山带基底活动大陆边缘
含矿地层及岩性	金水口岩群斜长角闪片岩岩组、大理岩岩组石英岩、斜长角闪片岩、石英片岩和大理岩
围岩	金水口岩群
构造	矿体的产出形态受北西向断裂及背斜的控制，构造对矿体主要是改造
侵入岩	对矿体主要是改造
主要控矿因素	地层和岩性
矿体特征	顺层发育的似层状为主，与围岩产状一致
矿石特征	条带状构造为主，矿石成分单一，矿种以铁或石墨矿为主
围岩蚀变	不明显
成矿期次	热水喷流沉积期、变质作用期、构造－岩浆变形－改造期

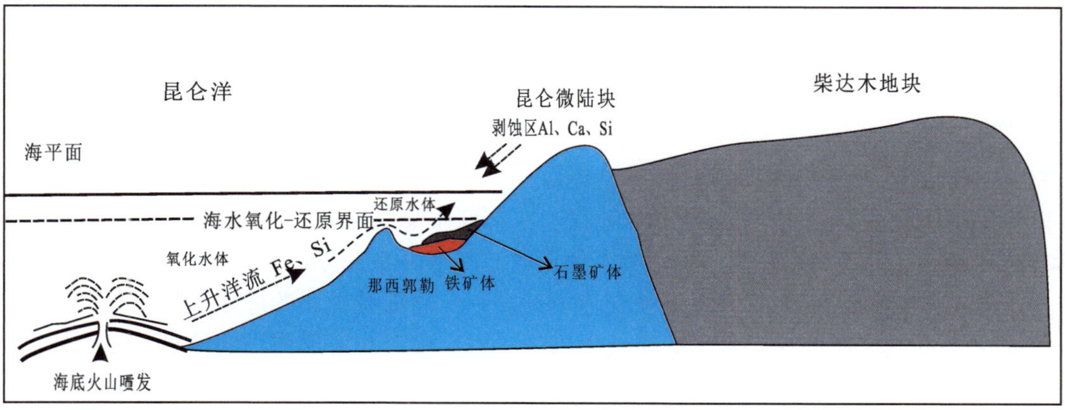

图2－31　那西郭勒沉积变质型铁－石墨矿床成矿模式

那西郭勒式铁－石墨矿床是东昆仑地区中元古代造山带基底形成阶段，在活动大陆边缘火山－沉积盆地内形成的沉积变质型矿产。金水口岩群是主要赋矿层位，石英岩、斜长角闪片岩、石英片岩和大理岩是铁和石墨矿主要含矿岩石，矿石呈条带状构造，矿石矿物变质特征明显，矿石成分单一，矿种以铁或石墨矿为主，矿体与围岩产状基本一致，构造和后期岩浆岩对矿体具有改造或破坏作用。这些特征是鉴别该类矿床的主要标志。

第三节　成矿规律

研究区沉积变质型铁－石墨矿床均分布于昆中岩浆弧，发现那西郭勒大型铁－石墨矿、查可勒图小型铁－石墨矿、东沙子小型铁矿、莫斯图小型石墨矿、呼热郭勒中型石墨矿五处矿床。

矿区出露地层均为金水口岩群，那西郭勒、查可勒图、东沙子矿床金水口岩群3个岩组均有分布，3处矿床均有铁矿产出，铁矿明显受地层层位和岩性的控制，均产于斜长角闪片岩岩组，含矿岩性都以石英岩、斜长角闪片岩和石英片岩为主。矿体均具有顺层产出的特点，铁矿石均具有典型条带状构造。3处矿床矿体品位虽然变化较小，但是厚度变化均较大，与区域变形有很大关系。那西郭勒矿床矿体向褶皱转折端变厚，另外两处矿床也存在这种现象。褶皱引起的矿体厚度变化对找矿具有重要的影响，勘查过程中需重视褶皱的研究。3处矿床矿区均发育后期侵入岩，对矿体都有一定的破坏作用，有的特别强烈，如那西郭勒矿区北部岩体对矿体破坏的程度较大。那西郭勒和查可勒图矿区石墨矿均较发育，查可勒图矿区大理岩岩组中产出的石墨矿层位与那西郭勒矿床一致，只是斜长角闪片岩岩组中石墨不甚发育。东沙子矿床石墨矿未开展评价，但资料显示存在石墨矿层。那西郭勒、查可勒图矿床大理岩中石墨矿品质较好，且厚度相对稳定；斜长角闪片岩岩组中石墨矿品质一般，且厚度极不稳定，如那西郭勒矿床0勘探线斜长角闪片岩组中石墨矿与相邻勘探线石墨矿厚度变化系数超过150%，在勘探线上相邻钻孔厚度变化系数也超过100%。

莫斯图、呼热郭勒矿床主要分布大理岩岩组，两处矿床均以石墨为主，矿体与围岩产状基本一致，矿体厚度变化也较大。大理岩以灰白色厚层状大理岩为主，局部夹有薄层状大理岩。两处矿床石墨矿与那西郭勒、查可勒图矿床大理岩岩组中产出的石墨矿品位、品质具有一定的可比性，矿石多呈片麻状构造，其次为星点状和浸染状构造，唯独石墨片径大小略有差异。

那西郭勒、查可勒图、东沙子、莫斯图4处矿床集中分布于卡尔却卡至那西郭勒北西向条带内，构成了一个中元古代活动大陆边缘火山－热水沉积盆地，该部位恰好是柴达木－昆中陆块南部边缘地带。盆地西部大理岩发育，东部变质中基性火山岩相对多一些，反映盆地西部海水深于东部，海水过深不利于铁矿的形成，盆地边部火山活动更利于形成铁矿。

沉积变质型铁－石墨矿床围岩蚀变均不甚发育，局部见微弱的绿泥石化、黏土化。

总之，沉积变质型铁－石墨矿受地层层位、岩性和后期变形作用的控制。赋矿地层为金水口岩群，铁矿赋存于斜长角闪片岩岩组，含矿岩性为石英岩、斜长角闪片岩和石英片岩，矿体顺层产出，矿石具有条带状构造；石墨矿赋存于斜长角闪片岩岩组和大理岩岩组，含矿岩性为大理岩、石英岩、斜长角闪片岩和石英片岩。褶皱转折端矿体连续性好，厚度大，后期侵入岩对矿体多有破坏作用。活动大陆边缘火山－热水沉积盆地边部更利于形成铁矿，盆地中相对水深部位发育的大理岩岩组中石墨矿品质较好。

第三章 早古生代喷流沉积－热液改造型铁－铅锌－钴－金－铋矿成矿规律

第一节 地质背景

一、含矿地层

（一）地层分布

研究区早古生代喷流沉积－热液改造型铁－铅锌－钴－金－铋矿赋存于寒武系—奥陶系滩间山群，滩间山群主要分布于滩北雪峰－乌兰乌珠尔、野马泉－苏海图及那陵郭勒河盆地（图3－1），与蓟县系狼牙山组，泥盆系哈尔扎组、黑山沟组、牦牛山组，下石炭统大干沟组，上石炭统缔敖苏组及上三叠统鄂拉山组呈断层或不整合接触。

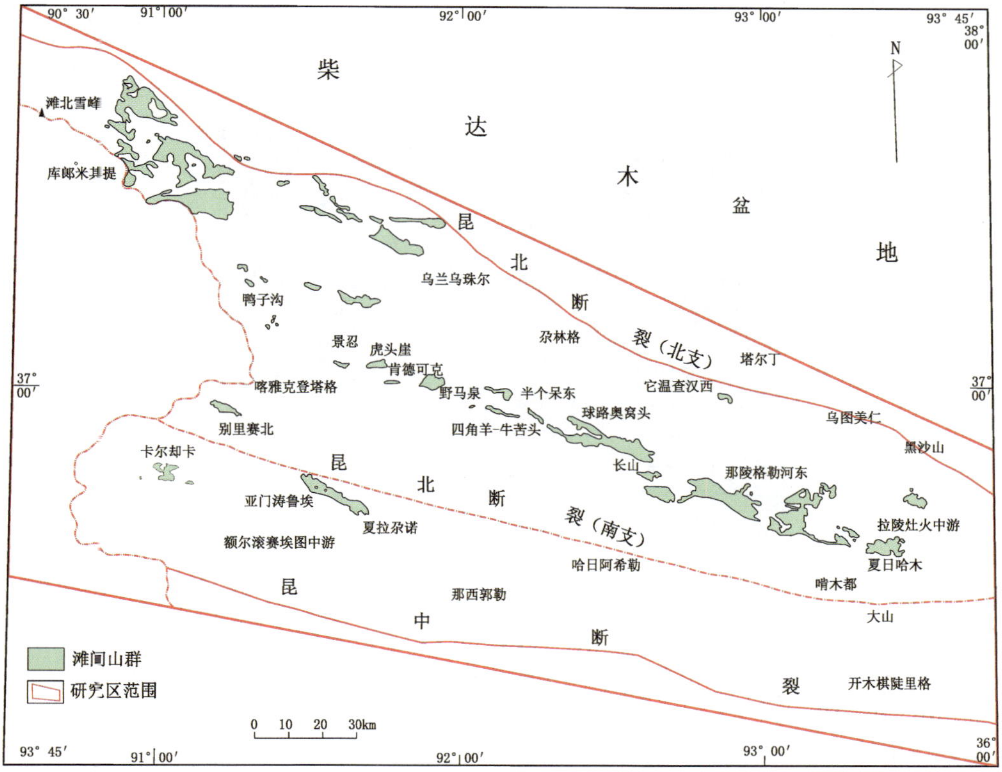

图3－1 研究区滩间山群分布图

（二）岩性特征

滩间山群自下而上分为碎屑岩组、火山岩组和碳酸盐岩组。总体倾向北东，倾角 46°～55°，厚度大于 1000m。岩石类型以玄武岩、玄武安山岩、英安岩、流纹岩、沉凝灰岩、大理岩、板岩、片岩为主，局部夹硅质岩、石英岩、石英砂岩。碎屑岩主要沉积构造有平行层理，平行纹层理、交错层构造及部分冲刷泥砾的出现等特征，岩石化学构造环境判别为一套浅海浊积岩，局部地区有少量含粉砂泥质岩、硅质岩的出现，具类复理石建造特征。

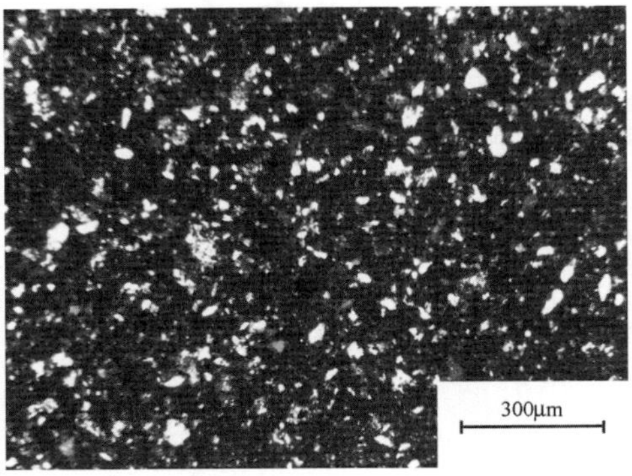

图 3－2　寒武系—奥陶系硅质岩显微照片（+）

1）硅质岩主要由硅质、砂级碎屑组成（图 3－2）。硅质为隐晶－微晶状石英，为岩石主体部分。微晶石英大小一般为 0.005～0.01mm，镶嵌状分布。岩石稀土元素总量 13.12×10^{-6}～166.79×10^{-6}，轻稀土元素相对富集，重稀土元素相对亏损，La/Yb 比值低，δCe＝0.673～0.838，Ce 呈弱负异常，δEu＝0.577～1.543，以正异常为主（潘彤，2008），具有热水沉积岩的特征。

2）玄武岩主由斑晶、基质组成，斑晶为辉石、斜长石（图 3－3）。辉石半自形柱状，大小一般为 0.5～1mm，部分为 1～2mm，星散状分布，被绿泥石、方解石交代。斜长石半自形板状，大小一般为 0.5～1mm，星散状分布，被绢云母、方解石、绿泥石交代，为假象。基质为斜长石、辉石。岩石中杏仁体呈不规则状，似哑铃状，大小一般为 1～2mm，星散状分布，成分主要为方解石、绿泥石。

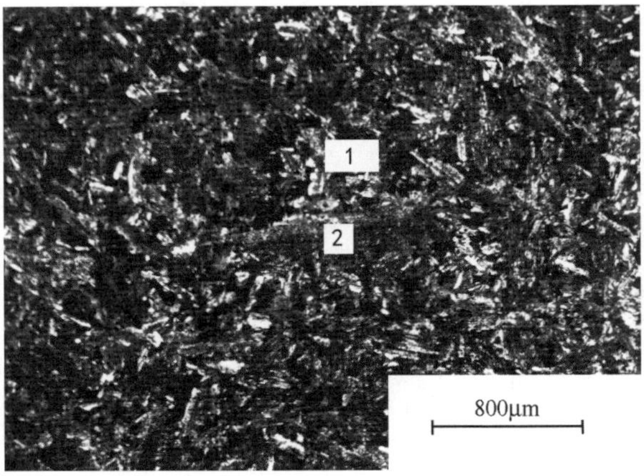

图 3－3　寒武系—奥陶系玄武岩显微照片（+）

1—辉石；2—斜长石

二、地层时代

在野马泉－苏海图盆地的楚鲁套海地区滩间山群玄武岩中获得 Sm－Nd 同位素等时线年龄为（494±26）Ma 及（493.7±5.4）Ma（青海省地质调查院，2010c；王秉璋等，

2012）；在滩北雪峰－乌兰乌珠尔盆地的宽沟—小狼牙山一带玄武岩中获得 LA－ICP－MS 锆石 U－Pb 年龄为（440.2±2.4）Ma，流纹岩 LA－ICP－MS 锆石 U－Pb 年龄为 444～457Ma（青海省地质调查院，2010c；王秉璋等，2012）；在滩北雪峰－乌兰乌珠尔盆地的北西部获得（450.3±1.2）Ma 的 LA－ICP－MS 锆石 U－Pb 同位素加权平均年龄，以及（434.8±7.8）Ma、（442±16）Ma、（467.0±2.9）Ma 的 Sm－Nd 同位素等时线年龄（青海省地质调查院，2010c；王秉璋等，2012）。结合区内以往化石特征，时代归属寒武纪—奥陶纪。

三、火山－热水沉积盆地特征

根据王秉璋等（2012）研究成果，研究区的早古生代火山岩划分为 4 个带，分别为公路沟－乱石沟带、宽沟－小狼牙山带、野马泉－苏海图带及那陵郭勒河带。形成滩北雪峰－乌兰乌珠尔（包括公路沟－乱石沟带、宽沟－小狼牙山带）、野马泉－苏海图及那陵郭勒河北部 3 个火山－热水沉积盆地。

1）公路沟－乱石沟带玄武岩具有相对高的 Nb（$7.38\times10^{-6}\sim10.1\times10^{-6}$）、$TiO_2$（1.56%～2 24%）和 P_2O_5（0.24%～0.34%），地球化学特征可以与世界上典型的富铌玄武岩对比，形成于俯冲带环境。

2）宽沟－小狼牙山带火山岩为钙碱性的玄武岩＋玄武安山岩＋英安岩＋流纹岩组合，表现为富 Na_2O（2.04%～5.85%）的特征，SiO_2 质量分数集中分布于两个端元，即玄武岩＋玄武安山组合和英安岩＋流纹岩组合，构成了双峰式火山岩组合。

3）巴音郭勒－苏海图带岩性主要为蚀变玄武岩及玄武安山岩，岩石地球化学特征与典型的岛弧拉斑玄武岩是非常接近的。

4）那陵郭勒河带以大型残留体形式赋存于三叠纪花岗岩中，具有更高的 Ti 浓度（TiO_2 平均值 1.64%）。

四、滩间山群形成的构造背景

早古生代开始，包括研究区在内的东昆仑地区发生广泛的裂解作用，形成多岛洋的构造格局。东昆仑东部在新元古代末—中寒武世为洋盆形成及扩张阶段，中寒武世开始进入俯冲阶段，持续到晚奥陶世（莫宣学等，2007）。

研究区滩间山群火山岩显示为三类岩石构造组合：双峰式火山岩组合、富铌玄武岩组合和拉斑玄武岩组合。野马泉－苏海图带与公路沟－乱石沟带火山岩均由基性火山岩组成，同时发育了大量的镁铁质－超镁铁质岩块体，与玄武岩及碎屑岩、碳酸盐岩紧密共生，两条基性火山岩带为弧后扩张的产物，即弧后盆地；宽沟－小狼牙山带为岛弧中基性钙碱性火山岩组合＋碱性酸性火山岩组合（双峰式火山岩组合）。区内早古生代不同类型、不同火山岩浆带内的火山岩的形成均与洋陆俯冲作用具有密切的相关性，这个洋显然是早古生代昆中洋。不同中基性火山岩多具岛弧或钙碱性弧火山岩的特征，但成分成熟度低，与陆壳基底上形成的弧火山岩具有明显的区别，不具备陆缘弧的特点，推断其形成于弧后扩张环境（王秉璋等，2012），即 3 个火山－热水沉积盆地具有弧后盆地的特点。

第二节　典型矿床特征

研究区早古生代喷流沉积－热液改造型矿床仅发现有 1 处，即肯德可克铁－铅锌－钴－金－铋矿床。20 世纪 80 年代，青海省地质一队在矿区检查磁异常发现肯德可克铁－铅锌矿床，提交铁矿石量 7000×10^4t，铅锌资源量 20×10^4t。2003 年以后，青海省有色地质勘查局在矿区北部发现钴－金－铋矿，提交钴矿 529t，金矿 9.5t，铋矿 4438t，金、铋矿均达中型规模，钴矿为小型规模（蔡岩萍等，2011）。

一、矿区地质

肯德可克矿区地处野马泉－苏海图早古生代弧后盆地，矿区主要出露寒武系—奥陶系滩间山群碳酸盐岩、热水硅质岩夹碎屑岩及火山岩，上石炭统缔敖苏组大理岩、生物灰岩、结晶灰岩、粉砂岩夹炭质泥岩等，其次出露少量上泥盆统牦牛山组陆相火山岩（图 3－4）。滩间山群位于 F_1 断层北部，缔敖苏组位于 F_1 断层南部。矿区含矿地层主要为滩间山群和缔敖苏组，含矿岩石主要为石榴子石透辉石矽卡岩，其次为矽卡岩化硅质岩、矽卡岩化大理岩。受肯德可克复式向斜的影响，地层倾向北或南，倾角 50°～70°。

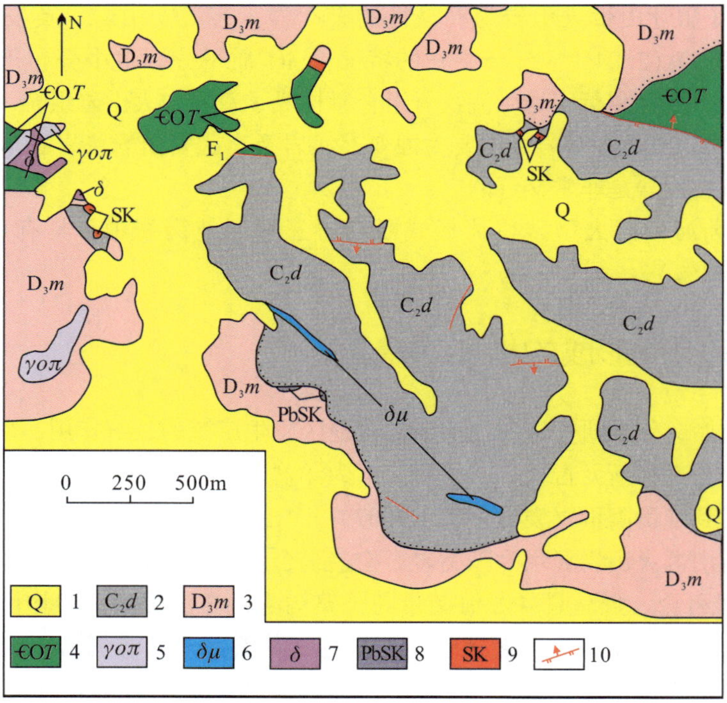

图 3－4　肯德克可多金属矿床地质图

（据青海省第一地质队，1981，略作修改）

1—第四系；2—上石炭统缔敖苏组；3—上泥盆统牦牛山组；4—寒武系—奥陶系滩间山群；5—石英斑岩；6—闪长玢岩；7—闪长岩；8—方铅矿化矽卡岩；9—矽卡岩；10—断层

矿区岩浆活动较微弱，未见明显岩体分布，但是在矿区西部和矿区深部钻孔中发现有石英斑岩脉、闪长岩脉、闪长玢岩脉、花岗岩脉等。

矿区褶皱发育，F_1 断层南部为一处向斜，规模较大，最大宽度大于 1km，轴面近于直立，两翼较对称，向斜由缔敖苏组组成。F_1 断层北部为一背斜，规模较小，轴面南倾，但倾角较陡，由滩间山群组成，两翼不对称，南翼被 F_1 断层破坏出露不完整。矿区北西西向、东西向构造则十分发育，主要发育一条断续贯通矿区的 F_1 断裂。断裂面呈弯曲状，西部总体南倾，东部北倾，倾角变化大，通常为 48°左右，局部较陡，断裂性质表现为压性。断裂下盘岩块为滩间山群，上盘岩块为缔敖苏组。断裂附近破碎带发育，宽 30～100m，有压碎岩、断层泥及硫化物分布。断裂带中劈理、片理、裂隙发育，多具硅化、碳酸盐化、矽卡岩化、磁铁矿化、黄铁矿化、钴铋金矿化及铅锌矿化。

二、矿床地质

（一）矿带特征

矿区铁－铅锌矿主要分布于 F_1 断层附近，主体产在断层下盘滩间山群，上盘缔敖苏组也分布有铅锌矿。根据空间位置，铁－铅锌矿带又称为南矿带，受 F_1 断层控制，呈近东西向展布，倾向南。矿带与地磁异常套合很好，长约 2km，宽 80～150m，带内主要是矽卡岩，顶部为缔敖苏组碳酸盐岩，底部为钙镁橄榄石矽卡岩。

钴－金－铋矿产于 F_1 断层北部，已发现 1 条钴－铋－金矿带，主要位于矽卡岩、滩间山群钙质板岩及矽卡岩化硅质岩中。根据空间位置，钴－铋－金矿带又称为北矿带，矿带长度 0.6～1km，形态受断裂控制，总体走向近东西向，倾向北。矿带底部为泥质岩、大理岩，顶部为矽卡岩化硅质岩。

区内矽卡岩以石榴子石矽卡岩、透辉石矽卡岩、绿帘石化矽卡岩、阳起石化矽卡岩为主。矽卡岩明显晚于硅质岩形成，与热水喷流沉积同生形成的矽卡岩存在明显的区别，但也不同于传统意义的矽卡岩，是热液活动使硅质岩、碳酸盐岩、含碳钙质板岩之间发生 Si、Ca 双交代的产物（孙丰月等，2003；赵财胜等，2006；潘彤等，2015）。

（二）矿体特征

目前，矿区发现铁、铅锌（铜）矿体 160 余条，多属于盲矿体，矿体形态多呈似层状、透镜状、扁豆状，南部铁－铅锌（铜）矿体穿层现象明显，北部金－钴－铋矿体产状与地层产状基本一致，但局部也存在穿层现象。铁矿体大小悬殊，大者长 1650m，厚 113m；小者长百余米，厚不足 1m，TFe 平均品位 34.12%，最高为 60.30%。铅锌（铜）矿体多位于铁矿体顶部或旁侧，最大长度 550m，沿倾向最大延伸 260m，最大厚度 30m，最小矿体长仅 50m，延深 25m，厚度 1m，锌品位一般为 1%～2%，铅品位一般为 0.5%～2%，最高达到 20.71%，铜品位一般为 0.2%。矿体空间分带较明显：自下而上为磁铁矿体—锌铁矿体—锌（铜）矿体—铅矿体（图 3－5）。

金钴铋矿体共发现 35 条，矿体长度 80～320m，宽 0.66～10.57m，钴品位 0.023%～0.339%，铋品位 0.62%～1.74%，金品位 $n \sim n \times 10$g/t。矿体在倾向上呈层状、似层状

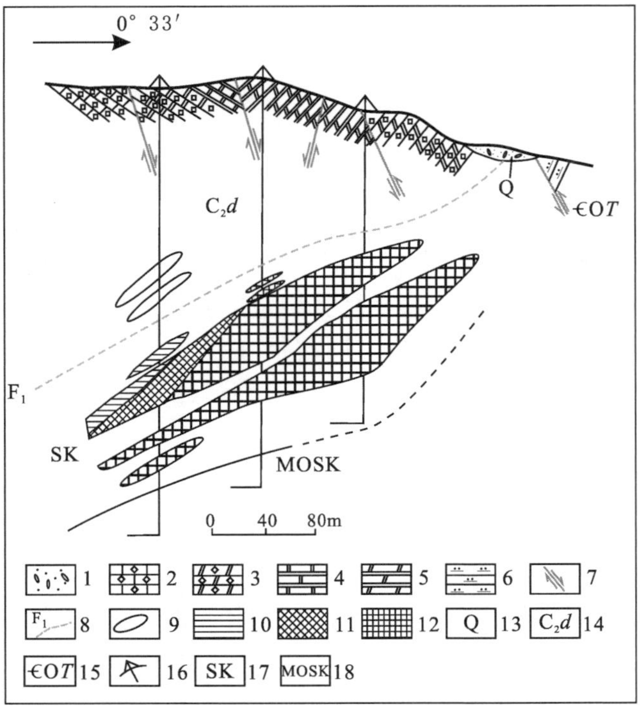

图 3－5　肯德可克矿床南矿带 24 勘探线剖面图

（据青海省第一地质队，1981，略作修改）

1—风成砂、冲洪积物；2—结晶灰岩；3—白云质大理岩；4—大理岩；5—白云岩；6—硅质岩；7—次级断层；8—主断裂；9—铅矿体；10—锌矿体；11—锌铁矿体；12—铁矿体；13—第四系；14—上石炭统缔敖苏组；15—寒武系—奥陶系滩间山群；16—钻孔；17—矽卡岩；18—钙镁橄榄石矽卡岩

分布，一般北倾，倾角较陡，为 50°～70°（图 3－6）。矿体在走向上具膨大收缩尖灭再现的特征，水平方向呈弧形。矿体受构造控制产出比较明显，沿构造裂隙分布的则呈脉状，矿体具穿切岩层现象，具有后期热液改造的显著特征。主要矿化类型为钴铋金矿化，矿化元素组合自上而下没有明显的分带，只是局部某种元素较其他元素富集。矿化强度自上而下略有分带，其中钴依次降低，铋基本不变，金具有波动变化的特点。

（三）矿石特征

前人对矿区矿石特征进行了细致研究（青海省地矿局第一地质队，1981；潘彤等，2001，2015；王力等，2003；匡俊等，2003；孙丰月等，2003；伊有昌等，2006）。矿石类型较多，有磁铁矿、闪锌磁铁矿、闪锌矿、方铅闪锌矿、方铅矿、黄铜矿、金矿、金闪锌矿、金磁铁矿、方钴矿、方钴矿辉铋矿等。金属矿物有磁铁矿、磁黄铁矿、黄铁矿、闪锌矿、方铅矿、黄铜矿、方钴矿、辉砷钴矿、自然铋、自然金、辉铋矿、软铋矿、硫碲铋矿，少量的胶黄铁矿、草莓状黄铁矿、白铁矿、斑铜矿、辉铜矿、毒砂、辉钼矿等。草莓状黄铁矿和胶黄铁矿形成于热水喷流沉积作用（潘彤等，2015）。含铁、铅、锌的主要金属矿物形成于热液交代作用。脉石矿物有石榴子石、透辉石、符山石、钙镁橄榄石、透闪石、石英、绿泥石、方解石、白云石、白云母、绢云母等。

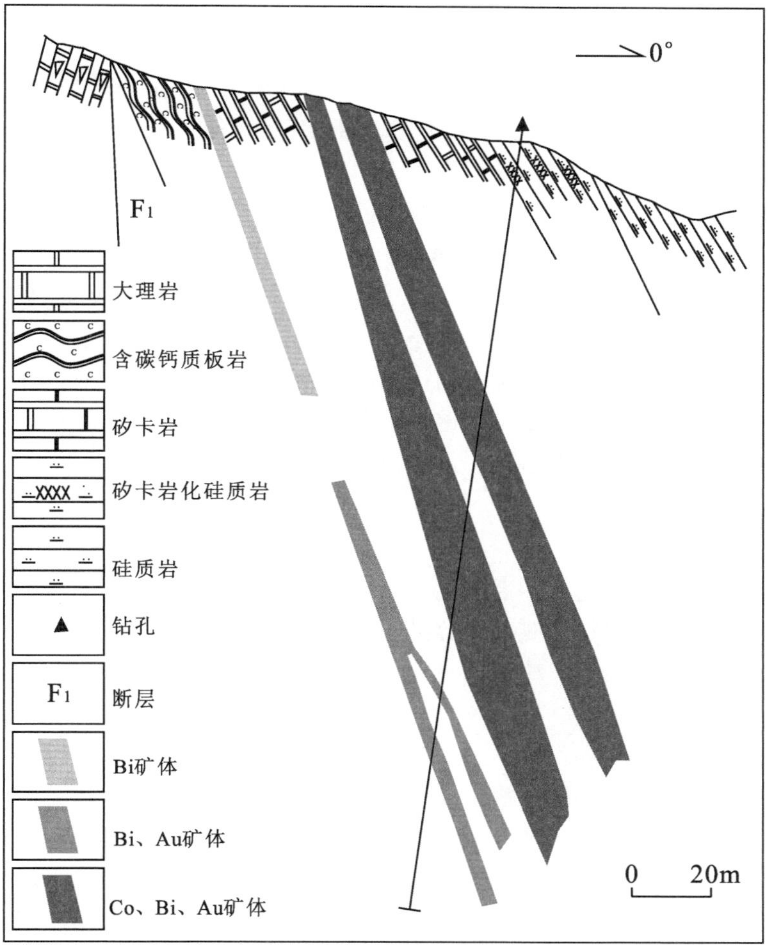

图3－6　肯德可克矿床6勘探线剖面图
（据潘彤等，2015）

矿石结构主要有半自形－他形粒状结构、交代溶蚀结构、胶粒结构、球粒结构、胶状重结晶结构、环带结构、压碎结构、填隙结构和压力影结构等。矿石构造以团块状、网脉浸染状、脉状、斑杂状为主，次为条带状、角砾状、块状、羽状、树枝状、梳状和微孔网状构造，偶尔可见层纹状构造。矿石组构特征既反映热水沉积作用特点，又具有后期热液叠加成矿作用的特征。

磁铁矿呈钢灰色，强磁性，他形、半自形粒状结构，少数为自形粒状结构，粒度一般为0.02～2mm，最大可达5mm，磁铁矿晶粒为自身镶嵌或与脉石矿物构成嵌晶，后者晶形为脉石矿物晶形控制。磁铁矿生成最少有三期，第一期生成的磁铁矿以他形粒状为主，粒度以微至细粒为主，常见其分布于透辉石、石榴子石晶粒间或包含方解石、绿泥石、金云母，是铁矿的主要成矿期；第二期生成的磁铁矿主要呈半自形－他形粒状结构，以中粒为主，多呈团块状、脉状穿插、叠加于早期磁铁矿之上，常交代透辉石、石榴子石；第三期生成的磁铁矿主要呈细小的脉状穿插于金属硫化物中。从磁铁矿矿石特点来看，与祁漫塔格地区接触交代矽卡岩型矿床磁铁矿矿石特征和成矿期次相类似。

方铅矿呈他形粒状，粒度一般为0.01～0.5mm，最大可达3mm，单晶与集合体形态极不规则，与闪锌矿常共生，形成连晶或呈乳滴状含于闪锌矿、磁黄铁矿中。

闪锌矿呈褐、黑褐色，他形－半自形粒状，粒度0.01～2mm，常形成直径0.05～3mm，最大达10mm的集合体，闪锌矿中见有方铅矿、黄铜矿、磁铁矿的乳滴状固熔体或为方铅矿、磁黄铁矿所包裹、交代。

方钴矿颗粒较大，为粒状集合体，粒径为0.18～0.47mm，与自然铋、辉砷钴矿共生；辉砷钴矿为粒状集合体，粒径为0.01～0.07mm。辉铋矿为柱状、粒状集合体，短轴为0.01～0.04mm，长轴为0.02～0.10mm；软铋矿为细粒状、土状集合体，属于次生矿物，与毒砂、方钴矿、辉铋矿、自然铋相伴生；硫碲铋矿为不规则长条状，短轴为0.04～0.13mm，长轴为0.06～0.33mm。金矿物呈自然金和金的硫化物两种形式存在，以金的硫化物形式为主，粒径多集中在0.02～0.05mm之间，通常情况下，载金矿物为黄铁矿，金一般沿着黄铁矿裂隙或晶格空隙展布，形成裂隙金与晶格金。

（四）围岩蚀变

矿区围岩蚀变主要有硅化、矽卡岩化、绿泥石化、碳酸盐化，其中同矿体关系密切的是矽卡岩化和硅化。自矿体往外侧蚀变分带明显：矿体—矽卡岩化—硅化—碳酸盐化、绿泥石化。

（五）成矿阶段

根据肉眼和镜下鉴定，金属矿物生成顺序为：胶黄铁矿＋毒砂→辉铋矿＋方钴矿＋磁黄铁矿＋辉砷钴矿＋毒砂＋自然金＋自然铋→磁铁矿＋自然金＋黄铜矿＋方铅矿＋闪锌矿→辉铜矿＋辉钼矿＋辉铋矿＋自然铋→孔雀石＋褐铁矿＋钴华＋砷化＋铋华＋钼华等。

根据矿物生成顺序的分析，将矿床成矿期次分为：热水喷流沉积期、构造－岩浆热液期和表生氧化期。

三、矿床地球化学特征

（一）主量元素

与生物成因硅质岩比较，矿区硅质岩明显贫SiO_2，富FeO、Fe_2O_3和Al_2O_3；相对于火山热水活动的硅质岩，矿区硅质岩Fe_2O_3的含量较高，Al_2O_3和FeO的含量较低，而且P_2O_5含量相对较高，反映出存在陆源成分，但陆源成分相对偏低（潘彤，2008）。Rona P A.（1983，1988）在研究现代洋底热液沉积物时指出，Fe、Mn和Al等主要元素的含量对于区分热水沉积与非热水沉积具有重要意义。矿区Fe/Ti、（Fe＋Mn）/Ti之比平均值分别为23.46和24.21，与海水热液沉积岩大于20的比值特征较一致，而Al/（Al＋Fe＋Mn）为0.45，略高于海水热液沉积岩小于0.35的比值特征，可能与其他物质的混入有关，总体来说矿区硅质岩接近与火山活动相关热水沉积硅质岩的特征（潘彤，2008）。

（二）稀土元素

矿区硅质岩稀土元素含量变化较大，为46.08×10^{-6}～300.13×10^{-6}，平均为

181.79 × 10^{-6}；La/Yb 为 1.44 ~ 26.43，Ce/Yb 为 3.78 ~ 50.83，具有轻稀土元素富集特征；δEu 值多数为 0.426 ~ 0.996，1 件样品 δEu 值大于 1，平均为 0.76，显示 Eu 具有弱负异常；δCe 多在 0.760 ~ 0.946 之间，少部分超过 1.0，Ce 弱亏损或亏损不明显（潘彤等，2015）。稀土元素配分模式曲线与正常海水有相似之处，Ce、Eu 负异常没有海水明显，而与洋中脊热水沉积物比较接近，表明在它们形成的过程中海水起了一定的作用（潘彤等，2015），反映矿区硅质岩具有海底热水喷流沉积的特点。

矿区矽卡岩稀土元素含量变化范围为 133.22 × 10^{-6} ~ 370.13 × 10^{-6}，平均值为 220.26 × 10^{-6}；La/Yb 平均值为 10.17，Ce/Yb 平均值为 20.11，显示出明显的稀土元素分馏作用，轻稀土元素富集；多数样品 δEu 小于 1，个别样品大于 1，总体显示 Eu 负异常不明显或显示正异常（潘彤等，2015）。稀土元素配分模式曲线图中曲线总体呈平缓型且略向右倾的趋势，与硅质岩具有相似的 Ce、Eu 异常。

（三）微量元素

矿区硅质岩富含多种微量元素。其中既有黑色金属、有色金属（Co、Ni、Bi、Cu、Pb、Zn 等），又有 Au、Ag 等贵金属元素，显示出硅质岩为非正常沉积作用的产物，尤其是其富含 As、Sb 等元素，As、Sb 的平均含量分别为 7420.3 × 10^{-6}、29.28 × 10^{-6}，其数值高出现代热水沉积物（As 为 200 × 10^{-6}、Sb 为 7 × 10^{-6}），高出页岩许多倍，反映出明显的热水喷流沉积的特点（潘彤，2008）。在热水沉积物与非热水成因沉积物判别 Fe - Mn - （Co + Ni + Cu） × 10 三角图解（Bostom，1983）中，矿区硅质岩样品全部投影于热水沉积区，表明具有热水成因特点（潘彤，2008）。

（四）硫同位素

青海省地矿局第一地质队（1981）对矿区黄铁矿硫同位素测定结果显示（表 3 - 1），δ^{34}S 在 - 1.66‰ ~ + 5.96‰之间，且多为正值（16 个样），负值（2 个样）较少，其中大部分接近幔源硫的同位素组成，显示成矿流体中的硫为深源硫，指示成矿物质来源于地幔，少数样品 δ^{34}S 值偏离幔源硫的同位素组成，是成矿流体从深部向上运移过程中混入的少量壳源硫所致（伊有昌等，2006）。肖晔等（2013）对矿床黄铁矿硫同位素也进行了测定，与青海省地矿局第一地质队测试结果基本一致，δ^{34}S 值为 - 2.0‰ ~ + 1.5‰，同样多为正值，平均为 0.43‰。

表 3 - 1　肯德可克矿床硫同位素组成

样号	矿物	δ^{34}S	样号	矿物	δ^{34}S	样号	矿物	δ^{34}S	样号	矿物	δ^{34}S	样号	矿物	δ^{34}S
1	黄铁矿	- 1.66	6	黄铁矿	1.00	11	黄铁矿	- 1.66	16	黄铁矿	2.80	KDD - 0	磁黄铁矿	- 2.0
2	黄铁矿	0.75	7	黄铁矿	1.75	12	黄铁矿	1.00	17	黄铁矿	3.00	KDD - 0	黄铁矿	1.3
3	黄铁矿	1.50	8	黄铁矿	2.70	13	黄铁矿	1.20	18	黄铁矿	2.20	KDD - 15	黄铁矿	- 0.1
4	黄铁矿	0.18	9	黄铁矿	3.50	14	黄铁矿	1.85	KD - 23	磁黄铁矿	0.7	KDD - 16	黄铁矿	0.4
5	黄铁矿	0.18	10	黄铁矿	5.96	15	黄铁矿	2.00	KD - 24	磁黄铁矿	1.2	KDD - 17	黄铁矿	1.5

注：1 ~ 18 号样品结果来源于青海省地矿局第一地质队，1981；KD - 23 ~ KDD - 17 号样品结果来源于肖晔等，2013。

（五）包裹体测温

青海省地矿局第一地质队（1981）对矿区包裹体测温结果显示，磁铁矿的形成温度在240～520℃，大多在300℃以上，方铅矿形成温度一般小于300℃。

四、控矿因素

（一）大地构造背景

早古生代开始，包括矿区在内的东昆仑地区发生广泛的裂解作用，形成多岛洋的构造格局。根据滩间山群火山岩岩石构造组合研究，王秉璋等（2012）认为滩间山群火山岩形成于弧后扩张环境。结合国内外典型钴矿床成矿特征，热水喷流沉积型矿床形成环境主要为裂谷、裂陷槽、弧后盆地等拉张环境（芮宗瑶，1989）。弧后扩张环境是形成热水喷流沉积型矿床的有利部位。研究区寒武纪—奥陶纪存在一期热水喷流沉积成矿作用。区内三叠纪碰撞－后碰撞作用形成了大量中酸性侵入岩，岩浆成矿作用强烈，肯德可克矿床是在寒武纪—奥陶纪热水喷流沉积成矿作用的基础上，由三叠纪构造－岩浆作用叠加形成。笔者认为三叠纪构造－岩浆作用对矿床的最终形成尤为重要。寒武纪—奥陶纪弧后扩张和三叠纪碰撞－后碰撞环境是形成矿床的重要构造背景。

（二）地层及岩性因素

矿床的产出受地层及岩性控制明显。目前，矿区发现的矿体主要产于矽卡岩、滩间山群矽卡岩化硅质岩及钙质板岩中，其次在缔敖苏组矽卡岩化碳酸盐岩中亦有产出。滩间山群硅质岩、钙质板岩所含成矿元素丰度值远远高出沉积岩类页岩值，其中钙质板岩中Au含量多在4.2×10^{-9}～21.0×10^{-9}，高值可达340.0×10^{-9}，Ag含量最高值33.4×10^{-6}，Bi含量47.0×10^{-6}～184.0×10^{-6}，平均为104.2×10^{-6}，与沉积页岩（张秋生等，1988）相比最高达10420倍；硅质岩中Co含量17.5×10^{-6}～95.0×10^{-6}，Au含量7.0×10^{-9}～1560.0×10^{-9}，Bi含量31.3×10^{-6}～104.0×10^{-6}，与沉积页岩（张秋生等，1988）相比通常达5倍以上，最高达到3900倍（潘彤等，2015）。说明滩间山群地层内钴、铋、金等成矿元素较高，为成矿提供了十分有利的地层条件。

（三）构造因素

矿区断裂构造发育，弧后盆地拉张环境下产生断裂，沿断裂发生热水喷流沉积作用，形成热水喷流沉积岩，三叠纪期间断裂为成矿热液运移提供了通道。区内F_1断裂构造控制地层的走向及矿体的产出，为矿体定位提供了赋存空间，而且带内的矿化强弱与构造裂隙发育程度相关。后期断裂切割矿体，并导致矿体差异抬升，由于正断平面效应，矿化带被水平错断。总之，构造对成矿的作用大致可归纳为：控制深部物质来源；控制矿化的空间展布和强度；控制矿体的产出，提供矿体的赋存空间（潘彤等，2015）。

（四）岩浆岩因素

虽然矿区及其附近地段无一定规模的侵入岩体出露，但是在矿区西部钻孔中见有花岗岩、石英斑岩、闪长玢岩岩脉，遥感解译推测在矿区南部可能存在隐伏岩体。紧邻矿区的东南部外围发育闪长玢岩、石英斑岩，且与围岩缔敖苏组碳酸盐岩接触带产出有矽卡岩型铅锌矿体，矿体具有一定规模，矿体最大长度达到500m。从矿体主要产于矽卡岩中，矿体穿层现象明显，滩间山群和缔敖苏组中均有矿体产出，矿石普遍发育交代结构等特征分析，笔者认为肯德可克矿区岩浆岩与成矿关系十分密切。

五、矿床成因

20世纪80年代该矿床一直被认为属岩浆热液成因矽卡岩矿床，潘彤等（2001）通过研究，提出与热水喷流作用有关。成矿机理方面匡俊等（2003）、潘彤等（2003，2015）、孙丰月等（2003）、赵财胜等（2006）进行了探讨。

矿区经历了热水喷流沉积期、构造-岩浆热液期和表生氧化期。寒武纪—奥陶纪热水喷流沉积期形成硅质岩，硅质岩富 Fe、Mn，贫 Al，具有明显的热水沉积岩特征。该时期还形成大量微细粒的黄铁矿、磁黄铁矿和胶黄铁矿，并有金和钴矿物形成，硅质岩和钙质板岩中 Co、Au、Bi 等成矿元素有明显的富集。

三叠纪构造-岩浆热液期深部岩浆热液沿断裂上升，发生渗滤交代作用，形成厚大的矽卡岩和铁-铅锌-金等矿体，并促使硅质岩与含碳钙质板岩发生了 Si、Ca 双交代，在层间接触带形成了矽卡岩或矽卡岩化，同时热液活动使早期热水沉积的 Co、Bi、Au 等金属元素再次发生迁移、富集并存储，在构造薄弱的破碎矽卡岩内进一步富集。矿区存在的交代结构，团块状、网脉浸染状等构造反映经历了后期强烈的岩浆热液成矿作用。肖晔等（2013）获得矿区坑道内脉状二长花岗岩 LA-ICP-MS 锆石 U-Pb 加权平均年龄为（229.5±0.5）Ma（$n=19$，MSWD =0.02）；奚仁刚等（2010）获得矿区东部二长花岗岩LA-ICP-MS 锆石 U-Pb 谐和年龄为（230.5±4.2）Ma（$n=7$，MSWD=1.4）。赵财胜等（2006）获得辉长岩脉中的斜长石$^{40}Ar-^{39}Ar$升温坪年龄为（207.8±1.9）Ma，等时线年龄为（211.13±4.46）Ma；青海省地矿局第一地质队（1981）获得金云母同位素地质年龄为214Ma。以上事实说明区内存在三叠纪构造热事件，矿床在三叠纪经历了强烈的热液叠加、改造成矿作用。受三叠纪构造、岩浆热液叠加成矿作用影响，出现大量具有接触交代矽卡岩型成矿的特点。

表生氧化期形成钴华、镍华、褐铁矿、蓝铜矿及孔雀石等一系列表生矿物。

通过进一步对矿床成矿地球动力学环境、矿床成矿特征及矿床地球化学特征综合分析，笔者认为该矿床成因为热水喷流沉积+热液改造型矿床，成矿主要有两期，分别为寒武纪—奥陶纪和三叠纪，尤其是三叠纪对成矿具有十分重要的意义，从含矿层不局限于滩间山群、矿体穿层、大量矿石具有交代结构的角度来说，三叠纪对成矿甚至具有决定性的意义。本次虽然将肯德可克矿床列入早古生代，旨在说明研究区寒武纪—奥陶纪存在一期成矿作用。

六、成矿模式

根据矿床特征、地球化学特征、控矿因素及矿床成因的分析，提取重要的成矿要素，建立的早古生代热水喷流沉积 – 热液改造型铁 – 铅锌 – 钴 – 金 – 铋矿矿床成矿模式见图 3 –7 及表 3 –2。

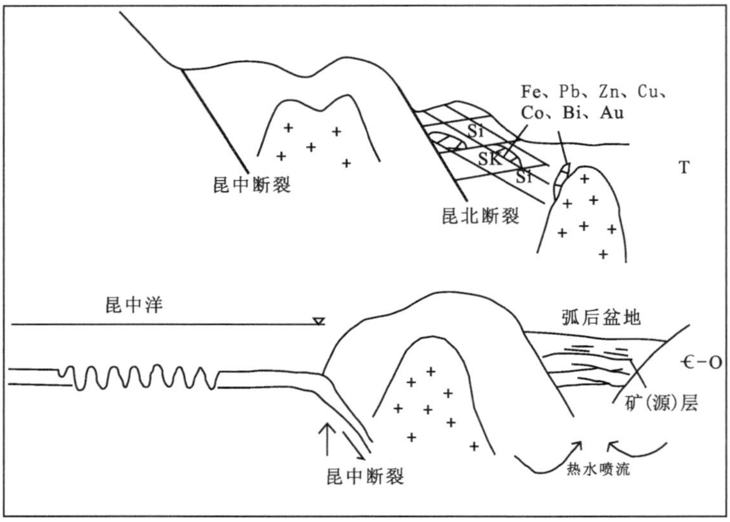

图 3 –7　肯德可克矿床成矿模式

表 3 –2　肯德可克热水喷流沉积 – 热液改造型铁 – 铅锌（铜）– 钴 – 铋 – 金矿床成矿模式

矿床模式要素	特　征
成矿时代	早古生代寒武纪—奥陶纪 + 三叠纪
大地构造环境	弧后盆地 + 后碰撞
含矿地层及岩性	矽卡岩；滩间山群矽卡岩化硅质岩、钙质板岩；缔敖苏组矽卡岩化碳酸盐岩
围岩	滩间山群硅质岩，具有喷流岩特征；缔敖苏组矽卡岩化碳酸盐岩
构造	近东西向断裂、复式向斜
侵入岩	石英斑岩、闪长玢岩脉，遥感解译推断矿区南部存在岩体
主要控矿因素	地层、断裂和隐伏岩体
矿体特征	似层状、透镜状、扁豆状，顺层和穿层均发育
矿石特征	结构有半自形 – 他形粒状结构、交代溶蚀结构等，构造以团块状、网脉浸染状、脉状、斑杂状为主，次为条带状、角砾状构造等，偶尔可见层纹状构造
围岩蚀变	矽卡岩化、硅化、绿泥石化
成矿期次	热水喷流沉积期、构造 – 热液期和表生氧化期

东昆仑地区早古生代发生裂解形成多岛洋环境，研究区内弧后盆地环境下形成一套热水喷流沉积岩系，并发生一期热水喷流沉积成矿作用。三叠纪，区内构造 – 岩浆作用期深部岩浆热液沿断裂上升，发生渗滤交代、顺层交代以及促使热水沉积岩系不同岩性的 Si、Ca 双交代，并最终形成肯德可克矿床。

第三节　成矿规律

研究区热水喷流沉积－热液改造型矿床仅发现肯德可克1处矿床，位于昆北三弧盆地的野马泉－苏海图，为早古生代弧后盆地。

与成矿密切相关的地层为滩间山群和缔敖苏组，滩间山群形成于寒武纪—奥陶纪，岩石组合为碳酸盐岩、热水硅质岩夹碎屑岩及火山岩，属于一套热水喷流沉积岩系，岩石中微量元素含量较高，寒武纪—奥陶纪存在一期成矿作用，形成一些钴、铋、金矿体，更多的是形成了铅锌、铜、钴、铋、金的初始富集。矿区断裂发育，以东西向构造为主，对矿体具有明显的控制作用。虽然未发现岩体，但从矿体和矿石特征反映矿区存在隐伏岩体。矿体主要赋存在矽卡岩和矽卡岩化岩石中，矿体穿层和顺层现象均存在，矿石交代结构明显，围岩具有矽卡岩化和硅化。

从含矿地层、含矿岩性和矿体特征、矿石特征来看，肯德可克矿床与尕林格矿床十分相似，尕林格矿床铁矿石中也存在钴矿，只是尕林格矿床发现有三叠纪花岗岩体，矽卡岩和矿体产于岩体与滩间山群接触带。滩间山群作为围岩的它温查汉西接触交代矽卡岩矿床中也发现有金矿。东昆仑东段的都兰地区众多接触交代矽卡岩矿床中也出现钴矿。

笔者研究认为肯德可克矿床的形成受早古生代喷流沉积和三叠纪构造－岩浆作用的控制，具体来说矿床受滩间山群和缔敖苏组、近东西向构造和隐伏岩体的控制，三叠纪构造－岩浆热液活动是成矿的重要因素。从控制成矿的主要因素这个角度来讲，该矿床更类似于热液型矿床或远程接触交代矽卡岩型矿床。

从地质背景分析，该类型矿床在昆北三弧盆地均具备成矿的条件。宽沟—小狼牙山一带滩间山群火山岩具有双峰式火山岩组合的特征，局部分布三叠纪花岗岩，已发现的黑柱山铜－铅锌矿床产于矽卡岩、矽卡岩化钙质板岩中。带内工作程度低，具有良好的找矿前景，双峰式火山岩酸性端元的铜矿勘查需引起关注。

第四章　早古生代晚期岩浆熔离型镍－铜－钴矿成矿规律

第一节　基性－超基性岩体特征

一、岩体空间分布

通过对研究区1:25万、1:5万区域地质调查及岩浆熔离型镍－铜－钴矿矿产勘查资料的收集和整理，编绘了研究区基性－超基性岩体分布图（图4－1）。研究区内基性－超基性岩体出露面积约5km²，主要分布在夏日哈木矿区、十字沟、喀雅克登、开木棋、开木棋沟口、哈日阿希勒、亚门涛鲁埃、水仙南、冰沟南等地区。此外，在肯德阿勒大湾、肯德大湾和喀雅克登等地分布有早泥盆世（部分早侏罗世）辉长辉绿岩（辉绿岩）岩墙

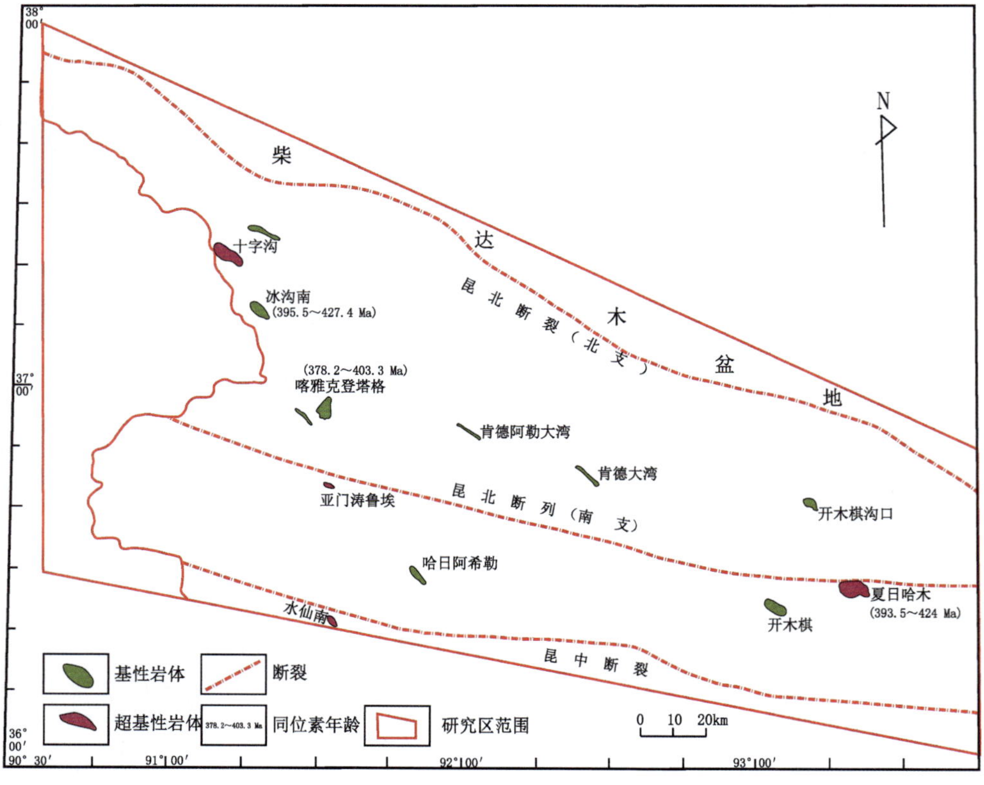

图4－1　研究区基性－超基性岩体分布图

（脉）。前人研究表明，十字沟、亚门涛鲁埃基性－超基性岩属祁漫塔格蛇绿岩组成部分，该类型基性－超基性岩内未发现成矿事实。区内辉长辉绿岩墙和辉绿岩墙内也未发现成矿事实。目前发现的岩浆熔离型镍－铜－钴矿主要位于夏日哈木矿区Ⅰ号岩体内，其次在冰沟南、喀雅克登、水仙南、开木棋等岩体内发现有少量镍－铜－钴矿体或矿化体。下面重点介绍与岩浆熔离型镍－铜－钴矿关系密切的基性－超基性岩体。

（一）夏日哈木岩体

夏日哈木矿区已发现5个基性－超基性杂岩体（具体特征后面叙述），多为岩株状小岩体，面积0.1～1.23km^2，岩石类型有橄榄岩、蛇纹岩、辉石橄榄岩、橄榄辉石岩、辉石岩、辉长苏长岩、辉长岩、斜长岩等。

（二）冰沟南岩体

冰沟南岩体主要为辉长岩，少量橄榄辉长岩及辉石岩，分布于矿区中西部，出露面积约1.3km^2，多呈岩株状、脉状，侵入于闪长岩及狼牙山组（图4－2）。橄榄辉长岩及辉石岩分布范围很小，长约1000m，宽10～20m，主要侵入于辉长岩中，但界限不十分清晰，靠近橄榄辉长岩和辉石岩的辉长岩中具有一定的褪色蚀变，推断橄榄辉长岩、辉石岩和辉长岩形成时代相近。

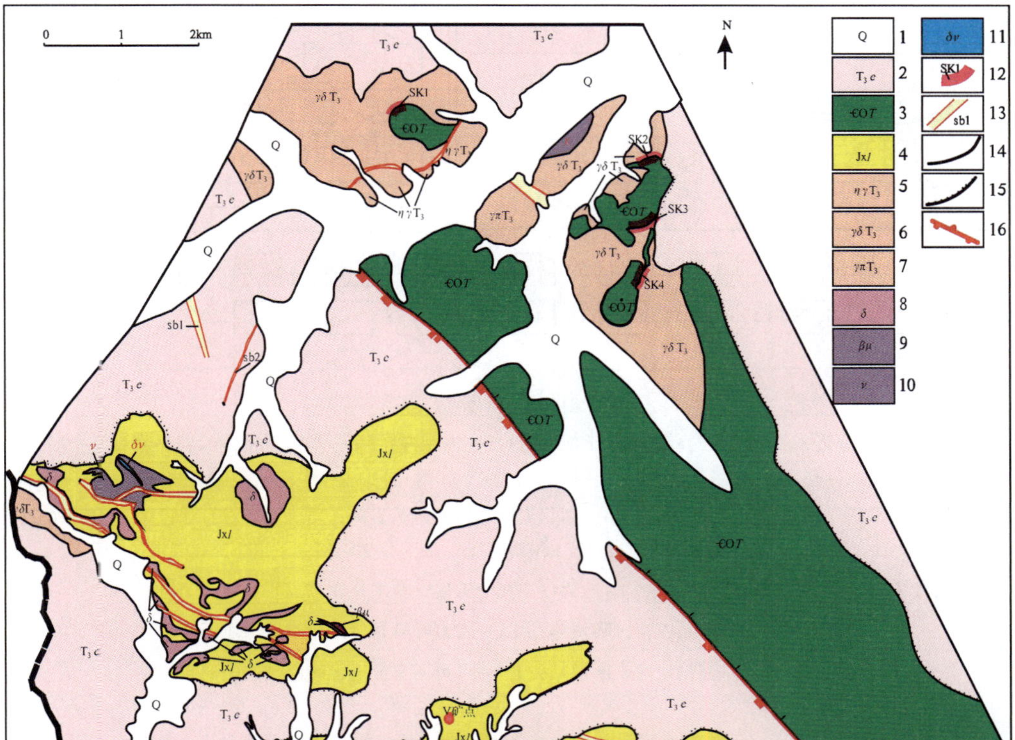

图4－2　冰沟南矿区地质矿产图

1—第四系；2—上三叠统鄂拉山组；3—寒武系—奥陶系滩间山群；4—蓟县系狼牙山组；5—晚三叠世二长花岗岩；6—晚三叠世花岗闪长岩；7—晚三叠世花岗斑岩；8—闪长岩；9—辉绿玢岩脉；10—辉长岩；11—橄榄辉长岩脉；12—矽卡岩；13—破碎蚀变带；14—地质界线；15—不整合界线；16—逆断层

（三）喀雅克登岩体

喀雅克登岩体主要为辉长岩，少量二辉橄榄岩，分布于喀雅克登塔格山体南坡一带，由1、2号两个侵入体组成（图4－3），平面形态为不规则椭圆状，出露总面积约3.5km^2。1号岩体被早泥盆世二长花岗岩包围，为脉动接触；2号岩体主要侵入于中元古界金水口岩群，二者侵入界线清楚，界面波状弯曲。二辉橄榄岩呈小岩株不规则产出，分布于辉长岩内。

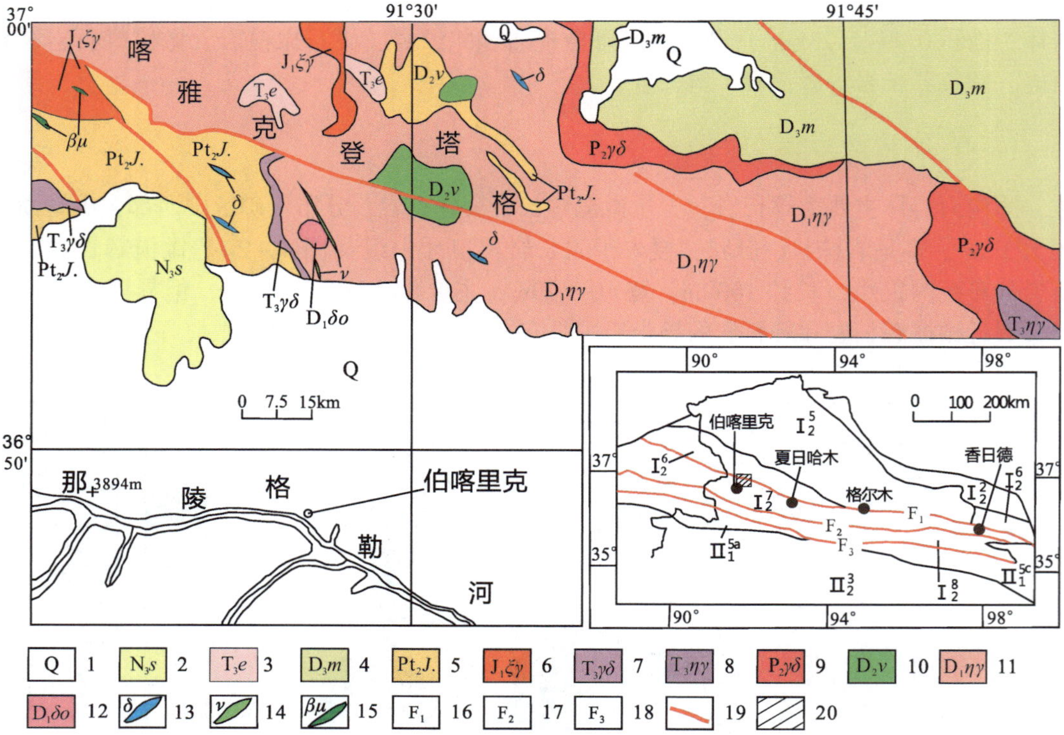

图4－3　喀雅克登地区地质矿产图

（据张勇等，2015）

1—第四系；2—新近系；3—上三叠统；4—上泥盆统；5—中元古界；6—早侏罗世碱长花岗岩；7—晚三叠世花岗闪长岩；8—晚三叠世二长花岗岩；9—晚二叠世花岗闪长岩；10—中泥盆世辉长岩；11—早泥盆世二长花岗岩；12—早泥盆世石英闪长岩；13—闪长岩脉；14—辉长岩脉；15—辉绿玢岩脉；16—昆北断裂；17—昆中断裂；18—昆南断裂；19—断层；20—矿区范围

I_2^2—赛什腾山－阿尔茨托山造山亚带；I_2^5—柴达木晚中生代—新生代断坳盆地；I_2^6—祁漫塔格－都兰造山亚带；I_2^7—伯喀里克－香日德元古宙古陆块体；I_2^8—雪山峰－布尔汗布达造山亚带；II_1^{5a}－柯生印支断褶带；II_1^{5c}—昌马河印支断褶带；II_2^3—可可西里－南巴颜喀拉造山亚带

（四）水仙南岩体

由3个小岩体组成，出露面积0.01～0.2km^2，最大的1处岩体呈椭圆状，长约600m，宽300～400m，主要由辉石岩、橄榄辉长岩和辉长岩组成。辉石岩、橄榄辉长岩具有蛇纹石化，岩石中见镍黄铁矿化、孔雀石化、磁黄铁矿化。

（五）哈日阿希勒岩体

主要分布于哈日阿希勒和夏尔尕怒地区，共圈定出10个侵入体，以小岩株产出，出露总面积约3km²，侵入到滩间山群及金水口岩群之中，并被三叠纪侵入体超动侵入。岩体平面形态呈似椭圆状、不规则带状，长轴方向为北西向、近东西向，与区域构造方向一致。主要岩石类型为灰绿色强蚀变中粗粒辉长岩，部分为辉绿辉长岩。岩石纤闪石化、阳起石化较强。

（六）开木棋岩体

主要由辉长岩、角闪辉长岩、角闪闪长岩组成。辉长岩主要分布于乌腊德南段及浑德伦果托勒西段两处，平面形态呈北西向不规则椭圆状及北东向断块出露，面积约0.95km²。岩体侵入于金水口岩群，被印支期侵入岩吞蚀。

（七）开木棋沟口岩体

岩石类型有辉绿岩、辉绿玢岩、辉长岩等，分布范围较广，主要侵入于金水口岩群和滩间山群，多呈北西向展布，少数呈北东向。

二、岩体时代

目前，对研究区基性－超基性岩体年代学研究较深入的是夏日哈木岩体，其次对喀雅克登塔格、冰沟南岩体也进行了年代学研究（表4－1）。

表4－1　研究区基性－超基性岩同位素年龄测定结果

岩体	岩石名称	同位素年龄/Ma	分析方法	发表年份	数据来源
夏日哈木	橄辉岩	412.9±1.8	LA－ICP－MS 锆石 U－Pb	2015	张照伟等
	橄辉岩	410.9±1.6	LA－ICP－MS 锆石 U－Pb	2015	张照伟等
	辉石岩	422±1	LA－ICP－MS 锆石 U－Pb	2014	王冠等
	辉长苏长岩	423±1	LA－ICP－MS 锆石 U－Pb	2014	王冠等
	辉长岩	424±1	LA－ICP－MS 锆石 U－Pb	2014	王冠等
	辉长岩	393.5±3.4	LA－ICP－MS 锆石 U－Pb	2012	李世金等
	辉长岩	439	LA－ICP－MS 锆石 U－Pb	2015	姜常义等
	闪长岩（侵入于辉石岩中的脉体）	382.5±2.5	LA－ICP－MS 锆石 U－Pb	2012	李世金等
	闪长玢岩（穿插于超基性岩）	381.7±1.9	LA－ICP－MS 锆石 U－Pb	2014	奥琮等

续表

岩体	岩石名称	同位素年龄/Ma	分析方法	发表年份	数据来源
喀雅克登塔格	二辉橄榄岩	386.4 ±3.2	LA - ICP - MS 锆石 U - Pb	2010b	青海省地质调查院
	辉长岩	386.9 ±2.6	LA - ICP - MS 锆石 U - Pb	2010b	青海省地质调查院
	辉长岩	403.3 ±7.2	SHRIMP U - Pb	2006	谌宏伟等
	含金云母辉石橄长岩	378.2 ±8.0	LA - ICP - MS 锆石 U - Pb	2015	江万等
	含金云母辉石橄长岩	395.3 ±6.6	LA - ICP - MS 锆石 U - Pb	2015	江万等
冰沟南	辉长岩	427.4 ±7.3	LA - ICP - MS 锆石 U - Pb	2014	王冠等

从表4－1可看出，研究区超基性岩（二辉橄榄岩、橄辉岩和辉石岩）同位素地质年龄介于422～386.4Ma之间，形成时代属于晚志留世—中泥盆世。基性岩（辉长岩、辉长苏长岩和含金云母辉石橄长岩）同位素地质年龄介于439～378.2Ma，与超基性岩形成时代基本一致。侵入于超基性岩中的闪长岩和闪长玢岩同位素地质年龄为381.7～382.5Ma，表明基性－超基性岩体形成早于382.5Ma。

三、主要岩石类型

（一）橄榄岩

灰黑色，粒状结构，块状构造。主要由橄榄石组成，少量辉石和铬云母，金属矿物沿橄榄石粒间、解理、裂隙呈浸染状分布（图4－4）。橄榄石呈他形－半自形粒状，粒径0.05～0.8mm，多有不同程度的蛇纹石化现象；辉石呈他形－半自形粒状、柱状，粒径0.1～0.5mm，与橄榄石共生；铬云母呈半自形片状，长径<0.3mm，分布于橄榄石粒间。金属矿物呈不规则状和他形粒状，粒径0.01～0.6mm，浸染状分布。

（二）辉石橄榄岩

灰黑色，粒状结构，块状构造。主要矿物为橄榄石（65%～70%）、辉石（20%～23%）和少量角闪石及金属矿物（图4－5），金属矿物大多充填于橄榄石和辉石粒间，呈海绵陨铁结构产出。橄榄石粒度大小0.3～1.5mm，自形粒状，不规则裂理发育，沿颗粒边缘及裂理常分布有次生蚀变矿物蛇纹石以及不透明的磁铁矿，形成深色网状，在其粒间有辉石分布；辉石粒度大小0.3～1.8mm，短柱状，半自形粒状，分布于橄榄石粒间，具滑石化、纤闪石化，部分矿物边缘蚀变成角闪石；角闪石粒度大小约0.15mm，多呈他形分布于辉石边部，可能是由辉石蚀变形成。

（三）橄榄辉石岩

深灰色，粒状结构，块状构造（图4－6）。主要矿物为辉石（65%～69%）、橄榄石（30%～26%）及少量斜长石（2%～3%）和角闪石（1%～2%）。辉石粒度0.5～

3.8mm，半自形粒状，短柱状，沿其解理间多分解出金属矿物，部分颗粒具纤闪石化、滑石化，少量边部具黑云母化；橄榄石粒度0.7～5.5mm，自形粒状，裂理发育，沿颗粒边缘及裂理常分布有次生蚀变矿物蛇纹石化以及不透明的磁铁矿，形成深色网状，部分细粒橄榄石包含于辉石中，构成包橄结构；角闪石粒度0.7～2.0mm，自形粒状，褐色，表面有尘点状铁质分布，部分边缘蚀变成黑云母，与辉石同时形成；斜长石长径0.5～1.5mm，半自形粒状或呈他形分布于辉石和橄榄石粒间，聚片双晶纹较宽。

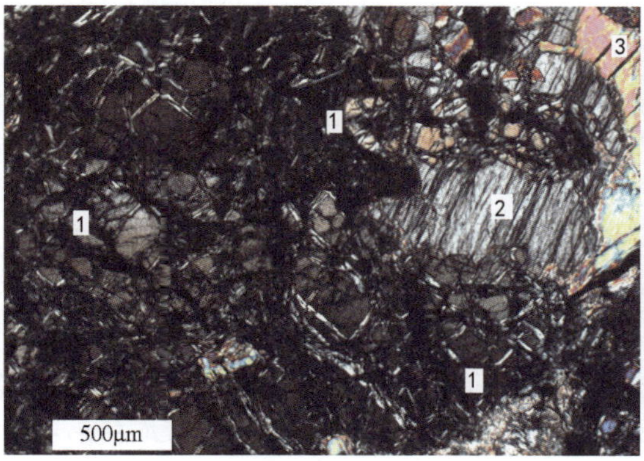

图4－4　夏日哈木橄榄岩显微照片（+）
1—橄榄石；2—辉石；3—铬云母

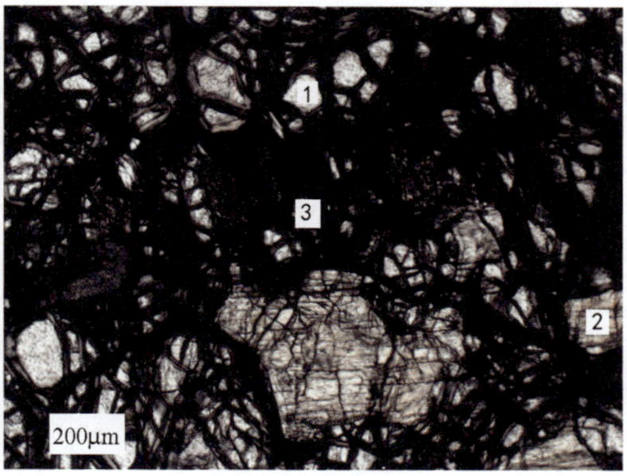

图4－5　夏日哈木辉石橄榄岩显微照片（－）
1—橄榄石；2—辉石；3—角闪石

（四）斜方辉石岩

灰色，半自形不等粒状结构，块状构造。主要由斜方辉石组成，另有少量单斜辉石，很少量斜长石和角闪石（图4－7）。斜方辉石含量>90%，主要呈半自形粒状，粒径0.8～4mm，部分呈半自形板状，长径约8mm，包裹有角闪石和金属矿物，沿颗粒边缘被透闪石交代；单斜辉石呈他形粒状，粒径0.5～1.8mm，部分包裹细粒斜方辉石；角闪石呈他形粒状，长径0.6～1.1mm；斜长石呈他形粒状和多角状，粒径0.1～0.4mm，分布于斜方辉石粒间空隙中。

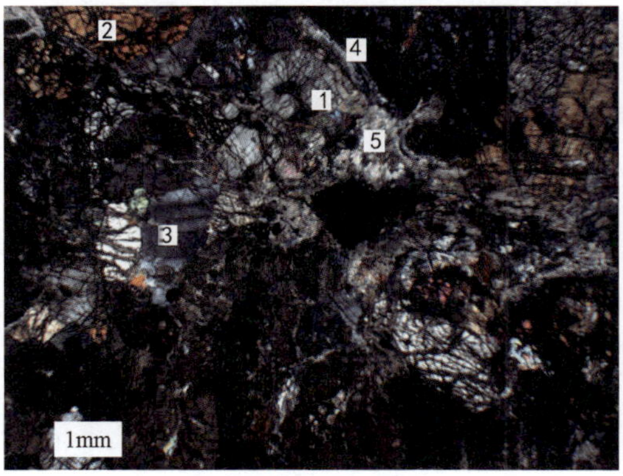

图4－6　夏日哈木橄榄辉石岩显微照片（+）
1—辉石；2—橄榄石；3—斜长石；4—橄榄石蛇纹石化；5—滑石化纤闪石化辉石

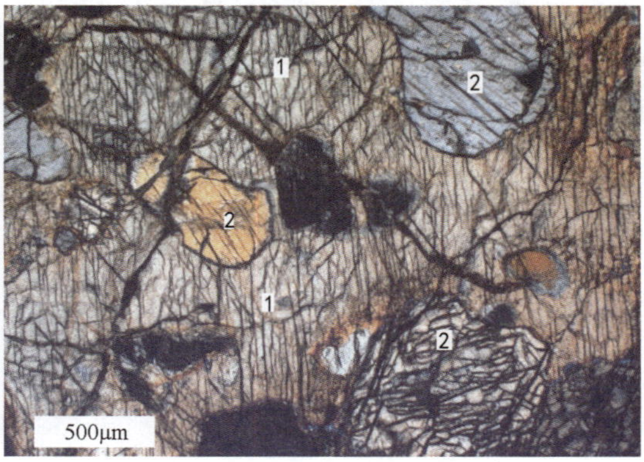

图4－7　夏日哈木斜方辉石岩显微照片（+）
1—斜方辉石；2—透闪石

（五）辉长苏长岩

暗灰色，辉长结构（图4-8），块状构造。主要由斜长石（50%～55%）、斜方辉石（25%～30%）、单斜辉石（10%～15%）及少量黑云母（1%～2%）组成。斜长石多呈半自形柱状，偶见粒状和板状，长径0.2～2.5mm，多数1～2mm，有很轻微的绢云母化现象，均匀分布；斜方辉石多呈半自形短柱状，少见自形板柱状和他形晶，长径0.2～1.3mm，多数1～2mm，强蚀变，被黑云母（或绿泥石）、透闪石（纤闪石）和碳酸盐矿物（菱镁矿）交代；单斜辉石多呈他形和半自形粒状，长径0.2～1mm，强蚀变，主要被纤闪石和一些非晶质物交代；黑云母呈他形和半自形片状，长径0.05～1mm，多与辉石伴生，均匀分布。金属矿物少见，呈星点状分布。

（六）橄榄辉长岩

灰黑色，辉长结构，块状构造。主要由橄榄石（10%～15%）、斜长石（45%～50%）、普通辉石（35%～40%）、黑云母（2%）、普通角闪石（1%）等组成（图4-9）。橄榄石呈自形粒状，粒径0.34～2.8mm，不规则的裂纹中析出磁铁矿，晶体边缘被蛇纹石交代，橄榄石全部包含在斜长石或普通辉石晶体中，形成包含结构；斜长石呈粗大的粒状晶，晶体轴长1.6～4.8mm，沿解理和裂纹充填绿泥石，见钠长聚片双晶，斜长石An值为56，为拉长石；普通辉石呈自形粒状或柱状，粒径1.36～2.16mm，晶体边缘具普通角闪石反应边；普通角闪石呈红褐色，多被绿泥石交代。

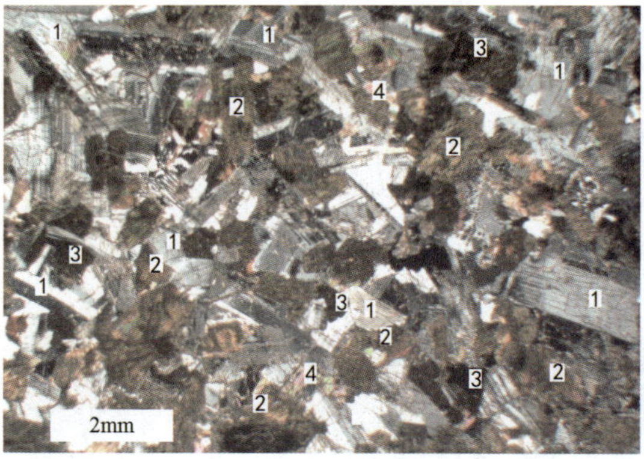

图4-8 夏日哈木辉长苏长岩显微照片（-）

1—斜长石；2—斜方辉石；3—单斜辉石；4—黑云母

图4-9 冰沟南橄榄辉长岩显微照片（+）

1—橄榄石；2—辉石；3—斜长石

（七）淡色辉长岩

灰白色，辉长结构，块状构造。主要由斜长石（65%～70%）、单斜辉石（25%～30%）、角闪石（2%～5%）组成（图4-10）。斜长石呈半自形板状，大小1～4mm，常见聚片双晶、卡钠复合双晶，被绢云母、绿帘石、黝帘石交代；单斜辉石呈半自形柱状，大小1～5mm，具多色性，N_g'为浅褐绿色，N_p'为浅绿色，杂乱分布，被绿泥石、绿帘石、阳起石交代；角闪石呈半自形柱状，常交代辉石；橄榄石呈半自形粒状，大小0.2～2mm，杂乱分布，被滑石、蛇纹石交代，含量最高可达20%。副矿物为磁铁矿、锆石和磷灰石。

（八）斜长岩

灰色，半自形粒状结构，块状构造。岩石主要由斜长石（89%～92%）组成，含少量钾长石（3%～5%）、绿泥石（3%）、绢云母（2%）等。斜长石呈他形－半自形粒状，大小0.05～6.5mm，一般1～4mm，常见钠长石聚片双晶；钾长石呈他形－半自形粒状，大小0.04～3.2mm，个别可见简单双晶或格状双晶，它们相互嵌生在一起；绿泥石呈鳞片状，大小0.01～0.05mm，分布于长石粒间，常呈集合体状与绢云母混杂分布在一起；绢云母呈显微鳞片状，≤0.01mm，散布在绿泥石之间；方解石呈他形粒状，大小0.01～0.1mm，零星嵌生于长石颗粒间。

（九）辉长辉绿岩/辉绿岩

深绿色，主要为全晶质细粒辉绿/辉长结构，块状构造（图4－11）。矿物成分主要为斜长石（40%～45%）、辉石（20%～25%）、角闪石（5%～10%）、黑云母（15%～20%）和少量橄榄石/石英。基性斜长石为中长石－倍长石（An＝56～77），长柱状，部分发育环带结构，聚片双晶发育；辉石主要为单斜辉石，柱状，浅绿色，干涉色二级蓝－橙黄，斜消光；黑云母和角闪石已绿泥石化；橄榄石含量少，呈粒状，无解理但发育大量裂纹，干涉色为二－三级绿；石英呈他形粒状，颗粒很小，填隙在其他矿物颗粒之间；副矿物为磷灰石、磁铁矿、尖晶石等。

图4－10　冰沟南淡色辉长岩显微照片（＋）
1—辉石；2—斜长石

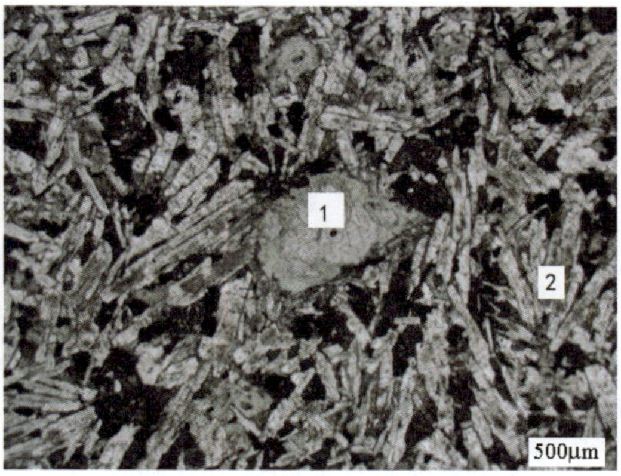

图4－11　辉长辉绿（玢）岩显微照片（＋）
1—辉石；2—斜长石

四、岩石地球化学

（一）主量元素

夏日哈木Ⅰ号岩体各类岩石主量元素总体显示出低硅、低钛、高镁、贫碱的特征

（表4－2）。样品的 SiO_2 含量为35.7%～55.15%，属于超基性－基性岩类。所有样品的 TiO_2 含量均较低，介于0.08%～0.75%之间，平均值为0.30%。样品 Al_2O_3 含量变化较大，其中辉长苏长岩为6.31%～23.57%，而橄榄岩、辉石岩明显降低，介于0.65%～9.83%之间。样品 CaO 含量变化范围较大，辉长苏长岩为6.03%～14.87%，橄榄岩、辉石岩为0.3%～7.93%。辉长苏长岩的 TFe_2O_3 含量为4.12%～9.78%，橄榄岩、辉石岩的 TFe_2O_3 含量有所升高，介于8.22%～15.95%之间。样品的 MgO 含量较高，辉长苏长岩为5.8%～22.73%，橄榄岩、辉石岩为19.12%～38.82%。Na_2O 和 K_2O 含量低，其中橄榄岩、辉石岩 Na_2O 含量0.01%～3.73%，平均值为0.95%；辉长苏长岩 Na_2O 含量相对稳定，为0.83%～3.8%，平均值仅为1.95%；所有样品的 K_2O 含量≤0.95%，平均值仅为0.26%。大多数样品的 P_2O_5 含量为0.02%。

冰沟南橄榄辉长岩 SiO_2 含量为41.17%～42.09%，平均值为41.69%，属超基性岩。TiO_2 含量为0.61%～0.68%，平均值为0.64%。Al_2O_3 含量介于14.2%～23.6%之间，平均值为18.6%。TFe_2O_3 含量为0.8%～3.94%，平均值为2.44%。MgO 含量较高，介于23.89%～27.43%之间，平均值为25.64%。CaO 含量为4.02%～4.72%，平均值为4.25%。Na_2O+K_2O 含量为0.99%～1.36%，平均值为1.10%。

喀雅克登岩体样品的 SiO_2 含量为41.36%～52.17%，属于超基性－基性岩类。样品的 TiO_2 含量变化较大，其中辉长岩为0.95%～2.29%，而二辉橄榄岩 TiO_2 含量明显降低，介于0.19%～0.67%之间。样品的 Al_2O_3 含量变化也较大，辉长岩为16.06%～22.54%，二辉橄榄岩 Al_2O_3 含量明显降低，介于6.47%～9.76%之间。辉长岩的 TFe_2O_3 含量为6.99%～10.79%，二辉橄榄岩的 TFe_2O_3 含量有所升高，介于10.79%～14.10%之间。样品的 MgO 含量变化较大，辉长岩为4.34%～4.5%；二辉橄榄岩为23.01%～28.23%。样品均具有低的 Na_2O 和 K_2O 含量，辉长岩 Na_2O+K_2O 含量为2.95%～4.16%；二辉橄榄岩 Na_2O+K_2O 含量为0.77%～1.35%。

哈日阿希勒辉长岩 SiO_2 含量为45.6%～49.4%，仅有一个样品 SiO_2 含量为43.6%，平均值为46.76%，属基性岩。TiO_2 含量为0.58%～1.32%，平均值为1.19%。Al_2O_3 含量介于6.93%～8.04%之间，平均值为7.47%。TFe_2O_3 含量为13.4%～13.92%，平均值为13.69%。MgO 含量为4.45%～10.82%，平均值为7.60%。CaO 含量为9.97%～19.22%，平均值为12.24%。Na_2O+K_2O 含量为0.54%～3.55%，平均值为2.26%。

所有超基性岩样品均具有较高的 $Mg^{\#}$ 值（介于78～93，平均值为85），同样反映了橄榄石与辉石的分离结晶和堆晶作用（姜常义等，2015）。其中夏日哈木岩体样品的 m/f 比值介于2.04～6.33，喀雅克登二辉橄榄岩 m/f 值为3.55～4.00，冰沟南橄榄辉长岩 m/f 值为3.48～3.84，均属铁质超基性岩类（$m/f=2.0\sim6.5$），有利于形成铜镍硫化物矿床（吴利仁，1963）。

在 AFM 图解中（图4－12），样品位于钙碱性系列区域，其中夏日哈木大部分岩石、喀雅克登二辉橄榄岩和冰沟南橄榄辉长岩样品均位于堆晶镁铁质－超镁铁质岩区域，反映了岩石的堆晶成因。

表 4-2　基性-超基性岩主量元素分析结果

岩体		夏日哈木Ⅰ号岩体																		
样品号		ZK1109	ZK1109	ZK1109	ZK1109	ZK1309	ZK1309	ZK405	ZK405	ZK405	ZK405	TC1	TC1	TC1	TC1	TC1	TC1	TC1	ZK904	ZK904	ZK904
		Y46	Y47	Y48	Y49	Y38	Y39	B1	B2	B3	B4	B25	B32	B33	Y1	Y2	Y3	Y4	Y16	Y18	Y19
岩性		辉长苏长岩						斜方辉石岩							橄榄辉石岩				方辉橄榄岩		
$w_B/\%$	SiO_2	51.19	51.39	50.99	51.05	50.62	50.60	52.20	51.50	50.40	52.30	52.58	52.37	51.53	42.60	42.83	41.77	41.97	36.68	36.82	37.8
	TiO_2	0.37	0.40	0.36	0.40	0.42	0.47	0.29	0.23	0.20	0.25	0.24	0.29	0.25	0.19	0.16	0.13	0.19	0.18	0.13	0.19
	Al_2O_3	9.91	8.98	9.63	9.74	13.53	11.60	3.90	3.25	3.08	4.15	6.03	4.18	6.32	4.15	4.59	4.46	4.19	1.87	1.98	1.98
	TFe_2O_3	8.17	8.40	8.46	7.80	5.36	6.28	8.22	9.28	10.44	8.25	10.27	9.47	9.77	10.93	10.60	10.70	10.65	11.24	10.84	11.03
	MnO	0.14	0.14	0.14	0.13	0.12	0.14	0.15	0.16	0.15	0.15	0.2	0.15	0.17	0.13	0.14	0.13	0.12	0.14	0.13	0.14
	MgO	16.54	16.94	16.72	16.21	10.91	12.88	24.30	26.40	26.20	24.80	24.57	25.06	23.64	31.58	31.73	31.74	31.23	35.81	34.35	34.88
	CaO	11.04	11.94	11.00	11.81	14.87	13.30	6.29	2.42	2.38	5.89	3.21	3.18	3.63	2.75	2.94	2.76	2.47	1.29	2.36	1.47
	Na_2O	1.18	1.09	1.16	1.22	1.67	1.33	0.41	0.23	0.21	0.42	0.70	0.37	0.63	0.31	0.35	0.35	0.30	0.16	0.18	0.15
	K_2O	0.21	0.17	0.18	0.29	0.28	0.58	0.19	0.13	0.06	0.18	0.19	0.11	0.31	0.12	0.12	0.10	0.16	0.10	0.15	0.17
	P_2O_5	0.02	0.02	0.02	0.02	0.02	0.02	0.01	0.01	0.01	0.01	0.02	0.01	0.01	0.02	0.02	0.02	0.02	0.02	0.03	0.03
	LOI	1.04	0.40	0.79	1.00	2.16	2.78	3.68	5.54	5.21	3.13	1.87	4.72	3.60	6.87	6.08	7.67	8.04	12.01	12.48	12.15
	Total	99.81	99.87	99.45	99.67	99.96	99.98	99.64	99.15	98.34	99.53	99.88	99.91	99.86	99.65	99.56	99.83	99.34	99.50	99.45	99.99
$Mg^{\#}$		80	80	80	81	80	80	86	85	83	86	83	84	83	85	86	86	85	86	86	86
m/f		3.97	3.96	3.88	4.08	3.97	4.01	5.79	5.58	4.94	5.89	4.68	5.20	4.75	5.70	5.90	5.85	5.79	6.29	6.26	6.24

续表

岩体		夏日哈木Ⅰ号岩体																			
样品号		1301－3	X01	X02	26－6	26－11	26－18	1701－5	1701－7	1701－11	1301－9	907－4	1701－16	26－17	26－20	1701－2	1701－10	1701－13	1701－15	X05	X09
岩性		纯橄岩	二辉橄榄岩		方辉橄榄岩									橄榄方辉辉石岩						方辉辉石岩	
$w_B/\%$	SiO_2	35.70	40.70	39.37	42.71	39.50	38.10	40.13	36.60	37.07	41.19	39.29	43.01	37.64	38.13	48.98	42.03	40.16	41.64	52.17	45.88
	TiO_2	0.09	0.25	0.34	0.28	0.22	0.23	0.17	0.08	0.10	0.24	0.18	0.25	0.30	0.29	0.21	0.19	0.17	0.21	0.24	0.59
	Al_2O_3	0.87	3.94	3.94	3.74	2.55	2.74	1.56	0.65	0.76	2.64	3.44	3.03	2.76	4.53	2.92	1.89	1.71	1.77	5.45	9.83
	TFe_2O_3	12.01	13.31	14.98	12.03	15.95	13.82	12.31	13.63	13.00	11.25	11.52	10.17	12.84	11.84	10.80	11.96	10.42	11.91	9.79	11.64
	MnO	0.12	0.14	0.13	0.15	0.16	0.16	0.12	0.16	0.13	0.14	0.14	0.12	0.16	0.14	0.14	0.13	0.12	0.14	0.15	0.17
	MgO	38.26	30.78	29.38	30.37	31.11	32.91	35.84	38.82	36.62	32.01	33.80	31.31	31.31	32.21	32.16	32.30	31.31	34.78	25.79	19.12
	CaO	0.30	2.31	2.68	2.16	1.30	1.44	1.00	0.73	0.78	3.81	2.18	2.16	1.40	2.39	1.53	1.34	1.04	0.96	3.51	5.50
	Na_2O	0.47	0.27	0.34	2.64	0.42	0.57	0.73	0.55	<0.01	2.37	1.78	1.84	3.73	1.47	0.84	3.17	3.07	3.55	0.53	1.40
	K_2O	0.03	0.13	0.18	0.19	0.08	0.09	0.10	0.05	0.04	0.47	0.22	0.17	0.17	0.17	0.24	0.18	0.17	0.10	0.12	0.57
	P_2O_5	0.03	0.04	0.07	0.04	0.03	0.05	0.06	0.02	0.03	0.06	0.03	0.02	0.03	0.05	0.02	0.02	0.03	0.02	0.01	0.10
	LOI	12.74	7.96	8.32	5.19	9.53	9.53	8.17	7.81	12.15	6.15	8.23	8.64	8.41	8.42	1.85	6.04	12.20	5.27	2.63	5.06
	Total	100.62	99.83	99.73	99.50	100.85	99.64	100.19	99.10	100.68	100.33	100.81	100.72	98.75	99.64	99.69	99.25	100.40	100.35	100.39	99.86
$Mg^{\#}$		86	82	80	83	80	83	85	85	85	85	85	86	83	84	86	84	86	85	84	77
m/f		6.30	4.57	3.88	4.98	3.86	4.70	5.76	5.62	5.57	5.61	5.79	6.08	4.81	5.37	5.87	5.34	5.93	5.76	5.18	3.23

续表

岩体		夏日哈木 I 号岩体																			
样品号		1701 - 4	05 - 5	05 - 6	05 - 15	05 - 14	05 - 13	05 - 3	05 - 4	05 - 9	05 - 12	05 - 8	05 - 7	05 - 2	1911 - 7	1911 - 14	1311 - 7	X04	X07	XR - 13	1701 - 21
岩性		方辉辉石岩	含长二辉岩							辉长苏长岩				辉长岩						淡色辉长岩	
w_B/%	SiO_2	51.82	51.24	51.20	50.97	50.49	51.46	51.00	50.56	51.29	50.65	51.33	51.54	49.96	49.01	51.03	50.16	49.69	47.61	50.77	55.15
	TiO_2	0.23	0.45	0.42	0.37	0.43	0.41	0.34	0.38	0.41	0.41	0.41	0.43	0.30	0.33	0.36	0.64	0.45	0.75	0.26	0.20
	Al_2O_3	3.17	4.83	5.68	6.19	5.97	6.29	6.55	6.74	6.85	6.42	6.46	6.31	13.71	18.14	17.28	16.86	14.47	14.72	23.57	21.10
	TFe_2O_3	8.91	10.16	9.93	9.02	9.64	10.47	8.98	9.33	9.61	9.27	9.75	9.54	6.46	6.18	6.89	7.44	9.78	7.13	4.12	5.09
	MnO	0.12	0.16	0.17	0.15	0.15	0.15	0.14	0.12	0.15	0.15	0.16	0.15	0.11	0.10	0.12	0.13	0.18	0.09	0.08	0.09
	MgO	28.92	23.86	23.88	21.98	22.14	22.49	21.70	22.15	22.20	21.88	22.73	22.71	12.19	9.77	8.70	9.32	10.93	7.46	5.80	6.81
	CaO	1.95	5.97	6.33	7.46	7.93	7.11	7.02	5.99	6.17	6.81	6.78	6.03	8.63	10.13	10.44	9.85	7.97	14.55	10.01	8.39
	Na_2O	0.49	0.58	0.67	0.69	0.75	0.75	0.76	0.76	0.83	0.84	0.88	0.92	1.33	3.80	2.77	3.04	2.52	2.30	3.67	3.45
	K_2O	0.25	0.24	0.18	0.23	0.25	0.21	0.28	0.27	0.32	0.32	0.22	0.23	0.97	0.33	0.58	0.38	0.80	0.95	0.22	0.85
	P_2O_5	0.06	0.02	0.02	0.02	0.02	0.03	0.01	0.02	0.02	0.03	0.03	0.02	0.03	0.02	0.02	0.04	0.01	0.01	0.02	0.02
	LOI	3.73	1.65	0.84	2.38	1.68	0.95	2.80	3.60	2.21	2.53	0.55	1.77	7.29	1.81	1.49	2.50	2.78	3.82	1.25	2.22
	Total	99.65	99.16	99.32	99.46	99.45	100.32	99.58	99.92	100.06	99.31	99.30	99.65	100.98	99.62	99.68	100.36	99.58	99.39	99.77	99.37
$Mg^{\#}$		87	82	83	83	82	81	83	83	82	83	82	83	79	76	72	71	69	68	74	73
m/f		6.39	4.61	4.72	4.78	4.51	4.23	4.75	4.68	4.54	4.64	4.58	4.68	3.70	3.11	2.48	2.46	2.19	2.06	2.76	2.62

续表

岩体		夏日哈木Ⅰ号岩体	喀雅克登岩体					冰沟南岩体				
样品号		1311 – 8	Ipm20GS8 – 1	IGS5088	Gs3419 – 5	Gs3419 – 3	Gs3420	BGN – Z01	BGN – Z02	BGN – Z03	BGN – Z04	BGN – Z05
岩性		淡色辉长岩	二辉橄榄岩	辉长岩		二辉橄榄岩		橄榄辉长岩				
$\frac{w_B}{\%}$	SiO_2	50. 36	41. 36	52. 17	47. 74	43. 10	41. 80	41. 95	41. 17	42. 04	41. 21	42. 09
	TiO_2	0. 49	0. 29	2. 29	0. 95	0. 67	0. 19	0. 688	0. 622	0. 607	0. 614	0. 683
	Al_2O_3	18. 04	6. 47	16. 06	22. 54	9. 76	8. 40	8. 04	7. 25	7. 15	6. 93	7. 98
	TFe_2O_3	6. 44	13. 90	10. 79	6. 99	12. 25	14. 10	13. 74	13. 72	13. 68	13. 92	13. 4
	MnO	0. 12	0. 20	0. 16	0. 08	0. 17	0. 18	0. 191	0. 188	0. 182	0. 197	0. 162
	MgO	8. 06	28. 23	4. 34	4. 5	23. 01	25. 41	25. 36	25. 74	25. 79	27. 43	23. 89
	CaO	11. 09	4. 04	8. 15	12. 74	6. 61	4. 36	4. 72	4. 2	4. 02	4. 02	4. 28
	Na_2O	3. 07	0. 52	2. 90	2. 46	0. 91	0. 58	0. 885	0. 704	0. 604	0. 682	0. 734
	K_2O	0. 24	0. 25	1. 26	0. 49	0. 44	0. 30	0. 47	0. 332	0. 386	0. 368	0. 328
	P_2O_5	0. 02	0. 06	0. 68	0. 03	0. 10	0. 05	0. 126	0. 112	0. 106	0. 137	0. 128
	LOI	1. 43	4. 97	1. 60	1. 24	2. 62	5. 12	3. 82	5. 54	5. 43	4. 46	5. 85
	Total	99. 36	100. 29	100. 4	99. 76	99. 64	100. 49	106. 84	106. 68	107. 56	108. 54	106. 87
$Mg^{\#}$		71	80	44	56	79	78	80	81	81	81	80
m/f		2. 45	4. 00	0. 79	1. 27	3. 70	3. 55	3. 60	3. 66	3. 68	3. 84	3. 48

续表

岩体		哈日阿希勒岩体						
样品号		PM116 GS6 – 1	PM116 GS7 – 1	PM118 GS4 – 1	PM118 GS4 – 1	Ⅱ GS4108 – 1	Ⅱ GS2302b	Ⅱ 3P1GS1 – 1
岩性		辉长岩						
w_B/%	SiO_2	45.8	46.1	45.6	43.6	48.2	48.6	49.4
	TiO_2	1.21	1.6	1.15	1.32	1.5	0.58	1
	Al_2O_3	19.4	23.6	19.4	21.7	15	14.2	16.9
	TFe_2O_3	3.94	0.8	2.54	3.46	2.31	1.73	2.3
	MnO	0.2	0.123	0.158	0.152	0.16	0.19	0.18
	MgO	6.51	4.452	7.74	6.784	10.06	10.82	6.82
	CaO	10.81	19.222	10.421	12.257	10.75	12.27	9.97
	Na_2O	1.92	0.459	1.664	1.646	2.6	1.19	2.29
	K_2O	0.34	0.08	0.72	0.52	0.45	0.67	1.26
	P_2O_5	0.044	0.026	0.067	0.029	0.14	0.086	0.12
	LOI	0.7	0.79	1.41	0.78	0.52	1.32	0.55
	Total	99.1	99.7	99.1	99.2	99.2	99.4	98.2
$Mg^{\#}$		36	59	42	40	51	54	42
m/f		0.64	0.41	0.58	0.6	0.49	0.46	0.58

注：冰沟南岩体样品为本次实测，测试单位是澳实分析检测（广州）有限公司；夏日哈木岩体 ZK1109Y46 ~ ZK904Y19 号样品结果来源于王冠等，2014；夏日哈木岩体 1301 – 3 ~ 1311 – 8 号样品结果来源于姜常义等，2015；喀雅克登岩体数据来源于青海省地质调查院，2004a，2010b；哈日阿希勒岩体样品结果来源于青海省第四地质矿产勘查院，2010，2012；$Mg^{\#}=100Mg^{2+}/(Mg^{2+}+TFe^{2+})$，$m/f=Mg^{2+}/(TFe^{2+}+Mn^{2+})$。

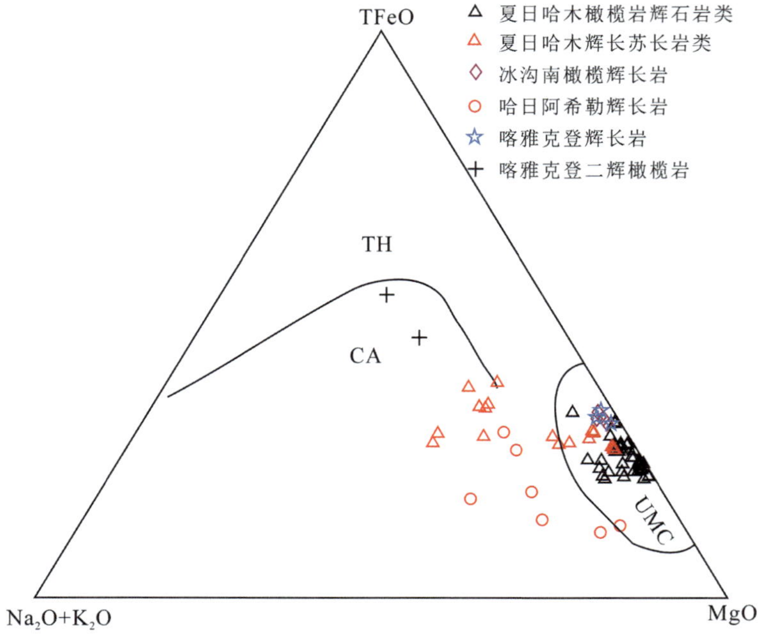

图 4－12　超基性岩体的 AFM 图解

（底图据 Coleman，1977）

TH—拉斑系列；CA—钙碱性系列；UMC—镁铁质－超镁铁质堆晶岩

（二）稀土元素

夏日哈木Ⅰ号岩体各类岩石样品的稀土元素总量总体较低，辉长苏长岩 ΣREE 为 $13.3\times10^{-6}\sim49.3\times10^{-6}$，平均值为 26.78×10^{-6}，橄榄岩、辉石岩 ΣREE 为 $3.21\times10^{-6}\sim26.42\times10^{-6}$，平均值为 13.83×10^{-6}。全部样品 δEu 平均值为 1.10，绝大多数样品显示铕的弱正异常（表 4－3）。稀土元素配分曲线总体显示出轻稀土元素富集重稀土元素平坦的配分形式，稀土元素配分曲线近于平行，并由橄榄岩类、辉石岩类至辉长岩类、苏长岩类稀土元素总量有规律的升高，表明各类岩石可能为同源岩浆分异形成（图 4－13，图 4－14）。喀雅克登岩体 ΣREE 为 $22.82\times10^{-6}\sim36.48\times10^{-6}$，δEu 为 0.74～1.04，除一件样品 ΣREE 为 154.01×10^{-6}，δEu 为 1.93，所有样品 ΣREE 平均值为 29.68×10^{-6}。冰沟南橄榄辉长岩 ΣREE 为 $31.14\times10^{-6}\sim38.74\times10^{-6}$，平均值为 33.95×10^{-6}，δEu 为 1.01～1.14，δEu 平均值为 1.09。哈日阿希勒辉长岩 ΣREE 为 $33.01\times10^{-6}\sim71.55\times10^{-6}$，平均值为 52.50×10^{-6}，δEu 为 1.00～1.88，δEu 平均值为 1.26。喀雅克登、冰沟南、哈日阿希勒岩体所有样品稀土元素配分曲线均显示出轻稀土元素富集重稀土元素平坦的配分形式（图 4－15 至图 4－17）。

表 4-3 基性-超基性岩稀土元素分析结果

岩体		夏日哈木Ⅰ号岩体												
样品号		ZK1109Y46	ZK1109 Y47	ZK1109 Y48	ZK1109 Y49	ZK1309 Y38	ZK1309 Y39	ZK405B1	ZK405B2	ZK405B3	ZK405B4	TC1 B25	TC1 B32	TC1 B33
岩性		辉长苏长岩						斜方辉石岩						
$\frac{w_B}{10^{-6}}$	La	3.00	2.70	2.80	3.00	4.15	4.59	2.60	2.00	1.40	1.90	2.01	1.97	1.46
	Ce	7.40	6.80	6.80	7.10	9.08	11.00	6.20	4.50	3.30	4.60	3.77	4.28	2.79
	Pr	1.16	1.13	1.06	1.13	1.42	1.77	0.81	0.57	0.41	0.62	0.47	0.67	0.41
	Nd	4.90	4.90	4.60	5.00	7.45	9.18	3.60	2.40	1.70	2.70	2.18	2.87	1.85
	Sm	1.37	1.47	1.34	1.51	2.16	2.64	0.95	0.57	0.43	0.73	0.58	0.81	0.51
	Eu	0.59	0.58	0.55	0.56	0.77	0.90	0.28	0.16	0.12	0.24	0.20	0.31	0.27
	Gd	2.01	2.15	1.91	2.06	2.34	2.85	1.14	0.68	0.51	0.91	0.55	0.78	0.57
	Tb	0.35	0.35	0.32	0.33	0.53	0.57	0.20	0.11	0.09	0.16	0.13	0.21	0.11
	Dy	1.94	2.05	1.82	1.94	2.63	3.28	1.22	0.74	0.59	1.05	0.89	1.17	0.89
	Ho	0.40	0.44	0.39	0.41	0.52	0.64	0.26	0.15	0.13	0.22	0.17	0.26	0.19
	Er	1.28	1.36	1.25	1.30	1.37	1.83	0.77	0.48	0.42	0.67	0.64	0.87	0.63
	Tm	0.18	0.20	0.17	0.18	0.24	0.31	0.11	0.08	0.06	0.10	0.10	0.15	0.10
	Yb	1.02	1.14	1.02	1.04	1.35	1.82	0.71	0.51	0.49	0.66	0.63	0.81	0.68
	Lu	0.16	0.16	0.16	0.16	0.19	0.23	0.11	0.09	0.07	0.10	0.12	0.15	0.11
	ΣREE	25.76	25.43	24.19	25.72	34.2	41.61	18.96	13.04	9.72	14.66	12.44	15.31	10.57
$(La/Yb)_N$		2.11	1.70	1.97	2.07	2.21	1.81	2.63	2.81	2.05	2.06	2.29	1.74	1.54
δEu		1.09	1.00	1.05	0.97	1.04	1.00	0.82	0.78	0.78	0.90	1.07	1.18	1.52

续表

岩体		夏日哈木Ⅰ号岩体						
样品号		TC1 Y1	TC1 Y2	TC1 Y3	TC1 Y4	ZK904 Y16	ZK904 Y18	ZK904 Y19
岩性		橄榄辉石岩				方辉橄榄岩		
$\frac{w_B}{10^{-6}}$	La	1.60	1.50	1.30	1.50	1.05	1.56	1.77
	Ce	3.60	3.10	2.80	3.20	2.57	3.45	4.07
	Pr	0.52	0.44	0.38	0.47	0.38	0.46	0.57
	Nd	2.20	1.80	1.60	1.90	1.98	2.06	2.56
	Sm	0.53	0.44	0.38	0.47	0.58	0.47	0.61
	Eu	0.22	0.20	0.18	0.20	0.20	0.20	0.17
	Gd	0.78	0.62	0.54	0.73	0.51	0.58	0.76
	Tb	0.13	0.11	0.10	0.12	0.10	0.09	0.10
	Dy	0.79	0.64	0.61	0.70	0.63	0.63	0.75
	Ho	0.17	0.14	0.13	0.15	0.13	0.13	0.16
	Er	0.55	0.48	0.43	0.46	0.34	0.37	0.42
	Tm	0.08	0.07	0.06	0.06	0.06	0.06	0.07
	Yb	0.48	0.39	0.36	0.42	0.37	0.39	0.40
	Lu	0.08	0.07	0.06	0.07	0.05	0.05	0.06
	ΣREE	11.73	10	8.93	10.45	8.95	10.5	12.47
$(La/Yb)_N$		2.39	2.76	2.59	2.56	2.04	2.87	3.17
δEu		1.04	1.17	1.21	1.04	1.10	1.17	0.76

续表

岩体	夏日哈木Ⅰ号岩体																			
样品号	1301－3	X01	X02	26－6	26－11	26－18	1701－5	1701－7	1701－11	1301－9	907－4	1701－16	26－17	26－20	1701－2	1701－10	1701－13	1701－15	X05	X09
岩性	纯橄岩	二辉橄榄岩		方辉橄榄岩									橄榄方辉辉石岩						方辉辉石岩	
$\frac{w_B}{10^{-6}}$ La	0.47	2.82	4.22	2.23	1.42	2.00	2.19	2.69	0.75	4.16	1.94	1.04	1.59	2.08	2.56	1.03	0.61	1.10	1.49	6.76
Ce	1.02	6.14	9.48	5.02	3.46	4.60	4.94	6.53	1.81	9.19	4.37	2.42	3.57	4.96	5.33	2.39	1.40	2.48	3.07	13.81
Pr	0.14	0.82	1.22	0.65	0.43	0.57	0.62	0.60	0.18	1.06	0.56	0.34	0.43	0.66	0.61	0.31	0.19	0.32	0.42	2.06
Nd	0.65	3.43	5.31	2.91	1.94	2.54	2.76	2.30	0.77	4.34	2.45	1.59	1.79	3.05	2.37	1.38	0.86	1.35	1.89	9.22
Sm	0.17	0.83	1.13	0.69	0.49	0.62	0.58	0.46	0.17	0.95	0.60	0.47	0.42	0.78	0.49	0.35	0.23	0.33	0.49	2.31
Eu	0.06	0.26	0.35	0.24	0.17	0.22	0.17	0.12	0.04	0.26	0.20	0.18	0.12	0.30	0.14	0.11	0.07	0.09	0.23	0.81
Gd	0.19	1.00	1.36	0.76	0.54	0.68	0.57	0.48	0.19	1.02	0.66	0.58	0.48	0.89	0.52	0.40	0.27	0.37	0.64	2.77
Tb	0.03	0.17	0.22	0.12	0.09	0.11	0.08	0.06	0.03	0.16	0.11	0.11	0.08	0.14	0.08	0.07	0.05	0.06	0.12	0.47
Dy	0.19	1.00	1.27	0.73	0.53	0.63	0.41	0.36	0.19	0.93	0.66	0.70	0.51	0.85	0.49	0.45	0.33	0.42	0.76	2.77
Ho	0.04	0.22	0.27	0.15	0.11	0.13	0.08	0.07	0.04	0.19	0.14	0.16	0.12	0.17	0.11	0.10	0.08	0.09	0.18	0.60
Er	0.11	0.63	0.72	0.46	0.33	0.37	0.24	0.21	0.13	0.56	0.39	0.47	0.37	0.51	0.33	0.31	0.23	0.29	0.53	1.59
Tm	0.02	0.09	0.10	0.07	0.04	0.05	0.04	0.03	0.02	0.08	0.06	0.07	0.06	0.07	0.05	0.05	0.04	0.04	0.08	0.22
Yb	0.10	0.63	0.67	0.38	0.26	0.28	0.20	0.17	0.11	0.46	0.32	0.40	0.35	0.38	0.28	0.29	0.22	0.27	0.58	1.46
Lu	0.02	0.10	0.10	0.07	0.05	0.05	0.04	0.03	0.02	0.08	0.06	0.07	0.06	0.07	0.05	0.05	0.04	0.05	0.09	0.22
ΣREE	3.21	18.14	26.42	14.48	9.86	12.85	12.92	14.11	4.45	23.44	12.52	8.6	9.95	14.91	13.41	7.29	4.62	7.26	10.57	45.07
$(La/Yb)_N$	3.37	3.21	4.52	4.21	3.92	5.12	7.85	11.35	4.89	6.49	4.35	1.86	3.26	3.93	6.56	2.55	1.99	2.92	1.84	3.32
δEu	1.02	0.87	0.86	1.01	1.01	1.03	0.89	0.77	0.68	0.80	0.97	1.05	0.81	1.10	0.84	0.90	0.86	0.78	1.26	0.98

续表

岩体		夏日哈木Ⅰ号岩体																			
样品号		1701－4	05－5	05－6	05－15	05－14	05－13	05－3	05－4	05－9	05－12	05－8	05－7	05－2	1911－7	1911－14	1311－7	X04	X07	XR－13	1701－21
岩性		方辉辉石岩	含长二辉岩									辉长苏长岩				辉长岩				淡色辉长岩	
$w_B/10^{-6}$	La	3.65	3.40	3.24	2.43	3.11	2.97	2.03	2.33	3.50	3.67	3.41	2.80	7.55	2.59	2.69	3.48	2.75	4.50	2.10	2.80
	Ce	7.61	8.08	7.68	5.89	7.64	7.33	4.77	5.54	7.82	8.46	7.93	6.85	15.72	5.72	5.87	8.43	5.61	8.63	4.54	5.28
	Pr	0.85	1.11	1.05	0.78	1.01	0.97	0.70	0.80	1.05	1.14	1.07	0.91	2.32	0.76	0.82	1.19	1.34	1.96	0.56	0.63
	Nd	3.34	5.03	4.45	3.53	4.53	4.38	3.34	3.74	4.64	5.12	4.79	4.13	10.0	3.53	3.92	5.82	4.88	8.25	2.45	2.63
	Sm	0.70	1.29	1.14	0.99	1.25	1.12	0.95	1.01	1.21	1.34	1.25	1.09	2.47	0.95	1.15	1.71	1.76	2.75	0.52	0.60
	Eu	0.19	0.40	0.42	0.34	0.38	0.36	0.35	0.38	0.42	0.43	0.42	0.35	0.56	0.61	0.73	0.89	0.88	1.11	0.76	0.58
	Gd	0.72	1.64	1.42	1.21	1.50	1.37	1.27	1.36	1.57	1.62	1.62	1.29	2.88	1.11	1.34	2.00	2.54	3.64	0.62	0.65
	Tb	0.11	0.29	0.29	0.22	0.27	0.24	0.23	0.24	0.27	0.29	0.28	0.22	0.51	0.19	0.23	0.34	0.48	0.63	0.10	0.10
	Dy	0.62	1.80	1.48	1.32	1.59	1.47	1.45	1.54	1.68	1.79	1.76	1.40	3.02	1.15	1.43	2.14	2.91	3.74	0.62	0.63
	Ho	0.13	0.40	0.37	0.30	0.35	0.32	0.33	0.34	0.38	0.40	0.38	0.31	0.63	0.24	0.30	0.45	0.65	0.78	0.14	0.13
	Er	0.39	1.10	0.92	0.82	0.98	0.92	0.92	0.94	1.04	1.07	1.05	0.85	1.71	0.71	0.85	1.27	1.73	2.03	0.39	0.39
	Tm	0.06	0.15	0.18	0.12	0.13	0.13	0.13	0.14	0.15	0.16	0.15	0.12	0.24	0.10	0.12	0.18	0.25	0.27	0.06	0.05
	Yb	0.35	1.06	0.87	0.76	0.91	0.84	0.87	0.91	1.00	1.05	1.00	0.84	1.48	0.56	0.65	0.92	1.63	1.66	0.38	0.32
	Lu	0.06	0.16	0.18	0.11	0.14	0.13	0.13	0.13	0.15	0.15	0.14	0.12	0.21	0.09	0.10	0.16	0.24	0.24	0.06	0.05
	ΣREE	18.78	25.91	23.69	18.82	23.79	22.55	17.47	19.4	24.88	26.69	25.25	21.28	49.3	18.31	20.2	28.98	27.65	40.19	13.3	14.84
$(La/Yb)_N$		7.48	2.30	2.67	2.29	2.45	2.54	1.67	1.84	2.51	2.51	2.45	2.39	3.66	3.32	2.97	2.71	1.21	1.94	3.96	6.28
δEu		0.81	0.84	1.01	0.95	0.85	0.89	0.97	0.99	0.93	0.89	0.90	0.90	0.64	1.81	1.79	1.47	1.27	1.07	4.08	2.82

续表

岩体		夏日哈木Ⅰ号岩体	喀雅克登岩体					冰沟南岩体				
样品号		1311 - 8	Ipm20GS8 - 1	IGS5088	Gs3419 - 5	Gs3419 - 3	Gs3420	BGN - Z01	BGN - Z02	BGN - Z03	BGN - Z04	BGN - Z05
岩性		淡色辉长岩	二辉橄榄岩	辉长岩		二辉橄榄岩		橄榄辉长岩				
$\frac{w_B}{10^{-6}}$	La	2. 37	3. 56	24. 44	3. 61	4. 61	6. 08	4. 82	4. 08	4. 13	3. 94	4. 23
	Ce	5. 73	9. 27	54. 53	7. 36	11. 24	11. 69	11. 5	9. 88	9. 58	9. 52	10. 2
	Pr	0. 83	1. 41	8. 05	1. 06	1. 75	1. 46	1. 69	1. 45	1. 36	1. 41	1. 5
	Nd	4. 19	6. 13	33. 71	4. 45	7. 47	5. 70	8. 19	7. 06	6. 4	6. 75	7. 12
	Sm	1. 27	1. 56	7. 88	1. 20	2. 09	1. 19	2. 12	1. 85	1. 68	1. 79	1. 87
	Eu	0. 81	0. 57	1. 87	0. 80	0. 74	0. 39	0. 782	0. 69	0. 583	0. 667	0. 699
	Gd	1. 53	1. 77	7. 43	1. 32	2. 30	1. 12	2. 35	1. 82	1. 82	1. 88	1. 91
	Tb	0. 26	0. 29	1. 18	0. 20	0. 41	0. 18	0. 454	0. 396	0. 343	0. 452	0. 401
	Dy	1. 66	1. 71	6. 32	1. 14	2. 43	1. 07	2. 65	2. 53	2. 14	2. 54	2. 46
	Ho	0. 35	0. 38	1. 32	0. 24	0. 49	0. 23	0. 568	0. 489	0. 401	0. 461	0. 438
	Er	1. 01	1. 01	3. 43	0. 65	1. 33	0. 61	1. 55	1. 3	1. 11	1. 27	1. 46
	Tm	0. 15	0. 16	0. 50	0. 10	0. 20	0. 10	0. 218	0. 207	0. 199	0. 232	0. 239
	Yb	0. 78	0. 94	2. 91	0. 60	1. 24	0. 59	1. 6	1. 39	1. 24	1. 18	1. 51
	Lu	0. 13	0. 14	0. 44	0. 09	0. 18	0. 09	0. 246	0. 203	0. 152	0. 202	0. 221
	ΣREE	21. 07	28. 9	154. 01	22. 82	36. 48	30. 5	38. 74	33. 35	31. 14	32. 29	34. 26
$(La/Yb)_N$		2. 18	2. 72	6. 02	4. 32	2. 67	7. 39	2. 16	2. 11	2. 39	2. 40	2. 01
δEu		1. 77	1. 04	0. 74	1. 93	1. 03	1. 02	1. 07	1. 14	1. 01	1. 10	1. 12

续表

岩体		哈日阿希勒岩体						
样品号		PM116 GS6 – 1	PM116 GS7 – 1	PM118 GS4 – 1	PM118 GS4 – 1	Ⅱ GS 4108 – 1	Ⅱ GS 2302b	Ⅱ 3P1 GS1 – 1
岩性		辉长岩						
$\frac{w_B}{10^{-6}}$	La	10. 4	4. 21	9. 26	9. 18	11. 59	4. 48	7. 59
	Ce	25. 1	15. 4	21. 4	25. 7	21. 61	12. 17	16. 22
	Pr	2. 56	1. 3	2. 38	3. 24	2. 92	1. 97	2. 12
	Nd	10. 8	5. 8	10. 2	15. 3	11. 96	7. 96	8. 34
	Sm	2. 5	1. 29	2. 36	3. 89	3. 19	2. 41	1. 81
	Eu	1. 01	0. 56	0. 85	1. 23	1. 32	0. 85	1. 13
	Gd	2. 39	1. 23	2. 29	3. 45	3. 31	2. 61	1. 82
	Tb	0. 44	0. 22	0. 43	0. 67	0. 57	0. 41	0. 32
	Dy	2. 56	1. 28	2. 62	3. 77	3. 09	2. 47	1. 75
	Ho	0. 5	0. 26	0. 52	0. 76	0. 57	0. 49	0. 34
	Er	1. 48	0. 68	1. 49	2. 01	1. 53	1. 4	1. 04
	Tm	0. 22	0. 099	0. 21	0. 29	0. 23	0. 2	0. 16
	Yb	1. 22	0. 58	1. 3	1. 79	1. 3	1. 25	0. 99
	Lu	0. 21	0. 1	0. 22	0. 27	0. 19	0. 19	0. 15
	ΣREE	61. 39	33. 01	55. 53	71. 55	63. 38	38. 86	43. 78
$(La/Yb)_N$		6. 11	5. 21	5. 11	3. 68	6. 40	2. 57	5. 50
δEu		1. 25	1. 34	1. 10	1. 00	1. 23	1. 03	1. 88

注：冰沟南岩体样品为本次实测，测试单位是澳实分析检测（广州）有限公司；夏日哈木岩体 ZK1109Y46 ~ ZK904Y19 号样品结果来源于王冠等，2014；夏日哈木岩体 1301 – 3 ~ 1311 – 8 号样品结果来源于姜常义等，2015；喀雅克登岩体数据来源于青海省地质调查院，2004a，2010b；哈日阿希勒岩体样品结果来源于青海省第四地质矿产勘查院，2010，2012。

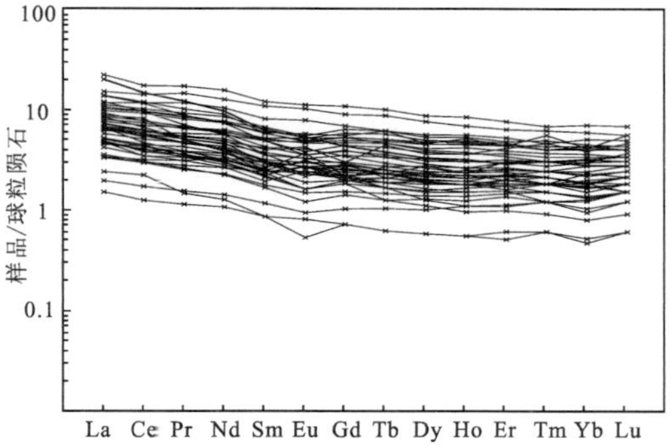

图4－13　夏日哈木橄榄岩类、辉石岩类
球粒陨石标准化稀土配分曲线
（球粒陨石数据据 Sun and McDonough，1989）

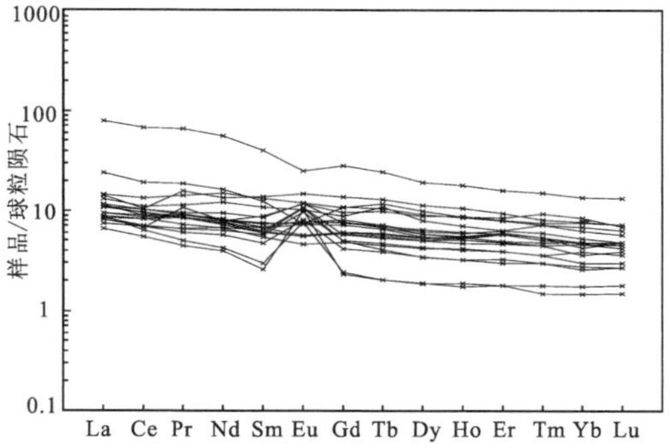

图4－14　夏日哈木辉长苏长岩类
球粒陨石标准化稀土配分曲线
（球粒陨石数据据 Sun and McDonough，1989）

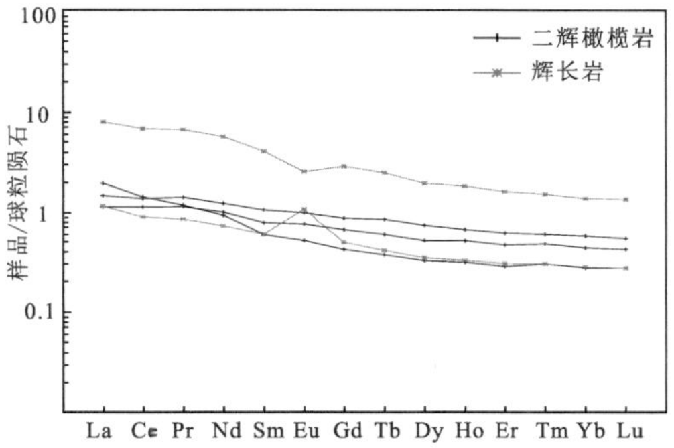

图4－15　喀雅克登辉长岩、二辉橄榄岩
球粒陨石标准化稀土配分曲线
（球粒陨石数据据 Sun and McDonough，1989）

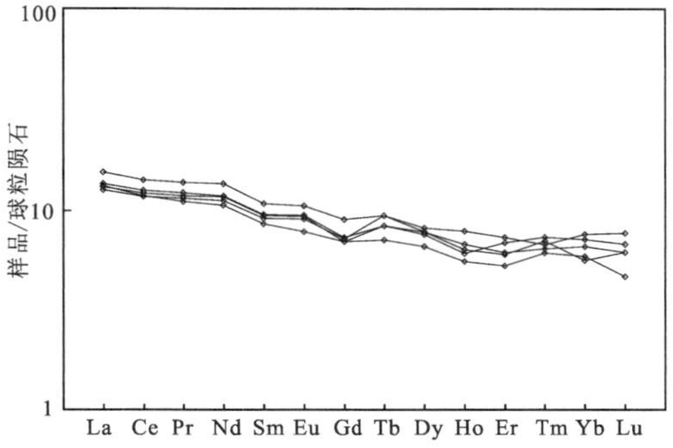

图4－16　冰沟南橄榄辉长岩
球粒陨石标准化稀土配分曲线
（球粒陨石数据据 Sun and McDonough，1989）

（三）微量元素

表4－4列出了夏日哈木、冰沟南和哈日阿希勒岩体的微量元素分析结果。在原始地幔标准化的微量元素蛛网图中（图4－18至图4－22），夏日哈木不同类型岩石的微量元素配分曲线变化一致，但在元素丰度上略有差别。相对来说，样品普遍富集大离子亲石元素（Rb、Th、U、K），相对亏损Nb、Ta、P，而Zr、Hf异常不明显。冰沟南的橄榄辉长岩样品富集Rb、K而相对亏损Ba、U、Nb、Ta、Ti。

（四）Sr－Nd同位素

夏日哈木Ⅰ号岩体 $\varepsilon_{Nd}(t)$ = －7.59～－0.7（t＝422Ma），$(^{87}Sr/^{86}Sr)_i$＝0.703117～0.710932，平均值为0.708300。Ⅱ－1号岩体 $\varepsilon_{Nd}(t)$ = －2.1～－0.7（t＝424Ma），$(^{87}Sr/^{86}Sr)_i$＝0.708200～0.708614，平均值0.708415（表4－5；王冠等，2014；青海省第五地质矿产勘查院，2016；姜常义等，2015）。Ⅰ号岩体斜方辉石岩和Ⅱ－1号岩体辉长岩的Sr、Nd同位素组成相似，$\varepsilon_{Nd}(t)$ 均为较小的负值，$(^{87}Sr/^{86}Sr)_i$ 均大于洋中脊玄武岩（MORB）的初始值（0.70229～0.70316）（Saunders et al.，1988），在 $(^{87}Sr/^{86}Sr)_i$－$\varepsilon_{Nd}(t)$ 图解中（图4－23），Ⅰ号岩体斜方辉石岩样品比较分散，位于第三象限和第四象限，Ⅱ－1号岩体辉长岩样品比较集中，均位于第四象限。两个岩体的Sr－Nd同位素总体上显示出向EMⅡ端元演化的趋势。

表 4－4　基性－超基性岩微量元素分析结果

单位：10^{-6}

岩体	夏日哈木Ⅰ号岩体												
样品号	ZK1109Y46	ZK1109Y47	ZK1109Y48	ZK1109Y49	ZK1309Y38	ZK1309Y39	ZK405B1	ZK405B2	ZK405B3	ZK405B4	TC1B25	TC1B32	TC1B33
岩性	辉长苏长岩						斜方辉石岩						
Cr	1240	1380	1260	1320	375	619	3010	2580	2600	3080	1584	1663	1523
Co	65	68	72	62	42	55	74	75	110	73	95	127	107
Ni	251	297	305	269	345	184	345	263	1020	328	1031	1118	876
Rb	9. 00	7. 40	7. 60	17. 30	12. 00	52. 10	13. 70	9. 90	3. 10	12. 00	9. 60	7. 39	13. 50
Ba	49. 6	41. 5	44. 7	53. 2	73. 1	110. 0	34. 8	20. 1	10. 7	29. 5	45. 0	12. 5	40. 1
Sr	173. 5	140. 5	166. 5	165. 0	272. 0	287. 0	20. 5	14. 7	10. 5	28. 8	96. 7	10. 5	67. 3
Y	9. 6	10. 4	9. 6	10. 1	13. 3	16. 5	6. 9	4. 2	3. 6	6. 0	5. 2	7. 1	5. 6
Nb	0. 40	0. 40	0. 70	0. 60	0. 60	0. 61	0. 60	0. 50	0. 30	0. 40	0. 41	0. 57	0. 27
Ta	<0. 1	<0. 1	0. 1	<0. 1	0. 05	0. 06	<0. 1	<0. 1	<0. 1	<0. 1	0. 03	0. 05	0. 03
Zr	22. 0	22. 0	23. 0	23. 0	28. 2	32. 7	17. 0	13. 0	11. 0	11. 0	17. 3	21. 1	15. 8
Hf	0. 90	1. 00	0. 90	1. 00	1. 26	1. 46	0. 40	0. 20	0. 20	0. 20	0. 46	0. 71	0. 47
Th	0. 47	0. 48	0. 54	0. 49	0. 71	0. 73	0. 76	0. 58	0. 42	0. 44	0. 45	0. 49	0. 26
U	0. 14	0. 15	0. 16	0. 15	0. 20	0. 23	0. 17	0. 17	0. 10	0. 10	0. 15	0. 17	0. 08
Pb	<5. 0	<5. 0	<5. 0	<5. 0	18. 50	10. 70	<5. 0	<5. 0	<5. 0	<5. 0	4. 57	1. 64	2. 73

续表

岩体	夏日哈木Ⅰ号岩体						
样品号	TC1 Y1	TC1 Y2	TC1 Y3	TC1 Y4	ZK904 Y16	ZK904 Y18	ZK904 Y19
岩性	橄榄辉石岩				方辉橄榄岩		
Cr	2200	2140	2080	1830	446	495	398
Co	110	108	113	105	159	137	128
Ni	927	856	1010	1020	3166	2698	1619
Rb	4. 80	4. 60	3. 80	10. 70	3. 49	6. 74	6. 76
Ba	19. 2	21. 1	17. 7	17. 2	18. 9	26. 3	25. 2
Sr	48. 6	61. 1	62. 2	68. 5	32. 6	32. 5	25. 2
Y	4. 1	3. 4	3. 1	3. 5	3. 5	3. 3	4. 3
Nb	0. 40	0. 40	0. 30	0. 40	0. 50	0. 47	0. 74
Ta	<0. 1	<0. 1	<0. 1	<0. 10	0. 05	0. 04	0. 07
Zr	10. 0	10. 0	9. 0	12. 0	11. 7	15. 7	19. 9
Hf	0. 50	0. 5	0. 40	0. 50	0. 40	0. 52	0. 52
Th	0. 44	0. 41	0. 36	0. 39	0. 28	0. 73	0. 86
U	0. 14	0. 14	0. 15	0. 17	0. 10	0. 25	0. 25
Pb	<5. 0	<5. 0	<5. 0	<5. 0	4. 07	5. 57	3. 34

续表

岩体	夏日哈木Ⅰ号岩体																			
样品号	1301 - 3	X01	X02	26 - 6	26 - 11	26 - 18	1701 - 5	1701 - 7	1701 - 11	1301 - 9	907 - 4	1701 - 16	26 - 17	26 - 20	1701 - 2	1701 - 10	1701 - 13	1701 - 15	X05	X09
岩性	纯橄岩	二辉橄榄岩		方辉橄榄岩									橄榄方辉辉石岩						方辉辉石岩	
Cr	465	1758	1234	1495	1021	1206	811	300	394	1237	804	853	1155	580	2620	967	754	575	2406	956
Co	127	100	105	125	241	162	133	168	158	134	128	110	209	140	102	125	111	130	97	83
Ni	3455	837	977	2956	6997	4484	2971	3621	2998	2998	1754	1824	7667	2783	1543	2222	2223	2700	968	1286
Rb	1. 67	5. 73	7. 18	8. 97	4. 99	5. 52	6. 79	3. 32	3. 87	22. 60	10. 61	12. 33	10. 49	11. 06	16. 30	6. 94	10. 68	4. 59	7. 23	33. 45
Ba	4. 95	32. 97	55. 22	25. 32	19. 92	26. 99	19. 53	59. 29	9. 09	74. 27	28. 33	11. 32	22. 26	28. 38	45. 56	23. 75	9. 78	12. 32	27. 24	137. 70
Sr	12. 65	52. 56	69. 38	57. 97	73. 68	55. 46	21. 55	30. 44	15. 99	85. 50	55. 84	30. 58	26. 80	92. 72	24. 72	26. 82	11. 81	11. 09	86. 76	208. 10
Y	1. 08	4. 43	5. 36	4. 42	3. 15	3. 65	2. 33	2. 04	1. 19	5. 42	3. 81	4. 24	3. 31	4. 99	2. 94	2. 78	2. 06	2. 61	3. 47	12. 12
Nb	0. 09	0. 99	1. 59	0. 49	0. 34	0. 40	0. 43	0. 32	0. 30	1. 24	0. 54	0. 29	0. 66	0. 61	0. 78	0. 42	0. 32	0. 37	0. 27	2. 50
Ta	0. 01	0. 07	0. 11	0. 03	0. 02	0. 02	0. 02	0. 01	0. 02	0. 09	0. 04	0. 02	0. 04	0. 04	0. 05	0. 03	0. 02	0. 02	0. 02	0. 17
Zr	3. 48	22. 29	31. 56	21. 17	13. 09	15. 79	8. 94	7. 38	5. 92	35. 52	20. 69	11. 55	16. 69	28. 33	14. 13	10. 78	8. 64	10. 14	11. 45	48. 47
Hf	0. 08	0. 62	0. 82	0. 45	0. 29	0. 34	0. 21	0. 14	0. 12	0. 70	0. 44	0. 30	0. 34	0. 55	0. 37	0. 25	0. 19	0. 24	0. 37	1. 44
Th	0. 11	0. 86	1. 07	0. 40	0. 27	0. 47	0. 49	0. 78	0. 24	1. 53	0. 56	0. 28	0. 84	0. 49	0. 77	0. 35	0. 22	0. 22	0. 37	1. 80
U	0. 03	0. 26	0. 36	0. 09	0. 06	0. 09	0. 14	0. 09	0. 10	0. 48	0. 20	0. 10	0. 34	0. 12	0. 23	0. 14	0. 10	0. 07	0. 11	0. 46
Pb	2. 08	2. 73	7. 85	21. 85	27. 13	24. 66	1. 46	4. 17	0. 96	2. 98	2. 32	1. 60	9. 21	3. 62	0. 71	1. 44	1. 10	3. 51	3. 29	22. 03

续表

岩体	夏日哈木Ⅰ号岩体																		
样品号	1701 – 4	05 – 5	05 – 6	05 – 15	05 – 14	05 – 13	05 – 3	05 – 4	05 – 9	05 – 12	05 – 8	05 – 7	05 – 2	1911 – 7	1911 – 14	1311 – 7	X04	X07	XR – 13	1701 – 21
岩性	方辉辉石岩	含长二辉岩							辉长苏长岩				辉长岩						淡色辉长岩	
Cr	2894	2014	1761	1642	1695	1763	1919	1981	1839	1831	1876	1933	727	501	159	109	314	230	62	104
Co	79	68	66	64	74	95	67	68	65	68	68	73	48	48	41	55	58	76	23	32
Ni	1201	258	337	276	396	589	329	294	222	259	267	338	176	270	66	595	1229	2454	36	179
Rb	19. 37	12. 57	9. 86	11. 95	15. 52	10. 23	22. 36	23. 60	22. 29	23. 49	9. 06	10. 72	62. 66	24. 06	42. 67	25. 75	53. 42	50. 03	7. 97	67. 00
Ba	38. 21	44. 39	52. 72	48. 70	45. 70	47. 53	36. 26	34. 82	48. 90	43. 56	49. 08	46. 51	98. 51	66. 30	112. 70	88. 88	90. 71	136. 90	72. 86	108. 80
Sr	38. 99	50. 45	84. 72	69. 33	74. 82	82. 62	86. 52	87. 63	90. 97	81. 87	95. 66	71. 50	181. 70	458. 30	458. 00	461. 70	351. 70	382. 50	519. 60	694. 60
Y	3. 49	7. 65	6. 89	6. 44	7. 69	7. 21	6. 24	6. 48	7. 14	7. 56	7. 32	6. 82	12. 72	6. 55	8. 12	12. 35	12. 87	15. 26	2. 47	3. 62
Nb	0. 87	0. 95	0. 92	0. 59	0. 74	0. 74	0. 37	0. 51	0. 79	0. 81	0. 79	0. 74	1. 85	0. 96	0. 59	0. 72	0. 12	0. 15	0. 43	0. 42
Ta	0. 06	0. 07	0. 09	0. 04	0. 05	0. 05	0. 03	0. 04	0. 06	0. 06	0. 06	0. 05	0. 15	0. 05	0. 03	0. 05	0. 01	0. 02	0. 03	0. 03
Zr	16. 22	26. 23	26. 77	21. 58	37. 20	20. 94	17. 51	17. 73	22. 67	30. 21	30. 05	45. 34	46. 82	21. 64	17. 94	37. 30	16. 14	41. 49	12. 03	9. 11
Hf	0. 39	0. 92	0. 83	0. 68	0. 96	0. 67	0. 62	0. 65	0. 83	0. 96	0. 97	1. 06	1. 55	0. 54	0. 49	0. 96	0. 79	1. 89	0. 35	0. 24
Th	1. 22	1. 22	0. 98	0. 65	0. 79	0. 72	0. 51	0. 52	1. 13	1. 09	0. 91	0. 82	3. 77	0. 30	0. 37	0. 65	0. 08	0. 20	0. 31	0. 18
U	0. 34	0. 34	0. 34	0. 19	0. 26	0. 21	0. 15	0. 15	0. 28	0. 33	0. 28	0. 23	0. 72	0. 14	0. 13	0. 26	0. 05	0. 05	0. 79	0. 07
Pb	0. 98	2. 39	3. 03	1. 81	2. 29	2. 43	2. 24	2. 47	2. 75	2. 53	2. 96	2. 26	7. 08	4. 29	6. 75	10. 77	42. 45	16. 03	2. 13	4. 76

续表

岩体	夏日哈木Ⅰ号岩体	冰沟南岩体					哈日阿希勒岩体						
样品号	1311-8	BGN-Z01	BGN-Z02	BGN-Z03	BGN-Z04	BGN-Z05	PM116GS6-1	PM116GS7-1	PM118GS4-1	PM118GS4-1	ⅡGS4108-1	ⅡGS2302b	Ⅱ3P1GS1-1
岩性	淡色辉长岩	橄榄辉长岩					辉长岩						
Cr	43	1161	942	1008	984	901	28.7	36.7	75.1	18.2	375.3	149.2	116
Co	43	123	116	119	117	112	44.6	16.7	41.3	35.6	41.2	44.6	31.7
Ni	50	976	1091	1050	972	879	36.6	44	37.5	27.6	205.7	32.4	39.7
Rb	12.66	22.7	12.2	19.7	17.4	15.8	14.8	8.28	31	12.6	24	7	38.5
Ba	75.89	73.3	50.9	71.3	63.3	72.7	136	23.6	181	118	699		311
Sr	489.90	139	102	102	111	120	49.8	330	275	497	326	274	302
Y	9.44	14.8	12.8	11.2	12.5	13.2	13	6.52	13.4	18.1			
Nb	0.35	3.21	2.82	2.46	2.55	2.94	1.86	1.68	3.83	4.5	11.4	1.2	6.6
Ta	0.02	0.213	0.172	0.169	0.186	0.192	0.21	0.15	0.33	0.5	<0.5	<0.5	<0.5
Zr	27.50	71.2	58.5	48.3	59.8	63.4	23.9	22.7	57.6	44.5	87	38	80
Hf	0.69	1.8	1.46	1.24	1.45	1.54	1.2	1.5	1.3	1.8	2.6	1.6	3.6
Th	0.24	0.597	0.509	0.813	0.467	0.547	0.7	0.98	1.33	0.86	1	1.4	5
U	0.06	0.149	0.134	0.153	0.155	0.146							
Pb	2.81	3.34	3.38	2.77	2.28	2.26							

注：冰沟南岩体样品为本次实测，测试单位是澳实分析检测（广州）有限公司；夏日哈木岩体 ZK1109Y46～ZK904Y19 号样品结果来源于王冠等，2014；夏日哈木岩体 1301-3～1311-8 号样品结果来源于姜常义等，2015；哈日阿希勒岩体样品结果来源于青海省第四地质矿产勘查院，2010，2012。

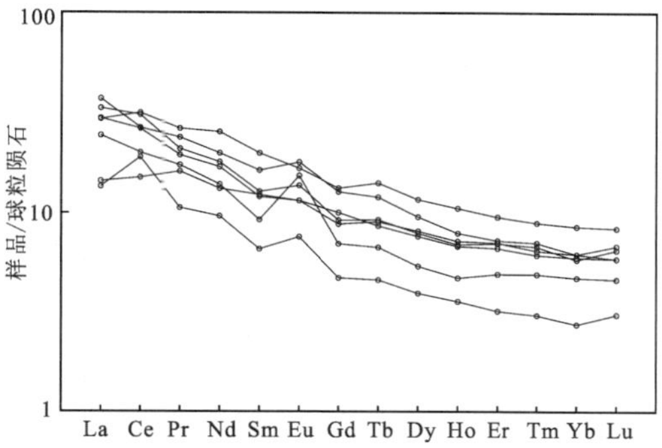

图 4-17　哈日阿希勒辉长岩球粒陨石标准化稀土配分曲线

（球粒陨石数据据 Sun and McDonough，1989）

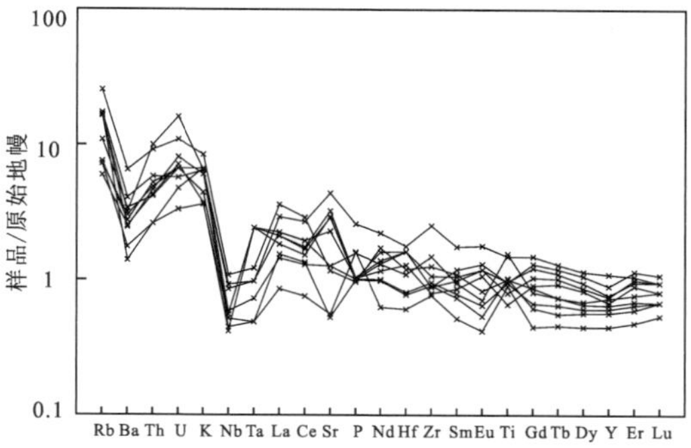

图 4-18　夏日哈木橄榄辉石岩微量元素原始地幔标准化蛛网图

（原始地幔数据据 Sun and McDonough，1989）

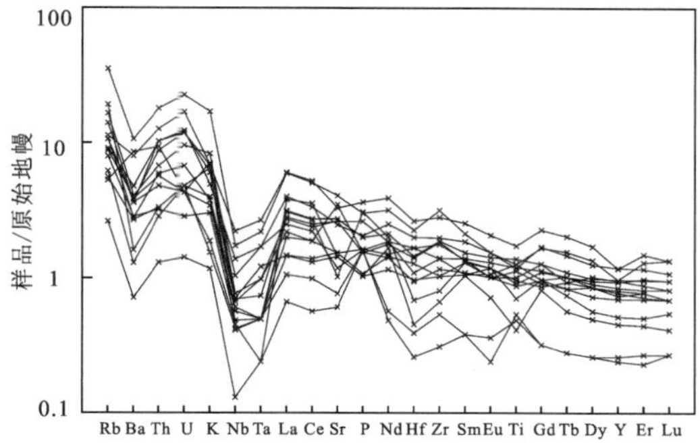

图 4-19　夏日哈木橄榄岩微量元素原始地幔标准化蛛网图

（原始地幔数据据 Sun and McDonough，1989）

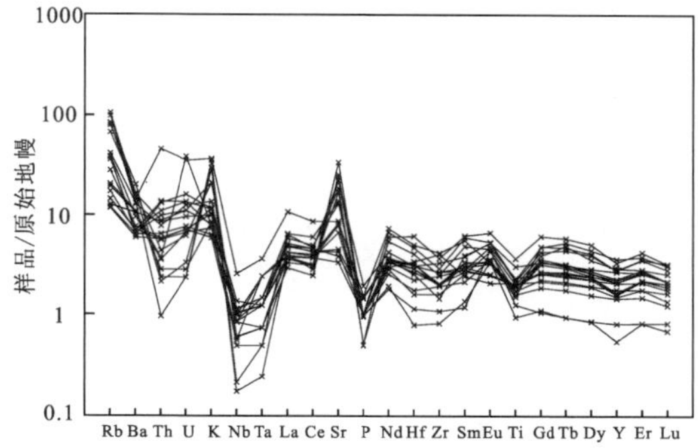

图 4-20　夏日哈木辉长岩微量元素原始地幔标准化蛛网图

（原始地幔数据据 Sun and McDonough，1989）

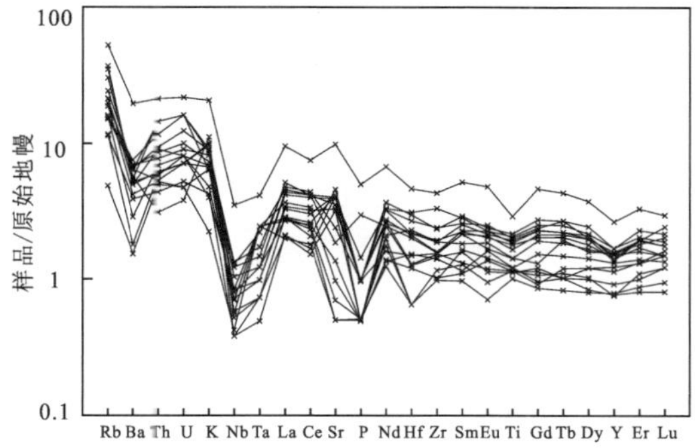

图 4-21　夏日哈木斜方（方辉）辉石岩微量元素原始地幔标准化蛛网图

（原始地幔数据据 Sun and McDonough，1989）

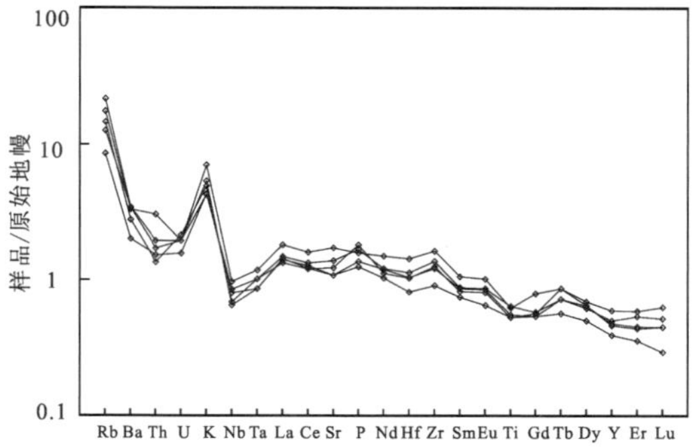

图 4-22　冰沟南橄榄辉长岩微量元素原始地幔标准化蛛网图

（原始地幔数据据 Sun and McDonough，1989）

表 4 – 5　夏日哈木 I 号和 II – 1 号岩体 Sr – Nd – O 同位素分析结果

岩体	I 号岩体				II – 1 号岩体				
样号	ZK404 – 63	ZK405 – 73	ZK405 – 110	ZK405 – 124	XRHM – HS27 – B1	XRHM – HS27 – B2	XRHM – HS27 – B3	XRHM – HS27 – B4	XRHM – HS27 – B5
岩性	斜方辉石岩				辉长岩				
$Sm/10^{-6}$	1. 00	0. 53	0. 76	0. 43	3. 37	2. 78	2. 82	2. 87	2. 99
$Nd/10^{-6}$	3. 89	2. 24	2. 72	1. 72	11. 86	10. 67	11. 00	11. 27	10. 93
$^{147}Sm/^{144}Nd$	0. 1565	0. 1440	0. 1701	0. 1522	0. 1729	0. 1586	0. 1560	0. 1550	0. 1665
$^{143}Nd/^{144}Nd$	0. 512363	0. 512406	0. 512435	0. 512418	0. 512464	0. 512466	0. 512488	0. 512475	0. 512459
2σ	0. 000013	0. 000010	0. 000012	0. 000013	0. 000012	0. 000009	0. 000012	0. 000013	0. 000013
$(^{143}Nd/^{144}Nd)_i$	0. 511931	0. 512008	0. 511965	0. 511997	0. 511984	0. 512026	0. 512055	0. 512045	0. 511997
$\varepsilon_{Nd}(t)$	–3. 2	–1. 7	–2. 5	–1. 9	–2. 1	–1. 3	–0. 7	–0. 9	–1. 9
$Rb/10^{-6}$	8. 08	13. 44	13. 46	5. 24	25. 91	22. 52	45. 59	23. 34	52. 02
$Sr/10^{-6}$	54. 74	14. 30	21. 30	8. 36	233. 29	219. 18	322. 51	227. 79	303. 78
$^{87}Rb/^{86}Sr$	0. 4274	2. 7215	1. 8298	1. 8149	0. 3216	0. 2975	0. 4093	0. 2967	0. 4958
$^{87}Sr/^{86}Sr$	0. 713501	0. 719474	0. 716000	0. 715114	0. 710390	0. 710401	0. 710672	0. 710000	0. 711608
2σ	0. 000012	0. 000011	0. 000012	0. 000013	0. 000012	0. 000011	0. 000012	0. 000010	0. 000011
$(^{87}Sr/^{86}Sr)_i$	0. 710932	0. 703117	0. 705002	0. 704205	0. 708448	0. 708604	0. 708200	0. 708208	0. 708614
$\varepsilon_{Sr}(t)$	91. 8	–19. 1	7. 6	–3. 7	56. 5	58. 8	53. 0	53. 1	58. 9
$\delta^{18}O_{V-SMOW}/‰$	7. 0	5. 9	5. 2	5. 3					

续表

岩体	Ⅰ号岩体						
样号	X01	X09	05 – 4	05 – 12	X04	X07	XR – 13
岩性	二辉橄榄岩	方辉辉石岩	含常二辉岩	辉长苏长岩	辉长岩	辉长岩	淡色辉长岩
$Sm/10^{-6}$	0. 83	2. 31	1. 01	1. 34	1. 76	2. 75	0. 52
$Nd/10^{-6}$	3. 43	9. 22	3. 74	5. 12	4. 88	8. 25	2. 45
$^{147}Sm/^{144}Nd$	0. 14702	0. 15250	0. 16442	0. 15941	0. 22006	0. 20260	0. 12999
$^{143}Nd/^{144}Nd$	0. 51232	0. 51232	0. 51219	0. 512451	0. 512634	0. 512604	0. 51206
2σ	0. 000021	0. 000072	0. 000077	0. 000008	0. 000016	0. 000014	0. 000058
$(^{143}Nd/^{144}Nd)_i$	0. 511898	0. 511880	0. 511715	0. 511993	0. 512001	0. 512021	0. 511684
$\varepsilon_{Nd}(t)$	–3. 42	–3. 76	–6. 97	–1. 56	–1. 39	–1. 00	–7. 59
$Rb/10^{-6}$	5. 73	33. 45	23. 60	23. 49	53. 42	50. 03	7. 97
$Sr/10^{-6}$	52. 56	208. 09	87. 63	81. 87	351. 67	382. 50	519. 56
$^{87}Rb/^{86}Sr$	0. 31543	0. 46547	0. 77970	0. 83099	0. 43989	0. 37872	0. 04440
$^{87}Sr/^{86}Sr$	0. 71206	0. 71332	0. 71276	0. 71301	0. 71367	0. 71326	0. 70974
2σ	0. 000018	0. 000018	0. 000015	0. 000014	0. 000013	0. 000014	0. 000014
$(^{87}Sr/^{86}Sr)_i$	0. 71008	0. 71041	0. 70789	0. 707812	0. 710920	0. 710892	0. 70946
$\varepsilon_{Sr}(t)$	79. 78	84. 35	48. 56	47. 52	91. 65	91. 24	70. 89

注：ZK404 – 63 ~ XRHM – HS27 – B5 号样品结果来源于王冠等，2014；青海省第五地质矿产勘查院，2016；X01 ~ XR – 13 号样品结果来源于姜常义等，2015。

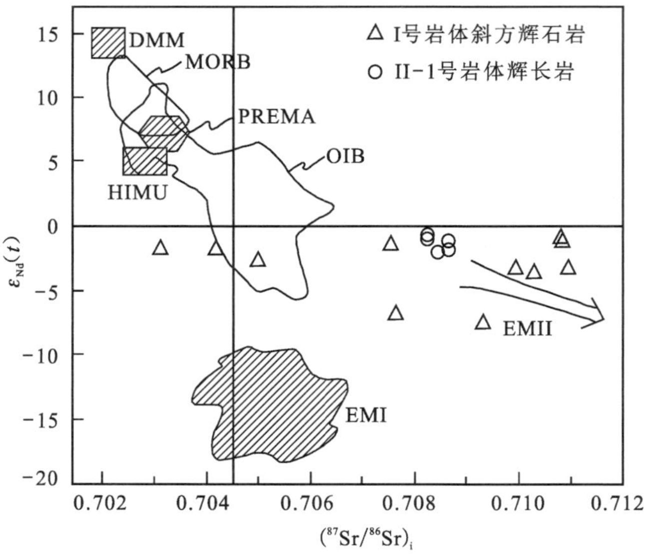

图4-23　夏日哈木镁铁质-超镁铁质岩石的（$^{87}Sr-^{86}Sr$）$_i$-ε_{Nd}（t）图解

（底图据 Zinder and Hart，1986）

EM Ⅰ—Ⅰ型富集地幔；EM Ⅱ—Ⅱ型富集地幔；OIB—洋岛玄武岩；PREMA—普通地幔；HIMU—高 U 值地幔；MORB—大洋中脊玄武岩；DMM—亏损的洋中脊玄武岩地幔

（五）O 同位素

Ⅰ号岩体4件斜方辉石岩样品的全岩氧同位素 $\delta^{18}O_{V-SMOW}$ = 5.2‰～7.0‰（表4-5；王冠等，2014；青海省第五地质矿产勘查院，2016）。

岩浆由镁铁质成分向长英质成分的化学分异过程，氧同位素的分馏值一般不会超过0.3‰（Bindeman et al.，2004；Bindeman，2008），因此，简单的分离结晶作用对岩浆氧同位素组成不会产生显著的影响。研究表明，由软流圈地幔部分熔融形成的洋中脊玄武岩（MORB）$\delta^{18}O$ 值为5.7‰±0.3‰（张少兵等，2011）。导致幔源岩浆岩 $\delta^{18}O$ 值升高的机制主要有两种：一种是岩浆热液蚀变，另一种是同化混染。Ⅰ号岩体3件斜方辉石岩样品 $\delta^{18}O$ 值小于6.0，在图4-24中，与地幔辉石岩分布范围一致，显示出地幔源区的特征，而样品ZK404-63的 $\delta^{18}O$ 值为7.0‰，鉴于该样品镜下未见明显的热液蚀变，因此，其较高的 $\delta^{18}O$ 值更可能是同化混染的结果（王冠等，2014；青海省第五地质矿产勘查院，2016）。

地壳物质的混染可发生在岩浆源区，如俯冲带由于洋壳的俯冲导致洋壳物质混入到地幔中，也可以发生岩浆形成后，侵位过程中同化混染地壳物质（张招崇等，2006）。James（1981）提出 Sr-O 同位素关系图解来判别地壳混染的方式（图4-25），如果样品落入向下凸出的曲线表明以源区混染为主，若落入向上凸出的曲线上则表明岩浆在岩浆房或上升过程中同化混染地壳物质。Ⅰ号岩体4件斜方辉石岩样品投点均在下凸曲线附近，暗示地壳物质的混染主要发生在源区。

（六）锆石 Hf 同位素

Ⅰ号岩体辉长苏长岩中锆石13个分析点和Ⅱ-1号岩体辉长岩中锆石11个分析点

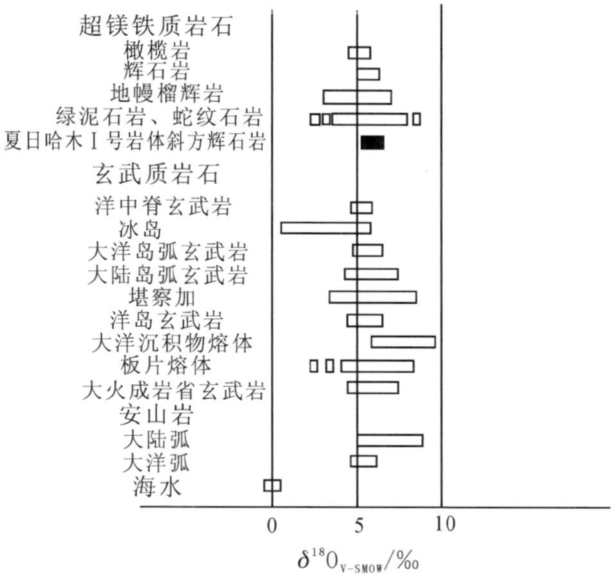

图4－24　夏日哈木Ⅰ号岩体斜方辉石岩与不同类型岩石氧同位素组成对比

（不同类型岩石氧同位素组成据 Bindeman，2008）

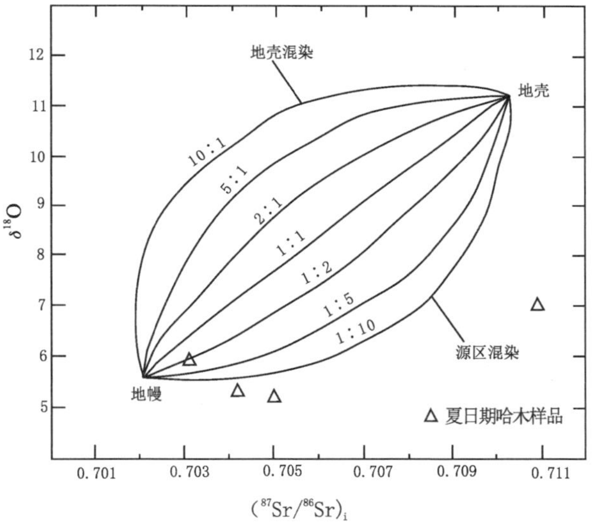

图4－25　夏日哈木Ⅰ号岩体斜方辉石岩 $\delta^{18}O$ 与（$^{87}Sr/^{86}Sr$）$_i$ 关系图解

（底图据 James，1981）

的 $^{176}Yb/^{177}Hf$ 和 $^{176}Lu/^{177}Hf$ 值范围分别为 0.023908～0.087326 和 0.000625～0.002359（表4－6；王冠等，2014；青海省第五地质矿产勘查院，2016），24 个点中 20 个点 $^{176}Lu/^{177}Hf$ 值小于 0.002，表明源区具有极低的放射性成因 ^{176}Hf 的积累，因此，分析获得的 $^{176}Hf/^{177}Hf$ 值能够代表源区的 Hf 同位素组成（吴福元等，2007）。样品 $^{176}Hf/^{177}Hf$ 比值为 0.282628～0.282883，$\varepsilon_{Hf}(t)$＝4.0～13.7，数据点均落在亏损地幔和球粒陨石 Hf 同位素演化线之间（图4－26），计算得到锆石单阶段亏损地幔 Hf 模式年龄 t_{DM1} 为 497～875Ma，平均值为 706Ma。

表 4 -6　夏日哈木 I 号和 II -1 号岩体中锆石 Hf 同位素组成

测点号	年龄/Ma	$^{176}Hf/^{177}Hf$	2σ	$^{176}Lu/^{177}Hf$	2σ	$^{176}Yb/^{177}Hf$	2σ	$\varepsilon_{Hf}(0)$	2σ	$\varepsilon_{Hf}(t)$	2σ	t_{DM1}	t_{DM2}	$f_{Lu/Hf}$
ZK1109 - N46 - 1	423	0. 282661	0. 000028	0. 000709	0. 000005	0. 028056	0. 000182	-3. 9	1. 1	5. 2	1. 1	830	995	-0. 98
ZK1109 - N46 - 2	423	0. 282729	0. 000030	0. 001094	0. 000027	0. 045714	0. 000437	-1. 5	1. 2	7. 5	1. 2	743	869	-0. 97
ZK1109 - N46 - 3	423	0. 282719	0. 000025	0. 001012	0. 000030	0. 041571	0. 000769	-1. 9	1. 0	7. 2	1. 1	755	886	-0. 97
ZK1109 - N46 - 5	423	0. 282743	0. 000031	0. 001030	0. 000004	0. 045219	0. 000830	-1. 0	1. 2	8. 0	1. 2	722	839	-0. 97
ZK1109 - N46 - 7	423	0. 282638	0. 000024	0. 000629	0. 000003	0. 025232	0. 000462	-4. 7	1. 0	4. 4	1. 0	861	1040	-0. 98
ZK1109 - N46 - 8	423	0. 282684	0. 000022	0. 001000	0. 000019	0. 036247	0. 000747	-3. 1	0. 9	5. 9	1. 0	804	955	-0. 97
ZK1109 - N46 - 9	423	0. 282665	0. 000038	0. 000811	0. 000010	0. 037196	0. 000520	-3. 8	1. 4	5. 3	1. 4	827	990	-0. 98
ZK1109 - N46 - 10	423	0. 282833	0. 000022	0. 001965	0. 000014	0. 084957	0. 000646	2. 1	0. 9	10. 9	0. 9	610	677	-0. 94
ZK1109 - N46 - 12	423	0. 282740	0. 000027	0. 001134	0. 000015	0. 043139	0. 000921	-1. 1	1. 1	7. 9	1. 1	727	846	-0. 97
ZK1109 - N46 - 13	423	0. 282628	0. 000036	0. 000633	0. 000025	0. 023908	0. 000928	-5. 1	1. 4	4. 0	1. 4	875	1060	-0. 98
ZK1109 - N46 - 14	423	0. 282654	0. 000028	0. 000625	0. 000010	0. 025745	0. 000598	-4. 2	1. 1	5. 0	1. 1	839	1009	-0. 98
ZK1109 - N46 - 15	423	0. 282651	0. 000028	0. 000653	0. 000016	0. 027018	0. 000872	-4. 3	1. 1	4. 9	1. 1	843	1014	-0. 98
ZK1109 - N46 - 16	423	0. 282681	0. 000031	0. 000934	0. 000016	0. 037601	0. 000572	-3. 2	1. 2	5. 8	1. 2	807	960	-0. 97
XRHM - HS27 - N1 - 1	424	0. 282811	0. 000047	0. 001573	0. 000087	0. 061660	0. 002417	1. 4	1. 7	10. 3	1. 8	634	713	-0. 95
XRHM - HS27 - N1 - 2	424	0. 282732	0. 000035	0. 001092	0. 000154	0. 043162	0. 005578	-1. 4	1. 3	7. 6	1. 4	739	862	-0. 97
XRHM - HS27 - N1 - 3	424	0. 282883	0. 000020	0. 001425	0. 000043	0. 050945	0. 001526	3. 9	0. 9	12. 9	0. 9	530	570	-0. 96
XRHM - HS27 - N1 - 4	424	0. 282912	0. 000013	0. 002224	0. 000033	0. 087326	0. 001670	5. 0	0. 7	13. 7	0. 7	497	523	-0. 93
XRHM - HS27 - N1 - 5	424	0. 282839	0. 000031	0. 001706	0. 000017	0. 060500	0. 000818	2. 4	1. 2	11. 2	1. 2	596	660	-0. 95
XRHM - HS27 - N1 - 6	424	0. 282721	0. 000049	0. 002090	0. 000006	0. 081882	0. 000021	-1. 8	1. 8	6. 9	1. 8	775	900	-0. 94
XRHM - HS27 - N1 - 7	424	0. 282864	0. 000025	0. 002054	0. 000046	0. 077840	0. 002207	3. 3	1. 0	12. 0	1. 0	565	615	-0. 94
XRHM - HS27 - N1 - 8	424	0. 282853	0. 000034	0. 001842	0. 000043	0. 061455	0. 001449	2. 9	1. 3	11. 7	1. 3	578	634	-0. 94
XRHM - HS27 - N1 - 9	424	0. 282881	0. 000041	0. 002359	0. 000051	0. 085584	0. 002565	3. 8	1. 5	12. 5	1. 6	546	588	-0. 93
XRHM - HS27 - N1 - 10	424	0. 282779	0. 000026	0. 001418	0. 000012	0. 045715	0. 000554	0. 2	1. 1	9. 2	1. 1	678	775	-0. 96
XRHM - HS27 - N1 - 11	424	0. 282870	0. 000029	0. 001779	0. 000101	0. 056103	0. 003428	3. 5	1. 2	12. 3	1. 2	553	600	-0. 95

注：资料来源于王冠等，2014；青海省第五地质矿产勘查院，2016。

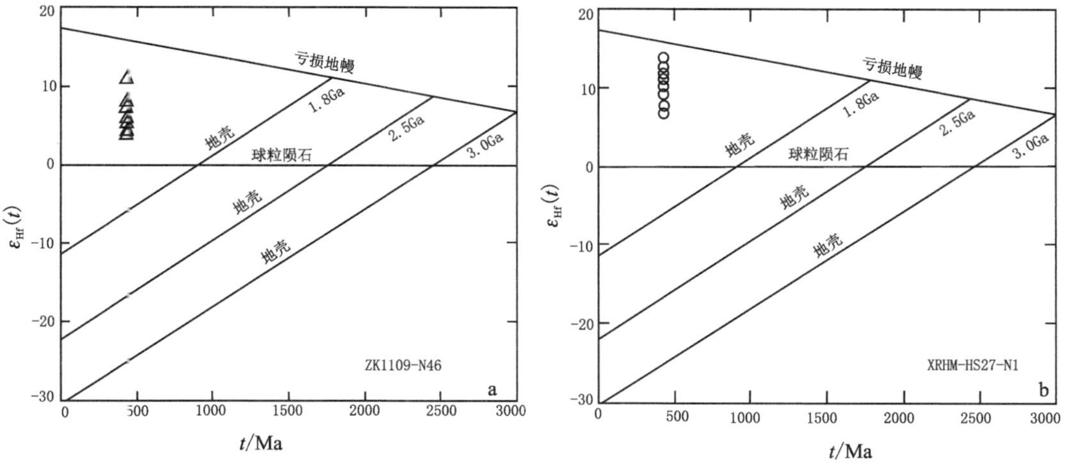

图4-26　夏日哈木Ⅰ号和Ⅱ-1号岩体中锆石Hf同位素特征

（据王冠等，2014；青海省第五地质矿产勘查院，2016）

a—Ⅰ号岩体；b—Ⅱ-1号岩体

一般情况下，如果锆石 $\varepsilon_{Hf}(t)$ 值为正值，说明岩体主要来源于亏损地幔或新生地壳；而 $\varepsilon_{Hf}(t)$ 值为负值，说明岩体形成时地壳物质成分占主导地位或来源于富集地幔。夏日哈木矿区两个岩体中锆石 Hf 同位素均具有正的 $\varepsilon_{Hf}(t)$ 值，说明二者均来自亏损的地幔源区。锆石 Hf 模式年龄反映岩石从亏损地幔分离的时间，如果锆石母岩浆直接来源于未受任何影响的亏损地幔，那么锆石结晶年龄应近似等于锆石 Hf 模式年龄（吴福元等，2007）。夏日哈木矿区 2 个岩体中锆石亏损地幔模式年龄 t_{DM1} 为 497～875Ma，平均值为 706Ma，明显大于其结晶年龄（423～424Ma），暗示岩浆源区明显受到富集组分的影响。结合 Sr-Nd-O 同位素特征，说明夏日哈木基性-超基性岩体可能是亏损地幔与 EMII 两个端元不同程度混合形成，亏损地幔是主要的，而 EMⅡ端元的贡献是次要的。EMII 型地幔的同位素组成与陆源沉积物相似，通常认为是地壳物质混入的结果（McKenzie，1988）。微量元素特征则暗示岩浆源区存在大量的含水流体进入。综上所述，夏日哈木基性-超基性岩体的岩浆源区为受俯冲带流体改造的亏损地幔源区，混入了少量 EMⅡ端元，岩浆上升过程中存在微弱的地壳混染。

五、岩体分离结晶作用

夏日哈木岩体橄榄岩辉石岩中 SiO_2 与 MgO 负相关，Ni、Co 与 MgO 正相关（图4-27a，d，e），表明存在橄榄石分离结晶作用。辉长苏长岩类岩石和部分橄榄辉石岩类岩石的 Cr 与 MgO 正相关（图4-27f），证明存在尖晶石的分离结晶作用，Al_2O_3、CaO 与 MgO 呈良好的正相关性反映了辉石或斜长石的分离结晶作用（图4-27b，c）。通常，若有相当数量单斜辉石的分离结晶作用，则 CaO/Al_2O_3 值与 $Mg^{\#}$ 值正相关（Späth and Le Roex，2001）。样品 CaO/Al_2O_3 与 $Mg^{\#}$ 之间的相关性不明显（图4-27g），表明岩浆演化过程中未经历明显的单斜辉石的分离结晶作用。在（Mg+Fe）/Ti-Si/Ti 图解中（图4-27h），显示岩浆演化过程中主要发生了橄榄石和斜方辉石的分离结晶作用。各类岩石的 δEu 平均值为 1.10，绝大多数样品铕正异常不十分突出，表明斜长石的分离结晶不明显。综上，夏日哈木Ⅰ号岩体在岩浆演化过程中分异明显，主要经历了橄榄石、斜方辉石和少量尖晶石的分离结晶作用。而冰沟南的橄榄辉长岩体与夏日哈木Ⅰ号岩体类似，经历了橄榄石、斜方辉石和尖晶石的分离结晶作用。

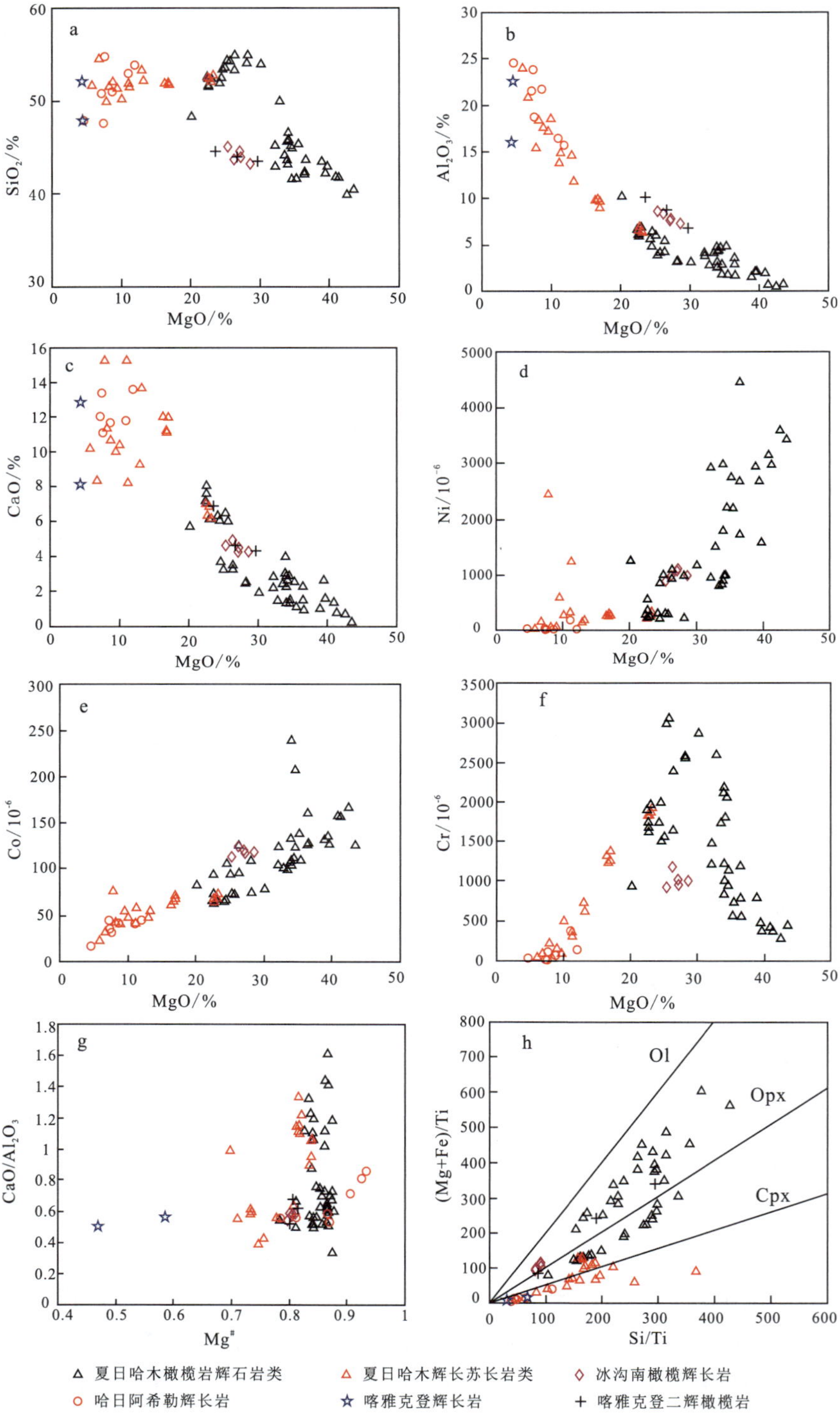

图4-27　岩体分离结晶作用判别图

（图h据Stanley and Russell，1989）

六、岩体同化混染作用

在岩浆演化和侵位过程中，同化混染和结晶分异往往同时出现，即 AFC 过程（DePaolo，1981；Halama et al.，2004）。对夏日哈木Ⅰ号岩体野外地质观察中发现局部含有新元古代早期花岗岩的捕虏体（锆石 U－Pb 年龄为 936.4Ma ±7.8Ma），以及辉长苏长岩中存在新元古代捕获锆石，说明岩浆侵位过程中发生了一定程度的地壳混染。从岩石地球化学角度来看，总分配系数相同或很相近的元素比值不受分离结晶和部分熔融程度的影响，因此，总分配系数相同或很相近、并且对同化混染作用敏感的元素比值（如 Th/Yb、Zr/Yb、Nb/Ta、Ce/Pb、Ta/Yb、K_2O/P_2O_5等）间的协变关系，可以有效地验证是否存在同化混染作用，并判断混染强度（Campbell and Griffiths，1993；Baker et al.，1997；MacDonald et al.，2001）。

夏日哈木地区样品 La/Yb－Ce/Yb 和 Th/Yb－Nb/La 元素比值呈现正相关性（图 4－28a，b），说明有同化混染作用的存在，而 Zr/Nb－Th/Nb 和 Nb/Ce－Nb/U 元素比值不具相关性（图 4－28c，d），说明总体混染的强度不高。通常认为高的 La/Sm 比值（>4.5）指示了地壳物质的混染（Lassiter and DePaolo，1997），本区 61 件样品的 La/Sm

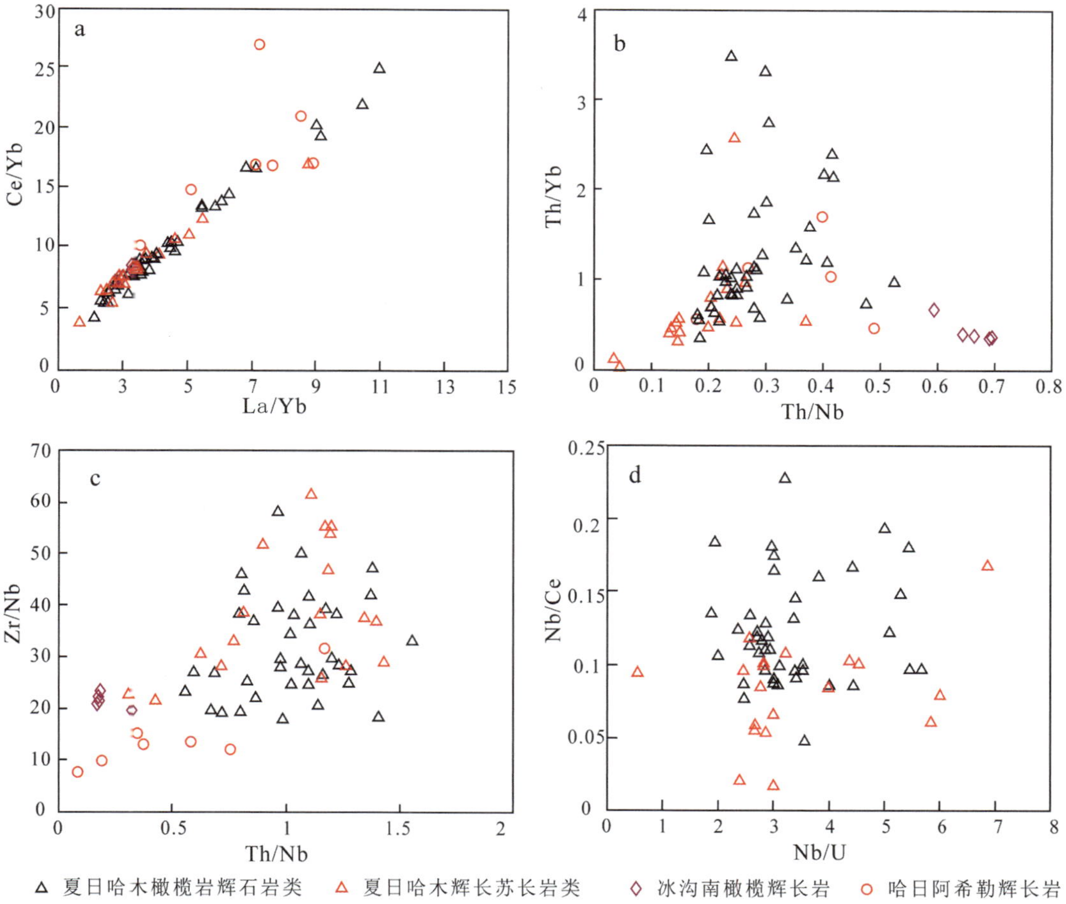

图 4－28　基性岩－超基性岩体同化混染判别图

比值为1.56～5.85，仅有4件样品La/Sm比值>4.5，暗示陆壳物质混染的程度较低。此外，各类岩石具有较高的Mg#值，平均Mg#值为83，同样显示出岩浆侵位过程中陆壳物质混染十分有限。

夏日哈木Ⅰ号岩体61件样品具有相对低的Nb/La比值（0.03～0.52，平均值0.25）和Nb/Ce比值（0.02～0.23，平均值0.11），并且比原始地幔、平均地壳和平均下地壳的Nb/La和Nb/Ce比值还要低（分别为：1.02，0.4；0.69，0.33；0.83，0.39；Taylor and McLennan，1985），即使加入地壳物质的成分比例高达100%，也不可能达到岩体Nb/La平均值为0.25、Nb/Ce平均值为0.11的结果。因此，岩体的高场强元素地球化学特征，应该基本反映其源区的特征。综上所述，夏日哈木岩体形成过程中虽然经历了一定程度的地壳混染，但地壳混染程度不高。

冰沟南橄榄辉长岩样品La/Yb－Ce/Yb元素比值呈现正相关性（图4－28a），说明有同化混染作用的存在，而Th/Yb－Nb/La和Zr/Nb－Th/Nb元素比值不具相关性（图4－28b，c），说明总体混染的强度不高。冰沟南岩体具有相对低的Nb/La比值（0.60～0.70，平均值0.66）和Nb/Ce比值（0.04～0.05，平均值0.04），表明冰沟南岩体形成过程亦经历了一定程度的地壳混染，地壳混染程度同样较弱。

七、岩体产出的构造背景

已有研究显示，东昆仑地区加里东早期原特提斯洋的打开和扩张发生在早寒武世之前，蛇绿岩形成时代主要为509～522Ma（陆松年，2002，2006；冯建赟等，2010）。从晚寒武世开始，洋盆向北俯冲，大规模的俯冲消减发生在奥陶纪（李荣社等，2008）。金水口南部昆中缝合带出露的胡晓钦角闪辉绿岩U－Pb同位素年龄为（438±2）Ma（刘彬等，2012，2013），清水泉辉绿岩U－Pb同位素年龄为（436±1）Ma（任军虎，2009），表明特提斯洋的俯冲可能结束于早志留世。东昆仑地区与早古生代陆－陆碰撞有关的环斑花岗岩和二长花岗岩年龄为（428.5±2.2）Ma和（430.8±1.7）Ma（曹世泰等，2011）。高压榴辉岩相变质年龄为（428±2）Ma（Meng F C et al.，2013），中压（绿帘）角闪岩相变质峰期年龄为427Ma（陈能松，2002），可能反映了中志留世早期原特提斯洋最终关闭。

研究区超基性岩（二辉橄榄岩、橄辉岩和辉石岩）形成时代属于晚志留世—中泥盆世（同位素地质年龄介于422～386.4Ma之间）。该时期形成的花岗岩同位素年龄集中在421.2～391.1Ma（谌宏伟等，2005，2006；赵振明等，2008；郭通珍等，2011；王冠等，2013；陆露等，2013；郝娜娜等，2014），花岗岩类型复杂，既有高钾钙碱性Ⅰ型花岗岩，又有过铝质S型花岗岩以及A型花岗岩。夏日哈木－苏海图早古生代榴辉岩研究显示，中晚泥盆世东昆仑祁漫塔格地区进入陆内伸展阶段（祁生胜等，2014）。上述结果表明，研究区晚志留世—中泥盆世构造体制由同碰撞挤压体制转变为碰撞后的伸展体制，该构造体制的转变是超基性岩及与超基性岩相关的岩浆熔离型镍－铜－钴矿床形成的先决条件。

研究区超基性岩体亏损高场强元素（Nb、Ta）和P、Ti元素，具有岛弧环境岩浆岩的地球化学特征，暗示岩浆源区存在大量的含水流体进入。结合Sr－Nd－O同位素和Hf同位素特征，表明超基性岩体岩浆源区为受俯冲带流体改造的亏损地幔源区，混入了少量EMⅡ端元，可能是亏损地幔与EMⅡ两个端元不同程度混合形成，亏损地幔是主要的，而

EMⅡ端元的贡献是次要的，岩浆在上升过程中存在微弱的地壳混染。

结合区域构造演化，研究区岩体的形成过程可概括为：奥陶纪原特提斯洋洋盆大规模俯冲消减，早志留世俯冲结束，中志留世早期原特提斯洋最终关闭。在晚志留世—中泥盆世由同碰撞挤压体制转变为碰撞后的伸展体制阶段，岩石圈伸展减薄，软流圈地幔物质上涌。受伸展减压和软流圈地幔物质部分熔融加热的影响，先前经过洋壳消减板片析出的流体交代改造的岩石圈地幔，在低压高温下发生部分熔融。软流圈及岩石圈地幔部分熔融发生混合形成幔源岩浆，幔源岩浆经历了橄榄石和斜方辉石的结晶分异后，沿深大断裂脉动式上侵，形成区内超基性岩体。

第二节　典型矿床特征

研究区已发现岩浆熔离型镍－铜－钴矿床1处，即夏日哈木矿床；矿点3处，分别为冰沟南、喀雅克登和水仙南矿点。下面重点介绍夏日哈木典型矿床特征。

夏日哈木矿床由青海省第五地质矿产勘查院发现，估算镍金属资源量120×10^4t，并伴生铜、钴。矿床规模达到超大型。

一、矿区地质

矿区出露地层主要为中元古界金水口岩群（$Pt_2J.$）。主要岩性有条带状黑云斜长片麻岩、云母二长片麻岩、斜长角闪岩、黑云母片岩、石英片岩、大理岩等。

矿区断裂构造十分发育，按其展布方向总体可分为近东西向、北东向和北西向，其中近东西向断裂为区内的主断裂，形成期次早，基性－超基性岩体长轴方向与近东西向断裂方向基本平行，近东西向断裂不仅控制地层及中酸性侵入岩的展布方向，同时也控制着基性－超基性岩体的分布；北东向、北西向断裂为次级断裂，形成较晚，往往切断近东西向断裂，对基性－超基性岩体也有一定破坏作用。

区内岩浆活动频繁且强烈，主要有新元古代片麻状混合岩（原岩为花岗岩），志留纪—泥盆纪基性－超基性岩及三叠纪的中酸性岩。大规模中酸性岩体的侵入致使早期的基性－超基性岩体遭受破坏。区内不同方向的基性岩墙及中酸性岩脉也较发育（图4－29）。

二、基性－超基性岩体特征

夏日哈木镍钴矿矿区已发现基性－超基性杂岩体5个，侵位于中元古界金水口岩群或新元古代花岗片麻岩中（图4－29），不同程度被后期中酸性侵入岩及断层切割破坏，岩体与1∶5万水系沉积物异常相对应。

（一）Ⅰ号岩体

Ⅰ号岩体位于矿区中西部HS26水系沉积物异常区，控制长约1.76km，宽约700m，面积约1.23km^2，地表分布于7勘探线至20勘探线之间，地表露头长1.4km，宽500m，向南西隐伏于金水口岩群之下。平面上呈椭圆状、长条状近东西向展布，剖面上呈一平缓“岩盆状”。

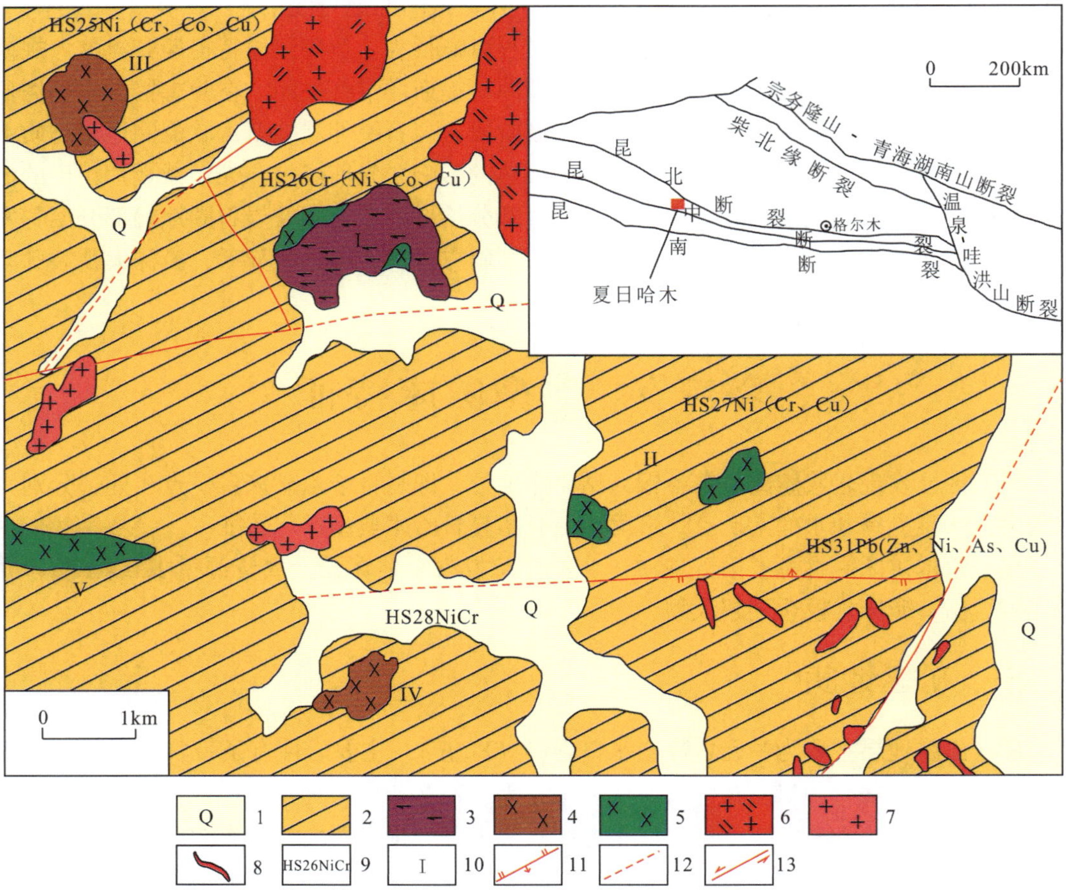

图4－29　夏日哈木矿区地质矿产图

（据李世金等，2012；王冠等，2014；潘彤等，2015）

1—第四系；2—中元古界金水口岩群；3—辉石岩；4—蛇纹岩；5—辉长岩；6—三叠纪二长花岗岩；7—三叠纪花岗岩；8—黑云母闪长玢岩脉；9—水系异常；10—基性－超基性岩体编号；11—逆断层；12—性质不明或推测断层；13—平移断层

岩体由橄榄岩相、辉石岩相和辉长岩相组成（李世金等，2012；潘彤等，2015）。橄榄岩相包括纯橄岩、方辉橄榄岩、二辉橄榄岩；辉石岩相包括橄榄二辉岩、方辉辉石岩、含长二辉岩。橄榄岩相和辉石岩相具堆晶结构，橄榄石是最主要的堆晶相，少部分斜方辉石为堆晶相，大部分斜方辉石和单斜辉石、褐色普通角闪石、斜长石均为填隙相。橄榄石、斜方辉石都已蛇纹石化，单斜辉石都已次闪石化。辉长岩相包括辉长苏长岩、橄榄辉长岩、淡色辉长岩、斜长岩，多处可见斑杂状构造和粗粒辉石，既有辉长结构也有堆晶结构，堆晶相主要为橄榄石和自形柱状的斜方辉石，填隙相为单斜辉石和褐色普通角闪石、斜长石。蚀变类型有蛇纹石化、钠黝帘石化、次闪石化和硅化等。

岩体岩相分异较明显，纯橄岩、方辉橄榄岩、二辉橄榄岩及方辉辉石岩位于岩体的西段及中上部；含长二辉岩及少量的方辉辉石岩位于岩体的东部和中下部；辉长岩、淡色辉长岩和少量的橄榄辉长岩位于杂岩体的西北部、东部及下部，常沿构造薄弱面侵入到橄榄岩相、辉石岩相岩石中（杜玮等，2014）。

（二）Ⅱ号岩体

Ⅱ号岩体位于矿区中东部HS27水系沉积物异常区，地表出露2个小露头。其中，西部Ⅱ－2岩体呈东西向展布，西段被第四系覆盖，出露长约400m，宽200～350m，面积约0.1km^2；东部Ⅱ－1岩体呈北东东向展布，长约550m，宽50～240m，面积约0.15km^2。岩体主要由辉长岩和少量中粗粒的辉石岩组成，二者渐变过渡。岩体普遍具碳酸盐化、孔雀石化、镍华、褐铁矿化、黄铜矿化和镍黄铁矿化。磁异常反映为一陡倾的板状体，推断2个小露头岩体被1条北东走向的断层所切断。

（三）Ⅲ号岩体

位于矿区西北部HS25水系沉积物异常区，岩体形态呈椭圆状，出露面积约0.35km^2。岩体主要由中细粒的蛇纹岩和少量石榴子石辉石岩组成。根据地表槽探揭露蛇纹岩普遍具有弱的镍矿化，偶见辉石岩铜镍矿化转石。

（四）Ⅳ号岩体

位于矿区中南部HS28水系沉积物异常区，呈长条状北东—南西向展布，长约0.7km，宽80～600m，面积约0.3km^2。岩体主要由蛇纹岩和少量辉石岩组成。辉石岩具有弱的镍黄铁矿化和黄铁矿化。

（五）Ⅴ号岩体

位于矿区中西部，呈长条状东西向展布，长大于1km，宽100～400m，主要由辉长岩组成，矿化较弱。

三、基性－超基性岩矿物晶体化学

（一）橄榄石

矿区橄榄石Fo含量介于81.95%～87.77%之间（姜常义等，2015；青海省第五地质矿产勘查院，2016），均属贵橄榄石。矿区橄榄石的Fo含量明显高于新疆北部造山带环境中的镁铁－超镁铁质杂岩中橄榄石的Fo含量（如白石泉岩体为78%～85%，黄山东岩体为70%～83%，喀拉通克岩体为74.9%～83%）（柴凤梅，2006）；但其Fo含量较地幔橄榄岩中橄榄石的Fo含量（90.8%；Dick and Bullen，1984）及岛弧钙碱性玄武岩中橄榄石的Fo含量（多数大于90%）略低；接近于红旗岭1号、7号岩体中橄榄石的Fo含量（最高为87%；吕林素等，2012）和金川岩体中橄榄石的Fo含量（最高为88%；汤中立等，1995）。矿区橄榄石CaO的含量极低（0～0.06%），表现出了弧岩浆岩的特点（Li Chusi et al.，2015），表明橄榄石经历了较高压力下缓慢冷却结晶的过程，同时也表明夏日哈木Ⅰ号岩体与地幔柱可能无关，因为地幔柱岩浆成因的橄榄石的CaO含量一般在2%以上（Larsen and Pedersen，2000）。橄榄石中Fo含量与SiO_2含量正相关，说明岩浆在岩浆房中经历了一定的分异。

利用橄榄石-熔体平衡原理可以估算进入岩浆房中原生岩浆的MgO含量。Mg-Fe在橄榄石-熔体之间的分配系数为一相对稳定的值，即 $Kd_{Ol-Melt}=(FeO/MgO)_{Ol}/(FeO/MgO_{magma})=0.3\sim0.33$（Roeder et al.，1970）。然而，由于早期结晶的橄榄石与残余晶间熔体要发生再平衡作用，使得早期结晶橄榄石比其在原生岩浆中结晶时的橄榄石中的镁含量降低，因此，Fo值最高的橄榄石成分可能更接近于液相线橄榄石的组成。夏日哈木Ⅰ号岩体方辉橄榄岩中橄榄石Fo最高为87.77%，该样品中的TFeO含量为11.56%（青海省第五地质矿产勘查院，2016），由此可以估算出与之平衡状态的岩浆中MgO的含量[$wMgO=0.56095Kd*Fo/(1-Fo)*wTFeO$]，结果为13.96%（$Kd=0.3$）。表明原生岩浆MgO含量高，已经达到苦橄质岩浆（MgO>12%）的范围。

（二）斜方辉石

矿区Ⅰ号岩体不同岩石中的斜方辉石均为古铜辉石，斜方辉石的顽火辉石分子（En）介于78%~87.2%之间（青海省第五地质矿产勘查院，2016；姜常义等，2015），与红旗岭1号和7号岩体斜方辉石En含量（75%~86%；吕林素等，2012）接近。

（三）单斜辉石

单斜辉石En为41.94%~66.51%，Fs为4.28%~14.38%，Wo为24.75%~50.15%（青海省第五地质矿产勘查院，2016；姜常义等，2015），主要是透辉石和顽透辉石，少量普通辉石。各端元组分在各岩相间没有明显的变化趋势。由橄榄岩-辉石岩-辉长岩单斜辉石MgO含量逐渐降低而FeO逐渐升高，反映岩浆由富镁向富铁的趋势演化。

（四）尖晶石

Ⅰ号岩体尖晶石均为铬尖晶石，主要出现于橄榄岩和橄榄辉石岩中，$Cr^{\#}$ [$100Cr/(Cr+Al)$] 值为24~51.8（青海省第五地质矿产勘查院，2016；姜常义等，2015）。Ⅰ号岩体铬尖晶石成分接近于金川、红旗岭、黄山和黄山东矿床，但较金川矿床具有相对低的Cr_2O_3、FeO含量和高的MgO、Al_2O_3含量。

四、矿床地质

（一）矿体特征

矿区目前共圈出铜镍钴矿体109条，发现的矿体主要位于Ⅰ号岩体内，多呈厚大似层状、透镜状（图4-30），矿体长80~1340m，厚度3.0~296m，镍品位0.3%~4.87%，钴品位0.012%~0.16%，铜品位为0.2%~4.34%。矿体主要赋存于橄榄岩相、辉石岩相中。

M1矿体为矿区规模最大的矿体，分布于8勘探线至23勘探线，在2勘探线至5勘探线出露于地表。矿体产状与岩体基本一致，呈北东东向展布，走向约70°，倾角变化于0°~35°。矿体形态为似层状、透镜状，具有明显的分支复合现象，该矿体共有15个分

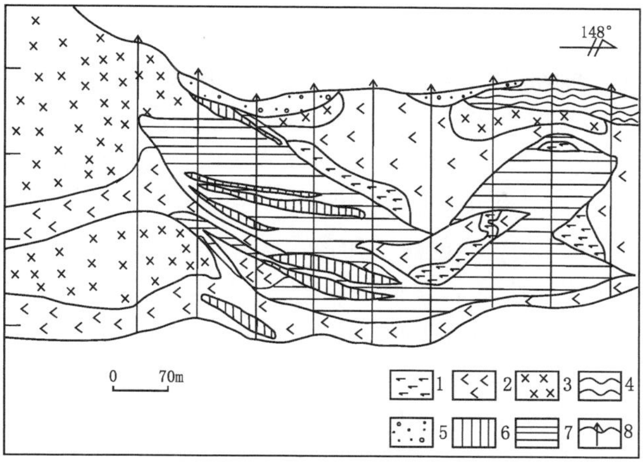

图 4-30　夏日哈木矿区Ⅰ号岩体 9 勘探线剖面图

（据青海省第五地质矿产勘查院，2015；潘彤等，2015）

1—橄榄岩；2—辉石岩；3—辉长岩；4—金水口岩群片麻岩；5—第四系残坡积物；6—铜矿体；7—镍矿体；8—钻孔

支。目前已控制长度 1340m，最大延伸 940m（15 勘探线），厚度变化于 3～296m，平均厚度为 77m，厚度变化系数 83%，镍平均品位 0.68%，铜平均品位 0.162%，钴平均品位 0.024%，镍品位变化系数为 53%。矿体深部沿走向具有向南西侧伏的趋势，侧伏角约 20°（图 4-31）。矿体一般上部以浸染状、团块状为主，中下部及底部多为稠密浸染状，局部为致密块状。矿体顶板岩石主要为辉石岩、辉长岩、黑云母斜长片麻岩、石英片岩等，底板岩石主要为黑云母斜长片麻岩、花岗质片麻岩、大理岩、石英岩等，蚀变主要为滑石化、绿泥石化、透闪石化，矿化主要为磁黄铁矿化、镍黄铁矿化、黄铜矿化、磁铁矿化、镍华、孔雀石化等。

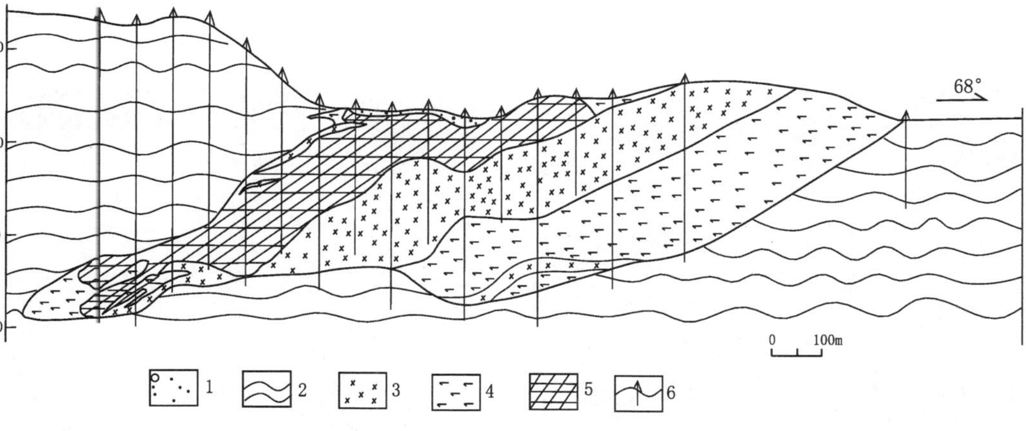

图 4-31　夏日哈木矿区 M1 矿体纵向剖面图

（据青海省第五地质矿产勘查院，2016）

1—第四系残坡积物；2—中元古界金水口岩群；3—辉长岩；4—橄榄岩和辉石岩；5—矿体；6—钻孔

（二）矿石特征

铜镍矿石主要以硫化矿为主，氧化矿和混合矿占的比例很少。

矿石矿物主要为：磁黄铁矿、镍黄铁矿、黄铜矿、黄铁矿、铬尖晶石、紫硫镍矿，地表孔雀石和镍华呈薄膜状分布。磁黄铁矿是夏日哈木各类矿石中含量最多、分布最广的金属矿物，在矿石中星点状、浸染状、斑杂状、块状分布，大部分具固溶体分离结构，形成于岩浆熔离阶段，边部多出溶镍黄铁矿和黄铜矿；镍黄铁矿是矿石中主要的金属矿物，在矿石中含量<1%～10%，块状矿石中多为5%～10%，出溶于磁黄铁矿。少数呈微细粒星点细脉状、乳滴状、细脉状分布的磁黄铁矿形成于晚期热液阶段。

脉石矿物主要为斜方辉石、普通辉石、滑石、橄榄石、蛇纹石、透辉石等。

矿石结构主要为自形粒状结构（图4－32）、半自形－他形粒状结构（图4－33）、海绵陨铁结构（图4－34）、固溶体分离结构（图4－35）及交代结构（图4－36）、交代溶蚀结构。矿石构造主要为稀疏浸染状、中等－稠密浸染状（图4－37）及块状构造（图4－38），其次为星点状、团块状、斑杂状、致密块状构造。细脉状矿石（图4－39）很少。

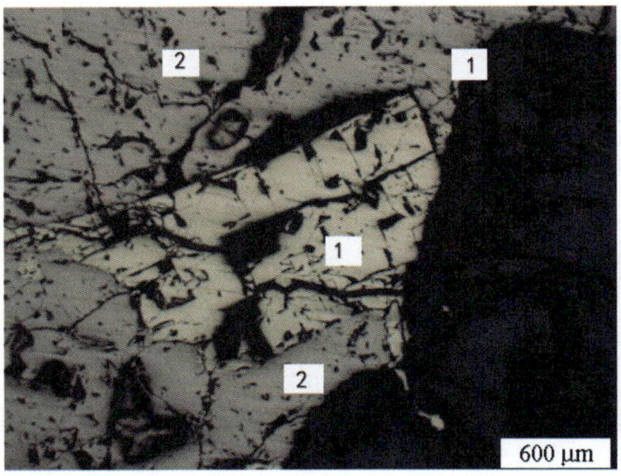

图4－32　自形粒状结构矿石

1—磁黄铁矿；2—镍黄铁矿

镍黄铁矿呈自形粒状分布于磁黄铁矿中

图4－33　半自形－他形粒状结构矿石

1—磁黄铁矿；2—镍黄铁矿；3—黄铜矿；4—磁铁矿、磁黄铁矿、镍黄铁矿和黄铜矿呈半自形粒状，磁铁矿呈他形粒状

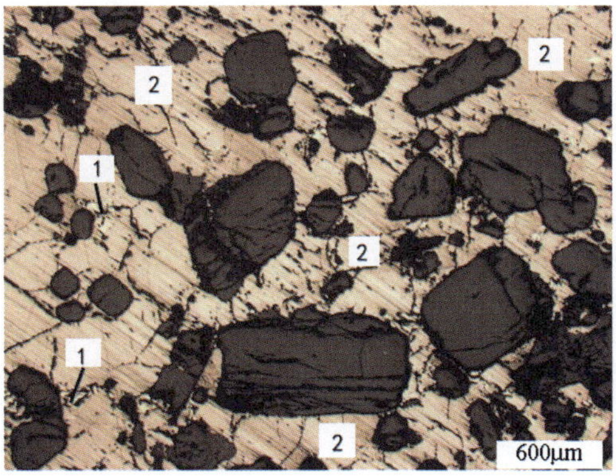

图4－34　海绵陨铁结构矿石

1—磁黄铁矿；2—镍黄铁矿

磁黄铁矿和镍黄铁矿呈他形充填于早期晶出的橄榄石或辉石颗粒间隙

图4－35　固溶体分离结构矿石

1—磁黄铁矿；2—镍黄铁矿

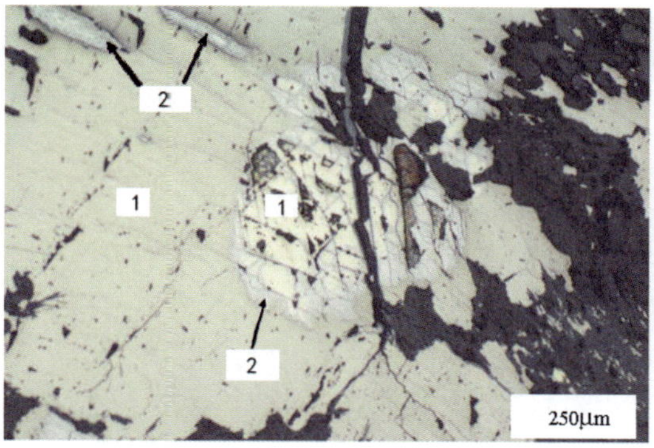

图 4－36　交代结构矿石

1—镍黄铁矿；2—白铁矿

早形成的镍黄铁矿被晚形成的白铁矿交代

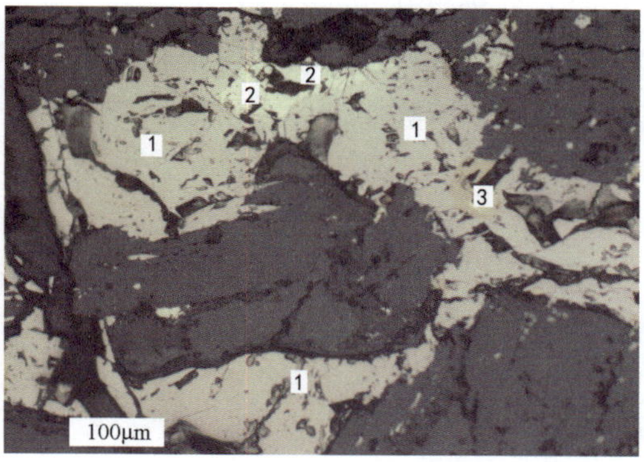

图 4－37　中等－稠密浸染状矿石

1—磁黄铁矿；2—镍黄铁矿；3—黄铜矿

图 4－38　块状矿石

图 4－39　细脉状矿石

（据杜玮等，2014）

1—磁黄铁矿；2—黄铜矿

根据各种矿石的成因类型及相带间的穿插交代关系，可分为熔离型、贯入型和岩浆后期热液型三种矿石（杜玮等，2014）。

（1）熔离型矿石

熔离型矿石主要有海绵陨铁状矿石、中等－稠密浸染状矿石、星点状－稀疏浸染状矿石和斑杂状矿石，前三种矿石的矿体主要呈层状、透镜状、不规则状赋存于纯橄岩、方辉橄榄岩、橄榄方辉岩、方辉辉石岩、含长二辉岩及暗色辉长苏长岩中，少量赋存在橄榄辉长岩和辉长岩中；斑杂状矿石可能与岩浆结晶过程中的扰动有关，该类型矿体主要呈透镜状赋存于方辉橄榄岩和方辉辉石岩中，数量不多（杜玮等，2014）。

（2）贯入型矿石

贯入型矿石主要为块状构造，该类型矿体主要呈似层状、透镜状赋存于纯橄岩、方辉橄榄岩、橄榄二辉岩、方辉辉石岩、含长二辉岩和暗色辉长苏长岩中。橄榄岩相与辉石岩相的接触部位该类型矿石较多，且该部位岩石破碎，是矿浆沿构造薄弱面贯入形成的。

（3）热液型矿石

热液型矿石呈细脉状、条带状分布于岩石裂隙中，与岩浆后期热液活动有关，且受构造裂隙控制，该类型矿体在岩体中普遍存在，但规模很小。

（三）围岩蚀变

矿区围岩蚀变很弱，局部存在绿泥石化，岩体自蚀变则较强，主要有蛇纹石化、滑石化、透闪石化等。

（四）成矿阶段

通过野外矿石组构、矿物共生组合观察，结合室内的光、薄片鉴定，划分出 3 个成矿期，即岩浆成矿期、热液成矿期和表生氧化期。

（1）岩浆成矿期

岩浆成矿期又可以进一步划分为 3 个阶段：

第一阶段：岩浆早期熔离 – 结晶阶段，橄榄石和斜方辉石首先结晶，金属硫化物呈液滴状悬浮于硅酸盐熔体中，随着硫化物液滴的不断聚集变大，由于比重较大下沉到熔体底部，形成液态的硫化物矿层，使均一的岩浆分离成不含矿岩浆、含矿岩浆、富矿岩浆和矿浆。

第二阶段：岩浆晚期成矿阶段，在浅部终端岩浆房就地熔离，主要形成有海绵陨铁状、（稀疏、中等、稠密）浸染状和星点状矿石，该阶段主要形成磁黄铁矿、镍黄铁矿。

第三阶段：矿浆贯入阶段，受区域性构造活动驱使矿浆沿断裂构造上侵贯入到先期形成的岩体，随着温度下降，镍铜钴硫化物随之结晶沉淀形成。贯入型矿石主要形成的矿石类型为块状矿石。

（2）热液成矿期

不同成分的岩浆贯入成矿后，受后期构造 – 热作用影响，岩体的物理化学条件发生改变，在岩体内部主要形成石英脉或破碎蚀变带，发育硅化、碳酸盐化、蛇纹石化、绿帘石化、绢云母化等。对于前期形成的含矿岩体受到改造，使硫化物进一步富集，主要形成细脉状矿石，多发育于早期形成的岩石、矿石的裂隙中，黄铜矿和镍黄铁矿呈细脉状充填于裂隙面中，形成品位较高细脉状黄铜矿矿石。

（3）表生氧化期

主要在Ⅰ号岩体 1 勘探线到 2 勘探线附近地表露头发育，为原生矿体经氧化、淋滤作用形成，镍黄铁矿和黄铜矿经氧化作用形成镍华和孔雀石等。

五、矿床地球化学特征

（一）硫同位素

Ⅰ号岩体和Ⅱ –1 号岩体不同部位、不同类型矿石中的 33 件硫化物硫同位素分析结果显示（表 4 –7），Ⅰ号岩体的 27 件硫化物样品 $\delta^{34}S$ 变化范围为 +2.7‰ ~ +7.6‰（王冠等，2014；杜玮等，2014）；Ⅱ –1 号岩体的 6 件硫化物样品 $\delta^{34}S$ 变化范围为 +4.9‰ ~ +6.1‰（王冠等，2014）。可以看出，虽然含矿岩性、矿物种类和矿化类型不同，但硫同位素组成基本一致（图 4 –40），反映两者具有相似的硫来源。

表 4-7 夏日哈木矿床硫同位素组成

岩体编号	样品编号	取样位置	岩性	矿物名称	矿石类型	$\delta^{34}S$/‰
Ⅰ号岩体	XRHM-ZK901-S1	ZK901-90m	辉石岩	磁黄铁矿	块状	+3.1
				镍黄铁矿		+2.7
				黄铜矿		+3.5
	XRHM-ZK701-B1	ZK701-110m	辉石岩	镍黄铁矿	块状	+4
	XRHM-ZK701-B2	ZK701-146m	辉石岩	镍黄铁矿	浸染状	+5.2
	XRHM-ZK709-B3	ZK709-65m	辉石岩	镍黄铁矿	稠密浸染状	+6
				黄铜矿		+6.6
	XRHM-ZK709-B4	ZK709-75m	辉石岩	镍黄铁矿	块状	+5.6
				黄铜矿		+5.8
	XRHM-ZK709-B5	ZK709-84m	辉石岩	镍黄铁矿	块状	+6
				黄铜矿		+6.5
	XRHM-ZK709-B6	ZK709-105m	辉石岩	镍黄铁矿	块状	+5.7
				黄铜矿		+5.7
	XRHM-ZK709-B7	ZK709-108m	辉石岩	镍黄铁矿	块状	+5.3
				磁黄铁矿		+7.6
				黄铜矿		+5.8
	XRHM-ZK1109-B18	ZK1109-83m	橄榄辉石岩	镍黄铁矿	稠密浸染状	+3.5
	XRHM-ZK1109-S1	ZK1109-127m	方辉橄榄岩	镍黄铁矿	块状	+3.4
				黄铜矿		+4.6
	XRHM-ZK1109-B27	ZK1109-114m	方辉橄榄岩	镍黄铁矿	浸染状	+3.8
	XRHM-ZK1109-11-B1	ZK1109-122m	方辉橄榄岩	镍黄铁矿	浸染状	+3.2
Ⅱ-1号岩体	XRHM-HS27-S1	地表露头	蚀变辉长岩	磁黄铁矿	团块状	+5.7
				黄铜矿		+6.1
	XRHM-HS27-S2			磁黄铁矿		+4.9
				黄铜矿		+6.1
	XRHM-HS27-S3			磁黄铁矿		+5.6
				黄铜矿		+6
Ⅰ号岩体	2015_ 13Po		纯橄岩		海绵陨铁状	+4.44
	2015_ 5Po		含长二辉岩		斑杂状	+4.77
	2015_ 2Po		含长二辉橄榄岩		浸染状	+4.92
	501_ 4		方辉辉石岩		网脉状	+4.99
	2015_ 11		方辉橄榄岩		稀疏浸染状	+5.22
	2004_ 2Po		含长二辉岩		贯入型块状	+6.45

注：XRHM-ZK901-S1～XRHM-HS27-S3 样品数据来源于王冠等，2014；2015_ 13Po～2004_ 2 Po 样品数据来源于杜玮等，2014。

一般认为自然界硫同位素组成最稳定的载体是陨石，其 $\delta^{34}S$ 值变化范围为 ±3‰（Larimer et al.，1967），通常以陨石硫同位素的组成代表地球原始硫同位素的组成。若上地幔中的硫仍保持地球硫的原始状态，未发生明显分馏，则硫同位素成分应与陨石硫相近，通常幔源硫的 $\delta^{34}S$ 为 0±2‰（Ripley and Li，2007）。夏日哈木矿床的硫 $\delta^{34}S$ 明显高于幔源硫，与金川（-2.6‰～3.07‰；杨合群，1989）、红旗岭 1 号岩体（-1.2‰～0.9‰；

孙立吉，2013）、红旗岭 7 号岩体（－2.2‰～0.2‰；孙立吉，2013）、喀拉通克（－2.5‰～3.0‰；孙涛等，2010）、黄山（－0.2‰～2.86‰；王润民等，1987）、黄山东（－0.79‰～2.78‰；王润民等，1987）、金宝山（0.6‰～2.8‰；马言胜等，2009）相比也明显偏高。而与力马河（2.4‰～5.4‰；马言胜等，2009）、天宇（5.1‰～8.2‰；Tang et al.，2012）和白石泉（3.1‰～5.4‰；Tang et al.，2012）相似（图 4－41），暗示成矿过程中有地壳硫的加入（王冠等，2014；杜玮等，2014）。

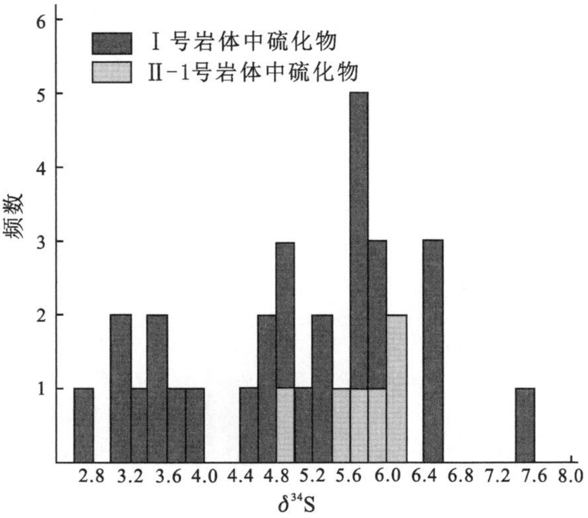

图 4－40　夏日哈木矿区 $\delta^{34}S$ 直方图

（数据来源于王冠等，2014；杜玮等，2014）

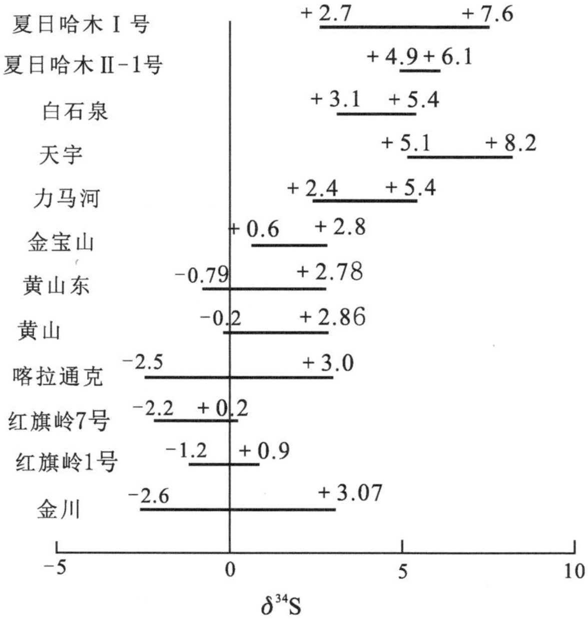

图 4－41　夏日哈木矿区 $\delta^{34}S$ 与典型铜镍硫化物矿床对比图

（据王冠等，2014）

造成硫化物硫同位素明显升高的原因主要有两种情况：一是如果地层中有海相硫酸盐类蒸发岩，少量硫酸盐的加入会导致硫同位素明显升高；二是有明显的地壳物质混染。Ⅰ号岩体围岩主要是片麻岩和碳酸盐岩，硫酸盐加入的可能性不大，地壳硫的加入很可能是造成本区硫同位素升高的原因。此外，块状矿石和浸染状矿石的硫同位素组成差别不大，暗示种混染作用很可能是在深部岩浆房就已经发生（王冠等，2014）。

（二）铅同位素特征

Ⅰ号岩体和Ⅱ-1号岩体不同部位、不同类型矿石中的16件硫化物铅同位素结果表明（表4-8），$^{206}Pb/^{204}Pb$ 变化于17.774～18.346之间，平均值为18.173，$^{207}Pb/^{204}Pb$ 变化于15.536～15.604之间，平均值为15.566，$^{208}Pb/^{204}Pb$ 变化于37.529～38.359之间，平均值为38.047（王冠等，2014）。Ⅰ号岩体和Ⅱ-1号岩体矿石硫化物铅同位素比值比较一致，反映两者具有相似的铅来源。

矿区硫化物铅同位素 μ 值变化范围为9.35～9.50，平均值为9.42；ω 值变化范围为35.03～37.67，平均值为35.89；$\Delta\beta$ 值变化范围为15.12～19.57，平均值为17.10，$\Delta\gamma$ 值变化范围为19.65～42.20，平均值为33.73。在Zartman and Doe（1981）的 $^{207}Pb/^{204}Pb-^{206}Pb/^{204}Pb$ 图解中（图4-42），Ⅰ号岩体13件样品均位于地幔和造山带演化线之间，Ⅱ-1号岩体3件样品位于造山带演化线附近；在 $^{208}Pb/^{204}Pb-^{206}Pb/^{204}Pb$ 图解中（图4-43），Ⅰ号岩体13件样品主要位于造山带演化线之上，Ⅱ-1号岩体3件样品位于造山带和下地壳演化线之间，靠近造山带演化线，显示矿区铅同位素具有壳幔混合铅的特征。在朱炳泉（1998）的铅同位素 $\Delta\beta-\Delta\alpha$ 成因分类图解中（图4-44），样品均位于上地壳与地幔混合的俯冲带铅区域，进一步显示出矿石中铅的来源可能为地幔铅和俯冲带铅的混合物。

（三）铂族元素

王冠等（2014）以及杜玮等（2014）对矿区岩石及不同类型矿石进行了PGE测试（表4-9）。其中，岩石及矿石中PGE以PPGE（Pt、Pd）为主，IPGE（Ir、Ru、Rh）含量较低，∑PGE很低，介于 0.52×10^{-9}～19.76×10^{-9} 之间，平均 10.80×10^{-9}，低于原始地幔的∑PGE值（23.75×10^{-9}；McDonough et al.，1995）。矿石的PGE含量明显高于岩石，表明PGE与硫化物的强烈相容性。

夏日哈木矿床岩石中PGE含量介于 0.52×10^{-9}～18.97×10^{-9} 之间，平均为 5.58×10^{-9}，与国内典型矿床相比，略高于天宇矿床岩石（0.08×10^{-9}～2.10×10^{-9}，平均为 0.98×10^{-9}；唐冬梅等，2009）、罗东矿床岩石（0.55×10^{-9}～3.18×10^{-9}，平均为 1.37×10^{-9}；柴凤梅等，2013）、香山矿床岩石（0.74×10^{-9}～2.82×10^{-9}，平均为 1.54×10^{-9}；肖凡等；2013）、土墩矿床岩石（0.99×10^{-9}～2.57×10^{-9}，平均为 1.76×10^{-9}；王敏芳等；2012）、黄山东矿床岩石（0.67×10^{-9}～2.42×10^{-9}，平均为 2.0×10^{-9}；钱壮志等；2009）；接近于牛鼻子梁含矿岩体（0.65×10^{-9}～8.65×10^{-9}，平均为 3.21×10^{-9}；凌锦兰等，2014）、图拉尔根矿床岩石（1.94×10^{-9}～4.59×10^{-9}，平均为3.44；孙赫等，2008）、坡一岩体（2.15×10^{-9}～18.66×10^{-9}，平均为 6.90×10^{-9}；柴凤梅等，2013）；低于喀拉通克矿床岩石（0.23×10^{-9}～43.64×10^{-9}，平均为 10.00×10^{-9}；钱壮

表 4－8　夏日哈木矿区硫化物的铅同位素组成及特征参数

样　号	样品名称	$^{206}Pb/^{204}Pb$	$^{207}Pb/^{204}Pb$	$^{208}Pb/^{204}Pb$	$^{206}Pb/^{207}Pb$	μ	ω	Th/U	V1	V2	$\Delta\alpha$	$\Delta\beta$	$\Delta\gamma$
XRHM－ZK901－S1	镍黄铁矿	18. 343	15. 54	38. 167	1. 1804	9. 35	35. 23	3. 65	72. 89	65. 88	90. 07	15. 39	36. 98
XRHM－ZK901－S1	磁黄铁矿	18. 346	15. 556	38. 209	1. 1794	9. 38	35. 53	3. 67	73. 99	65. 92	90. 25	16. 43	38. 12
XRHM－ZK901－S1	黄铜矿	18. 241	15. 55	37. 965	1. 1731	9. 38	35. 03	3. 61	65. 29	63. 27	84. 01	16. 04	31. 49
XRHM－ZK701－B2	镍黄铁矿	17. 774	15. 536	37. 529	1. 1441	9. 42	35. 60	3. 66	42. 43	44. 49	56. 26	15. 12	19. 65
XRHM－ZK709－B3	镍黄铁矿	18. 332	15. 536	38. 146	1. 1800	9. 35	35. 16	3. 64	72. 09	65. 48	89. 42	15. 12	36. 41
XRHM－ZK709－B3	黄铜矿	18. 265	15. 567	38. 082	1. 1733	9. 41	35. 54	3. 66	68. 77	63. 55	85. 44	17. 15	34. 67
XRHM－ZK709－B4	镍黄铁矿	18. 165	15. 598	38. 100	1. 1646	9. 49	36. 44	3. 72	66. 59	59. 04	79. 49	19. 18	35. 16
XRHM－ZK709－B6	黄铜矿	18. 168	15. 597	38. 043	1. 1648	9. 49	36. 18	3. 69	65. 28	59. 81	79. 67	19. 11	33. 61
XRHM－ZK709－B7	镍黄铁矿	18. 344	15. 551	38. 191	1. 1796	9. 37	35. 42	3. 66	73. 5	65. 91	90. 13	16. 1	37. 63
XRHM－ZK709－B7	磁黄铁矿	18. 284	15. 541	38. 100	1. 1765	9. 36	35. 27	3. 65	69. 71	63. 71	86. 57	15. 45	35. 16
XRHM－ZK1109－B27	镍黄铁矿	17. 908	15. 545	37. 673	1. 1520	9. 41	35. 56	3. 66	49. 45	49. 78	64. 22	15. 71	23. 56
XRHM－ZK1109－11－B1	镍黄铁矿	18. 258	15. 581	38. 070	1. 1718	9. 44	35. 65	3. 65	68. 3	63. 65	85. 02	18. 06	34. 35
XRHM－ZK1109－S1	黄铜矿	18. 175	15. 591	38. 048	1. 1657	9. 47	36. 1	3. 69	65. 59	59. 97	80. 09	18. 72	33. 75
XRHM－HS27－S1	磁黄铁矿	18. 153	15. 604	38. 359	1. 1634	9. 5	37. 67	3. 84	72. 6	55. 67	78. 78	19. 57	42. 2
XRHM－HS27－S1	黄铜矿	18. 109	15. 596	38. 209	1. 1611	9. 49	37. 2	3. 79	67. 79	54. 97	76. 17	19. 04	38. 12
XRHM－HS27－S2	磁黄铁矿	17. 906	15. 57	37. 865	1. 1500	9. 47	36. 64	3. 74	54. 08	48. 09	64. 1	17. 35	28. 78

注：资料来源于王冠等，2014。

志等，2009）、白石泉矿床岩石（$2.31\times10^{-9}\sim78.23\times10^{-9}$，平均为 15×10^{-9}；柴凤梅等，2006）、白马寨矿床橄榄辉石岩（$0.47\times10^{-9}\sim67.03\times10^{-9}$，平均为 20.56×10^{-9}；孙晓明等，2008）、红旗岭 1 号岩体（$3.6\times10^{-9}\sim57.6\times10^{-9}$，平均为 16.7×10^{-9}；孙立吉，2013）、红旗岭 7 号岩体（$2.6\times10^{-9}\sim232.7\times10^{-9}$，平均为 22.7×10^{-9}；孙立吉，2013）、金川矿床超镁铁质岩石（平均为 35×10^{-9}；汤中立等，1995）。

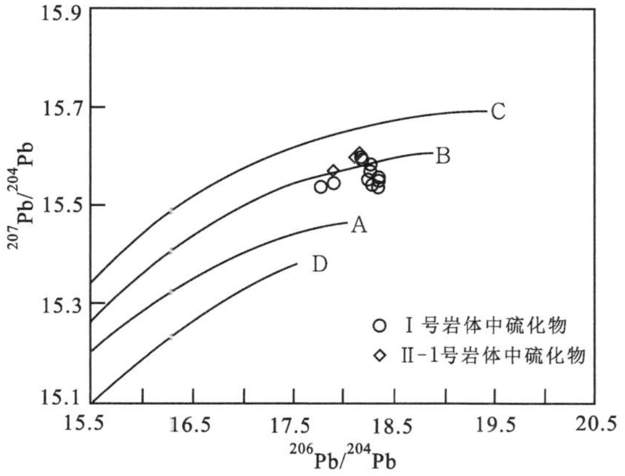

图 4-42 硫化物 $^{206}Pb/^{204}Pb$ - $^{207}Pb/^{204}Pb$ 图解
（据王冠等，2014；底图据 Zartman and Doe，1981）
A—地幔；B—造山带；C—上地壳；D—下地壳

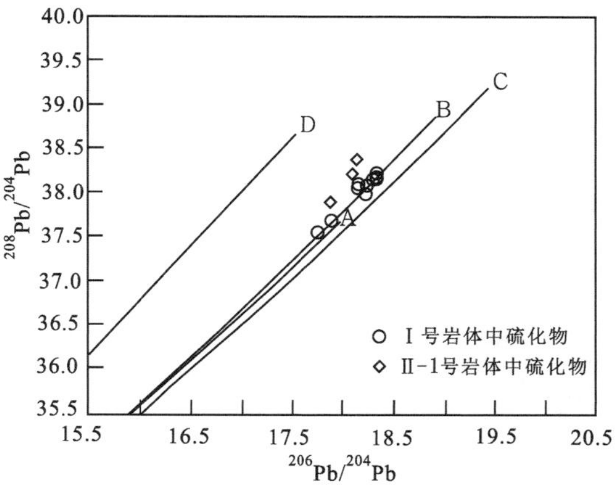

图 4-43 硫化物 $^{206}Pb/^{204}Pb$ - $^{208}Pb/^{204}Pb$ 图解
（据王冠等，2014；底图据 Zartman and Doe，1981）
A—地幔；B—造山带；C—上地壳；D—下地壳

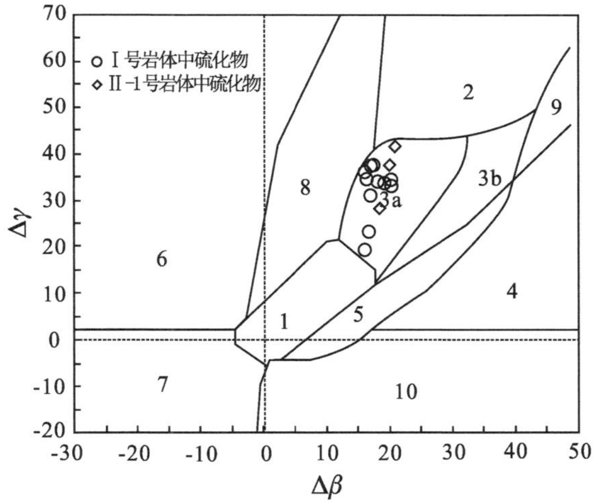

图 4-44 硫化物铅同位素 $\Delta\beta-\Delta\alpha$ 成因分类图解
（据王冠等，2014；底图据朱炳泉，1998）
1—地幔铅源；2—上地壳铅；3—上地壳与地幔混合的俯冲带铅：3a—岩浆作用，3b—沉积作用；4—化学沉积型铅 5—海底热水作用铅；6—中深变质作用铅；7—深变质下地壳铅；8—造山带铅；9—古老页岩上地壳铅；10—退变质铅

在原始地幔标准化图解上，岩石、矿石具有相似的 PGE 配分模式（图 4-45），均表现为向左倾斜的曲线特征，Cu、Pd 较 Os、Ir、Ru 富集，IPGE 分馏弱，而 PPGE 分馏较强，与典型镁铁质-超镁铁质侵入体 PGE 配分模式类似（Fleet et al.，1996；王瑞廷，2005）。Ir 与 Pd、Pt、Ru 以及 Pt 与 Pd 的显著相关性表明它们是同源岩浆演化的产物。

表 4－9　夏日哈木岩石和矿石铂族元素和其他元素分析结果

样品编号	样品名称	S/10^{-2}	Os/10^{-9}	Ir/10^{-9}	Ru/10^{-9}	Rh/10^{-9}	Pt/10^{-9}	Pd/10^{-9}	Cu/10^{-6}	Co/10^{-6}	Ni/10^{-6}	ΣPGE
ZK709－75	块状矿石	20.64	0.75	0.86	1.21	0.9	0.63	13.4	4320	620	12620	17.75
ZK709－105	块状矿石	23.58	1.16	0.96	1.43	1.03	1.2	11.7	3500	1000	20780	17.48
ZK1109－125	海绵陨铁状矿石	6.61	0.45	0.41	0.55	0.42	2.48	11.8	3690	269.3	13620	16.11
ZK1109－217	稠密浸染状矿石	18.12	0.5	0.51	0.72	0.75	0.7	13.3	2220	190	18320	16.48
ZK1109－228	稠密浸染状矿石	29.52	0.71	0.93	1.21	1.43	7.11	8.37	4730	730	14670	19.76
ZK1109－295	辉长岩	0.21	0.58	0.28	0.53	0.11	0.58	0.71	610	136.2	1910	2.79
TC1－H17	含镍华辉石岩	0.098	0.31	0.14	0.19	0.14	2.84	5.4	2270	196.1	9270	9.02
TC1－4－H1	辉石岩	0.047	0.02	0.04	0.09	0.04	0.4	0.87	810	74.9	2380	1.44
X01	二辉橄榄岩	0.21		0.018	0.015	0.019	0.202	0.291	100	90	830	0.55
X02	二辉橄榄岩	0.21		0.017	0.021	0.014	0.190	0.276	200	100	1000	0.52
X09	含橄方辉辉石岩	0.16		0.039	0.050	0.043	0.788	4.837	100	80	1280	5.76
05_12	斜长二辉岩	0.19		0.017	0.026	0.045	2.334	16.546	<100	70	260	18.97
XR_2	稀疏浸染状矿石	1.58		1.198	1.784	0.452	0.447	14.060	1000	180	5810	17.94
XR_4	斑点状－稀疏浸染状矿石	4.30		0.670	0.901	0.253	0.367	11.076	3500	350	12900	13.27
XR_5	星点状矿石	1.42		0.490	0.744	0.218	0.457	10.959	700	150	2450	12.87
XR_7	海绵陨铁状矿石	3.28		0.339	0.638	0.188	1.197	3.091	1600	280	7320	5.45
XR_8	斑杂状矿石	9.95		0.284	0.435	0.125	0.328	6.332	600	600	10400	7.50
样品平均			0.56	0.42	0.62	0.36	1.31	7.82	1767.65	300.97	7989.41	10.8
原始地幔（McDonough et al.，1995）			3.4	3.2	5	0.9	7.1	3.9	30	105	1960	23.5

注：ZK709－75～TC1－4－H1 数据来源于王冠等，2014；X01～XR_ 8 数据来源于杜玮等，2014。

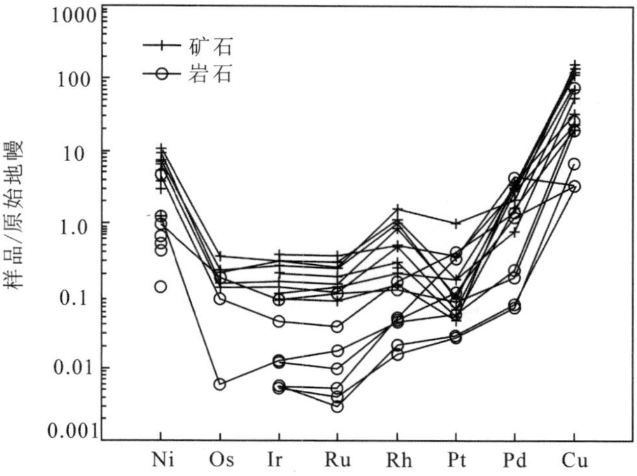

图4-45　岩石、矿石PGE原始地幔标准化配分模式图

（标准化值据McDonough et al.，1995）

由于Pd和Ir在热液蚀变中会发生分馏，使得热液硫化物矿床具有极低的Ir含量和高的Pd/Ir比值（>100），而岩浆硫化物矿床则具有相对高的Ir含量和低的Pd/Ir比值（Keays et al.，1995；Maier et al.，1998）。夏日哈木矿床矿石的Ir含量为0.284×10^{-9}～1.198×10^{-9}，平均为0.665×10^{-9}，Pd/Ir比值为9.00～28.78，平均为17.37，表明岩浆成矿过程中热液作用对PGE含量的影响很小。

不同成因的岩石具有不同的Pd/Ir比值和Ni/Cu比值，地幔部分熔融可导致形成的岩浆Pd/Ir比值高于地幔值（1.22），而Ni/Cu比值低于地幔值（Barnes，1999）。夏日哈木各类岩石和矿石的Pd/Ir比值高于地幔值，Ni/Cu比值低于地幔值（65.33）（McDonough et al.，1995），表明岩体的成因以地幔部分熔融为主。各类岩石和矿石样品在Ni/Cu-Pd/Ir图解中（图4-46），均位于高镁玄武岩区域，表明夏日哈木原生岩浆为高镁玄武质岩浆，这与由橄榄石电子探针分析计算出的原生岩浆MgO含量较高的结论一致（MgO含量13.96%）。

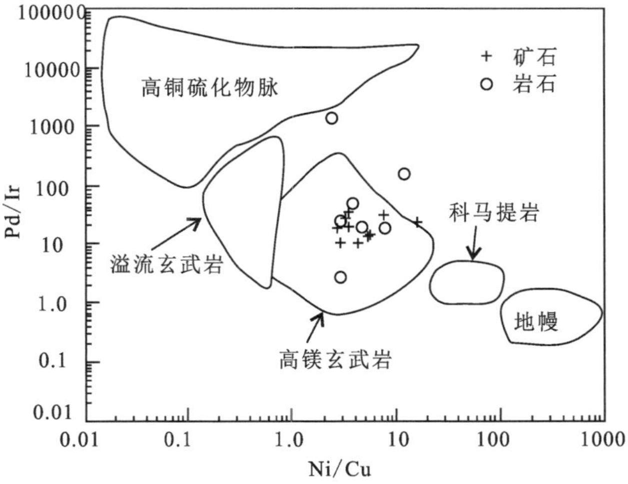

图4-46　夏日哈木岩石及矿石Ni/Cu-Pd/Ir关系图

（据王冠等，2014；杜玮等，2014；底图据Barnes et al.，1988）

夏日哈木矿床矿石具有较高的Cu/Pd比值，介于63.87×10^3 ~ 565.11×10^3，平均为272.97×10^3，大于原始地幔值（6300；Barnes et al.，1988）表明存在PGE亏损。

幔源岩浆中PGE含量过低可能有两方面原因：①地幔部分熔融程度较低，原始地幔中仅有少量PGE随着部分熔融过程而进入岩浆，绝大部分仍然残留在原始地幔中，使得岩浆中PGE元素含量很低（Keays et al.，1995）；②地幔部分熔融程度较高，原生岩浆中含有与原始地幔相当的PGE含量，但在上升的过程中，因为Ni、Cu等亲铜元素在液态硫化物和硅酸岩浆中的分配系数远远小于铂族元素，如Cu在硫化物和硅酸盐间的分配系数为1383（Peach et al.，1990，1993），远小于Pd的分配系数17000（Fleet et al.，1996），若岩浆硫饱和，硫化物发生熔离将带出大量Pd，而Ni、Cu等亲铜元素带出较少，使得残余岩浆Cu/Pd比值显著大于原始地幔。

如果将原始岩浆看作原始地幔批式部分熔融的产物，根据微量元素在固相和熔融液相之间的分配就可以定量估算部分熔融程度F。计算公式如下：

$$Cl/Cs=1/[D+F(1-D)]$$

式中：Cl为熔融岩浆中元素的含量；Cs为固相中元素的含量；D为总分配系数。

原始地幔Ni含量为2000×10^{-6}，Ni在熔体和残余固相中的总分配系数近似为$DNi_{Ol-melt}$。

夏日哈木岩体初始岩浆中Ni含量为384×10^{-6}，根据橄榄石中最高的Ni含量（2687×10^{-6}；姜常义等，2015）确定初始岩浆中Ni的含量，$Ni_{melt}=Ni_{Olmax}/DNi_{Ol-melt}$，$DNi_{Ol-melt}=7$（Li et al.，2003），由上式可以得到地幔部分熔融程度为29.86%，部分熔融程度较高。

以上讨论表明，夏日哈木成矿母岩浆可能经历了硫饱和及深部熔离，一部分硫化物提前熔离，带走了岩浆中的大部分PGE，使得晚期形成的硫化物PGE相对于Cu、Ni强烈亏损，是造成PGE明显亏损的主要原因。硫化物的深部熔离可能是导致母岩浆亏损PGE的主要原因（王冠等，2014；杜玮等，2014）。

六、控矿因素

（一）大地构造背景

晚志留世—中泥盆世由同碰撞挤压转变为碰撞后的伸展环境是夏日哈木镍-铜-钴矿床形成的基本构造背景条件。

（二）岩体及岩相因素

矿床的产出受岩体及岩相控制明显。镍-铜-钴矿主要产于超基性岩体中，主要赋存于橄榄岩相和辉石岩相。

（三）构造因素

构造对矿床的形成主要是控制基性-超基性岩体的发育程度和展布方向，矿区近东西向断裂控制着基性-超基性岩体的分布。后期北东向、北西向断裂往往切断近东西向断裂，对基性-超基性岩体也有一定破坏作用。

（四）地层因素

地层虽然与矿床的形成无明显的控制关系，但地层为岩浆中的硫达到饱和起到了一些作用，从而为硫化物从岩浆中熔离形成矿床具有一定的意义。夏日哈木矿床围岩地层主要是金水口岩群，冰沟南围岩地层是狼牙山组，喀雅克登则地层不发育，围岩主要是花岗岩类。

七、矿床形成机制及矿床成因

夏日哈木矿体主要产于超基性岩体中，成矿经历了岩浆成矿期、热液成矿期和表生氧化期，矿石以熔离型和贯入型为主。矿床地球化学特征显示，夏日哈木成矿母岩浆经历了深部熔离，幔源岩浆在上升过程中遭受地壳硫的混染，导致岩浆中的硫达到饱和，这些硫与岩浆中的金属阳离子化合形成硫化物，达到过饱和的硫化物并从岩浆中熔离出来，形成含矿岩浆或矿浆。含矿岩浆和矿浆从中间岩浆房向终端岩浆房上侵贯入的过程中，硫化物还会发生进一步的熔离和凝聚，从而导致在含矿岩体中经常见到海绵陨铁状矿体和块状矿体。成矿金属元素主要来自于岩浆，岩浆成矿期是矿体形成的最主要时期。因此，矿床成因为与超基性岩有关的岩浆熔离型。

八、成矿模式

根据夏日哈木矿床特征、地球化学特征、控矿因素及矿床成因的分析，提取重要的成矿要素，建立的早古生代晚期岩浆熔离型镍铜钴矿床成矿模式见图 4－47 及表 4－10。

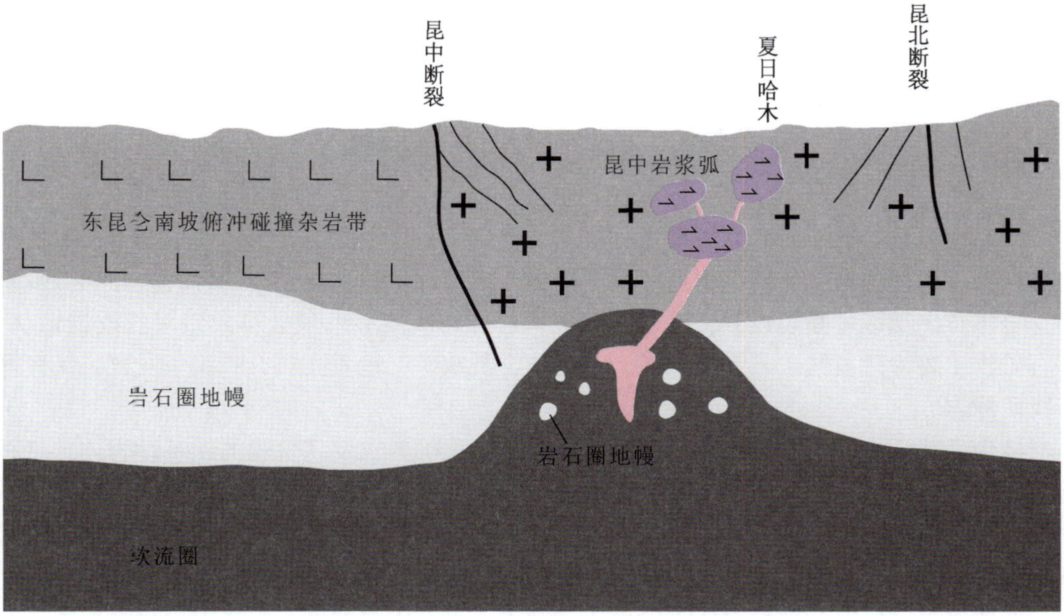

图 4－47　夏日哈木矿床成矿模式

表 4-10　夏日哈木式岩浆熔离型镍-铜-钴矿床成矿模式

矿床模式要素	特　征
成矿时代	早古生代晚志留世—中泥盆世
大地构造环境	碰撞向碰撞后伸展转化的构造环境
含矿岩体及岩相	基性-超基性杂岩体，橄榄岩相和辉石岩相含矿，辉长岩相通常不含矿
围岩	金水口岩群
构造	北西西向大断裂（昆北断裂南支）附近的次级近东西向断裂
主要控矿因素	超基性岩体和断裂，岩体深部熔离和地壳硫加入达到硫过饱和成矿，深部熔离导致铂族元素亏损
矿体特征	多呈厚大似层状、透镜状
矿石特征	矿石矿物主要为磁黄铁矿、镍黄铁矿、黄铜矿、黄铁矿、铬尖晶石、紫硫镍矿，地表孔雀石和镍华呈薄膜状分布。矿石结构主要为自形粒状结构、半自形-他形粒状结构、海绵陨铁结构，矿石构造主要为稀疏浸染状、中等-稠密浸染状及块状构造
围岩蚀变	蛇纹石化常见，其次为硅化、碳酸盐化、绿帘石化、绢云母化
成矿期次	岩浆成矿期、热液成矿期和表生氧化期，主要是岩浆成矿期

夏日哈木式镍-铜-钴矿床是晚志留世—中泥盆世由同碰撞挤压体制转变为碰撞后的伸展体制阶段，软流圈部分熔融及其诱发洋壳消减板片流体交代改造的岩石圈地幔部分熔融，二者混合形成幔源岩浆，经历了橄榄石和斜方辉石的分离结晶和地壳混染，导致岩浆中的硫达到饱和，从而形成的岩浆熔离型镍-铜-钴矿。

晚志留世—中泥盆世基性-超基性杂岩体是形成该类型矿床最为重要的成矿条件，橄榄岩相和辉石岩相是最主要的含矿岩相。

第三节　成矿规律

研究区岩浆熔离型矿床仅发现夏日哈木 1 处矿床，位于昆中岩浆弧，形成于早古生代晚期碰撞向后碰撞伸展的转化构造环境。矿体产于基性-超基性岩体的辉石岩相和橄榄岩相，岩体产出受区域断裂控制，围岩是金水口岩群。矿体形态多呈厚大似层状或透镜状，矿石矿物主要为磁黄铁矿、镍黄铁矿、黄铜矿、黄铁矿，地表孔雀石和镍华发育，是良好的找矿标志。

昆中岩浆弧内在喀雅克登、索阿克赛、敖拉多莱等地也发现含镍的超基性岩体，岩石类型有辉石岩、橄榄辉石岩、辉石橄榄岩、橄榄岩等，围岩主要是金水口岩群。昆北三弧盆地的冰沟南地区也发现含镍的超基性岩体，岩石类型有橄榄辉长岩、辉石岩等，岩体形成于泥盆纪（钱烨，未发表），围岩为蓟县系狼牙山组。

如此看来，研究区含镍岩体主要形成于晚志留世—中泥盆世，与早古生代晚期伸展有关。含镍岩体主要是辉石岩类和橄榄岩类，岩体均存在良好的分异，含矿岩石粒度都较粗。岩体虽然受区域断裂的总体控制，但岩体的定位不局限于昆中岩浆弧，多沿大断裂的次级断裂分布。矿床的形成与围岩没有必然的联系，围岩可以是金水口岩群，亦可以是其他地层。也就是说硫的饱和不完全依赖于地层中硫的加入，硫化物的深部熔离是成矿的关键，这与夏日哈木矿床研究的结论一致。

喀雅克登、索阿克赛、敖拉多莱、冰沟南等地区超基性岩体与夏日哈木矿床不同之处在于夏日哈木超基性岩体相对具有一定的出露范围，呈岩盆、岩株状，而其他岩体多呈岩枝、岩脉状。当然，其他地区岩体勘查程度还较低，是否存在一定规模的岩体还不能完全确定，且部分地区后期构造和中酸性侵入岩对超基性岩体具有极大的破坏作用，如冰沟南地区后期构造对超基性岩枝的破坏、索阿克赛中酸性侵入岩对超基性岩体的破坏等。

具有一定分异的超基性岩体是找矿的首要条件，这些岩体存在水系沉积物测量和磁法测量异常，Cr－Ni－Co（Cu）元素组合异常、孤立航（地）磁异常具有良好的找矿指示意义，敖拉多来及其东部的孤立航磁异常值得引起关注。

第五章　三叠纪与中酸性侵入岩有关的矿床成矿规律

第一节　三叠纪中酸性侵入岩特征

通过收集整理以往资料，结合野外实际调查和室内研究，研究区三叠纪中酸性侵入岩分布较广。由于不同研究者对岩体地名和岩石名称使用不统一，本次研究在野外观察的基础上，对岩体地名使用进行了梳理。对产于同一地点或同一矿区的同时代复式岩体，使用了同一岩体名称，并根据镜下鉴定结果，以及根据 Streckeisen 与 Maitre（1979）提出的 Q′－F′－Anor 图解（该方法不需考虑 Ab 分配问题），确定其岩石名称。为了不引起歧义，后述对岩体样品采集地点和岩石名称的描述，使用梳理后的结果，并将原作者成果使用括号的方法表示在后。

一、岩体时代

（一）本次同位素年龄测试

1. 样品采集

在系统收集整理研究区已有同位素年龄测试数据的基础上，重点选择卡尔却卡、那西郭勒岩体进行了 LA－MC－ICP－MS 锆石 U－Pb 同位素年龄测试，样品采集自卡尔却卡似斑状二长花岗岩、花岗闪长岩、花岗细晶岩、闪长玢岩及那西郭勒花岗闪长岩，样品采集位置见表 5－1。

表 5－1　LA－MC－ICP－MS 锆石 U－Pb 同位素年龄样品采集位置

样品编号	采集地区	岩石名称	坐标
KAS1TW15	卡尔却卡（A 区）	似斑状二长花岗岩	*X*：4078201；*Y*：16316654
KAS1TW18	卡尔却卡（A 区）	灰白色花岗细晶岩	*X*：4077029；*Y*：16320467
KAS1TW24	卡尔却卡（索拉吉尔矿段北部）	花岗闪长岩	*X*：4074213；*Y*：16323313
KAS1TW39	卡尔却卡（V 矿带）	闪长玢岩	*X*：4073473；*Y*：16328944
NXGL－GS1	那西郭勒	花岗闪长岩	*X*：4043952；*Y*：16401145

2. 分析结果

本次采集的样品较新鲜，样品中挑选出的锆石形态完整，多呈柱状＋双锥的聚形，生长环带发育，具有原生岩浆锆石的特征。样品 LA－MC－ICP－MS 锆石 U－Pb 同位素测年数据见表 5－2。多数样品在 U－Pb 谐和图中（图 5－1 至图 5－5），投影点均集中于一致曲线及其附近很小的区域内，表明锆石形成后的地质历史时期内其 U－Pb 体系一致保持封闭状态，基本没有放射性成因铅的丢失。

表 5－2　LA－MC－ICP－MS 锆石 U－Pb 同位素年龄测试结果

样品号	含量 $w_B/10^{-6}$		同位素比值									
KAS1TW15	Pb	U	$^{206}Pb/^{238}U$	1σ	err/%	$^{207}Pb/^{235}U$	1σ	err/%	$^{207}Pb/^{206}Pb$	1σ	err/%	$^{208}Pb/^{232}Th$
1	12	335	0.0348	0.0002	0.69	0.2520	0.0033	1.33	0.0525	0.0006	1.22	0.0230
2	6	146	0.0369	0.0002	0.62	0.2805	0.0085	3.01	0.0551	0.0017	3.02	0.0180
3	8	213	0.0371	0.0002	0.62	0.2749	0.0071	2.58	0.0538	0.0014	2.63	0.0168
4	11	266	0.0362	0.0002	0.59	0.2554	0.0036	1.40	0.0512	0.0008	1.47	0.0198
5	14	342	0.0370	0.0002	0.60	0.2697	0.0037	1.38	0.0529	0.0007	1.41	0.0174
6	16	405	0.0379	0.0002	0.59	0.2810	0.0037	1.33	0.0538	0.0007	1.38	0.0213
7	9	232	0.0367	0.0002	0.62	0.2720	0.0042	1.54	0.0538	0.0008	1.48	0.0249
8	11	269	0.0370	0.0002	0.60	0.2674	0.0048	1.80	0.0524	0.0010	1.85	0.0174
9	10	252	0.0368	0.0002	0.60	0.2755	0.0050	1.82	0.0543	0.0010	1.85	0.0182
10	10	219	0.0362	0.0002	0.65	0.2605	0.0049	1.86	0.0521	0.0009	1.65	0.0389
11	20	467	0.0381	0.0002	0.60	0.2776	0.0050	1.78	0.0528	0.0010	1.88	0.0225
12	10	263	0.0369	0.0002	0.59	0.2617	0.0045	1.74	0.0514	0.0009	1.78	0.0200
13	4	97	0.0372	0.0002	0.65	0.2776	0.0114	4.12	0.0542	0.0022	4.08	0.0193
14	17	427	0.0379	0.0002	0.60	0.2672	0.0032	1.18	0.0511	0.0006	1.27	0.0192
15	10	260	0.0372	0.0002	0.62	0.2758	0.0049	1.76	0.0537	0.0010	1.77	0.0185
16	9	215	0.0378	0.0002	0.61	0.2822	0.0058	2.07	0.0541	0.0011	2.05	0.0229
17	9	198	0.0376	0.0002	0.64	0.2819	0.0036	1.29	0.0544	0.0007	1.23	0.0404
18	13	414	0.0379	0.0002	0.58	0.2707	0.0032	1.19	0.0518	0.0006	1.22	0.0227
20	6	138	0.0379	0.0002	0.66	0.2780	0.0096	3.47	0.0532	0.0018	3.40	0.0211
21	7	167	0.0378	0.0002	0.62	0.2777	0.0077	2.79	0.0532	0.0015	2.75	0.0232
22	12	321	0.0374	0.0002	0.59	0.2748	0.0042	1.52	0.0533	0.0008	1.54	0.0183
23	6	141	0.0380	0.0002	0.60	0.2830	0.0078	2.74	0.0540	0.0015	2.72	0.0232
24	5	127	0.0376	0.0002	0.61	0.2786	0.0094	3.36	0.0538	0.0018	3.33	0.0216
25	8	188	0.0385	0.0002	0.59	0.2755	0.0052	1.90	0.0519	0.0010	1.94	0.0290

续表

样品号	同位素比值					年龄/Ma					
KAS1TW15	1σ	err/%	$^{232}Th/^{238}U$	1σ	err/%	$^{206}Pb/^{238}U$	1σ	$^{207}Pb/^{235}U$	1σ	$^{207}Pb/^{206}Pb$	1σ
1	0.0003	3.85	0.2488	0.0033	1.31	221	2	228	3	305	28
2	0.0001	3.98	0.3116	0.0015	0.49	234	1	251	8	416	68
3	0.0001	3.84	0.3764	0.0027	0.72	235	1	247	6	362	59
4	0.0001	3.86	0.4130	0.0035	0.86	229	1	231	3	249	34
5	0.0002	3.82	0.3823	0.0024	0.64	234	1	242	3	324	32
6	0.0001	3.99	0.3301	0.0028	0.85	240	1	251	3	363	31
7	0.0003	3.85	0.2824	0.0029	1.03	232	1	244	4	361	33
8	0.0002	3.82	0.3968	0.0031	0.79	234	1	241	4	305	42
9	0.0002	3.85	0.3812	0.0021	0.56	233	1	247	4	384	42
10	0.0003	4.30	0.3619	0.0050	1.37	229	1	235	4	292	38
11	0.0003	3.99	0.3949	0.0025	0.63	241	1	249	4	319	43
12	0.0001	3.98	0.2089	0.0024	1.15	234	1	236	4	258	41
13	0.0002	4.15	0.4095	0.0047	1.15	235	2	249	10	378	92
14	0.0001	3.80	0.2729	0.0018	0.64	240	1	240	3	244	29
15	0.0004	3.85	0.2752	0.0013	0.49	236	1	247	4	359	40
16	0.0001	3.88	0.3336	0.0018	0.55	239	1	252	5	376	46
17	0.0003	3.90	0.2986	0.0019	0.62	238	2	252	3	389	28
18	0.0003	3.78	0.4082	0.0029	0.71	240	1	243	3	277	28
20	0.0004	4.01	0.3046	0.0026	0.84	240	2	249	9	336	77
21	0.0004	4.04	0.3650	0.0030	0.83	239	1	249	7	338	62
22	0.0004	3.82	0.3029	0.0017	0.57	237	1	247	4	341	35
23	0.0003	4.00	0.3623	0.0024	0.65	240	1	253	7	371	61
24	0.0004	4.06	0.2938	0.0030	1.03	238	1	250	8	362	75
25	0.0011	3.98	0.2826	0.0023	0.81	243	1	247	5	282	44

样品号	含量 $w_B/10^{-6}$		同位素比值									
KAS1TW18	Pb	U	$^{206}Pb/^{238}U$	1σ	err/%	$^{207}Pb/^{235}U$	1σ	err/%	$^{207}Pb/^{206}Pb$	1σ	err/%	$^{208}Pb/^{232}Th$
1	4	88	0.0364	0.0003	0.94	0.2624	0.0071	2.72	0.0522	0.0014	2.68	0.0212
2	9	204	0.0370	0.0003	0.84	0.2597	0.0055	2.11	0.0509	0.0011	2.09	0.0291
3	8	182	0.0367	0.0003	0.83	0.2732	0.0058	2.11	0.0540	0.0011	2.13	0.0229
4	5	118	0.0365	0.0003	0.88	0.2888	0.0095	3.29	0.0574	0.0018	3.20	0.0172
5	10	251	0.0364	0.0003	0.84	0.2742	0.0048	1.74	0.0546	0.0010	1.80	0.0177

样品号	含量 $w_B/10^{-6}$		同位素比值									
KAS1TW18	Pb	U	$^{206}Pb/^{238}U$	1σ	err/%	$^{207}Pb/^{235}U$	1σ	err/%	$^{207}Pb/^{206}Pb$	1σ	err/%	$^{208}Pb/^{232}Th$
6	1[illegible]	247	0.0372	0.0003	0.93	0.2496	0.0035	1.39	0.0486	0.0006	1.31	0.0224
7	13	308	0.0363	0.0003	0.85	0.2694	0.0055	2.03	0.0538	0.0011	2.06	0.0178
8	12	284	0.0370	0.0003	0.82	0.2669	0.0044	1.67	0.0523	0.0009	1.70	0.0146
9	33	810	0.0366	0.0003	0.88	0.2651	0.0071	2.69	0.0525	0.0004	0.80	0.0158
10	5	123	0.0371	0.0003	0.86	0.2692	0.0069	2.55	0.0526	0.0014	2.58	0.0175
11	7	175	0.0366	0.0003	0.86	0.2710	0.0077	2.83	0.0537	0.0015	2.84	0.0154
12	13	314	0.0364	0.0003	0.88	0.2630	0.0051	1.92	0.0523	0.0009	1.79	0.0173
13	9	213	0.0368	0.0003	0.82	0.2807	0.0051	1.81	0.0554	0.0010	1.80	0.0182
14	6	135	0.0364	0.0003	0.91	0.2461	0.0095	3.88	0.0490	0.0019	3.87	0.0183
15	14	336	0.0369	0.0003	0.86	0.2894	0.0043	1.47	0.0569	0.0009	1.53	0.0155
16	12	282	0.0369	0.0003	0.87	0.2727	0.0043	1.56	0.0536	0.0008	1.57	0.0153
17	12	301	0.0367	0.0003	0.81	0.2767	0.0045	1.62	0.0547	0.0009	1.66	0.0169
18	13	421	0.0368	0.0003	0.90	0.2607	0.0022	0.83	0.0514	0.0005	1.02	0.0452
19	15	341	0.0367	0.0004	1.01	0.2733	0.0118	4.32	0.0539	0.0018	3.25	0.0149
20	10	227	0.0367	0.0003	0.83	0.2614	0.0056	2.15	0.0517	0.0011	2.15	0.0127
21	7	175	0.0365	0.0003	0.85	0.2651	0.0069	2.62	0.0527	0.0013	2.52	0.0141
22	16	390	0.0370	0.0003	0.84	0.2619	0.0035	1.33	0.0513	0.0007	1.35	0.0139
23	13	304	0.0374	0.0003	0.88	0.2792	0.0042	1.50	0.0542	0.0008	1.43	0.0131
24	10	259	0.0365	0.0003	0.86	0.2665	0.0051	1.91	0.0530	0.0010	1.82	0.0150
25	8	198	0.0373	0.0003	0.84	0.2645	0.0053	2.00	0.0515	0.0011	2.06	0.0168

样品号	同位素比值					年龄/Ma					
KAS1TW18	1σ	err/%	$^{232}Th/^{238}U$	1σ	err/%	$^{206}Pb/^{238}U$	1σ	$^{207}Pb/^{235}U$	1σ	$^{207}Pb/^{206}Pb$	1σ
1	0.0003	4.10	0.5841	0.0038	0.64	231	2	237	6	296	61
2	0.0001	4.30	0.3916	0.0020	0.52	234	2	234	5	234	48
3	0.0001	4.06	0.4207	0.0064	1.53	232	2	245	5	370	48
4	0.0001	4.20	0.4476	0.0116	2.60	231	2	258	8	506	70
5	0.0002	4.23	0.3368	0.0035	1.03	231	2	246	4	394	40
6	0.0001	4.04	0.5574	0.0095	1.71	236	2	226	3	129	31
7	0.0003	4.07	0.5145	0.0052	1.00	230	2	242	5	364	46
8	0.0002	3.80	0.6456	0.0136	2.11	234	2	240	4	301	39
9	0.0002	3.90	0.5221	0.0041	0.79	232	2	239	6	309	18
10	0.0003	4.07	0.5641	0.0049	0.86	235	2	242	6	311	59

样品号	同位素比值					年龄/Ma					
KAS1TW18	1σ	err/%	$^{232}Th/^{238}U$	1σ	err/%	$^{206}Pb/^{238}U$	1σ	$^{207}Pb/^{235}U$	1σ	$^{207}Pb/^{206}Pb$	1σ
11	0.0003	4.03	0.5613	0.0052	0.93	232	2	243	7	359	64
12	0.0001	4.11	0.4879	0.0044	0.90	231	2	237	5	300	41
13	0.0002	4.06	0.6237	0.0069	1.10	233	2	251	5	427	40
14	0.0001	4.26	0.5459	0.0029	0.54	231	2	223	9	147	91
15	0.0004	3.81	0.5548	0.0089	1.60	233	2	258	4	490	34
16	0.0001	3.82	0.5406	0.0128	2.36	234	2	245	4	354	36
17	0.0003	4.23	0.3841	0.0041	1.07	232	2	248	4	398	37
18	0.0003	4.55	0.2876	0.0077	2.68	233	2	235	2	259	24
19	0.0003	5.54	0.7032	0.0049	0.70	233	2	245	11	369	73
20	0.0004	3.82	0.7703	0.0057	0.74	232	2	236	5	271	49
21	0.0004	4.16	0.7328	0.0035	0.48	231	2	239	6	317	57
22	0.0004	3.90	0.5939	0.0031	0.52	234	2	236	3	255	31
23	0.0003	5.16	0.7454	0.0225	3.01	236	2	250	4	380	32
24	0.0004	4.37	0.5114	0.0054	1.05	231	2	240	5	329	41
25	0.0011	4.30	0.3732	0.0022	0.59	236	2	238	5	262	47

样品号	含量 $w_B/10^{-6}$		同位素比值									
KAS1TW24	Pb	U	$^{206}Pb/^{238}U$	1σ	err/%	$^{207}Pb/^{235}U$	1σ	err/%	$^{207}Pb/^{206}Pb$	1σ	err/%	$^{208}Pb/^{232}Th$
1	17	405	0.0382	0.0002	0.62	0.2682	0.0029	1.07	0.0509	0.0007	1.45	0.0186
2	19	462	0.0387	0.0003	0.78	0.2862	0.0085	2.97	0.0537	0.0006	1.05	0.0211
3	14	359	0.0382	0.0002	0.64	0.2633	0.0039	1.48	0.0499	0.0007	1.41	0.0201
4	19	456	0.0387	0.0002	0.64	0.2801	0.0036	1.29	0.0525	0.0007	1.25	0.0194
5	15	377	0.0389	0.0002	0.60	0.2865	0.0044	1.53	0.0535	0.0008	1.55	0.0195
6	12	300	0.0386	0.0002	0.60	0.2712	0.0034	1.25	0.0510	0.0009	1.81	0.0200
7	14	320	0.0383	0.0002	0.63	0.2908	0.0041	1.41	0.0551	0.0007	1.33	0.0200
8	15	345	0.0391	0.0003	0.65	0.2994	0.0031	1.03	0.0555	0.0007	1.27	0.0210
9	10	230	0.0384	0.0002	0.59	0.2749	0.0055	2.01	0.0519	0.0013	2.59	0.0219
10	12	288	0.0388	0.0002	0.59	0.2957	0.0049	1.64	0.0552	0.0009	1.69	0.0223
11	15	371	0.0387	0.0002	0.62	0.2921	0.0043	1.48	0.0548	0.0007	1.30	0.0197
12	17	394	0.0384	0.0002	0.64	0.2855	0.0037	1.29	0.0540	0.0006	1.02	0.0210
13	22	506	0.0392	0.0002	0.58	0.2975	0.0049	1.64	0.0550	0.0006	1.06	0.0257
14	91	2113	0.0389	0.0002	0.59	0.3086	0.0045	1.47	0.0575	0.0009	1.56	0.0219
15	16	353	0.0392	0.0003	0.76	0.2795	0.0050	1.79	0.0517	0.0006	1.17	0.0243

样品号	含量 $w_B/10^{-6}$		同位素比值									
KAS1TW24	Pb	U	$^{206}Pb/^{238}U$	1σ	err/%	$^{207}Pb/^{235}U$	1σ	err/%	$^{207}Pb/^{206}Pb$	1σ	err/%	$^{208}Pb/^{232}Th$
16	16	405	0. 0386	0. 0003	0. 85	0. 3066	0. 0094	3. 06	0. 0577	0. 0007	1. 15	0. 0194
17	22	541	0. 0393	0. 0002	0. 61	0. 2968	0. 0091	3. 07	0. 0548	0. 0006	1. 01	0. 0229
18	14	330	0. 0387	0. 0002	0. 61	0. 3046	0. 0057	1. 88	0. 0571	0. 0008	1. 38	0. 0208
19	16	384	0. 0388	0. 0002	0. 58	0. 2781	0. 0041	1. 49	0. 0520	0. 0006	1. 23	0. 0236
20	8	181	0. 0394	0. 0002	0. 61	0. 2990	0. 0034	1. 14	0. 0550	0. 0011	1. 98	0. 0195
21	12	302	0. 0385	0. 0002	0. 60	0. 2712	0. 0044	1. 63	0. 0511	0. 0007	1. 41	0. 0197
22	12	279	0. 0398	0. 0002	0. 61	0. 2849	0. 0053	1. 86	0. 0520	0. 0007	1. 30	0. 0201
23	10	236	0. 0391	0. 0002	0. 58	0. 2767	0. 0037	1. 33	0. 0513	0. 0009	1. 69	0. 0218
24	15	363	0. 0389	0. 0002	0. 62	0. 2815	0. 0032	1. 12	0. 0524	0. 0007	1. 31	0. 0187
25	13	318	0. 0385	0. 0002	0. 59	0. 2797	0. 0062	2. 21	0. 0527	0. 0007	1. 30	0. 0244

样品号	同位素比值					年龄/Ma					
KAS1TW24	1σ	err/%	$^{232}Th/^{238}U$	1σ	err/%	$^{206}Pb/^{238}U$	1σ	$^{207}Pb/^{235}U$	1σ	$^{207}Pb/^{206}Pb$	1σ
1	0. 0003	3. 82	0. 4198	0. 0029	0. 68	242	1	241	3	238	34
2	0. 0001	5. 20	0. 3767	0. 0026	0. 68	244	2	256	8	359	24
3	0. 0001	3. 88	0. 3024	0. 0029	0. 96	242	2	237	4	192	33
4	0. 0001	3. 86	0. 3237	0. 0052	1. 60	245	2	251	3	309	28
5	0. 0002	3. 92	0. 3186	0. 0036	1. 14	246	1	256	4	348	35
6	0. 0001	3. 90	0. 2870	0. 0025	0. 86	244	1	244	3	239	42
7	0. 0003	3. 82	0. 4394	0. 0023	0. 53	242	2	259	4	415	30
8	0. 0002	3. 82	0. 4112	0. 0045	1. 09	247	2	266	3	434	28
9	0. 0002	4. 05	0. 3691	0. 0035	0. 95	243	1	247	5	279	59
10	0. 0003	4. 08	0. 2799	0. 0018	0. 65	246	1	263	4	421	38
11	0. 0003	3. 83	0. 2751	0. 0014	0. 53	245	2	260	4	404	29
12	0. 0001	3. 86	0. 3926	0. 0027	0. 70	243	2	255	3	369	23
13	0. 0002	4. 07	0. 3274	0. 0023	0. 70	248	1	264	4	412	24
14	0. 0001	3. 89	0. 3804	0. 0018	0. 48	246	1	273	4	510	34
15	0. 0004	3. 94	0. 4618	0. 0033	0. 72	248	2	250	4	272	27
16	0. 0001	4. 59	0. 2859	0. 0025	0. 87	244	2	272	8	517	25
17	0. 0003	4. 53	0. 2666	0. 0015	0. 58	248	2	264	8	403	23
18	0. 0003	3. 85	0. 3194	0. 0022	0. 70	245	1	270	5	495	30
19	0. 0003	4. 04	0. 2913	0. 0024	0. 83	245	1	249	4	285	28
20	0. 0004	3. 78	0. 3775	0. 0018	0. 47	249	2	266	3	412	44

续表

样品号	同位素比值					年龄/Ma					
KAS1TW24	1σ	err/%	$^{232}Th/^{238}U$	1σ	err/%	$^{206}Pb/^{238}U$	1σ	$^{207}Pb/^{235}U$	1σ	$^{207}Pb/^{206}Pb$	1σ
21	0.0004	3.84	0.3165	0.0016	0.52	243	1	244	4	246	32
22	0.0004	3.85	0.3475	0.0020	0.57	251	2	255	5	284	30
23	0.0003	3.84	0.2526	0.0015	0.58	247	1	248	3	255	39
24	0.0004	3.80	0.3468	0.0030	0.87	246	2	252	3	304	30
25	0.0011	4.02	0.2543	0.0012	0.48	243	1	250	6	316	30

样品号	含量 $w_B/10^{-6}$		同位素比值									
KAS1TW39	Pb	U	$^{206}Pb/^{238}U$	1σ	err/%	$^{207}Pb/^{235}U$	1σ	err/%	$^{207}Pb/^{206}Pb$	1σ	err/%	$^{208}Pb/^{232}Th$
1	55	1128	0.0367	0.0003	0.76	0.5194	0.0186	3.58	0.1026	0.0033	3.18	0.0231
2	116	819	0.1474	0.0010	0.69	1.3934	0.0131	0.94	0.0686	0.0006	0.85	0.0366
3	31	521	0.0366	0.0003	0.80	0.5094	0.0082	1.61	0.1008	0.0013	1.25	0.0607
4	31	801	0.0367	0.0003	0.78	0.2570	0.0040	1.57	0.0507	0.0008	1.60	0.0101
5	45	1020	0.0366	0.0002	0.64	0.5428	0.0147	2.71	0.1075	0.0029	2.73	0.0112
6	97	2059	0.0367	0.0002	0.66	0.6597	0.0135	2.04	0.1304	0.0024	1.85	0.0134
7	64	1259	0.0367	0.0002	0.66	0.7721	0.0087	1.13	0.1525	0.0017	1.14	0.0197
8	30	742	0.0367	0.0002	0.65	0.2574	0.0036	1.41	0.0509	0.0007	1.38	0.0119
9	34	825	0.0366	0.0003	0.72	0.3349	0.0088	2.62	0.0664	0.0016	2.43	0.0137
10	53	1241	0.0366	0.0003	0.76	0.3989	0.0080	2.00	0.0791	0.0016	2.07	0.0154
11	48	1237	0.0366	0.0002	0.63	0.2561	0.0040	1.58	0.0508	0.0008	1.54	0.0105
12	34	863	0.0367	0.0002	0.64	0.2575	0.0040	1.56	0.0508	0.0008	1.50	0.0121
13	63	1377	0.0366	0.0002	0.63	0.3687	0.0059	1.59	0.0730	0.0011	1.52	0.0142
14	50	1220	0.0366	0.0002	0.66	0.2561	0.0037	1.44	0.0507	0.0007	1.38	0.0111
15	42	1039	0.0367	0.0003	0.72	0.2562	0.0042	1.65	0.0506	0.0007	1.34	0.0107
16	69	1689	0.0368	0.0002	0.65	0.2575	0.0031	1.19	0.0508	0.0006	1.26	0.0135
17	46	1091	0.0369	0.0002	0.65	0.2572	0.0037	1.44	0.0506	0.0007	1.36	0.0136
18	61	1466	0.0366	0.0003	0.72	0.3540	0.0120	3.38	0.0702	0.0021	3.03	0.0136
19	50	1198	0.0366	0.0002	0.65	0.3469	0.0060	1.74	0.0688	0.0012	1.77	0.0100
20	164	1595	0.0562	0.0004	0.64	2.2141	0.0194	0.88	0.2859	0.0024	0.83	0.0665
21	86	1621	0.0366	0.0003	0.76	0.8298	0.0148	1.78	0.1645	0.0023	1.41	0.0083
22	21	492	0.0366	0.0004	1.00	0.4758	0.0154	3.24	0.0944	0.0031	3.27	0.0127
23	49	1142	0.0366	0.0002	0.68	0.3868	0.0040	1.04	0.0767	0.0008	1.06	0.0093
24	47	1166	0.0369	0.0002	0.64	0.2567	0.0038	1.48	0.0505	0.0007	1.47	0.0097
25	38	956	0.0367	0.0003	0.70	0.2565	0.0037	1.43	0.0506	0.0007	1.41	0.0071

样品号	同位素比值					年龄/Ma					
KAS1TW39	1σ	err/%	$^{232}Th/^{238}U$	1σ	err/%	$^{206}Pb/^{238}U$	1σ	$^{207}Pb/^{235}U$	1σ	$^{207}Pb/^{206}Pb$	1σ
1	0. 0007	3. 12	0. 6887	0. 0013	0. 19	232	2	425	15	1672	59
2	0. 0002	0. 47	0. 1504	0. 0004	0. 24	886	6	886	8	886	18
3	0. 0006	0. 94	0. 4604	0. 0023	0. 51	232	2	418	7	1639	23
4	0. 0000	0. 47	0. 5666	0. 0017	0. 31	233	2	232	4	229	37
5	0. 0002	1. 55	0. 9203	0. 0059	0. 64	232	1	440	12	1758	50
6	0. 0000	0. 17	0. 9717	0. 0139	1. 43	232	2	514	11	2104	33
7	0. 0002	0. 83	0. 8147	0. 0034	0. 41	232	2	581	7	2374	19
8	0. 0001	0. 51	0. 6566	0. 0008	0. 12	232	2	233	3	237	32
9	0. 0002	1. 58	0. 6191	0. 0019	0. 31	232	2	293	8	819	51
10	0. 0002	1. 39	0. 6077	0. 0007	0. 12	232	2	341	7	1175	41
11	0. 0001	0. 50	0. 6011	0. 0018	0. 30	232	1	232	4	231	35
12	0. 0001	0. 55	0. 5402	0. 0010	0. 19	233	1	233	4	233	35
13	0. 0000	0. 33	0. 9214	0. 0087	0. 95	232	1	319	5	1015	31
14	0. 0001	0. 64	0. 7571	0. 0008	0. 11	232	2	232	3	228	32
15	0. 0001	0. 80	0. 7268	0. 0055	0. 75	233	2	232	4	221	31
16	0. 0001	0. 43	0. 6352	0. 0009	0. 14	233	2	233	3	231	29
17	0. 0001	0. 79	0. 7091	0. 0011	0. 16	234	2	232	3	221	31
18	0. 0004	2. 72	0. 6761	0. 0006	0. 08	232	2	308	10	934	62
19	0. 0001	1. 21	0. 8607	0. 0039	0. 45	232	2	302	5	892	37
20	0. 0002	0. 34	0. 6880	0. 0017	0. 25	352	2	1186	10	3395	13
21	0. 0001	1. 37	2. 1897	0. 0103	0. 47	232	2	614	11	2502	24
22	0. 0002	1. 79	0. 8043	0. 0055	0. 68	232	2	395	13	1515	62
23	0. 0000	0. 19	1. 0614	0. 0014	0. 13	232	2	332	3	1113	21
24	0. 0002	1. 89	0. 8381	0. 0201	2. 39	234	1	232	3	217	34
25	0. 0001	0. 88	1. 0689	0. 0057	0. 53	233	2	232	3	224	33

样品号	含量 $w_B/10^{-6}$		同位素比值									
NXGL－GS1	Pb	U	$^{206}Pb/^{238}U$	1σ	err/%	$^{207}Pb/^{235}U$	1σ	err/%	$^{207}Pb/^{206}Pb$	1σ	err/%	$^{208}Pb/^{232}Th$
1	12	229	0. 0410	0. 0004		0. 2714	0. 0079		0. 0481	0. 0014		0. 0120
2	9	185	0. 0407	0. 0005		0. 2794	0. 0103		0. 0500	0. 0018		0. 0116
3	10	186	0. 0401	0. 0004		0. 2918	0. 0089		0. 0530	0. 0016		0. 0113
4	11	219	0. 0402	0. 0004		0. 2923	0. 0086		0. 0525	0. 0014		0. 0111

续表

样品号	含量 $w_B/10^{-6}$		同位素比值									
NXGL－GS1	Pb	U	$^{206}Pb/^{238}U$	1σ	err/%	$^{207}Pb/^{235}U$	1σ	err/%	$^{207}Pb/^{206}Pb$	1σ	err/%	$^{208}Pb/^{232}Th$
5	10	214	0.0403	0.0005		0.2796	0.0104		0.0506	0.0019		0.0120
7	6	133	0.0398	0.0005		0.2873	0.0138		0.0528	0.0025		0.0112
8	8	163	0.0401	0.0004		0.2660	0.0093		0.0485	0.0017		0.0111
9	8	163	0.0395	0.0005		0.2882	0.0109		0.0531	0.0020		0.0112
10	10	187	0.0394	0.0005		0.2794	0.0108		0.0520	0.0021		0.0109
11	7	150	0.0386	0.0004		0.2826	0.0100		0.0531	0.0018		0.0121
12	13	261	0.0392	0.0005		0.2651	0.0074		0.0492	0.0013		0.0118
13	7	145	0.0390	0.0005		0.2795	0.0100		0.0524	0.0019		0.0124
14	7	146	0.0389	0.0004		0.2711	0.0088		0.0509	0.0017		0.0121
15	11	220	0.0394	0.0004		0.2806	0.0092		0.0515	0.0016		0.0123
16	10	198	0.0391	0.0004		0.2767	0.0086		0.0516	0.0016		0.0123
17	7	137	0.0389	0.0004		0.2615	0.0090		0.0489	0.0017		0.0124
18	6	129	0.0393	0.0005		0.2754	0.0102		0.0510	0.0019		0.0116
19	6	133	0.0393	0.0005		0.2654	0.0112		0.0495	0.0021		0.0121
20	8	170	0.0396	0.0004		0.2810	0.0097		0.0516	0.0018		0.0119
21	7	145	0.0394	0.0004		0.2697	0.0110		0.0498	0.0021		0.0118
22	9	173	0.0387	0.0004		0.2731	0.0104		0.0511	0.0019		0.0116
23	7	145	0.0396	0.0005		0.2928	0.0094		0.0540	0.0017		0.0113
24	8	170	0.0390	0.0005		0.2754	0.0107		0.0512	0.0020		0.0111
25	6	130	0.0395	0.0005		0.2904	0.0116		0.0542	0.0023		0.0114
26	6	125	0.0392	0.0005		0.3030	0.0130		0.0563	0.0025		0.0110
27	6	129	0.0398	0.0005		0.2923	0.0113		0.0536	0.0021		0.0120
28	10	197	0.0405	0.0005		0.2799	0.0074		0.0507	0.0015		0.0119
29	9	174	0.0398	0.0004		0.2947	0.0090		0.0538	0.0016		0.0112
30	8	155	0.0404	0.0005		0.3047	0.0112		0.0549	0.0020		0.0109

样品号	同位素比值					年龄/Ma					
NXGL－GS1	1σ	err/%	$^{232}Th/^{238}U$	1σ	err/%	$^{206}Pb/^{238}U$	1σ	$^{207}Pb/^{235}U$	1σ	$^{207}Pb/^{206}Pb$	1σ
1	0.0001		1.0781			259	3	244	6	102	69
2	0.0002		1.0045			257	3	250	8	198	85
3	0.0002		1.2028			254	3	260	7	328	70
4	0.0002		1.1824			254	3	260	7	309	56
5	0.0002		0.8389			255	3	250	8	220	87

续表

样品号	同位素比值					年龄/Ma					
NXGL－GS1	1σ	err/%	^{232}Th/^{238}U	1σ	err/%	^{206}Pb/^{238}U	1σ	^{207}Pb/^{235}U	1σ	^{207}Pb/^{206}Pb	1σ
7	0.0003		0.6714			251	3	256	11	320	114
8	0.0003		1.0780			253	3	239	7	120	88
9	0.0003		1.1501			250	3	257	9	332	79
10	0.0003		1.2314			249	3	250	9	283	93
11	0.0004		0.5654			244	3	253	8	332	76
12	0.0003		1.0539			248	3	239	6	167	61
13	0.0003		0.8830			247	3	250	8	306	83
14	0.0003		1.1317			246	3	244	7	235	71
15	0.0003		0.9941			249	3	251	7	265	77
16	0.0003		0.9130			247	3	248	7	333	72
17	0.0003		1.0187			246	3	236	7	143	80
18	0.0003		1.0098			248	3	247	8	243	85
19	0.0003		0.8614			248	3	239	9	172	128
20	0.0003		0.7948			250	3	251	8	333	80
21	0.0003		0.8992			249	3	242	9	187	96
22	0.0003		1.1023			245	2	245	8	256	82
23	0.0003		1.1766			250	3	261	7	369	72
24	0.0003		0.7550			247	3	247	8	250	89
25	0.0003		0.8779			250	3	259	9	389	98
26	0.0003		0.8449			248	3	269	10	465	98
27	0.0003		0.7907			251	3	260	9	354	87
28	0.0003		1.1104			256	3	251	6	228	64
29	0.0003		1.1807			251	3	262	7	365	69
30	0.0003		1.0749			255	3	270	9	406	80

注：样品由天津地质矿产研究所测试；测试方法为 LA－MC－ICP－MS；表中所列误差均为 1σ 误差；测试仪器名称为锆石激光多接收器电感耦合等离子体质谱仪。

（二）研究区三叠纪中酸性侵入岩同位素年龄

东昆仑花岗岩带是可以与西藏冈底斯花岗岩带相媲美的一条巨型花岗岩带（莫宣学等，2007）。以往对东昆仑这一巨型花岗岩带开展了深入研究，认为带内花岗岩主要形成于早古生代和晚古生代—早中生代构造演化阶段，后者是一个连续的过程，特别是三叠纪花岗岩最为发育（罗照华等，1999；莫宣学等，2007）。

表 5－3 列出了研究区以往三叠纪中酸性侵入岩同位素年龄和本次同位素年龄测定结果，基本涵盖了研究区主要岩体。由表 5－3 可见，三叠纪中酸性侵入岩主要分为中三叠世（245～228Ma）和晚三叠世（228～204Ma）二期，有极少数属于早三叠世。

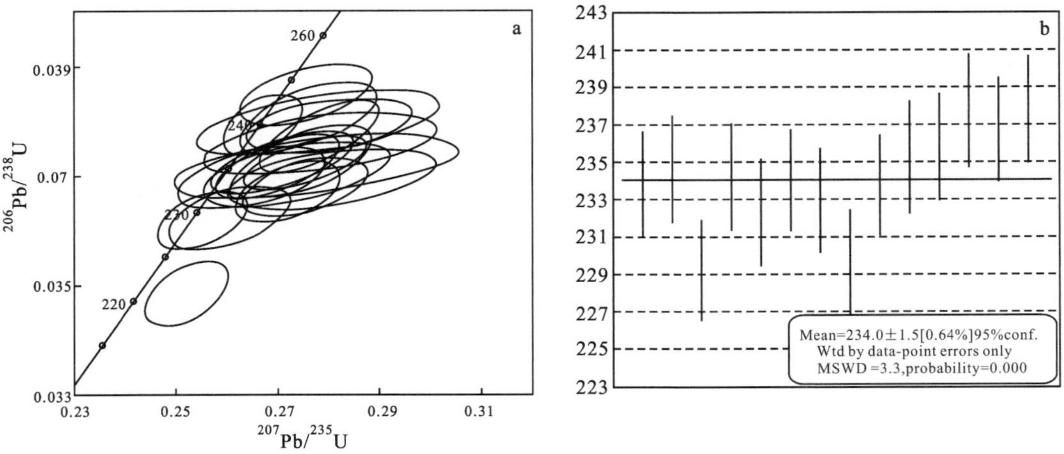

图 5－1　卡尔却卡 KAS1TW15 样品$^{206}Pb/^{238}U$－$^{207}Pb/^{235}U$ 年龄协和

图（a）及^{206}Pb－^{238}U 表面年龄加权平均值（b）

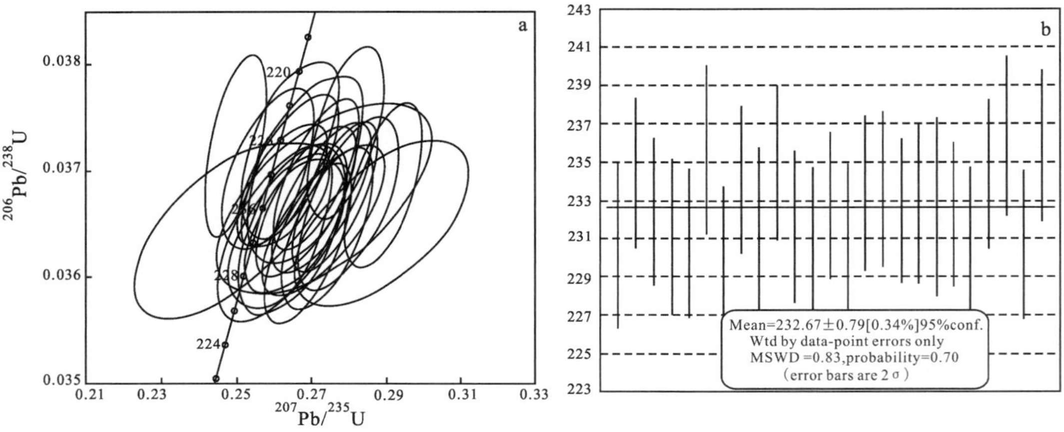

图 5－2　卡尔却卡 KAS1TW18 样品$^{206}Pb/^{238}U$－$^{207}Pb/^{235}U$ 年龄协和

图（a）及^{206}Pb－^{238}U 表面年龄加权平均值（b）

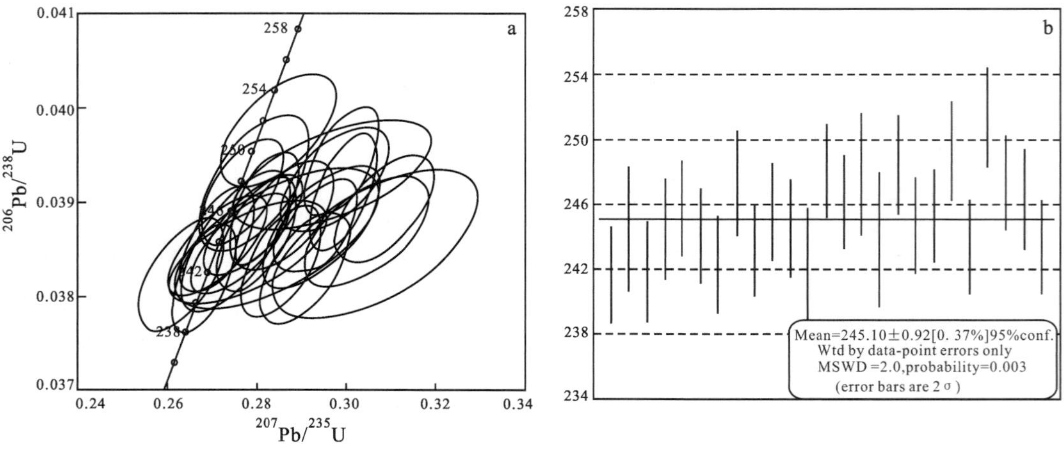

图 5－3　卡尔却卡 KAS1TW24 样品$^{206}Pb/^{238}U$－$^{207}Pb/^{235}U$ 年龄协和

图（a）及^{206}Pb－^{238}U 表面年龄加权平均值（b）

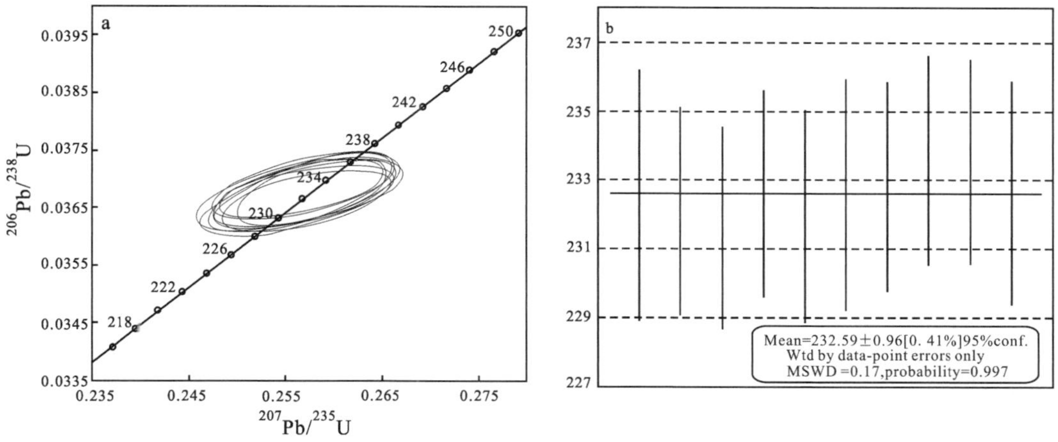

图 5－4　卡尔却卡 KAS1TW39 样品$^{206}Pb/^{238}U-^{207}Pb/^{235}U$年龄协和图（a）及$^{206}Pb-^{238}U$表面年龄加权平均值（b）

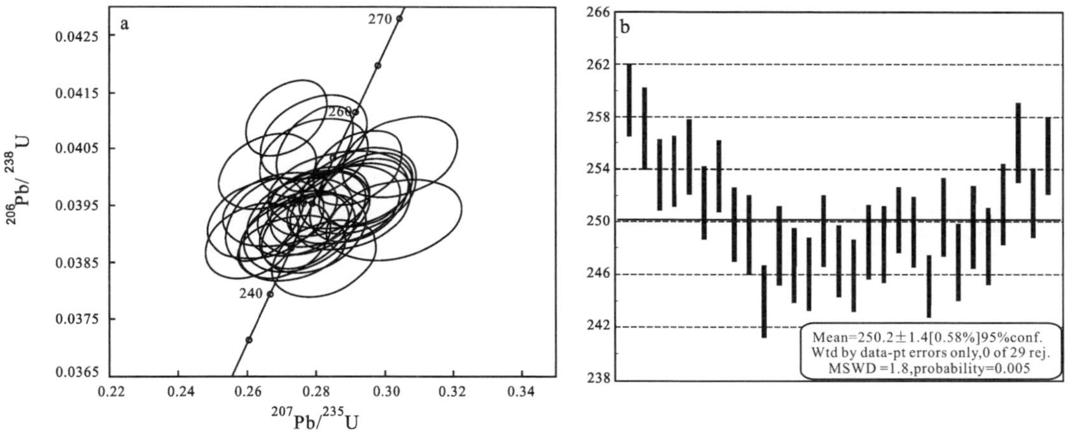

图 5－5　那西郭勒 NXGL－GS1 样品$^{206}Pb/^{238}U-^{207}Pb/^{235}U$年龄协和图（a）及$^{206}Pb-^{238}U$表面年龄加权平均值（b）

二、岩体空间分布

通过细致梳理，制作了研究区三叠纪中酸性侵入岩分布图（图 5－6）。从图 5－6 可看出，研究区三叠纪中酸性侵入岩展布方向与区域构造线方向大体一致，在昆北断裂北部多呈岩株状分布，在昆北断裂南部呈大型线状复式岩基产出。

（一）中三叠世中酸性侵入岩

研究区中三叠世中酸性侵入岩体展布方向总体为北西向，与区域构造方向一致。主要分布于昆中岩浆弧卡尔却卡、莫斯图、那西郭勒、开木棋，在昆北三弧盆地内分布较少，在尕林格矿区发现有隐伏岩体，在虎头崖矿区西部亦可能有少量分布。典型岩石组合为石英二长闪长岩－石英闪长岩－花岗闪长岩－英云闪长岩－似斑状二长花岗岩组合。岩体内广泛分布有暗色微粒包体（图 5－7）是中三叠世中酸性侵入岩最为典型的特征。

表5-3 研究区三叠纪侵入岩同位素年龄测定结果

岩体	岩石名称	同位素年龄/Ma	分析矿物/方法	发表日期	数据来源
卡而却卡	花岗闪长岩	236.9±1.7	锆石/SHRIMP	2009	王松等
	似斑状二长花岗岩	227.3±1.8	锆石/SHRIMP	2012	丰成友等
	花岗闪长岩	239.9±1.3	黑云母/Ar-Ar	2004a	青海省地质调查院
	似斑状二长花岗岩	243.1±3.3	黑云母/Ar-Ar	2004a	青海省地质调查院
	似斑状二长花岗岩	240.6±1.6	黑云母/Ar-Ar	2009	王秉璋等
	花岗闪长岩	234.1±0.6	锆石/LA-ICP-MS	2015	高永宝等
	暗色包体	234.4±0.6	锆石/LA-ICP-MS	2015	高永宝等
	花岗闪长岩	244±1.4	锆石/LA-ICP-MS	2015	江万等
	暗色包体	245±1.9	锆石/LA-ICP-MS	2015	江万等
	似斑状二长花岗岩	234.0±1.5	锆石/LA-ICP-MS		实测
	灰白色花岗细晶岩	232.67±0.79	锆石/LA-ICP-MS		实测
	花岗闪长岩	245.1±0.92	锆石/LA-ICP-MS		实测
	闪长玢岩	232.59±0.96	锆石/LA-ICP-MS		实测
莫斯图	花岗闪长岩	237±2	锆石/SHRIMP	2012	青海省第四地质矿产勘查院
那西郭勒	花岗闪长岩	250.2±1.4	锆石/LA-ICP-MS		实测
开木棋	闪长岩	231.5±0.78	锆石/LA-ICP-MS	2014b	王秉璋等
	闪长岩	228.5±0.8	锆石/LA-ICP-MS	2010a	青海省地质调查院
	花岗闪长岩	242.6±3.4	锆石/LA-ICP-MS	2013	陈静等
	花岗闪长岩	234.9±1.3	锆石/LA-ICP-MS	2014b	王秉璋等
	英云闪长岩	230.9±0.7	锆石/LA-ICP-MS	2014a	王秉璋等
	英云闪长岩	230±1.0	锆石/LA-ICP-MS	2010a	青海省地质调查院
	英云闪长岩	232.4±1.0	锆石/LA-ICP-MS	2010a	青海省地质调查院
	花岗闪长岩	232.4±1.0	锆石/LA-ICP-MS	2010a	青海省地质调查院
	花岗闪长岩	226.9±2.3	锆石/LA-ICP-MS	2014b	王秉璋等
	花岗闪长岩	238.6±2.9	锆石/LA-ICP-MS	2014b	王秉璋等
尕林格	石英二长闪长岩	228.3±0.5	锆石/LA-ICP-MS	2012	高永宝等
	石英二长岩	234.4±0.6	锆石/LA-ICP-MS	2012	高永宝等
	花岗闪长岩	229.4±0.8	锆石/LA-ICP-MS	2013	于淼等
	花岗闪长岩（花岗岩）	227.8±1.7	锆石/SIMS	2012	丰成友等
冰沟（鸭子沟）	花岗斑岩（钾长花岗斑岩）	224.0±1.6	锆石/SHRIMP	2008	李世金等
冰沟（鸭子沟）	花岗闪长岩	224±4	锆石/U-Pb	2010c	青海省地质调查院

续表

岩体	岩石名称	同位素年龄/Ma	分析矿物/方法	发表日期	数据来源
乌兰乌珠尔	花岗斑岩	215.1±4.5	锆石/SHRIMP	2007	余宏全等
玛兴大湾（玛兴大坂）	二长花岗岩	218±2	锆石/LA－ICP－MS	2011	吴祥珂等
扎日马日那	二长花岗岩	224.4±1.9	锆石/LA－ICP－MS	2015	江万等
虎头崖	花岗闪长岩	235.4±1.8	锆石/LA－ICP－MS	2011	丰成友等
	二长花岗岩	219.2±1.4	锆石/SHRIMP	2011	丰成友等
	二长花岗岩	217.5±1.1	锆石/LA－ICP－MS	2013	张爱奎等
	花岗闪长岩	224.3±0.6	锆石/LA－ICP－MS	2015	李侃等
	碱长花岗岩	239.7±0.8	锆石/LA－ICP－MS	2015	李侃等
	花岗斑岩	222.8±1	锆石/LA－ICP－MS	2015	江万等
	二长花岗岩	233.6±1.8	锆石/LA－ICP－MS	2015	江万等
	二长花岗岩	231.7±2.7	锆石/LA－ICP－MS	2015	江万等
	二长花岗岩	235±1.5	锆石/LA－ICP－MS	2015	江万等
	花岗斑岩	232.7±1.8	锆石/LA－ICP－MS	2016	张晓飞等
虎头崖（楚鲁套海）	花岗闪长岩	226.4±1.7	锆石/SIMS	2012	丰成友等
虎头崖（景忍）	二长花岗岩（花岗岩）	204.1±2.6	锆石/SHRIMP	2006a	刘云华等
虎头崖（祁漫塔格北）	二长花岗岩（钾长花岗岩）	212.1±3.3	锆石/U－Pb	2002	罗照华等
肯德可克东（肯德可克）	二长花岗岩	220.1±9	Rb－Sr	2001	张德全
	二长花岗岩	230.5±4.2	锆石/LA－ICP－MS	2010	奚仁刚等
	二长花岗岩	229.5±0.5	锆石/LA－ICP－MS	2013	肖晔等
野马泉	石英二长闪长岩	220±1	锆石/LA－ICP－MS	2016	张爱奎等
	二长花岗岩	223±1	锆石/LA－ICP－MS	2016	张爱奎等
	二长花岗岩（花岗岩）	213±1	锆石/LA－ICP－MS	2014	高永宝等
	石英二长闪长岩	219±1	锆石/LA－ICP－MS	2014	高永宝等
	花岗闪长岩	220.53±0.69	锆石/LA－ICP－MS	2016	乔保星等
	石英二长闪长岩（二长岩）	223.5±1.7	锆石/LA－ICP－MS	2015	江万等
四角羊－牛苦头（四角羊沟）	花岗闪长岩	223.2±1.3	锆石/LA－ICP－MS	2004b	青海省地质调查院
长山	似斑状二长花岗岩	220±1	锆石/LA－ICP－MS	2010	丰成友等
	二长花岗岩（钾长花岗岩）	219.9±1.3	锆石/SHRIMP	2012	丰成友等

续表

岩体	岩石名称	同位素年龄/Ma	分析矿物/方法	发表日期	数据来源
克停哈尔（莫河下拉）	花岗斑岩	222 ±1	锆石/LA-ICP-MS	2014	许庆林等
那陵郭勒河东	二长花岗岩（钾长花岗岩）	225.2 ±1.2	锆石/LA-ICP-MS	2009	常有英等
沙丘（它温查汉）	二长花岗岩（花岗岩）	227.7 ±0.6	锆石/LA-ICP-MS	2012	丰成友等
拉陵灶火	二长花岗岩	199.5 ±1.2	锆石/LA-ICP-MS	2014b	王秉璋等
	二长花岗岩	204.4 ±1.1	锆石/LA-ICP-MS	2014b	王秉璋等
	花岗闪长岩	211.7 ±0.7	锆石/LA-ICP-MS	2010a	青海省地质调查院
	石英闪长岩	214.1 ±1.0	锆石/LA-ICP-MS	2014b	王秉璋等
	花岗闪长岩	214.1 ±0.8	锆石/LA-ICP-MS	2010a	青海省地质调查院

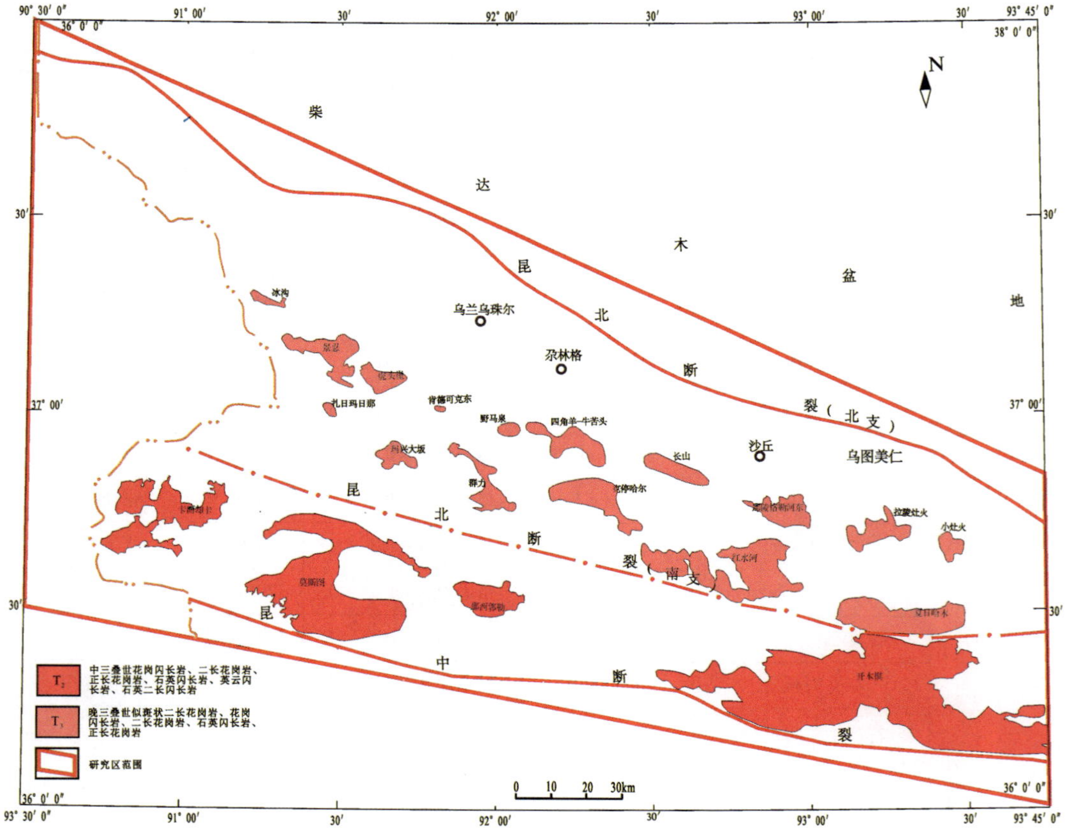

图5-6　研究区三叠纪中酸性侵入岩分布图

（二）晚三叠世中酸性侵入岩

研究区晚三叠世中酸性侵入岩在昆北断裂北部分布十分广泛，主要岩体有冰沟岩体、景忍岩体、虎头崖岩体、扎日玛日那岩体、玛兴大湾岩体、肯德可克东岩体、群力岩体、野马泉岩体、四角羊－牛苦头岩体、长山岩体、克停哈尔岩体、红水河岩体、那陵郭勒河东岩体、拉陵灶火岩体、小灶火岩体、夏日哈木岩体、乌兰乌珠尔斑岩体，以及沙丘隐伏岩体。典型岩石组合为花岗闪长岩－似斑状二长花岗岩－二长花岗岩－花岗岩－碱长花岗岩组合。

图5－7　中三叠世侵入岩野外照片

三、岩体时空结构

根据以上对研究区岩浆岩时间序列和空间分布、岩石类型的分析，建立岩浆岩时空分布，详见表5－4。

从表5－4和图5－6可看出，三叠纪侵入岩出露面积4623.45km²，占基岩出露面积的23.52%，其中，中三叠世侵入岩出露面积2972.23km²，晚三叠世侵入岩出露面积1651.22km²。三叠纪侵入岩在研究区北部以晚三叠世侵入岩为主，南部昆中岩浆弧主要是中三叠世侵入岩。

四、侵入岩特征

（一）中三叠世中酸性侵入岩

1. 岩体地质特征

（1）卡尔却卡岩体

卡尔却卡岩体分布于卡尔却卡矿区，岩石类型主要为花岗闪长岩和似斑状二长花岗岩，亦有少量石英二长闪长岩、花岗岩和花岗斑岩。岩体侵入于寒武系—奥陶系滩间山群、中元古界金水口岩群和上三叠统鄂拉山组中，与滩间山群碳酸盐岩或中基性火山岩外接触带产出有矽卡岩型铁多金属矿产（王松等，2009；丰成友等，2009a，2010；李碧乐等，2010；李大新等，2011；赖健清等，2015）。花岗斑岩呈岩枝状，岩体中产出有斑岩型铜钼矿（李世金等，2008）。似斑状二长花岗岩分布规模较大，其次为花岗闪长岩。花岗闪长岩被似斑状二长花岗岩侵入，似斑状二长花岗岩又被花岗斑岩侵入，总体来看，花岗闪长岩形成较早，似斑状二长花岗岩次之，花岗斑岩形成最晚。

表5－4　研究区三叠纪侵入岩时空分布及岩石类型

时代	构造单元	岩体名称	面积/km²		岩性
中三叠世（T_2）	昆中岩浆弧	卡尔却卡	338.94	2972.23	花岗闪长岩、似斑状二长花岗岩为主，少量石英二长闪长岩、花岗岩、花岗斑岩
		莫斯图	787.02		花岗闪长岩、英云闪长岩为主，少量二长花岗岩
		那西郭勒	131.09		花岗闪长岩、石英二长闪长岩
		开木棋	1715.18		花岗闪长岩、英云闪长岩、二长花岗岩，少量闪长岩、石英闪长岩、石英二长闪长岩
	滩北雪峰－乌兰乌珠尔盆地	尕林格（隐伏岩体）			石英二长闪长岩、石英闪长岩、花岗闪长岩、英云闪长岩、石英二长岩，少量二长花岗岩
晚三叠世（T_3）	滩北雪峰－乌兰乌珠尔盆地	冰沟	19.98	1651.22	花岗闪长岩、似斑状二长花岗岩、二长闪长岩，少量花岗斑岩、石英二长闪长岩
	野马泉－苏海图盆地	景忍	129.89		似斑状二长花岗岩
		虎头崖	60.78		二长花岗岩、花岗岩、碱长花岗岩、花岗闪长岩、花岗斑岩
		扎日玛日那	10.33		二长花岗岩
		肯德可克东	4.17		二长花岗岩，少量花岗闪长岩
	昆中岩浆弧	玛兴大湾	50.85		二长花岗岩
		群力	90.97		二长花岗岩、花岗岩，少量花岗闪长岩
	野马泉－苏海图盆地	野马泉	19.54		花岗闪长岩、石英二长闪长岩、二长花岗岩，少量花岗岩、二长闪长岩
		四角羊－牛苦头	108.08		花岗闪长岩，少量二长花岗岩、花岗岩
		克停哈儿	159.75		花岗闪长岩、二长花岗岩，少量碱长花岗岩
		长山	76.12		似斑状二长花岗岩、二长花岗岩、花岗斑岩
		红水河	429.29		似斑状二长花岗岩、花岗闪长岩
		那陵郭勒河东	97.96		碱长花岗岩、二长花岗岩、花岗岩、花岗闪长岩、斑岩
		拉陵灶火	93.59		二长花岗岩、花岗闪长岩
		小灶火	38.14		碱长花岗岩、二长花岗岩
		夏日哈木	261.28		二长花岗岩、碱长花岗岩、花岗闪长岩，少量石英二长闪长岩、石英闪长岩
		乌兰乌珠儿	<0.5		花岗斑岩、花岗闪长斑岩
		沙丘（隐伏岩体）			花岗闪长岩、二长花岗岩、辉长闪长岩、石英辉长岩、花岗斑岩和花岗闪长斑岩

（2）莫斯图岩体

莫斯图岩体分布于莫斯图上游，呈岩株状、小型岩基状产出，侵入于金水口岩群、寒武系—奥陶系滩间山群及华力西期侵入岩中。主体岩性以花岗闪长岩、英云闪长岩为主，其次是二长花岗岩。受北西向断裂控制明显，走向与区域构造线方向一致，呈北北西向，有明显群居性分布特征。岩体中不同侵入体的岩石以富含角闪石为特征，其总体特点是暗色包体发育，包体呈浑圆－次圆状、扁平状、不规则状等，与寄主岩界线清楚，星散状分布，大小一般在2～10 cm，最大见20 cm左右，部分地段密集分布呈包体群（带）。不同岩石类型之间多具脉动侵入界面。在侵入体与金水口岩群接触界面附近多有大量的捕虏体或异源包体分布，部分甚至呈较大的顶垂体分布。沿接触面多有矽卡岩化。

（3）那西郭勒岩体

那西郭勒岩体分布在清水沟两侧，呈岩株或岩基状产出，侵入于金水口岩群和泥盆纪花岗岩中。岩性以花岗闪长岩、石英二长闪长岩为主。岩体受断裂控制明显，北西向、北西西向带状展布，平面形态呈不规则带状、长椭圆状。岩体与围岩侵入界线清楚，侵入界面呈波状、锯齿状弯曲不平，内接触带发育片岩、大理岩等围岩的包体或捕虏体。

（4）开木棋岩体

开木棋岩体主要分布于昆中岩浆弧内，北西向展布，侵入于金水口岩群。岩体中含有十分丰富的暗色铁镁质微粒包体（王秉璋等，2014b），包体主要以浑圆状为主，其次见椭圆状、次棱角状等。岩性主要是花岗闪长岩，其次是英云闪长岩和二长花岗岩，少量闪长岩、石英闪长岩、石英二长闪长岩。

（5）尕林格隐伏岩体

尕林格隐伏岩体侵入于寒武系—奥陶系滩间山群（吴小霞等，2007）。岩石类型主要有石英二长闪长岩、石英闪长岩、花岗闪长岩、英云闪长岩、石英二长岩，有少量二长花岗岩。石英二长闪长岩、花岗闪长岩分布最为广泛，花岗闪长岩往往侵入于石英二长闪长岩中，又被二长花岗岩侵入。岩体外接触带主要产出有矽卡岩型铁多金属矿。

2. 岩石分类命名

野外观察结合Streckeisen与Maitre（1979）提出的Q′－F′－Anor图解（图5－8），中三叠世中酸性侵入岩主要有花岗闪长岩、石英二长闪长岩、英云闪长岩和似斑状二长花岗岩，其次有二长花岗岩、花岗岩、闪长岩、石英闪长岩、石英二长岩等。可分为两套岩石组合，一套主要是闪长岩－石英闪长岩－石英二长岩－石英二长闪长岩－花岗闪长岩－英云闪长岩组合，另外一套为似斑状二长花岗岩－二长花岗岩－花岗岩组合。

3. 主要岩石类型特征

（1）花岗闪长岩

中细－中粗粒结构、块状构造。主要矿物为斜长石、石英、正长石、角闪石及黑云母（图5－9）。斜长石多为中长石，An＝32～40，半自形柱状或粒状，具环带结构，发育钠长石双晶。正长石为微斜长石，呈他形板状，具格子状双晶，条纹构造。石英呈他形粒状，常聚集出现，普遍发育波状消光等变形结构。普通角闪石呈柱状或粒状，具绿色－黄绿色多色性。黑云母呈红褐色鳞片状，具红褐色－淡黄色多色性，部分晶体具波状消光以及解理弯曲等变形现象，晶体内常见有磁铁矿、磷灰石、锆石等包裹体。副矿物有磷灰

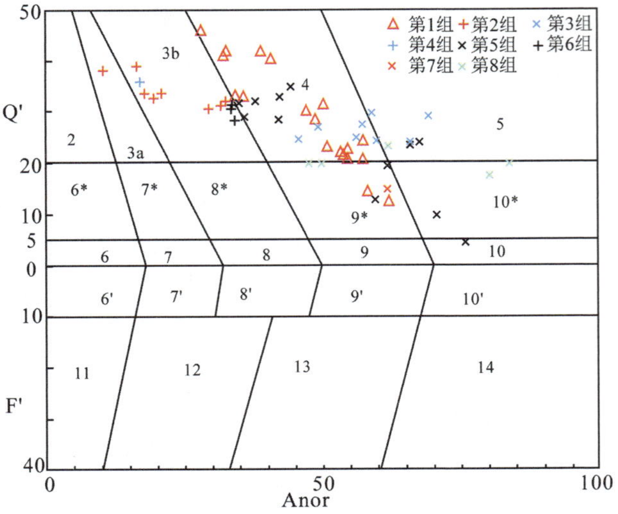

图 5－8　中三叠世侵入岩 Q′－F′－Anor 图解

（底图据 Streckeisen and Maitre，1979）

第 1 组—卡尔却卡石英二长闪长岩、花岗闪长岩；第 2 组—卡尔却卡似斑状二长花岗岩、花岗岩；第 3 组—莫斯图英云闪长岩、花岗闪长岩；第 4 组—莫斯图二长花岗岩；第 5 组—开木棋闪长岩、石英闪长岩、石英二长闪长岩、英云闪长岩、花岗闪长岩；第 6 组—开木棋二长花岗岩；第 7 组—那西郭勒石英二长闪长岩；第 8 组—尕林格石英闪长岩、石英二长闪长岩、英云闪长岩；

2—碱长花岗岩；3a—花岗岩；3b—二长花岗岩；4—花岗闪长岩；5—英云闪长岩、斜长花岗岩；6*—碱长石英正长岩；7*—石英正长岩；8*—石英二长岩；9*—石英二长闪长岩；10*—石英闪长岩、石英辉长岩、石英斜长岩；6—碱长正长岩；7—正长岩；8—二长岩；9—二长闪长岩、二长辉岩；10—闪长岩、辉长岩、斜长岩；6′—副长碱长粗面岩（副长碱长正长岩）；7′—副长粗面岩（副长正长岩）；8′—副长安粗岩（副长二长岩）；9′—副长粗安岩（副长二长闪长岩）；10′—副长安山岩、副长玄武岩（副长闪长岩、副长辉长岩）；11—响岩（霞石正长岩）；12—碱玄质响岩（霞石二长正长岩）；13—响岩质碱玄岩（霞石二长闪长岩或二长辉长岩）；14—碱玄岩、碧玄岩（霞石闪长岩、霞石辉长岩）

石、锆石、榍石、磁铁矿等。

（2）石英二长闪长岩

灰－灰白色，半自形粒状结构，块状构造，岩石主要由斜长石（60%～70%）、钾长石（10%～12%）、石英（2%～10%）、角闪石（10%～15%）、黑云母（1%～6%）组成（图 5－10）。斜长石呈半自形板状，双晶发育，常见微弱绢云母化，钾长石为条纹长石或隐纹长石，晶体常呈填隙状产出，石英多呈不规则粒状，角闪石多呈粒状，主要发生纤闪石化，少量绿泥石化或黑云母化。

（3）英云闪长岩

岩石具有半自形粒状结构，块状构造（图 5－11）。主要由斜长石（60%～62%）、石英（18%～25%）、黑云母（10%～14%）、角闪石（5%）等组成。斜长石呈半自形板状、宽板状，具细密的聚片双晶，由中长石和更长石组成。石英呈他形粒状，晶体表面较干净，显微裂纹比较发育，分布在其他矿物粒间。黑云母粒度较粗大，呈片状、不规则片状，一组解理极为发育，角闪石呈半自形柱状，比较破碎，片柱状矿物集合体形成团块。副矿物主要是磷灰石，锆石少量。

（4）似斑状二长花岗岩

浅肉红色，似斑状结构，基质中粒结构，块状构造（图5-12）。石英呈他形粒状，常聚集出现，受后期构造影响，普遍发育波状消光等变形结构，含量20%~25%。斜长石为更长石（An 26~28），半自形板状，少量呈他形板状，部分发育聚片双晶，具黏土化、绢云母化，含量30%~34%。钾长石多构成斑晶，为微斜条纹长石，半自形-他形板状，发育条纹双晶和格子状双晶，晶内有斜长石、石英、黑云母包裹体，具黏土化，含量29%~35%。黑云母呈褐色片状，具浅黄色-褐色多色性，受应力作用具揉曲现象，具绿泥石化，含量约5%。其他矿物有少量白云母、磷灰石、锆石、金属矿物等。

图5-9　卡尔却卡花岗闪长岩显微照片（+）
1—石英；2—斜长石；3—角闪石

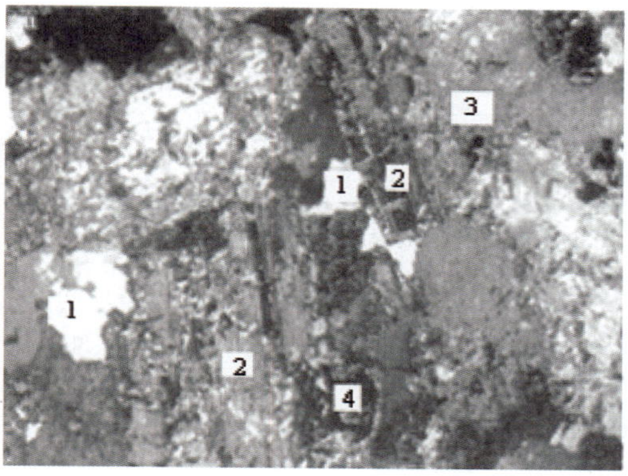

图5-10　尕林格石英二长闪长岩显微照片（+）
（照片来源于高永宝等，2012）
1—石英；2—斜长石；3—钾长石；4—角闪石

图5-11　莫斯图英云闪长岩显微照片（+）
1—斜长石；2—石英；3—黑云母；4—角闪石

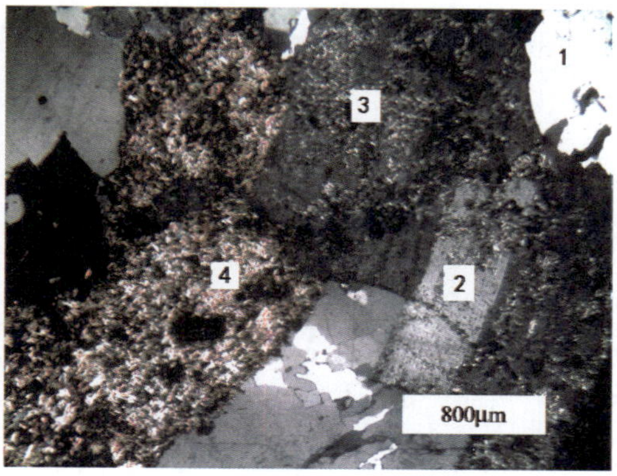

图5-12　卡尔却卡似斑状二长花岗岩显微照片（+）
1—石英；2—斜长石；3—钾长石；4—黑云母

4. 岩石化学

表5-5列出了笔者对中三叠世中酸性侵入岩的岩石化学测试数据，在研究过程中充分利用了前人的测试数据（王松等，2009；李碧乐等，2010；高永宝等，2012；青海省第四地质矿产勘查院，2012；张雨莲等，2014；王秉璋等，2014b；高永宝等，2015）。

表 5-5　中三叠世中酸性侵入岩主量元素分析结果及参数特征

样品号		KC-1	KC-2	KC-3	KC-6	KC-7	KC-8	NXGL-gs1Z01
采集地点		卡尔却卡	卡尔却卡	卡尔却卡	卡尔却卡	卡尔却卡	卡尔却卡	那西郭勒
岩石名称		花岗闪长岩	似斑状二长花岗岩	花岗闪长岩	花岗闪长岩	花岗闪长岩	花岗闪长岩	石英二长闪长岩（花岗闪长岩）
$\frac{w_B}{\%}$	SiO_2	60.85	68.83	69.98	61.67	66.27	69.78	59.47
	TiO_2	0.46	0.28	0.30	0.63	0.41	0.29	0.79
	Al_2O_3	14.01	13.80	13.47	16.32	14.13	13.92	16.57
	Fe_2O_3	7.36	3.64	3.19	0.88	1.86	2.17	6.50
	FeO	0.73	0.51	0.62	2.44	1.73	1.14	4.75
	MnO	0.26	0.03	0.09	0.07	0.18	0.17	0.11
	MgO	1.63	0.76	0.79	1.42	1.19	0.80	3.62
	CaO	3.36	2.10	2.05	4.66	3.43	2.57	6.10
	Na_2O	0.20	2.63	1.36	1.55	1.12	1.62	3.12
	K_2O	4.25	4.12	4.23	3.66	4.08	4.24	2.50
	P_2O_5	0.10	0.06	0.06	0.18	0.09	0.07	0.14
	H_2O	6.05	2.72	3.25	5.59	4.91	2.22	
	LOS	0.46	0.20	0.18	0.18	0.19	0.16	1.03
	total	99.72	99.68	99.57	99.25	99.59	99.15	104.70
Na_2O/K_2O		0.05	0.64	0.32	0.42	0.27	0.38	1.25
TFeO/M gO		4.51	4.98	4.42	2.28	2.86	3.87	2.93
A/NK		2.84	1.57	1.98	2.51	2.26	1.92	2.11
A/CNK		1.27	1.10	1.28	1.09	1.13	1.17	0.88
σ		1.02	1.73	1.13	1.35	1.12	1.26	2.04
DI		62.28	80.54	78.98	64.72	71.61	77.87	50.52
SI		11.91	6.63	7.89	14.27	11.99	8.10	17.88
AR		1.69	1.99	2.13	1.35	1.84	2.10	1.66
R_1		2989.00	2666.00	3213.00	2776.00	3131.00	3090.00	1889.00
R_2		771.00	552.00	545.00	951.00	745.00	608.00	1119.00
A/MF		0.96	1.89	1.94	2.00	1.80	2.17	0.68
C/MF		0.42	0.52	0.54	1.04	0.80	0.73	0.46
Q		33.36	32.28	40.94	27.55	36.04	37.77	10.70
An		17.31	10.36	10.16	23.47	17.43	12.75	23.04

续表

样品号	KC－1	KC－2	KC－3	KC－6	KC－7	KC－8	NXGL－gs1Z01
采集地点	卡尔却卡	卡尔却卡	卡尔却卡	卡尔却卡	卡尔却卡	卡尔却卡	那西郭勒
岩石名称	花岗闪长岩	似斑状二长花岗岩	花岗闪长岩	花岗闪长岩	花岗闪长岩	花岗闪长岩	石英二长闪长岩（花岗闪长岩）
Ab	1.83	23.05	11.99	14.03	10.04	14.18	25.53
Or	27.09	25.21	26.05	23.14	25.53	25.92	14.29
Q′	41.91	35.51	45.93	31.24	40.48	41.68	14.55
Anor	38.99	29.13	28.06	50.35	40.57	32.97	61.72

注：测试单位为西宁矿产资源监督检测中心；Anor＝100An/（Or＋An）。

闪长岩、石英闪长岩、石英二长闪长岩、花岗闪长岩、英云闪长岩 SiO_2 含量低（51.55%～72.46%），平均为 64.41%，TiO_2 含量较高（0.34%～1.82%，平均为 0.60%），MgO 含量也较高（0.61%～4.18%，平均为 2.04%），Na_2O/K_2O 比值 0.05～6.32，平均为 1.40，A/CNK 值通常为 0.52～1.28，45 件样品中有 6 件样品≥1.1，其余样品均小于 1.10，平均为 0.97，大多数样品显示岩石属于准铝质－弱过铝质（图 5－13）。在 SiO_2－Alk 图解（图 5－14）中显示亚碱性系列，在 SiO_2－K_2O 图解（图 5－15）中显示钙碱性系列－高钾钙碱性系列。

似斑状二长花岗岩、二长花岗岩和花岗岩 SiO_2 含量较高（68.83%～73.92%，平均 71.17%），TiO_2 含量较低（0.20%～0.49%，平均为 0.37%），MgO 含量也较低（0.28%～1.05%，平均为 0.77%），Na_2O/K_2O 比值低（0.27～1.06，平均 0.70），A/CNK 值为 1.01～1.15，平均为 1.07，13 件样品中有 4 件样品≥1.10，样品结果显示岩石属于准铝质－强过铝质（图 5－13）。在 SiO_2－Alk 图解（图 5－14）中显示亚碱性系列，在 SiO_2－K_2O 图解（图 5－15）中显示高钾钙碱性系列和钾玄岩系列。

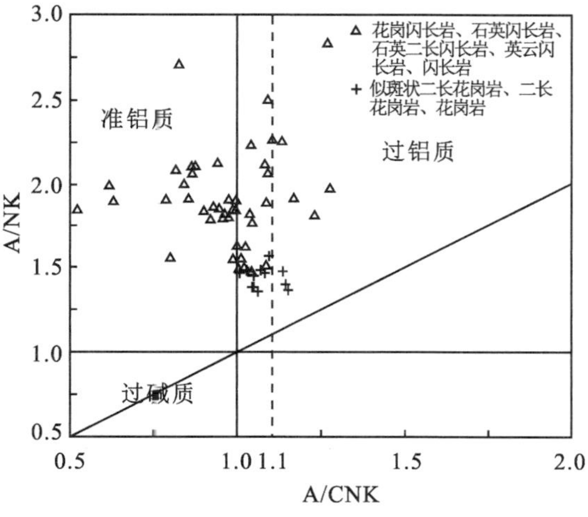

图 5－13　中三叠世中酸性侵入岩 A/CNK－A/NK 图解

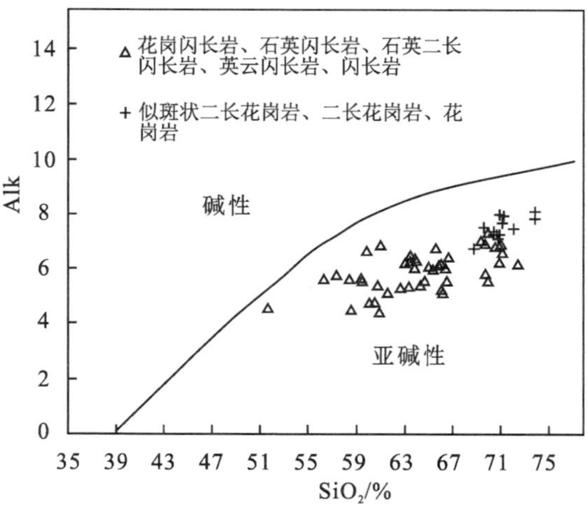

图 5－14　中三叠世中酸性侵入岩 SiO_2－Alk 图解

（底图据 LeMaitre，1989）

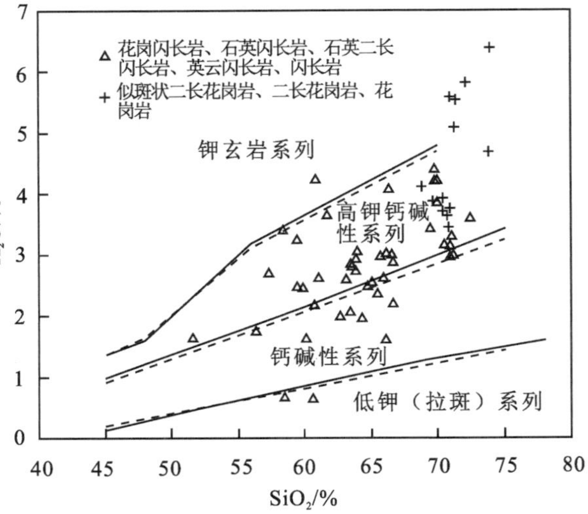

图5－15　中三叠世中酸性侵入岩 SiO_2 － K_2O 图解

（底图据 Peccerillo R et al.，1976；Middlemost，1985）

从石英二长闪长岩、石英闪长岩、花岗闪长岩到二长花岗岩、似斑状二长花岗岩、花岗岩 SiO_2 和 K_2O 含量增高，而 Na_2O、TiO_2、TFeO、MnO、MgO、CaO、Al_2O_3、P_2O_5 含量降低（表5－5）。石英二长闪长岩、石英闪长岩和花岗闪长岩 TiO_2 含量明显高于二长花岗岩、似斑状二长花岗岩和花岗岩，可能与后者存在含钛矿物的分离结晶有关，也可能与前者源区温度较高有关，这是因为在岩浆形成过程中，温度升高使含钛矿物更容易分解，更多的 TiO_2 进入熔浆（邓晋福等，2003）。

石英闪长岩、石英二长闪长岩、花岗闪长岩、英云闪长岩 SiO_2、MgO 含量及 TFeO/MgO 比值（分别为 58.49%、3.2%、1.66，59.47%、3.01%、2.45，66.87%、1.54%、2.53，63.85%、2.36%、2.04，平均值为 64.41%、2.04%、2.39），符合邓晋福等（2010）提出判别镁安山岩（MA）的指标（SiO_2 含量为70%时，MgO 含量应大于0.8%，TFeO/MgO 应小于3.00；SiO_2 含量为60%时，MgO 含量应大于2.9%，TFeO/MgO 应小于2.2，使用内插法，SiO_2 含量为64.41%时，MgO 含量应大于1.97%，TFeO/MgO 应小于2.65）。一般认为镁安山岩是俯冲洋壳脱水熔融产生的岩浆与上覆楔形地幔发生相互作用后形成的岩浆，暗示研究区花岗闪长岩和石英闪长岩的形成与俯冲洋壳脱水熔融密切相关。

似斑状二长花岗岩、二长花岗岩和花岗岩 SiO_2、MgO 含量及 TFeO/MgO 比值特征（分别为 71.08%、0.81%、3.46；70.75%、0.76%、3.6；73.92%、0.49%、4.45），平均值为71.17%、0.77%、3.59，不符合邓晋福等（2010）提出判别镁安山岩（MA）的指标。

5. 地球化学

（1）稀土元素

闪长岩、石英闪长岩、石英二长闪长岩、花岗闪长岩、英云闪长岩稀土元素总量为 75.98×10^{-6} ～ 243.66×10^{-6}，平均为 129.63×10^{-6}（表5－6）；轻稀土元素含量为

$66.37\times10^{-6}\sim220.65\times10^{-6}$，平均为 116.32×10^{-6}；重稀土元素含量为 $9.05\times10^{-6}\sim23.6\times10^{-6}$，平均为 13.32×10^{-6}。轻稀土元素富集明显，轻重稀土元素比值为4.78～15.77，平均为9.04；La_N/Yb_N 比值为4.64～28.50，平均为10.95。δEu为0.33～1.24，平均为0.75，铕亏损不明显，说明有加厚陆壳或大陆根的存在（邓晋福等，1994，1996）；δCe为0.55～1.30，平均为0.97，铈基本无亏损。球粒陨石标准化曲线呈向右倾斜，但负铕异常不明显，重稀土元素曲线呈水平状（图5－16），岩浆分异程度不高。

表5－6　中三叠世中酸性侵入岩稀土元素分析结果及参数特征

样品号		KC－1	KC－2	KC－3	KC－6	KC－7	KC－8	NXGL－gs1Z01
采集地点		卡尔却卡	卡尔却卡	卡尔却卡	卡尔却卡	卡尔却卡	卡尔却卡	那西郭勒
岩石名称		花岗闪长岩	似斑状二长花岗岩	花岗闪长岩	花岗闪长岩	花岗闪长岩	花岗闪长岩	石英二长闪长岩（花岗闪长岩）
$\frac{w_B}{10^{-6}}$	La	32	27.5	32.9	24.8	32.2	34.5	27.1
	Ce	37.1	28	31.8	29.1	36.7	41.9	55
	Pr	5	5.03	4.82	5.52	5.08	5.73	6.78
	Nd	20.6	19.6	22.5	22	22.2	22.9	27.4
	Sm	3.52	3.25	3.75	3.62	3.73	3.86	5.77
	Eu	0.64	0.59	0.66	0.73	0.67	0.68	1.29
	Gd	3.56	3.59	3.73	3.7	3.88	3.76	5.48
	Tb	0.55	0.55	0.58	0.6	0.6	0.57	1.02
	Dy	3.017	3.184	3.52	3.028	3.24	3.24	5.76
	Ho	0.59	0.61	0.66	0.59	0.65	0.6	1.01
	Er	2.05	2.11	2.19	2.27	2.24	1.99	2.99
	Tm	0.31	0.33	0.33	0.32	0.3	0.27	0.551
	Yb	2	2.19	2.09	2	2.04	1.88	3.33
	Lu	0.36	0.37	0.36	0.38	0.37	0.32	0.451
	Y	17.1	18.8	19.6	17.8	18.2	17.5	30.9
	ΣREE	111.30	96.90	109.89	98.66	113.90	122.20	143.93
	LREE	98.86	83.97	96.43	85.77	100.58	109.57	123.34
	HREE	12.44	12.93	13.46	12.89	13.32	12.63	20.59
LREE/HREE		7.95	6.49	7.16	6.66	7.55	8.68	5.99
La_N/Yb_N		11.48	9.01	11.29	8.89	11.32	13.16	5.84
δEu		0.55	0.53	0.53	0.60	0.53	0.54	0.69
δCe		0.65	0.54	0.55	0.58	0.63	0.67	0.97

注：测试单位为西宁矿产资源监督检测中心。

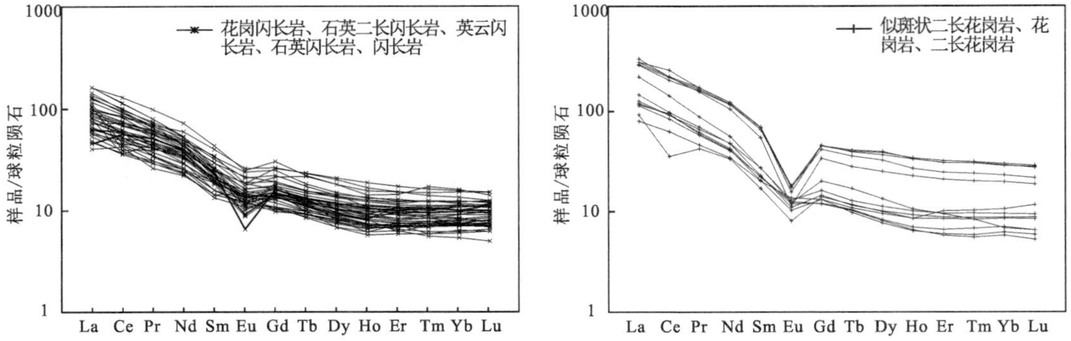

图 5 - 16　中三叠世中酸性侵入岩稀土元素标准化分布型式图

（球粒陨石数据据 Sun and McDonough，1989）

似斑状二长花岗岩、二长花岗岩和花岗岩稀土元素总量为 96.90 × 10^{-6} ~ 431.69 × 10^{-6}，平均为 248.37 × 10^{-6}（表 5 - 6）；轻稀土元素含量为 83.97 × 10^{-6} ~ 390.60 × 10^{-6}，平均为 226.52 × 10^{-6}；重稀土元素含量为 9.38 × 10^{-6} ~ 42.18 × 10^{-6}，平均为 21.85 × 10^{-6}。轻稀土元素富集明显，轻重稀土元素比值为 6.49 ~ 16.44，平均为 11.23；La_N/Yb_N 比值为 9.01 ~ 23.69，平均为 15.01。δEu 为 0.26 ~ 0.82，平均为 0.51，铕中等亏损；δCe 为 0.54 ~ 1.09，平均为 0.95，铈基本无亏损。球粒陨石标准化曲线呈向右倾斜，重稀土元素曲线呈水平状（图 5 - 16）。

（2）微量元素

岩石总体具有相似的微量元素含量特征（表 5 - 7；图 5 - 17），K、Rb、Pb、Th 元素强烈富集；P、Ti、Ba 元素呈现明显的“V”型谷，显示存在钛铁矿、金红石、磷灰石等矿物的分离结晶；轻稀土元素 La、Ce 中等富集，高场强元素 Nb、Ta、Zr 弱亏损，石英二长闪长岩、石英闪长岩和花岗闪长岩较二长花岗岩、似斑状二长花岗岩、花岗岩 Nb、Zr 亏损明显，暗示其携带有更多幔冲物质的信息。

表 5 - 7　中三叠世中酸性侵入岩微量元素分析结果及参数特征

样品号		KC - 1	KC - 2	KC - 3	KC - 6	KC - 7	KC - 8	NXGL - gs1Z01
采集地点		卡尔却卡	卡尔却卡	卡尔却卡	卡尔却卡	卡尔却卡	卡尔却卡	那西郭勒
岩石名称		花岗闪长岩	似斑状二长花岗岩	花岗闪长岩	花岗闪长岩	花岗闪长岩	花岗闪长岩	石英二长闪长岩（花岗闪长岩）
$\frac{w_B}{10^{-6}}$	Rb	205.00	170.00	182.00	155.00	160.00	173.00	108.00
	Ba	305.00	394.00	374.00	526.00	422.00	356.00	712.00
	Th	15.10	17.60	17.30	12.30	14.70	19.00	12.20
	U							1.79
	Ta	0.90	1.21	0.90	0.35	0.91	0.86	0.81
	Nb	10.10	8.10	8.30	9.00	8.00	7.00	10.40
	Hf	3.86	3.91	3.98	4.91	3.78	3.84	5.87
	Zr	126.00	119.00	123.00	156.00	120.00	119.00	217.00

续表

样品号		KC－1	KC－2	KC－3	KC－6	KC－7	KC－8	NXGL－gs1Z01
采集地点		卡尔却卡	卡尔却卡	卡尔却卡	卡尔却卡	卡尔却卡	卡尔却卡	那西郭勒
岩石名称		花岗闪长岩	似斑状二长花岗岩	花岗闪长岩	花岗闪长岩	花岗闪长岩	花岗闪长岩	石英二长闪长岩（花岗闪长岩）
$\frac{w_B}{10^{-6}}$	Sr							302.00
	P	414.64	274.97	279.33	785.63	375.36	283.70	602.31
	Ni	5.20	3.30	3.20	3.80	4.00	2.80	17.10
	Cu	18.30	62.20	109.00	458.00	165.00	195.00	25.80
	Zn	227.00	41.20	88.00	62.10	115.00	129.00	81.10
	Pb	107.00	25.20	81.50	18.70	48.50	97.60	16.30
	Mo	4.47	0.53	1.35	1.46	1.18	0.68	0.65
	Co	6.25	3.26	3.78	5.49	5.87	5.64	19.20
	Cs	9.10	4.30	5.10	4.90	4.10	4.10	5.71
	Cr	7.40	6.30	6.30	8.10	8.80	7.20	36.60
	Sc							20.30
	V	43.70	25.10	30.80	44.70	37.90	27.70	149.00
	Ga	16.70	15.60	15.40	18.10	15.00	15.30	19.00
Rb/Ba		0.67	0.43	0.49	0.29	0.38	0.49	0.15
Rb/Sr								0.36
Sr/Y		0.00	0.00	0.00	0.00	0.00	0.00	9.77
10000Ga/Al		2.19	2.05	2.02	2.37	1.97	2.01	2.49

注：测试单位为西宁矿产资源监督检测中心。

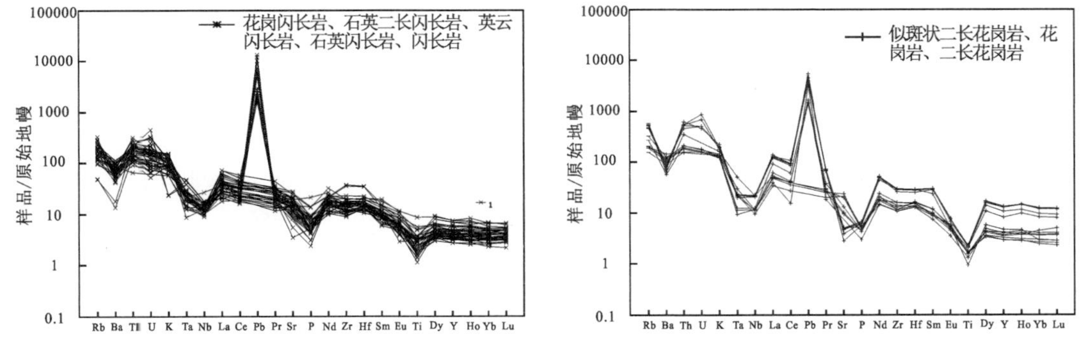

图5－17　中三叠世中酸性侵入岩微量元素蛛网图

（球粒陨石数据据 Sun and McDonough，1989）

角闪岩脱水熔融实验表明，随着压力升高，斜长石作为残余矿物比例越来越少，在压力为1.7GPa以上时几乎没有斜长石残余矿物，而残余矿物组合主要为石榴子石＋单斜辉

石或石榴子石 + 单斜辉石 + 角闪石（Wyllie P J et al.，1997）。由于 Sr、Ba 元素是斜长石的相容元素，而 Rb 则为不相容元素（邓晋福等，2003），所以低压环境斜长石的残留或斜长石的分离结晶必然导致 Rb/Sr 和 Rb/Ba 比值增加。

闪长岩、石英闪长岩、石英二长闪长岩、花岗闪长岩、英云闪长岩 Rb/Sr 比值（平均为 0.38），Rb/Ba 比值（平均为 0.25），远低于似斑状二长花岗岩、二长花岗岩和花岗岩 Rb/Sr（平均为 2.05）和 Rb/Ba（平均为 0.39）。二者 Rb/Sr 和 Rb/Ba 比值的差异可能反映闪长岩、石英闪长岩、石英二长闪长岩、花岗闪长岩、英云闪长岩来源深度较大，源区斜长石残余较少，也与似斑状二长花岗岩、二长花岗岩和花岗岩经历了更强的结晶分异作用有关。

闪长岩、石英闪长岩、石英二长闪长岩、花岗闪长岩、英云闪长岩 Sr/Y 比值（平均为 17.39）和 La/Yb 比值（平均为 15.27），显示与经典大陆边缘弧花岗闪长岩（比值分别为 12.2 和 10；Martin H，1999）具有明显的不同，特别是花岗闪长岩 Sr/Y 和 La/Yb 比值分别为 19.77 和 18.27，与 adakitic 侵入岩（比值分别为 16.5 和 16）具有相似的特点。似斑状二长花岗岩、二长花岗岩和花岗岩 Sr/Y 比值（平均为 12.73），La/Yb 比值（平均为 20.93），显示低 Sr/Y 和高 La/Yb 比值特点，与 adakitic 侵入岩具有明显区别。

（3）Sr – Nd – Pb – Hf 同位素

研究区中三叠世花岗闪长岩 $^{87}Sr/^{86}Sr$ 比值为 0.713284 ~ 0.717246（表 5 – 8），平均为 0.715014，$^{143}Nd/^{144}Nd$ 比值为 0.512165 ~ 0.512286，平均为 0.512236，花岗闪长岩中的暗色包体 $^{87}Sr/^{86}Sr$ 比值为 0.714487 ~ 0.716698（表 5 – 8），平均为 0.715752，$^{143}Nd/^{144}Nd$ 比值为 0.512213 ~ 0.512271，平均为 0.512245，二者具有相似的 Sr – Nd 同位素组成，与东昆仑东段约格鲁岩体也具有一定的相似性。研究区样品 $^{207}Pb/^{206}Pb$ 比值为 0.75689 ~ 0.83710，$^{206}Pb/^{204}Pb$ 比值为 18.631 ~ 20.784，$^{207}Pb/^{204}Pb$ 比值为 15.596 ~ 15.731，$^{208}Pb/^{204}Pb$ 比值为 38.617 ~ 40.841。

表 5 – 8　中三叠世中酸性侵入岩 Sr – Nd – Pb 同位素比值测定结果

位置	岩性	样号	$^{87}Sr/^{86}Sr$	$^{143}Nd/^{144}Nd$	$^{207}Pb/^{206}Pb$	$^{206}Pb/^{204}Pb$	$^{207}Pb/^{204}Pb$	$^{208}Pb/^{204}Pb$
卡而却卡	花岗闪长岩	KE – 41	0.717246 ± 0.000011	0.512214 ± 0.000007				
		KE – 42	0.716709 ± 0.000011	0.512165 ± 0.00006				
		KE – 48	0.715489 ± 0.000020	0.512232 ± 0.000013				
	暗色包体	KE – 44	0.716639 ± 0.000010	0.512245 ± 0.000007				
		KE – 45	0.715242 ± 0.000010	0.512213 ± 0.000009				
		KE – 47	0.716176 ± 0.000016	0.51222 ± 0.000005				
		KD002	0.714650 ± 0.000013	0.512242 ± 0.000013	0.81613	19.1470 ± 0.0001	15.6270 ± 0.0001	38.8580 ± 0.0003

续表

位置	岩性	样号	$^{87}Sr/^{86}Sr$	$^{143}Nd/^{144}Nd$	$^{207}Pb/^{206}Pb$	$^{206}Pb/^{204}Pb$	$^{207}Pb/^{204}Pb$	$^{208}Pb/^{204}Pb$
卡而却卡	花岗闪长岩	KD003	0.713930 ± 0.000011	0.512258 ± 0.000011	0.82223	19.0090 ± 0.0002	15.6300 ± 0.0001	38.9180 ± 0.0004
		KD029	0.714810 ± 0.000011	0.512262 ± 0.000011	0.82271	18.9960 ± 0.0001	15.6280 ± 0.0001	39.0140 ± 0.0002
		KD037	0.714300 ± 0.000011	0.512219 ± 0.000011	0.75689	20.7840 ± 0.0001	15.7310 ± 0.0001	40.8410 ± 0.0003
		CZK1401 –5	0.715910 ± 0.000011	0.512246 ± 0.000012	0.83710	18.6310 ± 0.0001	15.5960 ± 0.0001	38.6170 ± 0.0004
		KE11 –40 –1	0.714335	0.512286				
		KE11 –41 –2	0.713284	0.512231				
		KE11 –42 –2	0.714488	0.512237				
	暗色包体	KE11 –40 –1	0.715269	0.512271				
		KE11 –41 –1	0.714487	0.512252				
		KE11 –42 –1	0.716698	0.512268				
约格鲁	花岗闪长岩	Q1028	0.713491 ± 0.000011	0.512269 ± 0.000017	0.83209	18.7709 ± 0.0014	15.6190 ± 0.0012	38.7659 ± 0.0028
	花岗闪长岩	Q1032	0.707503 ± 0.000011	0.512232 ± 0.000019	0.83043	18.8058 ± 0.0015	15.6174 ± 0.0012	38.7096 ± 0.0023
	闪长岩	Q1161	0.707636 ± 0.000012	0.512319 ± 0.000013	0.82994	18.8240 ± 0.0013	15.6230 ± 0.0001	38.6805 ± 0.0025

注：约格鲁样品引自刘成东等，2003；卡而却卡样品 KE –41、42、48、44、45、47 引自江万等，2015；卡尔却卡样品 KD002、KD003、KD029、KD037、CZK1401 –5 引自王松，2009；其余样品引自高永宝，2015。

$^{87}Sr/^{86}Sr - ^{143}Nd/^{144}Nd$ 图解（图5 –18）中，研究区样品靠近日本岛弧区和内华达消

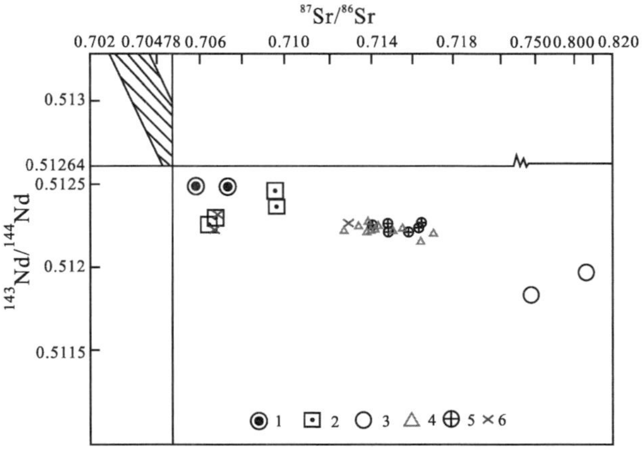

图5 –18 中三叠世侵入岩$^{87}Sr/^{86}Sr - ^{143}Nd/^{144}Nd$图解

（底图据邓晋福等，2003；转引自 Allegre et al.，1978）

1—日本岛弧花岗岩；2—内华达消减带花岗岩；3—喜马拉雅大陆碰撞带花岗岩；4—研究区花岗闪长岩、闪长岩；5—研究区暗色包体；6—约格鲁花岗闪长岩、闪长岩

减带花岗岩，与喜马拉雅大陆碰撞带花岗岩具有较大差异；在铅同位素 $\Delta\gamma-\Delta\beta$ 成因分类图解（图 5－19）中位于上地壳范围，但靠近地幔混合俯冲带铅范围的边缘，暗示原始岩浆源区具有幔源物质的贡献；在 $^{206}Pb/^{204}Pb-^{143}Nd/^{144}Nd$ 图解（图 5－20）中，样品点靠近 EMⅡ区域，结合岩石微量元素特征，推断原始岩浆具有流体改造的富集地幔来源。尕林格矿区 Hf 同位素研究亦表明，石英二长闪长岩和石英二长岩 $\varepsilon_{Hf}(t)$ 为 －5.06～3.44，且多为负值，平均分别为 －1.61 和 －2.35，暗示存在壳幔源岩浆混合作用（高永宝等，2012）。

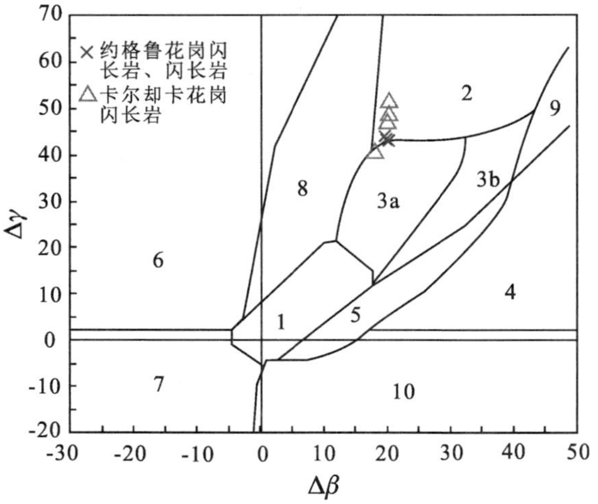

图 5－19　中三叠世侵入岩 $\Delta\gamma-\Delta\beta$ 成因分类图解

（底图据朱炳泉，1998）

1—地幔源铅；2—上地壳铅；3—上地壳与地幔混合的俯冲带铅：3a—岩浆作用，3b—沉积作用；4—化学沉积型铅；5—海底热水作用铅；6—中深变质作用铅；7—深变质下地壳铅；8—造山带铅；9—古老页岩上地壳铅；10—退变质铅

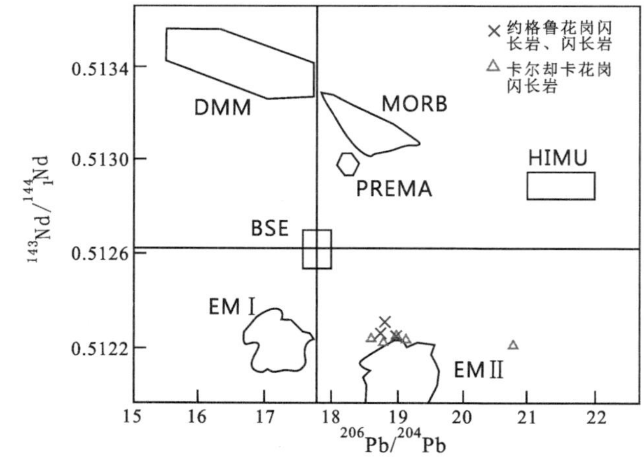

图 5－20　中三叠世侵入岩 $^{206}Pb/^{204}Pb-^{143}Nd/^{144}Nd$ 图解

（底图据 Zinder and Hart，1986）

MORB—大洋中脊玄武岩；HIMU—高 U 值地幔；PREMA—普通地幔；DMM—亏损的洋中脊玄武岩地幔；BSE—全硅酸盐地球；EMⅠ—Ⅰ型富集地幔；EMⅡ—Ⅱ型富集地幔

6. 岩石成因

花岗岩是大陆特有的重要组成部分，花岗岩浆作用是大陆地壳形成与演化的重要过程，同时与矿产资源有密切的关系（莫宣学等，2005，2007）。众所周知，成矿元素一部分是亲地幔的，一部分是亲地壳的，成矿作用是壳幔物质分异作用的表现和产物（邓晋福等，1998，1999）。因此，深入研究花岗岩成因和构造背景，对于理解大陆地壳生长、壳幔相互作用及成矿作用具有重要的意义。

花岗岩成因分类方案很多，多数采用地球化学参数分类方案，也有侧重于岩石学、矿物学或包体特征的花岗岩分类。S 型、I 型、M 型和 A 型花岗岩分类主要是以地球化学资料为基础的分类。Chappell et al. （1974）提出 I 型和 S 型花岗岩，Collins（1982）又鉴别出 A 型非造山环境碱性花岗岩，Pitcher（1983）又增加了 M 型花岗岩（斜长花岗岩）。花岗岩的 S 型、I 型、M 型和 A 型分类和花岗岩壳源、幔源及壳幔混合源 3 种来源虽然不完全严格对应，但大体上 M 型花岗岩属于地幔来源，I 型属于壳幔混合来源，S 型大多数属于壳源，少数属于壳幔混合来源。

铝饱和指数（A/CNK）是区分 I 型、S 型花岗岩的重要参数，若 A/CNK >1.1，通常为典型的 S 型花岗岩；A/CNK <1 通常为 I 型花岗岩；若 A/CNK 介于 1 ~1.1 之间，认为具有 I—S 型过渡特征，需结合其他标志加以综合判断（王德滋等，2007）。

研究区闪长岩、石英闪长岩、石英二长闪长岩、花岗闪长岩、英云闪长岩 A/CNK 值（分别为 0.82、0.67、0.87、1.03、0.94）通常小于 1，平均为 0.97，与 I 型花岗岩 A/CNK 值相似，属于钙碱性 - 高钾钙碱性准铝质 - 弱过铝质 I 型花岗岩。似斑状二长花岗岩、二长花岗岩和花岗岩 A/CNK 值（分别为 1.07、1.06、1.15），介于 1.01 ~1.15，平均为 1.07，多数样品介于 1 ~1.1 之间，13 件样品中仅两件样品大于 1.1，需要其他标志综合判断其成因。

Taylor et al. （1985）认为，地球演化过程中 K、Rb 不断向上迁移进入硅铝层，上地幔越来越亏损 K、Rb，而 Sr、Ba 主要富集在斜长石中代替 Ca 的位置，所以，花岗岩 Rb/Sr、Rb/Ba 值越高，说明源岩主要来自上部陆壳。据 McDonough（2003）的资料计算，原始地幔 Rb/Sr 值约为 0.03，Rb/Ba 值为 0.09。Tischendorf G（1986）也提出 Rb/Sr 值是表征源岩的一个重要参数，他认为幔源岩浆 Rb/Sr 小于 0.05，壳幔混合源介于 0.05 ~0.5 之间，大于 0.5 者则以壳源为主。研究区中三叠世闪长岩、石英闪长岩、石英二长闪长岩、花岗闪长岩、英云闪长岩 Rb/Sr 值为 0.11 ~1.22，平均为 0.38，Rb/Ba 值为 0.12 ~0.67，平均为 0.25，具有壳幔混合源 I 型花岗岩的微量元素比值特点。似斑状二长花岗岩、二长花岗岩和花岗岩 Rb/Sr 值为 0.25 ~5.42，平均为 2.05，Rb/Ba 值为 0.12 ~0.79，平均为 0.39，明显高于闪长岩、石英闪长岩、石英二长闪长岩、花岗闪长岩、英云闪长岩，具有壳源 S 型花岗岩的特点。

在 K_2O - Na_2O、SiO_2 - Ce、SiO_2 - Zr、10000Ga/Al - Nb 图解（图 5 - 21 至图 5 - 24）中，闪长岩、石英闪长岩、石英二长闪长岩、花岗闪长岩、英云闪长岩主要位于 I 型花岗岩区，Sr - Nd - Pb 同位素也显示原始岩浆源区具有幔源物质的贡献，说明这些岩石具有壳幔混合来源。上述图解中，似斑状二长花岗岩、二长花岗岩和花岗岩主要位于 S 型花岗岩区，在 K_2O - Na_2O、SiO_2 - Ce 图解中位于 A 型花岗岩区，但是从岩石里特曼指数 σ 值平均为 2.0 来看，并不具有典型 A 型花岗岩所具有的碱性特征。

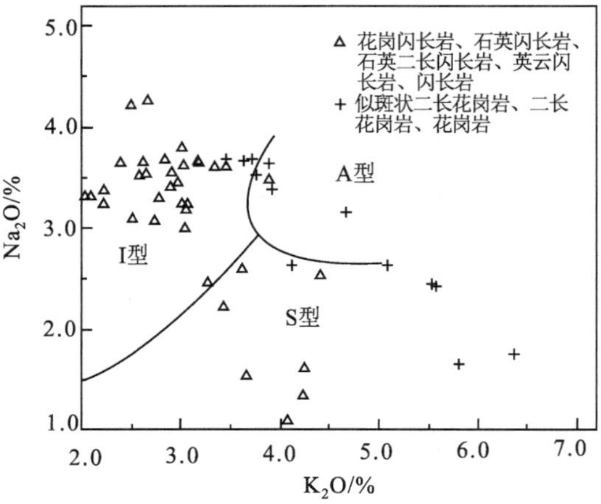

图 5－21　中三叠世中酸性侵入岩

K_2O-Na_2O 图解

（底图据 Collins W J，1982）

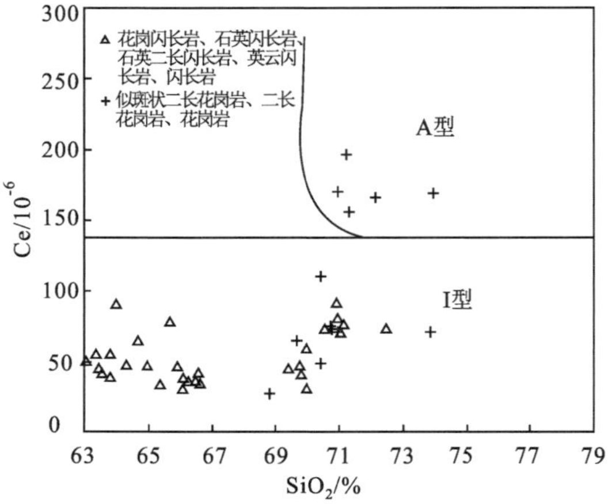

图 5－22　中三叠世中酸性侵入岩

SiO_2-Ce 图解

（底图据 Collins W J，1982）

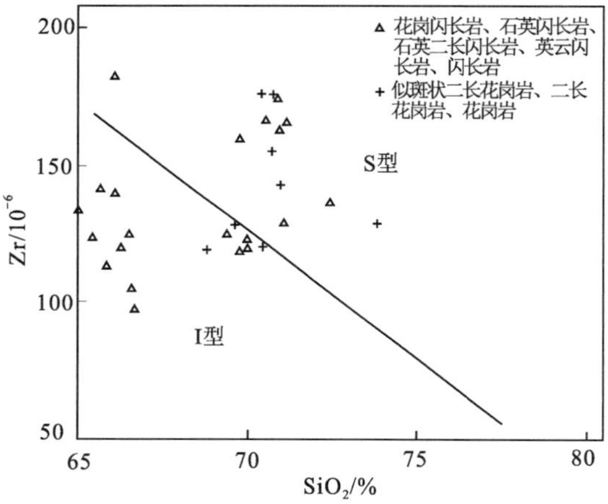

图 5－23　中三叠世中酸性侵入岩

SiO_2-Zr 图解

（底图据 Collins W J，1982）

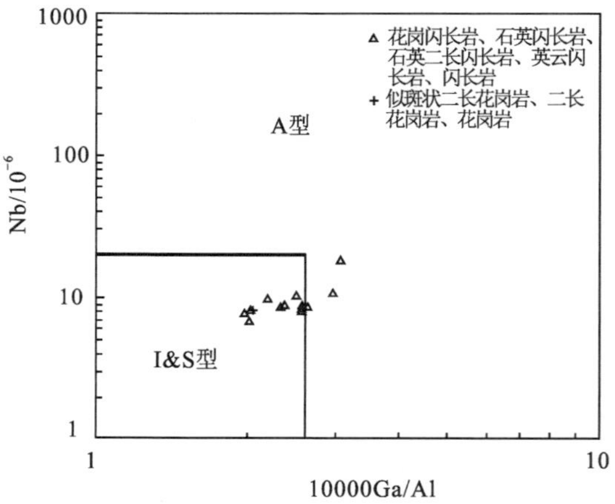

图 5－24　中三叠世中酸性侵入岩

10000Ga/Al－Nb 图解

（底图据 Whalen J B et al.，1987）

7. 构造背景

闪长岩、石英闪长岩、石英二长闪长岩、花岗闪长岩、英云闪长岩在 R_1-R_2 构造环境判别图解（图 5－25）中位于地幔斜长花岗岩和破坏性活动板块边缘（板块碰撞前）花岗岩区，在 Yb＋Ta－Rb 图解（图5－26）中位于 VAG（火山弧花岗岩）区，岩石似乎形成于俯冲环境。然而，岩石稀土元素球粒陨石标准化曲线向右陡倾，负铕异常不明显，高场强元素 Nb、Ta、Zr、Hf 亏损也不十分强烈，与大规模俯冲环境的岩石特征存在明显差异。似斑状二长花岗岩、二长花岗岩和花岗岩在 R_1-R_2 构造环境判别图解中位于同碰撞（S 型）花岗岩区，Yb＋Ta－Rb 图解中位于 VAG（火山弧花岗岩）区和 syn－COLG（同碰撞花岗岩）区。

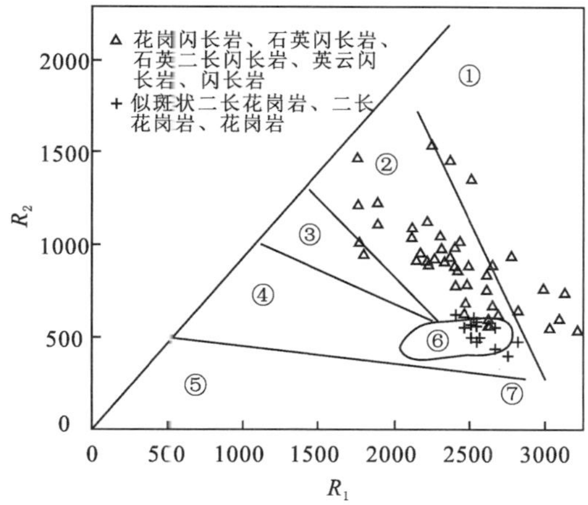

图 5-25 中三叠世中酸性侵入岩 R_1-R_2 构造环境判别图解

（底图据 Batchelor et al.，1985）

①地幔斜长花岗岩；②破坏性活动板块边缘（板块碰撞前）花岗岩；③板块碰撞后隆起期花岗岩；④晚造山期花岗岩；⑤非造山区 A 型花岗岩；⑥同碰撞（S 型）花岗岩；⑦造山期后 A 型花岗岩

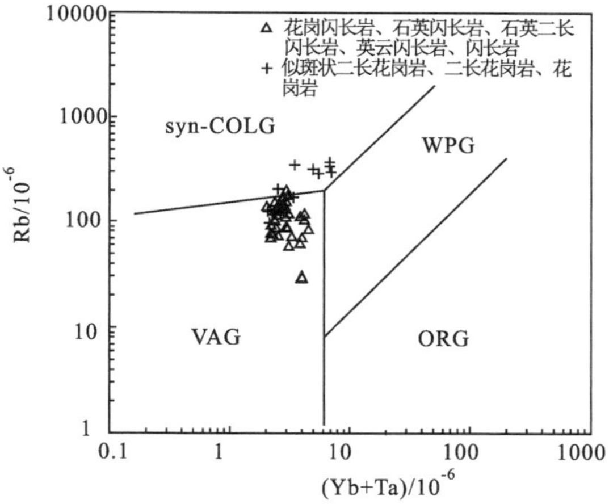

图 5-26 中三叠世中酸性侵入岩 Y+Nb-Rb 图解

（底图据 Pearce et al.，1984）

WPG—板内花岗岩；VAG—火山弧花岗岩；ORG—洋脊花岗岩；syn-COLG—同碰撞花岗岩

区域研究表明，中-晚二叠世到早三叠世（260～240Ma）布青山-阿尼玛卿洋板块向北俯冲于东昆仑之下，中三叠世晚期洋盆已经闭合（王永标等，1997；郭正府等，1998；罗照华等，1999；莫宣学等，2007；蔡雄飞等，2008；王秉璋，2005，2014a），中三叠统希里可特组与闹仓坚沟组微角度不整合关系代表了初始碰撞的洋陆转换构造事件（李瑞保等，2012），研究区上三叠统鄂拉山组与下伏地层间的角度不整合面响应了陆-陆全面碰撞。因此，祁漫塔格地区 245～228Ma 形成的花岗岩不可能形成于大规模俯冲环境。

与后碰撞岩浆岩不同的是，后碰撞岩浆岩出现高钾钙碱性系列到碱性系列花岗岩，且往往表现为以大规模高钾钙碱性岩侵位开始，后期向 A 型花岗岩的板内碱性-过碱性系列转变，而祁漫塔格地区中三叠世花岗岩是由钙碱性系列侵位开始，到钾玄岩系列，未出现碱性系列花岗岩。

上述讨论表明，祁漫塔格地区中三叠世花岗岩既非形成于大规模俯冲环境，亦非形成于后碰撞环境，可能形成于大规模俯冲结束与全面碰撞转换的构造环境，即属于同碰撞环境。东昆仑东段 240～226Ma 发生广泛的幔源岩浆底侵-壳/幔源岩浆混合作用是软流圈-岩石圈对古特提斯洋闭合的响应（罗照华等，2002；莫宣学等，2007），与之相似，祁漫塔格地区中三叠世花岗岩广泛发育的暗色微粒包体，暗示存在广泛的壳/幔源岩浆混合作用，是东昆仑西段对古特提斯洋闭合的良好响应，说明东昆仑西段 245Ma 洋盆已经闭合。

但是，令人不解的是为什么作为俯冲产物的火山弧性质石英二长闪长岩、石英闪长岩、花岗闪长岩和英云闪长岩在同碰撞阶段产生，而不是产生在大规模俯冲阶段？莫宣学等（1993）在研究三江火山岩时，已注意到火山岩浆作用的滞后性问题，发现有一部分火山岩明显的带有弧火山岩特征，但却形成于碰撞作用之后，并将其合理解释为在俯冲阶段源区没有产生岩浆的热条件，俯冲的洋壳和上覆地幔楔都比较“冷”，地温达不到源岩的固相线温度，故那时没有岩浆产生，但俯冲下插到地幔中的大洋板块，已成为新岩浆源区的组成部分，无疑给后来岩浆的成分打上自己的烙印。在俯冲停止、洋盆闭合、碰撞拼合一段时间之后，由于某种原因改变了源区的热状态，将地温提高到源岩的起始熔融温度以上，使之部分熔融产生岩浆。这种岩浆，在形成时间上滞后于俯冲作用，但在成分上却含有古俯冲洋壳和大洋岩石圈的信息。因此，研究区同碰撞阶段产生大量具有俯冲性质的火山弧花岗岩可能与俯冲物质的滞后熔融有关。

8. 岩浆起源

祁漫塔格地区中三叠世花岗岩显著的特点是广泛发育暗色包体，尤其是石英闪长岩、石英二长闪长岩、花岗闪长岩、英云闪长岩中暗色包体十分发育。暗色包体的存在被认为是壳/幔岩浆混合作用的重要证据（莫宣学等，2007；吴福元等，2007）。Sr－Nd－Hf 同位素结果亦表明，中三叠世花岗岩具有壳/幔源岩浆混合作用。

实验地球化学研究表明，花岗质岩石源岩的熔融主要受斜长石、石榴子石、角闪石等矿物的制约，而源区中出现不同的矿物，往往对应不同的岩浆起源压力和深度（Xiong et al.，2005；吴福元等，2007；张旗等，2010）。闪长岩、石英闪长岩、石英二长闪长岩、花岗闪长岩、英云闪长岩以无明显的负 Eu 异常和高 Sr、Sr/Y 为特征，反映岩浆源区残留相主要为石榴子石，形成压力高于 15 kbar，形成深度可能大于 50km（张旗等，2010）；而似斑状二长花岗岩、二长花岗岩和花岗岩具有中等负 Eu 异常、低 Sr/Y 和高 La/Yb 比值特征，暗示岩浆源区存在斜长石残留，形成深度低于前者。

基于上述讨论，推测祁漫塔格地区中三叠世花岗岩可能经历了如下的形成过程：昆南洋在早二叠世向北俯冲、消减，中三叠世洋盆闭合。俯冲－碰撞转换阶段受昆仑陆块的阻挡，俯冲洋壳板片前缘发生断离，减压引起高热软流圈物质上升，同时断离的洋壳板片受软流圈物质的高热流和压力释放共同影响发生熔融，与上覆楔形岩石圈地幔发生相互作用后，形成镁铁质岩浆并不断在下地壳添加，下地壳局部熔融和镁铁质岩浆发生混合，岩浆上升侵位，形成具有壳幔岩浆作用和俯冲物质烙印的石英闪长岩、石英二长闪长岩、花岗闪长岩、英云闪长岩。下地壳高热流诱发中上地壳局部熔融，形成具有壳源贡献为主的 S 型二长花岗岩、似斑状二长花岗岩和花岗岩。俯冲板片断离模式较好地解释了中三叠世花岗岩带状分布于昆中岩浆弧内的分布特点。

（二）晚三叠世中酸性侵入岩

1. 岩体地质特征

（1）冰沟岩体

冰沟岩体分布于鸭子沟及其北西。岩石类型主要有花岗闪长岩、似斑状二长花岗岩和二长闪长岩，亦有少量花岗斑岩、石英二长闪长岩。岩体侵入于寒武系—奥陶系滩间山群碎屑岩夹碳酸盐岩和上三叠统鄂拉山组火山岩中，与前者外接触带产出有矽卡岩型多金属矿产。花岗斑岩呈岩枝状，在斑岩中产出有斑岩铜钼矿（李世金等，2008）。似斑状二长花岗岩分布规模较大，其次为花岗闪长岩。花岗闪长岩被似斑状二长花岗岩侵入，似斑状二长花岗岩又被花岗斑岩侵入，总体来看，花岗闪长岩形成较早，似斑状二长花岗岩次之，花岗斑岩形成最晚。二长闪长岩与其他类型岩石未见直接接触。

（2）景忍岩体

景忍岩体呈不规则岩基状分布于景忍。岩石类型主要为似斑状二长花岗岩，有极少量花岗闪长岩，岩体侵入于上三叠统鄂拉山组火山岩中。似斑状二长花岗岩规模较大，花岗闪长岩中有似斑状二长花岗岩侵入，其接触界线不清晰，说明花岗闪长岩形成略早于似斑状二长花岗岩。

（3）虎头崖岩体

岩体同位素地质年龄显示主体为晚三叠世（虽然存在中三叠世和晚三叠世2组年龄，但几乎为同一地点采集样品的年龄数据误差在10Ma，可能是年龄测定精度的问题，已有13个年龄数据平均为225.7Ma，本书暂将该岩体确定为晚三叠世，但不排除填图精度不够，岩体未充分解体，可能存在中三叠世岩体的可能）。该岩体由多个小岩株组成，岩石类型主要有二长花岗岩、花岗岩、碱长花岗岩、花岗闪长岩及花岗斑岩。岩体侵入于寒武系—奥陶系滩间山群、石炭系和晚三叠世火山岩中，主要产出有矽卡岩型铜铅锌铁矿体（丰成友等，2010，2011；张爱奎等，2013）。花岗闪长岩位于北侧，呈近圆状，规模较小，被二长花岗岩和碱长花岗岩小岩枝侵入。二长花岗岩分布范围最大，主要位于矿区中部。总体分析，花岗闪长岩形成较早，二长花岗岩、碱长花岗岩晚于花岗闪长岩。

（4）扎日玛日那岩体

扎日玛日那岩体呈岩株状分布，岩性主要为二长花岗岩，肉红色为主，中粒至粗粒花岗结构，发育由挤压产生的节理，局部闪长质包体发育。与晚三叠世火山岩呈侵入接触。

（5）玛兴大湾岩体

玛兴大湾岩体呈岩株状分布，岩体成分较均一，岩石类型为二长花岗岩，呈不规则椭圆状侵入华力西期的喀雅克登塔格浅肉红色二长花岗岩中，二者一起呈北西西—南东东方向展布，长轴方向大致平行于区域断裂。

（6）肯德可克东岩体

肯德可克东岩体呈岩株状分布，岩体成分较均一，岩石类型为二长花岗岩，少量花岗闪长岩，岩体侵入于上石炭统缔敖苏组，并见矽卡岩型铁矿产出。在肯德可克矿区及附近见闪长玢岩、石英斑岩、闪长岩等（伊有昌等，2006；赵财胜等，2006），但规模很小。

（7）群力岩体

群力岩体进一步细分为灰白色花岗闪长岩和肉红色二长花岗岩、花岗岩，前者规模较小，产于南部，呈长条状，北西向延伸，后者呈不规则岩株状，近南北向产于西侧。岩体侵入于金水口岩群，外接触带大理岩等岩石具矽卡岩化、绿帘石化。

（8）野马泉岩体

野马泉岩体由多个小岩株组成，岩石类型主要有含黑云母石英二长闪长岩、花岗闪长岩、二长花岗岩，其次有少量二长闪长岩、花岗岩等。岩体侵入于寒武系—奥陶系滩间山群和上石炭统缔敖苏组，主要产出有矽卡岩型铁多金属矿体（刘云华等，2005，2006b；张爱奎等，2010a，2010b）。野外观察，含黑云母石英二长闪长岩与二长闪长岩一起产出，这些岩石呈过渡接触关系，属同一岩体。该岩体规模较小，被二长花岗岩侵入。花岗闪长岩规模相对较大，被二长花岗岩侵入。总的看来，含黑云母石英二长闪长岩形成较早，其次为花岗闪长岩，二长花岗岩形成最晚。

（9）四角羊－牛苦头岩体

四角羊－牛苦头岩体呈岩株状分布，岩石类型主要是花岗闪长岩，见少量二长花岗岩和花岗岩。岩体侵入于上石炭统缔敖苏组和寒武系—奥陶系滩间山群，主要产出有矽卡岩型铁多金属矿体（李洪普等，2009；李洪普，2010）。花岗闪长岩常被二长花岗岩和花岗岩侵入，二长花岗岩往往又被花岗岩侵入。由早到晚，岩石类型分别为花岗闪长岩→二长花岗岩→花岗岩。

（10）克停哈儿岩体

岩体呈岩基状产出，岩性主要为花岗闪长岩、二长花岗岩和少量碱长花岗岩。受北西向和北西西向断裂构造控制。岩体边部或断层附近，岩石普遍具碎裂或压碎结构。岩体和围岩的接触带上均具同化混染现象。围岩蚀变和矿化主要有硅化、绿帘石化、黄铁矿化、角岩化和矽卡岩化等。

（11）长山岩体

长山岩体呈岩株状，侵入于寒武系—奥陶系滩间山群和下石炭统大干沟组。岩石类型以似斑状二长花岗岩为主，其次为二长花岗岩，亦见有花岗斑岩和极少量的花岗闪长岩。岩体及围岩中，主要产出有矽卡岩型铁矿和斑岩钼矿（张爱奎，2012）。似斑状二长花岗岩被花岗斑岩侵入，形成时间早于花岗斑岩，花岗斑岩呈岩枝状，规模较小。二长花岗岩又多侵入于似斑状二长花岗岩中。由早到晚，岩石类型分别为花岗闪长岩→似斑状二长花岗岩→二长花岗岩→花岗斑岩。

（12）红水河岩体

红水河岩体呈岩基状分布，岩体主要岩性为似斑状二长花岗岩和花岗闪长岩。受北西西向断裂控制明显，侵入到金水口岩群和上泥盆统牦牛山组火山岩中。

（13）那陵郭勒河东岩体

该岩体主要位于那陵郭勒河东岸，侵入于寒武系—奥陶系滩间山群和下石炭统大干沟组。岩石类型主要有二长花岗岩、花岗岩、碱长花岗岩、花岗闪长岩和斑岩（常有英等，2009）。岩体外接触带主要产出有矽卡岩型铁矿（张喜全，2006）。二长花岗岩、花岗岩、碱长花岗岩分布最为广泛，其次为花岗闪长岩，斑岩分布规模较小，多呈岩枝状，侵入于其他岩石类型侵入岩中。由早到晚，岩石类型分别为花岗闪长岩→二长花岗岩、花岗岩→碱长花岗岩→斑岩。

（14）拉陵灶火岩体

岩体呈岩基状，平面上呈不连续带状近东西向展布。主要岩性有灰红色二长花岗岩和灰白色花岗闪长岩。侵入到金水口岩群、滩间山群、大干沟组和石拐子组，岩体与围岩接触关系明显，接触部位烘烤边现象普遍发育。

（15）小灶火岩体

岩体呈岩基产出，侵入于滩间山群中，岩性主要为碱长花岗岩和二长花岗岩。其中碱长花岗岩出露面积较广，呈肉红色，二长花岗岩在西部少量分布。

（16）夏日哈木岩体

岩体呈岩基状产出，侵入于金水口岩群及早泥盆世花岗岩中，岩性主要为碱长花岗岩、二长花岗岩和花岗闪长岩，少量石英二长闪长岩、石英闪长岩。碱长花岗岩、二长花岗岩出露面积较广，花岗闪长岩分布较局限。

（17）乌兰乌珠儿岩体

乌兰乌珠儿三叠纪岩体主要为花岗斑岩和花岗闪长斑岩，呈岩枝状分布，侵入于早泥盆世似斑状二长花岗岩和花岗闪长岩中。斑岩体主要受北西向和北西西向2组断裂构造控制。斑岩蚀变十分强烈，主要有硅化、绿帘石化、绿泥石化、黄铁绢云岩化、高岭土化等。岩体边部或断层附近岩石普遍具碎裂或压碎结构。

（18）沙丘隐伏岩体

岩体主要位于沙丘和它温查汉地区，侵入于寒武系—奥陶系滩间山群。岩石类型有花岗闪长岩、二长花岗岩、辉长闪长岩、石英辉长岩、花岗斑岩和花岗闪长斑岩，岩体外接触带主要产出有矽卡岩型铁多金属矿（李玉春等，2013a）。花岗闪长岩最为发育，其次为二长花岗岩，辉长闪长岩和石英辉长岩分布范围较小，斑岩规模最小，多呈岩枝状。花岗闪长岩常被二长花岗岩侵入，斑岩多侵入于二长花岗岩中。总体分析，花岗闪长岩形成较早，其次为二长花岗岩，斑岩最晚形成。

2. 岩石分类命名

野外观察结合侵入岩 Q′－F′－Anor 图解（图5－27），晚三叠世中酸性侵入岩主要有似斑状二长花岗岩、花岗闪长岩、二长花岗岩、花岗岩、碱长花岗岩，其次有石英二长闪长岩、闪长岩和斑岩。

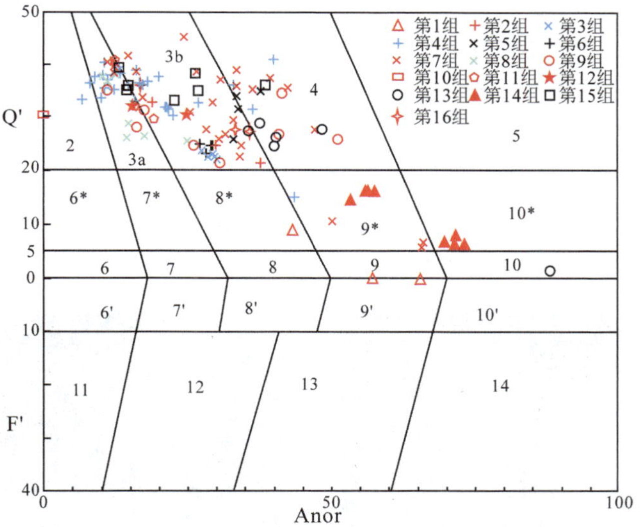

图5－27　晚三叠世侵入岩 Q′－F′－Anor 图解

（底图据 Streckeisen and Maitre，1979）

第1组—冰沟南石英二长岩、二长闪长岩；第2组—景忍似斑状二长花岗岩；第3组—扎日玛日那二长花岗岩；第4组—虎头崖石英二长闪长岩、花岗闪长岩、二长花岗岩、花岗岩、碱长花岗岩；第5组—肯德可克花岗闪长岩、二长花岗岩；第6组—玛兴大湾二长花岗岩；第7组—野马泉石英二长闪长岩、花岗闪长岩、二长花岗岩、花岗岩；第8组—群力二长花岗岩、花岗岩；第9组—四角羊－牛苦头花岗闪长岩、二长花岗岩、花岗岩；第10组—克停哈儿碱长花岗岩；第11组—长山花岗闪长岩、似斑状二长花岗岩；第12组—那陵郭勒河东二长花岗岩、花岗岩；第13组—拉陵灶火闪长岩、花岗闪长岩、二长花岗岩；第14组—夏日哈木石英二长闪长岩、石英闪长岩；第15组—乌兰乌珠尔花岗闪长斑岩、花岗斑岩；第16组—沙丘二长花岗岩；图中数字代号说明同图5－8

3. 主要岩石类型

(1) 似斑状二长花岗岩

肉红色，似斑状结构（图5-28），基质细粒花岗结构，块状构造。似斑晶为斜长石（1% ~5%）、钾长石（10% ~15%）。斜长石呈半自形板状，大小一般5~6mm，星散状分布，被绢云母、方解石交代。钾长石呈半自形板状，大小一般5~10mm，杂乱分布，常见卡氏双晶、钠质条纹，条纹微细脉状，为固溶体出溶产物。基质为斜长石（35% ~40%）、钾长石（15% ~20%）、石英（20% ~25%）、黑云母、白云母（1% ~3%）。斜长石呈半自形板状，大小一般0.5~2mm，可见聚片双晶、卡钠复合双晶，被绢云母、方解石交代。斜长石牌号：An=27。钾长石呈半自形板状，大小一般0.5~2mm，常见卡氏双晶、钠质条纹，条纹微细脉状，为固溶体出溶产物，表面脏。石英呈他形粒状，大小一般0.5~2mm，可见波状消光。黑云母片状，片直径0.2~0.5mm，星散状分布，被绿泥石交代。白云母片状，片直径0.5~2mm，局部被绿泥石交代。

(2) 花岗闪长岩

浅灰色、浅灰白色，中细粒花岗结构为主（图5-29），基质细粒花岗结构，块状构造。矿物成分：中长石多呈板状半自形晶，晶体长短轴平均值在0.45~4.75mm之间，细粒级晶粒占多数，具较强的黏土化，伴绢云母化或碳酸盐化，具环带构造和钠长石双晶An为33左右，含量一般为45% ~65%，局部最高达74%；石英一般呈他形粒状晶，晶体长短轴平均值为0.27~3.29mm，晶内具波状消光和不规则块状消光，含量一般为22% ~30%；微斜长石为他形粒状晶，可见格状双晶，具黏土化，含量一般为12% ~15%；普通角闪石呈柱状晶，色泽呈绿色，普通辉石呈柱状、粒状晶，具碳酸盐化蚀变，含量1% ~10%；黑云母片色泽呈褐色，多色性显著，N_g'=红褐色，N_p'=浅黄色，多被绿泥石及碳酸盐集合体交代，析出不透明矿物，保留片状结晶形态，含量3% ~5%；副矿物有锆石、磷灰石、金属矿物、磷钇矿。

图5-28 景忍似斑状二长花岗岩显微照片（+）
1—石英；2—斜长石；3—钾长石；4—白云母

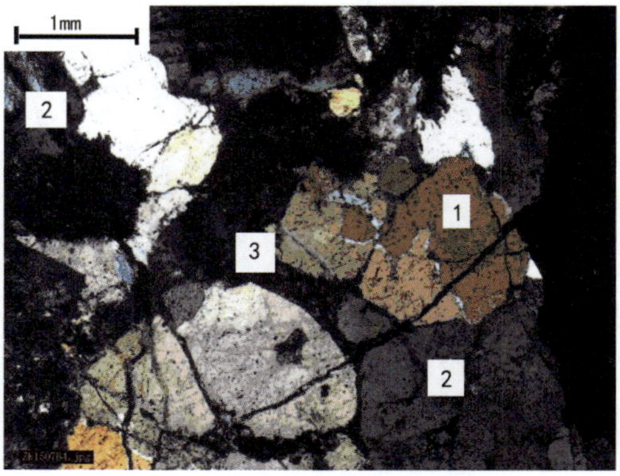

图5-29 野马泉花岗闪长岩显微照片（+）
1—石英；2—斜长石；3—钾长石

(3) 二长花岗岩、花岗岩

浅肉红色、浅灰色、红色，中细粒花岗结构，块状构造（图5-30）。岩石主要由斜长石（35% ~40%）、钾长石（30% ~35%）、石英（25% ~30%）、黑云母（约5%）组成。斜长石呈半自形板状，大小一般为0.5 ~1mm，部分为2 ~3mm，杂乱分布，多被绢云母及方解石交代。钾长石呈半自形 - 他形粒状，大小一般为0.5 ~1mm，部分为1 ~2mm，少部分为3 ~5mm，杂乱分布，局部具黏土化。石英呈他形粒状，大小一般为0.5 ~2mm，少部分为2 ~3mm，填隙状分布。黑云母呈片状，直径为0.5 ~1mm，星散状分布，局部被绢云母、铁质、绿泥石交代。岩石内常见黑云母、斜长石角岩包体，包体大小不等，星散状分布。副矿物主要为磁铁矿、锆石、磷灰石。

（4）碱长花岗岩

肉红色，粗中粒花岗结构，块状构造（图5 - 31）。岩石主要由斜长石（2% ~10%）、钾长石（70% ~75%）、石英（20% ~25%）、黑云母（少量）组成。钾长石呈半自形板状，大小一般为2 ~5mm，部分为5 ~8mm，黏土化明显，表面脏；石英呈他形粒状，大小一般为0.5 ~1mm，部分为1 ~2.5mm，填隙状分布；斜长石呈半自形板状，大小一般为0.5 ~1mm，星散状分布、杂乱分布，局部绢云母化；黑云母呈片状，直径为0.1 ~0.2mm，星散状分布，被绿泥石、绢云母、铁质交代，集合体不规则堆状分布。岩石多轻微碎裂，裂隙内有碎粉状长英质分布，局部被绿泥石、黑云母、石英交代。

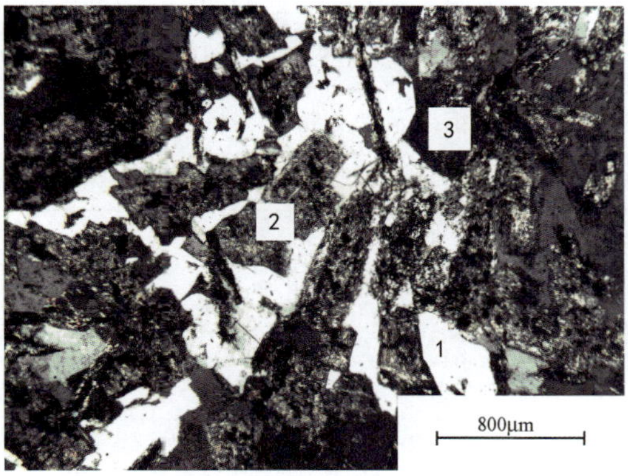

图5 - 30　野马泉二长花岗岩显微照片（+）
1—石英；2—斜长石；3—钾长石

图5 - 31　虎头崖碱长花岗岩显微照片（+）
1—石英；2—斜长石；3—钾长石

（5）斑岩

肉红色、浅肉红色，斑状结构，基质霏细 - 微晶结构，块状构造（图5 - 32，图5 - 33）。斑晶为石英（5% ~15%）、斜长石（5% ~10%）、钾长石（5% ~10%），均为半自形晶，大小一般为0.2 ~2mm，部分为3mm，星散状分布。石英可见港湾状熔蚀；斜长石呈板状，具绢云母化，部分可见聚片双晶；钾长石呈板状，被方解石、高岭土、绢云母交代。基质为斜长石（10% ~15%）、钾长石（45% ~60%）、石英（20% ~30%），呈霏细 - 微晶状，微晶大小一般为0.01 ~0.02mm，杂乱分布，局部被绢云母交代。副矿物主要为磁铁矿、锆石、磷灰石。

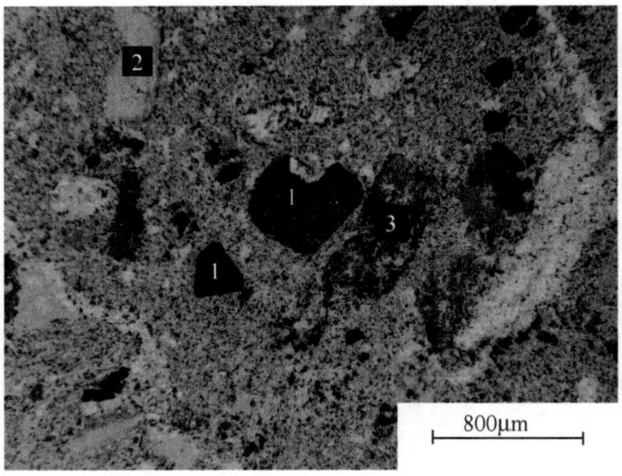

图 5-32　长山花岗斑岩显微照片（+）

1—石英；2—斜长石；3—钾长石

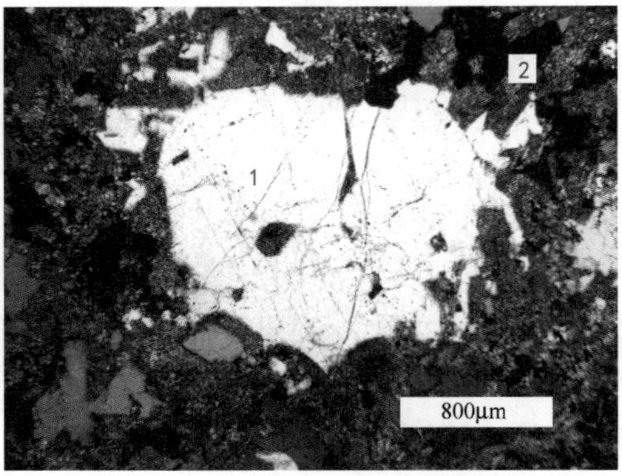

图 5-33　沙丘花岗闪长斑岩显微照片（+）

1—石英；2—斜长石

4. 岩石化学

表 5-9 列出了笔者对晚三叠世中酸性侵入岩的岩石化学测试数据，在研究过程中充分利用了前人的测试数据（青海省地质调查院，2004b；刘云华等，2006；佘宏全等，2007；青海省地质调查院，2008；常有英等，2009；青海省地质调查院，2010a；李洪普，2010；奚仁刚等，2010；吴祥珂等，2011；丰成友等，2012；李玉春等，2013a；王冠等，2014；马圣钞等，2014；高永宝等，2014；江万等，2015；李侃等，2015；乔宝星等，2016）。

表 5-9　晚三叠世中酸性侵入岩主量元素分析结果及参数特征

样品号		BGNB4	BGNB5	BGNB6	HTY-4	HTY-5	HTY-6	HTY-7	SQ-1	ZK101TWGS1
采集地点		冰沟南	冰沟南	冰沟南	虎头崖Ⅱ矿带	虎头崖Ⅵ矿带	虎头崖Ⅵ矿带	虎头崖Ⅱ矿带	沙丘	沙丘
岩石名称		石英二长岩	二长闪长岩	二长闪长岩	二长花岗岩	花岗岩	二长花岗岩	花岗岩	花岗闪长岩	花岗闪长岩
$w_B/\%$	SiO_2	51.46	43.49	48.87	72.15	77.08	71.63	75.42	68.54	69.92
	TiO_2	3.03	1.24	1.64	0.19	0.09	0.28	0.08	0.33	0.29
	Al_2O_3	15.38	14.38	19.35	13.32	12.22	13.42	13.02	15.56	14.66
	Fe_2O_3	8.61	9.33	8.25	0.71	0.16	1.03	0.69	0.78	1.09
	FeO	5.64	6.76	6.33	1.15	1.00	1.68	0.50	2.55	1.69
	MnO	0.27	0.20	0.09	0.06	0.05	0.08	0.03	0.08	0.06
	MgO	4.05	6.38	5.29	0.48	0.09	0.51	0.06	0.73	0.64
	CaO	7.91	12.25	4.61	2.29	0.82	2.21	0.94	2.56	2.60
	Na_2O	0.34	0.44	4.01	3.51	3.21	3.31	3.53	3.79	3.86
	K_2O	5.44	3.73	2.71	4.50	4.62	4.25	4.60	3.64	3.86
	P_2O_5	0.40	0.22	0.27	0.05	0.01	0.06	0.01	0.10	0.09
	H_2O				0.81	0.51	0.93	0.89		
	LOS	2.93	7.30	3.70	1.47					0.56
	total	105.46	105.72	105.12	100.69	99.86	99.39	99.77	98.66	99.32

续表

样品号	BGNB4	BGNB5	BGNB6	HTY－4	HTY－5	HTY－6	HTY－7	SQ－1	ZK101TWGS1
采集地点	冰沟南	冰沟南	冰沟南	虎头崖Ⅱ矿带	虎头崖Ⅵ矿带	虎头崖Ⅵ矿带	虎头崖Ⅱ矿带	沙丘	沙丘
岩石名称	石英二长岩	二长闪长岩	二长闪长岩	二长花岗岩	花岗岩	二长花岗岩	花岗岩	花岗闪长岩	花岗闪长岩
Na_2O/K_2O	0.06	0.12	1.48	0.78	0.69	0.78	0.77	1.04	1.00
TFeO/MgO	3.31	2.38	2.60	3.73	12.71	5.11	18.68	4.45	4.17
A/NK	2.39	3.02	2.03	0.33	0.00	0.00	0.00	1.53	1.39
A/CNK	0.74	0.53	1.08	0.90	1.04	0.95	1.04	1.05	0.96
σ	4.34	12.98	8.30	2.19	1.80	1.98	2.03	2.14	2.20
DI	40.09	22.78	49.38	86.91	93.18	84.64	93.03	79.26	82.31
SI	17.08	24.37	20.11	4.64	0.99	4.73	0.64	6.35	5.75
AR	1.66	1.37	1.78	2.63	2.94	2.47	3.05	2.39	2.62
R_1	1553.00	1445.00	765.00	2492.00	2898.00	2561.00	2691.00	2300.00	2331.00
R_2	1320.00	1949.00	1123.00	539.00	334.00	533.00	363.00	624.00	605.00
A/MF	0.53	0.38	0.59	3.55	6.60	2.69	7.47	2.41	2.71
C/MF	0.49	0.59	0.25	1.11	0.81	0.81	0.98	0.72	0.87
Q	5.80	0.00	0.00	29.71	38.36	30.68	35.32	24.95	26.14
An	23.86	26.79	20.87	7.42	4.03	9.35	4.65	12.21	11.42
Ab	2.82	0.00	33.55	30.18	27.34	28.45	30.21	32.51	33.07
Or	31.47	14.27	15.83	27.02	27.48	25.51	27.50	21.80	23.10
Q′	9.07	0.00	0.00	31.50	39.46	32.64	36.16	27.28	27.89
Anor	43.12	65.25	56.87	21.54	12.79	26.82	14.46	35.90	33.08

样品号		ZK101TWGS2	YMQ－1	YMQ－2	YMQ－3	YMQ－4	YMQ－5	K13－1	QLB6	QLB7
采集地点		沙丘	野马泉	野马泉	野马泉	野马泉	野马泉	野马泉	群力	群力
岩石名称		二长花岗岩	石英二长闪长岩	二长花岗岩	二长花岗岩	二长花岗岩	二长花岗岩	花岗闪长岩	花岗岩	花岗岩
w_B/%	SiO_2	75.19	59.17	72.69	73.48	66.45	75.33	68.56	76.10	74.70
	TiO_2	0.15	0.99	0.26	0.23	0.63	0.11	0.33	0.21	0.20
	Al_2O_3	12.81	16.56	13.78	13.75	15.20	12.59	14.85	11.94	11.96
	Fe_2O_3	0.68	1.25	0.72	0.48	1.03	0.02	0.74	0.73	0.83
	FeO	0.93	4.09	1.50	1.55	2.83	0.60	3.63	0.42	0.42
	MnO	0.04	0.11	0.03	0.02	0.08	0.02	0.05	0.04	0.05
	MgO	0.29	2.10	0.75	0.61	1.19	0.15	1.22	0.20	0.22
	CaO	1.15	6.26	1.66	0.94	3.39	1.89	3.13	1.06	1.26
	Na_2O	3.45	4.07	1.95	2.62	3.65	3.39	3.86	2.97	2.77

续表

样品号		ZK101TWGS2	YMQ－1	YMQ－2	YMQ－3	YMQ－4	YMQ－5	K13－1	QLB6	QLB7
采集地点		沙丘	野马泉	野马泉	野马泉	野马泉	野马泉	野马泉	群力	群力
岩石名称		二长花岗岩	石英二长闪长岩	二长花岗岩	二长花岗岩	二长花岗岩	二长花岗岩	花岗闪长岩	花岗岩	花岗岩
w_B/%	K_2O	4.61	3.03	4.16	4.41	4.19	3.77	2.83	5.33	5.48
	P_2O_5	0.04	0.31	0.05	0.03	0.18	0.03	0.07	0.03	0.03
	H_2O		1.32	1.71	1.19	0.90	1.40			
	LOS	0.30	1.59	2.26	1.70	0.87	2.03	0.33	1.19	1.90
	total	99.64	100.85	101.52	101.01	100.59	101.33	99.60	100.22	99.82
Na_2O/K_2O		0.75	1.34	0.47	0.59	0.87	0.90	1.36	0.56	0.51
TFeO/MgO		5.32	2.48	2.86	3.25	3.16	4.12	3.52	5.38	5.30
A/NK		1.20	0.42	0.68	0.44	0.22	0.40	0.07	1.12	1.14
A/CNK		1.00	0.78	1.28	1.27	0.91	0.96	0.98	0.95	0.94
σ		2.01	3.02	1.24	1.61	2.60	1.58	1.74	2.08	2.13
DI		91.29	61.94	83.20	87.43	76.26	89.67	74.37	93.65	92.65
SI		2.91	14.44	8.26	6.31	9.23	1.89	9.93	2.08	2.27
AR		2.95	1.90	1.68	2.11	2.29	2.76	2.19	2.68	2.44
R_1		2676.00	1651.00	3188.00	2926.00	2054.00	2974.00	2423.00	2760.00	2730.00
R_2		391.00	1122.00	497.00	408.00	729.00	466.00	692.00	361.00	389.00
A/MF		4.38	1.30	2.79	3.16	1.82	10.02	1.62	5.87	5.41
C/MF		0.72	0.90	0.61	0.39	0.74	2.73	0.62	0.95	1.04
Q		34.48	8.50	41.09	38.28	19.95	37.61	24.62	36.46	35.63
An		5.48	18.34	8.11	4.55	12.87	8.17	14.94	3.54	4.10
Ab		29.39	35.16	16.91	22.59	31.25	29.30	32.90	25.38	23.94
Or		27.42	18.28	25.20	26.56	25.06	22.76	16.85	31.81	33.08
Q′		35.63	10.59	45.00	41.62	22.38	38.44	27.57	37.51	36.83
Anor		16.66	50.08	24.35	14.63	33.93	26.41	47.00	10.01	11.03

样品号		QLB8	NKT－gs7Z07	NKTGS01－1	NKTGS01－2	NKTGS01－3	NKTGS01－4	NKTGS01－5
采集地点		群力	四角羊－牛苦头	四角羊－牛苦头	四角羊－牛苦头	四角羊－牛苦头	四角羊－牛苦头	四角羊－牛苦头
岩石名称		花岗岩	花岗岩	二长花岗岩	二长花岗岩	花岗闪长岩	二长花岗岩	花岗岩
w_B/%	SiO_2	75.05	72.51	69.21	67.45	65.62	62.98	63.98
	TiO_2	0.21	0.43	0.39	0.48	0.50	0.51	0.51
	Al_2O_3	11.85	13.43	15.26	16.18	15.71	15.22	15.76
	Fe_2O_3	0.96	2.63	1.23	1.05	3.50	5.22	3.70

续表

样品号		QLB8	NKT－gs7Z07	NKTGS01－1	NKTGS01－2	NKTGS01－3	NKTGS01－4	NKTGS01－5
采集地点		群力	四角羊－牛苦头	四角羊－牛苦头	四角羊－牛苦头	四角羊－牛苦头	四角羊－牛苦头	四角羊－牛苦头
岩石名称		花岗岩	花岗岩	二长花岗岩	二长花岗岩	花岗闪长岩	二长花岗岩	花岗岩
w_B/%	FeO	0.46	1.73	0.94	0.86	2.80	4.42	3.08
	MnO	0.05	0.04	0.02	0.02	0.04	0.11	0.07
	MgO	0.25	0.70	1.01	0.93	1.59	1.62	2.02
	CaO	1.56	0.82	2.52	3.18	3.64	2.01	1.92
	Na_2O	2.38	3.48	3.38	3.56	3.62	0.23	0.55
	K_2O	5.73	4.54	5.24	5.09	2.78	7.28	7.74
	P_2O_5	0.03	0.13	0.12	0.15	0.10	0.12	0.12
	H_2O							
	LOS	1.61	1.28	0.51	0.78	1.41	3.27	2.43
	total	100.14	101.72	99.83	99.73	101.31	102.99	101.88
Na_2O/K_2O		0.42	0.77	0.65	0.70	1.30	0.03	0.07
TFeO/MgO		5.30	5.84	2.03	1.94	3.74	5.63	3.17
A/NK		1.17	1.26	1.36	1.42	1.75	1.84	1.70
A/CNK		0.92	1.11	0.97	0.94	1.01	1.28	1.23
σ		2.04	2.18	2.82	3.04	1.81	2.81	3.25
DI		91.36	87.47	82.92	80.73	69.38	69.85	73.57
SI		2.56	5.39	8.58	8.11	11.21	8.69	11.87
AR		2.10	2.91	2.23	2.16	1.99	2.55	2.77
R_1		2814.00	2398.00	2133.00	1997.00	2261.00	2153.00	2079.00
R_2		418.00	384.00	623.00	711.00	778.00	596.00	619.00
A/MF		4.72	1.77	2.79	3.29	1.26	0.89	1.11
C/MF		1.13	0.20	0.84	1.18	0.53	0.21	0.25
Q		36.53	31.40	22.93	19.88	22.23	24.71	22.86
An		4.80	3.20	11.07	13.28	17.44	9.22	8.80
Ab		20.45	29.34	28.80	30.45	30.69	1.95	4.68
Or		34.38	26.73	31.19	30.40	16.46	43.19	46.03
Q′		37.99	34.63	24.40	21.15	25.60	31.25	27.75
Anor		12.25	10.69	26.19	30.40	51.45	17.59	16.05

注：样品由核工业北京地质研究院分析测试研究中心、西安地质矿产研究所实验测试中心、西南冶金地质测试所、西宁矿产资源监督检测中心测试；Anor＝100An/（Or＋An）。

花岗闪长岩、石英二长闪长岩、石英二长岩、二长闪长岩、石英闪长岩、闪长岩 SiO_2含量低（43.69% ~74.68%）（表5－9），平均为62.91%，TiO_2含量较高（0.23% ~3.03%，平均为0.82%），MgO 含量也较高（0.72% ~6.38%，平均为2.25%），Na_2O/K_2O 比值为0.06~3.89，平均为1.28，A/CNK 值通常为0.53~1.10，平均为0.92，样品显示岩石属于准铝质－弱过铝质（图5－34）。在 SiO_2 －Alk 图解（图5－35）中大多数样品显示亚碱性系列，在 SiO_2 － K_2O 图解（图5－36）中显示钙碱性系列－高钾钙碱性系列。

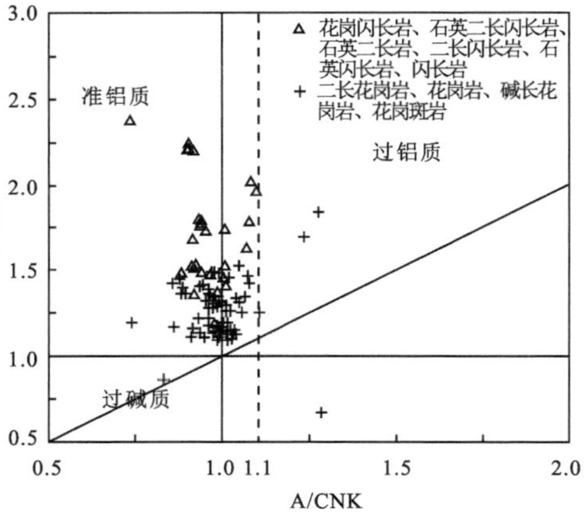

图5－34 晚三叠世中酸性侵入岩 A/CNK－A/NK 图解
（8 件样品投点到此图外，属于强过铝质）

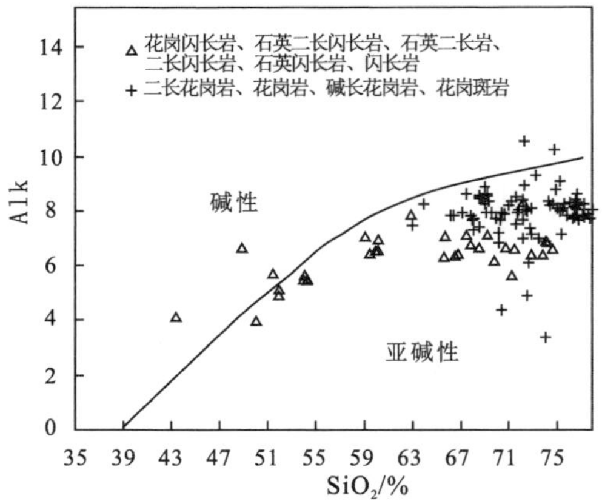

图5－35 晚三叠世中酸性侵入岩 SiO_2 －Alk 图解
（底图据 LeMaitre，1989）

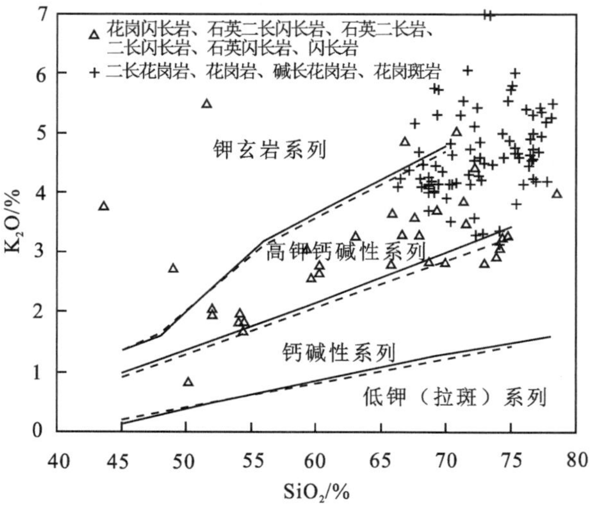

图5－36 晚三叠世中酸性侵入岩 SiO_2 － K_2O 图解
（底图据 Peccerillo R et al.，1976；Middlemost，1985）

二长花岗岩、花岗岩、碱长花岗岩、花岗斑岩 SiO_2含量较高（62.98% ~78.43%，平均72.48%），TiO_2含量较低（0.018% ~0.63%，平均为0.24%），MgO 含量也较低

（0.04% ~2.52%，平均为 0.54%），Na_2O/K_2O 比值低（0.01 ~1.25，平均 0.72），A/CNK 值为0.74 ~3.19，平均为1.07，89 件样品中有11 件样品≥1.10，样品显示岩石属于准铝质 - 强过铝质（图5 -34）。在 SiO_2 - Alk 图解（图5 -35）中显示亚碱性系列，在 SiO_2 - K_2O 图解（图5 -36）中显示高钾钙碱性系列和钾玄岩系列。

从花岗闪长岩、石英二长闪长岩、石英二长岩、二长闪长岩、石英闪长岩、闪长岩到二长花岗岩、花岗岩、碱长花岗岩、花岗斑岩 SiO_2 和 K_2O 含量增高，而 TiO_2、TFeO、MnO、MgO、CaO、Al_2O_3、P_2O_5 含量降低。花岗闪长岩、石英二长闪长岩、石英二长岩、二长闪长岩、石英闪长岩、闪长岩 TiO_2 含量明显高于二长花岗岩、花岗岩、碱长花岗岩、花岗斑岩，可能与后者存在含钛矿物的分离结晶有关，同样也可能与前者源区温度较高有关，这是因为在岩浆形成过程中，温度升高使含钛矿物更容易分解，更多的 TiO_2 进入熔浆（邓晋福等，2003）。

花岗闪长岩、石英二长闪长岩、石英二长岩、二长闪长岩、石英闪长岩、闪长岩 SiO_2、MgO 含量及 TFeO/MgO 比值分别为 70.15%、1.15%、2.55，58.23%、2.44%、3.10，51.46%、4.05%、3.31，46.18%、5.84%、2.49，54.16%、4.19%、1.63，50.1%、3.9%、2.41，平均值为62.91%、2.25%、2.59，其中花岗闪长岩和石英闪长岩符合邓晋福等（2010）提出判别镁安山岩（MA）的指标（SiO_2 含量为70%时，MgO 含量应大于 0.8%，TFeO/MgO 应小于 3.00；SiO_2 含量为 60% 时，MgO 含量应大于 2.9%，TFeO/MgO 应小于 2.2，使用内插法，SiO_2 含量为 62.91% 时，MgO 含量应大于 2.2%，TFeO/MgO 应小于 2.43）。一般认为镁安山岩是俯冲洋壳脱水熔融产生的岩浆与上覆楔形地幔发生相互作用后形成的岩浆，暗示研究区晚三叠世花岗闪长岩和石英闪长岩的形成与俯冲洋壳脱水熔融密切相关。

二长花岗岩、花岗岩、碱长花岗岩、花岗斑岩 SiO_2、MgO 含量及 TFeO/MgO 比值特征（分别为 70.66%、0.66%、4.59，74.44%、0.45%、7.26，75.55%、0.08%、13.98，73.57%、0.3%、11.82，平均值为 72.48%、0.54%、6.36），不符合邓晋福等（2010）提出判别镁安山岩（MA）的指标。

5. 岩石地球化学

（1）稀土元素

花岗闪长岩、石英二长闪长岩、石英二长岩、二长闪长岩、石英闪长岩、闪长岩稀土元素总量为 68.73×10^{-6} ~ 327.67×10^{-6}，平均为 142.26×10^{-6}（表5 -10）；轻稀土元素含量为 54.33×10^{-6} ~ 288.49×10^{-6}，平均为 127.37×10^{-6}；重稀土元素含量为 7.15×10^{-6} ~ 39.18×10^{-6}，平均为 14.88×10^{-6}。轻稀土元素富集明显，轻重稀土元素比值为 3.27 ~13.64，平均为 9.08；La_N/Yb_N 比值为 2.72 ~19.61，平均为 10.72。δEu 为 0.51 ~1.15，平均为 0.8，铕亏损不明显，说明有加厚陆壳或大陆根的存在（邓晋福等，1994，1996）；δCe 为 0.93 ~1.07，平均为 0.98，铈基本无亏损。球粒陨石标准化曲线呈向右倾斜，但负铕异常不明显，重稀土元素曲线呈水平状（图5 -37），岩浆分异程度不高。

表 5-10 晚三叠世中酸性侵入岩稀土元素分析结果及参数特征

样品号		BGNB4	BGNB5	BGNB6	HTY-4	HTY-5	HTY-6	HTY-7	SQ-1	ZK101 TWGS1
采集地点		冰沟南	冰沟南	冰沟南	虎头崖Ⅱ矿带	虎头崖Ⅵ矿带	虎头崖Ⅵ矿带	虎头崖Ⅱ矿带	沙丘	沙丘
岩石名称		石英二长岩	二长闪长岩	二长闪长岩	二长花岗岩	花岗岩	二长花岗岩	花岗岩	花岗闪长岩	花岗闪长岩
$\frac{w_B}{10^{-6}}$	La	19.4	9.9	11.4	31.6	29.1	41.4	28.2	48.48	48.87
	Ce	46.6	23.9	27.9	60	55.3	78.3	60.8	1.7	6.3
	Pr	6.11	2.98	3.85	6.33	6.07	8.66	7.3	8.17	8.24
	Nd	26.9	12.9	16.4	20.1	18.9	29.4	25.9	24.5	27.3
	Sm	7.23	3.31	4.36	3.6	3.5	5.01	6.1	3.29	4.11
	Eu	2.55	1.34	1.48	0.49	0.23	0.59	0.16	0.84	0.76
	Gd	8.9	3.81	5.33	3.07	3.44	4.69	6.51	2.68	3.13
	Tb	1.44	0.62	0.88	0.49	0.6	0.8	1.2	0.39	0.48
	Dy	9.01	3.91	5.4	3.01	3.85	4.96	8.12	2.24	2.38
	Ho	1.89	0.84	1.18	0.67	0.85	1.03	1.73	0.47	0.51
	Er	5.31	2.38	3.31	1.94	2.68	3.29	5.28	1.38	1.49
	Tm	0.75	0.35	0.48	0.33	0.45	0.52	0.93	0.21	0.22
	Yb	4.76	2.16	3.01	2.33	3.67	3.6	7.01	1.6	1.5
	Lu	0.69	0.33	0.43	0.37	0.52	0.49	0.94	0.23	0.24
	Y	54.4	22.3	31	20	27.5	32.7	59.9	13.5	16.6
	ΣREE	141.54	68.73	85.41	134.33	129.16	182.74	160.18	96.18	105.53
	LREE	108.79	54.33	65.39	122.12	113.10	163.36	128.46	86.98	95.58
	HREE	32.75	14.40	20.02	12.21	16.06	19.38	31.72	9.20	9.95
LREE/HREE		3.32	3.77	3.27	10.00	7.04	8.43	4.05	9.45	9.61
La_N/Yb_N		2.92	3.29	2.72	9.73	5.69	8.25	2.89	21.73	23.37
δEu		0.97	1.15	0.94	0.44	0.20	0.37	0.08	0.84	0.62
δCe		1.04	1.07	1.03	0.98	0.97	0.96	1.01	0.02	0.07

续表

样品号		ZK101TWGS2	YMQ－1	YMQ－2	YMQ－3	YMQ－4	YMQ－5	K13－1	QLB6	QLB7
采集地点		沙丘	野马泉	野马泉	野马泉	野马泉	野马泉	野马泉	群力	群力
岩石名称		二长花岗岩	石英二长闪长岩	二长花岗岩	二长花岗岩	二长花岗岩	二长花岗岩	花岗闪长岩	花岗岩	花岗岩
$w_B/10^{-6}$	La	25	43.7	18.6	27.1	32.9	26.5	19.95	42.9	43.2
	Ce	45	87.1	37.7	47.4	68.7	51.2	36.11	86.2	88.3
	Pr	5.48	9.76	4.04	5.22	7.88	5.46	4.12	9.66	9.8
	Nd	19.6	35.6	13.8	17.5	28.2	17.6	17.209	29.7	30.1
	Sm	3.95	6.61	2.58	3.09	5.39	3.21	2.92	5.06	5.56
	Eu	0.24	1.44	0.54	0.66	1.08	0.24	0.81	0.41	0.49
	Gd	3.42	5.66	2.32	2.71	4.5	2.71	3.08	3.68	4.73
	Tb	0.58	0.8	0.33	0.39	0.66	0.42	0.44	0.52	0.73
	Dy	3.22	4.6	2.04	2.24	3.9	2.61	2.37	3.21	4.44
	Ho	0.68	0.94	0.44	0.48	0.82	0.57	0.5	0.7	0.99
	Er	2.03	2.52	1.21	1.34	2.22	1.66	1.43	2.23	3.05
	Tm	0.34	0.37	0.19	0.21	0.34	0.27	0.2	0.37	0.5
	Yb	2.18	2.41	1.32	1.44	2.26	1.98	1.32	2.64	3.53
	Lu	0.34	0.39	0.22	0.24	0.35	0.3	0.22	0.45	0.56
	Y	23.3	26.2	12.6	14.3	22.9	17	14.25	11.3	15.6
	ΣREE	112.06	201.90	85.33	110.02	159.20	114.73	90.68	187.73	195.98
	LREE	99.27	184.21	77.26	100.97	144.15	104.21	81.12	173.93	177.45
	HREE	12.79	17.69	8.07	9.05	15.05	10.52	9.56	13.80	18.53
LREE/HREE		7.76	10.41	9.57	11.16	9.58	9.91	8.49	12.60	9.58
La_N/Yb_N		8.23	13.01	10.11	13.50	10.44	9.60	10.84	11.66	8.78
δEu		0.19	0.70	0.66	0.68	0.65	0.24	0.82	0.28	0.28
δCe		0.90	0.99	1.02	0.91	1.01	0.99	0.93	1.00	1.01

续表

样品号		QLB8	NKT - gs7Z07	NKTGS01 - 1	NKTGS01 - 2	NKTGS01 - 3	NKTGS01 - 4	NKTGS01 - 5
采集地点		群力	四角羊 - 牛苦头	四角羊 - 牛苦头	四角羊 - 牛苦头	四角羊 - 牛苦头	四角羊 - 牛苦头	四角羊 - 牛苦头
岩石名称		花岗岩	花岗岩	二长花岗岩	二长花岗岩	花岗闪长岩	二长花岗岩	花岗岩
$\frac{w_B}{10^{-6}}$	La	45.6	65	42.6	43.7	17.2	22.1	19.5
	Ce	90.5	126	78.5	83.7	36.3	43.3	39.4
	Pr	9.68	14.7	7.92	9.37	4.3	4.51	4.4
	Nd	29.5	53.3	25.8	29	15.2	15.7	15.5
	Sm	5.3	9.17	4.12	4.39	3.05	2.8	2.88
	Eu	0.56	1.41	0.81	0.92	0.96	0.86	0.91
	Gd	4.47	7.82	3.43	3.38	2.83	2.56	2.51
	Tb	0.69	1.42	0.49	0.52	0.45	0.37	0.35
	Dy	4.16	7.23	2.93	3.04	2.69	2.12	2.13
	Ho	0.96	1.36	0.59	0.63	0.58	0.44	0.45
	Er	2.9	3.96	1.77	1.88	1.57	1.23	1.2
	Tm	0.46	0.662	0.29	0.3	0.23	0.19	0.18
	Yb	3.14	4.31	1.97	2.04	1.57	1.22	1.12
	Lu	0.52	0.678	0.33	0.32	0.25	0.18	0.17
	Y	17.3	39.8	18.1	17	15.9	11.8	11.2
	ΣREE	198.44	297.02	171.55	183.19	87.18	97.58	90.70
	LREE	181.14	269.58	159.75	171.08	77.01	89.27	82.59
	HREE	17.30	27.44	11.80	12.11	10.17	8.31	8.11
LREE/HREE		10.47	9.82	13.54	14.13	7.57	10.74	10.18
La_N/Yb_N		10.42	10.82	15.51	15.37	7.86	12.99	12.49
δEu		0.34	0.50	0.64	0.70	0.98	0.96	1.01
δCe		1.00	0.96	0.97	0.97	1.01	1.01	1.00

注：样品由核工业北京地质研究院分析测试研究中心、西安地质矿产研究所实验测试中心、西南冶金地质测试所、西宁矿产资源监督检测中心测试。

二长花岗岩、花岗岩、碱长花岗岩、花岗斑岩稀土元素总量为 $48.38\times10^{-6}\sim347.86\times10^{-6}$，平均为 156.65×10^{-6}；轻稀土元素含量为 $34.67\times10^{-6}\sim322.91\times10^{-6}$，平均为 140.00×10^{-6}；重稀土元素含量为 $5.51\times10^{-6}\sim37.58\times10^{-6}$，平均为 16.65×10^{-6}。轻稀土元素富集明显，轻重稀土元素比值为 2.53～17.59，平均为 9.21；La_N/Yb_N 比值为 1.62～25.11，平均为 10.61。δEu 为 0.02～1.01，平均为 0.44，铕中等亏损；δCe 为 0.02～1.12，平均为 0.94，铈基本无亏损。球粒陨石标准化曲线呈向右倾斜，重稀土元素曲线呈水平状（图 5－37）。

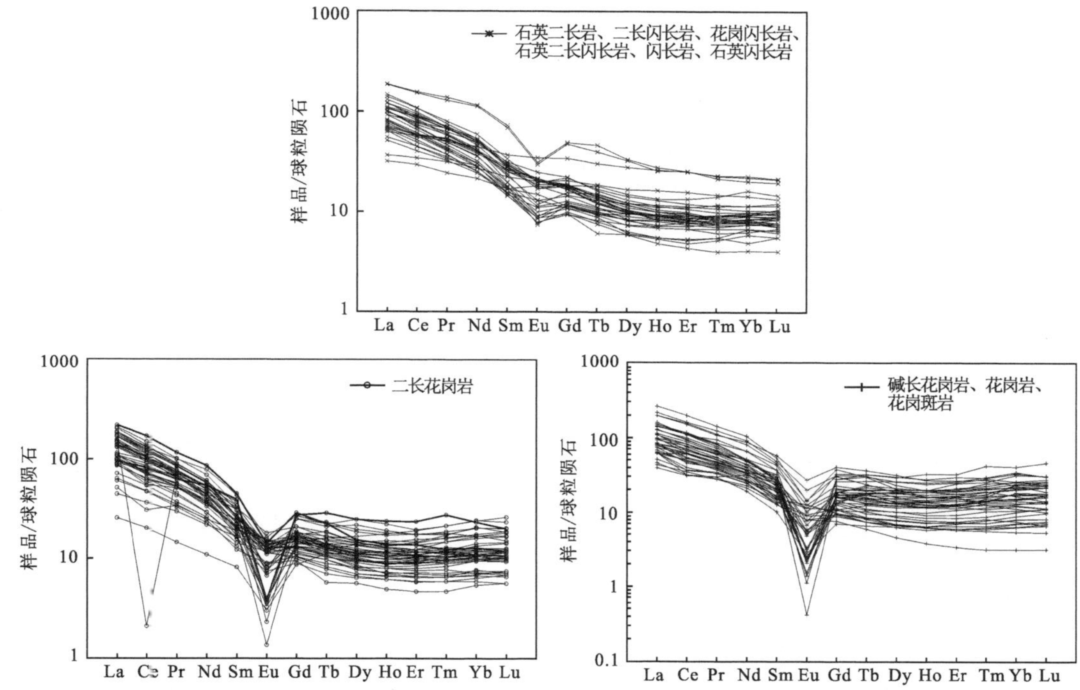

图 5－37　晚三叠世中酸性侵入岩稀土元素标准化分布型式图

（球粒陨石数据据 Sun and McDonough，1989）

（2）微量元素

岩石总体具有相似的微量元素含量特征（表 5－11；图 5－38），K、Rb、Pb、Th、U 元素强烈富集；P、Ti、Ba 元素呈现明显的“V”型谷，显示存在钛铁矿、金红石、磷灰石等矿物的分离结晶；轻稀土元素 La、Ce 中等富集，高场强元素 Nb、Ta、Zr 弱亏损，石英二长闪长岩、石英闪长岩和花岗闪长岩较二长花岗岩、似斑状二长花岗岩、花岗岩 Nb、Zr 亏损明显，暗示其携带有更多俯冲物质的信息。

花岗闪长岩、石英二长闪长岩、石英二长岩、二长闪长岩、石英闪长岩、闪长岩 Rb/Sr 比值（平均为 0.44）、Rb/Ba 比值（平均为 0.17），远低于二长花岗岩、花岗岩、碱长花岗岩、花岗斑岩 Rb/Sr 比值（平均为 2.95）和 Rb/Ba 比值（平均为 1.29）。二者 Rb/Sr 和 Rb/Ba 比值的差异可能反映花岗闪长岩、石英二长闪长岩、石英二长岩、二长闪长岩、石英闪长岩、闪长岩来源深度较大，源区斜长石残余较少，也与二长花岗岩、花岗岩、碱长花岗岩、花岗斑岩经历了更强的结晶分异作用有关。

花岗闪长岩、石英二长闪长岩、石英二长岩、二长闪长岩、石英闪长岩、闪长岩 Sr/Y 比值（平均为21.41）和 La/Yb 比值（平均为15.60），显示与经典大陆边缘弧花岗闪长岩（比值分别为12.2 和10；Martin H，1999）具有明显的不同，与 adakitic 侵入岩（比值分别为16.5 和 16）具有相似的特点。二长花岗岩、花岗岩、碱长花岗岩、花岗斑岩 Sr/Y 比值（平均为7.54）、La/Yb 比值（平均为14.92），显示低 Sr/Y 和高 La/Yb 比值特点，与 adakitic 侵入岩具有明显区别。

表 5－11　晚三叠世中酸性侵入岩微量元素分析结果及参数特征

样品号		BGNB4	BGNB5	BGNB6	HTY－4	HTY－5	HTY－6	HTY－7	SQ－1
采集地点		冰沟南	冰沟南	冰沟南	虎头崖Ⅱ矿带	虎头崖Ⅵ矿带	虎头崖Ⅵ矿带	虎头崖Ⅱ矿带	沙丘
岩石名称		石英二长岩	二长闪长岩	二长闪长岩	二长花岗岩	花岗岩	二长花岗岩	花岗岩	花岗闪长岩
$\frac{w_B}{10^{-6}}$	Rb	254	221	123	260	339	208	431	159
	Ba	2360	1495	452	411	119	436	111	682
	Th	1.49	1.02	0.55	28.5	31	23.9	39.8	18.7
	U	0.3	0.2	0.1					
	Ta	0.51	0.13	0.22	1.26	2.3	1.63	5.17	0.99
	Nb	8.8	3.7	5	12.8	17.4	17.5	33	11.2
	Zr	145.5	71.5	44.1	123	103	194	119	235
	Hf	6	2.7	3.5	3.76	3.69	5.21	5.26	5.16
	Sr	461	411	367	150	44.8	166	46	265
	P	1745.84	960.212	1178.442					436.46
	Ni	54.00	110	116.5	1.37	3.78	5.63	1.77	3.78
	Cu	588.00	203	385	5.98	5.82	14.6	6.02	57.7
	Zn	137	131	149	101	38.4	53.6	35.8	73.9
	Pb	47.1	26.5	96.6	143	18.3	18.8	23.3	31.2
	Mo	1.89	1.7	0.6	1.61	0.83	1.2	3.13	2.59
	Co	25.40	37	46.6	2.27	1.32	4.19	0.95	5.07
	Cs	4.12	5.68	3.94	6.08	12.5	5.37	14	5.26
	Cr	41	139	221	3.06	9.87	14.5	5.11	6.4
	Sc	31.30	19.3	29.3	3	1.32	3.77	2.15	3.62
	V	300.00	160	229	16.7	2.48	15.9	0.9	15.4
	Ga	17.95	14.8	17.7	16	16.4	18.6	20.2	17.3
Rb/Ba		0.11	0.15	0.27	0.63	2.85	0.48	3.88	0.23
Rb/Sr		0.55	0.54	0.34	1.73	7.57	1.25	9.37	0.60
Sr/Y		8.47	18.43	11.84	7.50	1.63	5.08	0.77	19.63
10000Ga/Al		2.21	1.95	1.73	2.27	2.54	2.62	2.93	2.10

续表

样品号		YMQ－1	YMQ－2	YMQ－3	YMQ－4	YMQ－5	K13－1	QLB6	QLB7
采集地点		野马泉	野马泉	野马泉	野马泉	野马泉	野马泉	群力	群力
岩石名称		石英二长闪长岩	二长花岗岩	二长花岗岩	二长花岗岩	二长花岗岩	花岗闪长岩	花岗岩	花岗岩
$\frac{w_B}{10^{-6}}$	Rb	131	137	137	192	160	93.56	245	282
	Ba	982	502	541	739	279	603.2	180	210
	Th	13.5	11.6	14.8	20.3	33.4	7.565	32.8	34.4
	U							7.4	5.7
	Ta	1.01	0.66	0.59	0.93	1.24	0.804	1.22	1.47
	Nb	17	6.66	6.82	14.4	14.6	7.24	15.1	17.8
	Zr	7.42	114	97.9	207	120	5.856	71.1	73.3
	Hf	346	3.38	3.07	5.11	3.82	114.39	5.3	5.5
	Sr	398	125	81	313	155	312.5	50	53.7
	P							130.938	130.938
	Ni	3.84	7.42	4.51	2.07	1.8	7.955	1.7	0.6
	Cu	16.3	159	8.84	17.3	8.77	26.86	1.5	2.9
	Zn	403	362	67.4	122	187	37.41	27	21
	Pb	335	242	65	99.4	187	17.918	11.1	9.8
	Mo	3.71	0.017	0.019	1.36	3.63	10.122	0.38	0.22
	Co	9.42	3.7	3.51	7	1.05	6.757	0.5	0.4
	Cs	9.8	13.2	7.42	7.9	3.33	7.45	2.96	3.72
	Cr	5.53	7.14	4.83	3.29	3.65	36.72	1	1
	Sc	9.6	4.18	3.83	7.05	1.74	5.452	2	2.3
	V	81.9	28.8	18.3	49.2	9.45	34.19	7	9
	Ga	21	15.3	14.4	18.6	15.9	18.875	16.1	18.3
Rb/Ba		0.13	0.27	0.25	0.26	0.57	0.16	1.36	1.34
Rb/Sr		0.33	1.10	1.69	0.61	1.03	0.30	4.90	5.25
Sr/Y		15.19	9.92	5.66	13.67	9.12	21.93	4.42	3.44
10000Ga/Al		2.40	2.10	1.98	2.31	2.39	2.40	2.55	2.89

续表

样品号		QLB8	NKT－gs7Z07	NKTGS01－1	NKTGS01－2	NKTGS01－3	NKTGS01－4	NKTGS01－5
采集地点		群力	四角羊－牛苦头	四角羊－牛苦头	四角羊－牛苦头	四角羊－牛苦头	四角羊－牛苦头	四角羊－牛苦头
岩石名称		花岗岩	花岗岩	二长花岗岩	二长花岗岩	花岗闪长岩	二长花岗岩	花岗岩
$w_B/10^{-6}$	Rb	296	203	140	135	87.9	314	305
	Ba	240	718	924	1125	512	1015	1115
	Th	34.9	31.7	21	16.55	6.86	8.08	8.87
	U	6	3.55	4.4	2.9	2	0.9	0.8
	Ta	1.73	1.54	1.23	1.11	0.57	0.52	0.7
	Nb	22.4	24	12	12.9	6	6.1	6.2
	Zr	73.6	443	121	154	19.9	20.8	20.8
	Hf	5	10.4	3.7	4.4	1.1	1.2	1.2
	Sr	45.6	201	253	319	293	114	171.5
	P	130.938	563.0334	523.752	654.69	436.46	523.752	523.752
	Ni	0.7	2.17	0.2	0.8	5.5	5.1	5.3
	Cu	1.6	53.5	7.6	3.6	17	31	10.3
	Zn	33	80.7	27	34	38	596	116
	Pb	8.9	14.3	22.2	29.2	10.5	187.5	44.8
	Mo	0.2	2.48	0.68	0.28	0.22	0.2	0.2
	Co	0.4	4.59	1.4	1.4	6.5	4.6	3.1
	Cs	3.89	3.08	2.74	3.52	7.64	19.15	44.1
	Cr	1	8.27	1	1	7	8	8
	Sc	2.1	5.48	4.3	4.4	8.3	8.6	8.6
	V	7	26.8	23	25	53	62	66
	Ga	15.3	17	18.3	20.2	18.3	17.15	17.7
Rb/Ba		1.23	0.28	0.15	0.12	0.17	0.31	0.27
Rb/Sr		6.49	1.01	0.55	0.42	0.30	2.75	1.78
Sr/Y		2.64	5.05	13.98	18.76	18.43	9.66	15.31
10000Ga/Al		2.44	2.39	2.27	2.36	2.20	2.13	2.12

注：样品由核工业北京地质研究院分析测试研究中心、西安地质矿产研究所实验测试中心、西南冶金地质测试所、西宁矿产资源监督检测中心测试。

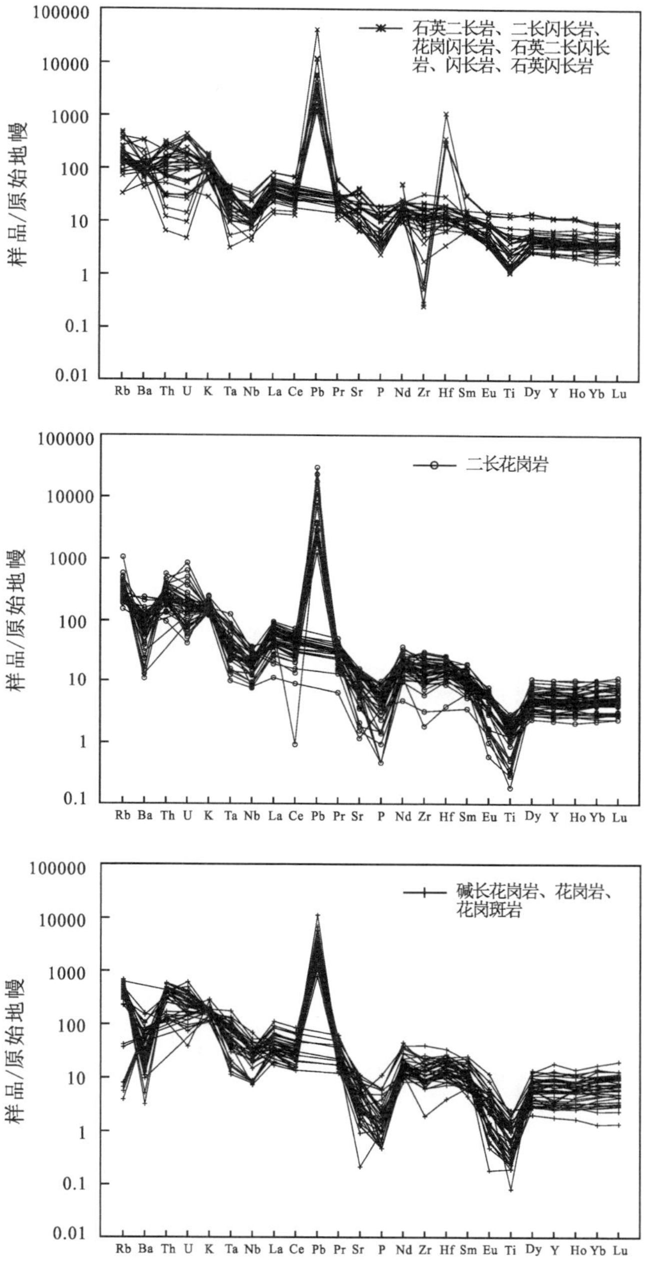

图 5－38　晚三叠世中酸性侵入岩微量元素蛛网图

（球粒陨石数据据 Sun and McDonough，1989）

（3）Sr－Nd－Pb 同位素

研究区晚三叠世花岗闪长岩、石英二长闪长岩、闪长岩 $^{87}Sr/^{86}Sr$ 比值为 0.711592～0.740384（表 5－12），平均为 0.715773，$^{143}Nd/^{144}Nd$ 比值为 0.512126～0.512320，平均为 0.512237。二长花岗岩、花岗岩 $^{87}Sr/^{86}Sr$ 比值为 0.713802～0.806674，平均为 0.744359，$^{143}Nd/^{144}Nd$ 比值为 0.512094～0.512430，平均为 0.512269。晚三叠世花岗闪长岩、石英二长闪长岩、闪长岩 $^{207}Pb/^{206}Pb$ 比值为 0.81244～0.8219，$^{206}Pb/^{204}Pb$ 比值为

表 5-12　晚三叠世 Sr-Nd-Pb 同位素分析结果及参数特征

位置	岩性	样号	$^{87}Sr/^{86}Sr$	$^{143}Nd/^{144}Nd$	$^{207}Pb/^{206}Pb$	$^{206}Pb/^{204}Pb$	$^{207}Pb/^{204}Pb$	$^{208}Pb/^{204}Pb$	$\Delta\beta$	$\Delta\gamma$
虎头崖矿床 I 矿带	二长花岗岩	HTY1-5	0.732094±10	0.512149±6						
		HTY1-4	0.727384±8	0.512263±8						
虎头崖矿床 II 矿带	花岗岩	HTY2-9	0.745635±13	0.512255±6						
		HTY2-14	0.790324±10	0.512239±7						
虎头崖矿床 VI 矿带	二长花岗斑岩	HTY19-109	0.755019±11	0.512232±9						
		HTY19-110	0.746663±12	0.512378±10						
	花岗岩	HTY19-106	0.73831±7	0.512229±6						
		HTY19-43	0.80531±10	0.512241±6						
虎头崖Ⅵ矿带	二长花岗岩	HTY-TW1	0.733312±4	0.512094±3	0.8267±0.00001	18.9672±0.00003	15.6799±0.00003	39.4679±0.00003	23.49	63.04
虎头崖西Ⅱ矿带	二长花岗岩	HTY-TW2	0.806674±5	0.512430±8	0.8220±0.00001	18.9922±0.00002	15.6119±0.00002	38.7842±0.00002	19.05	44.63
虎头崖Ⅶ矿带南	闪长岩	HTY-TW3	0.740384±4	0.512126±1	0.8219±0.00001	18.9885±0.00001	15.6076±0.00001	38.7710±0.00001	18.77	44.27
野马泉	石英二长闪长岩	YM-4	0.71272±1	0.512225±8						
		YM-5	0.712038±9	0.512211±6						
野马泉 M5 磁异常区		YMQ-TW1	0.711592±4	0.51232±2	0.81244±0.00001	19.24188±0.00008	15.63315±0.00008	38.92917±0.00008	20.44	48.53
野马泉 M10 磁异常区	二长花岗岩	YMQ-TW2	0.727642±7	0.512344±1	0.83251±0.00008	18.71391±0.00005	15.57926±0.00006	39.23357±0.00005	16.92	56.73

续表

位置	岩性	样号	$^{87}Sr/^{86}Sr$	$^{143}Nd/^{144}Nd$	$^{207}Pb/^{206}Pb$	$^{206}Pb/^{204}Pb$	$^{207}Pb/^{204}Pb$	$^{208}Pb/^{204}Pb$	$\Delta\beta$	$\Delta\gamma$
野马泉 M1 磁异常区	花岗闪长岩	YMQ - TW3	0.714451 ±4	0.512346 ±1	0.81723 ±0.00001	19.07766 ±0.00002	15.5908 ±0.00002	38.78428 ±0.00002	17.67	44.63
扎日马日那	二长花岗岩	MAX - 4	0.713802 ±14	0.512304 ±6						
		MAX - 5	0.714164 ±19	0.512252 ±7						
		MAX - 6	0.714607 ±9	0.512283 ±5						
玛兴大湾	二长花岗岩	Q08 - 9 - 1.1		0.51233 ±5						
		Q08 - 9 - 1.2		0.51238 ±9						
		Q08 - 9 - 1.3		0.51234 ±6						
		Q08 - 9 - 1.4		0.51234 ±10						
拉陵灶火	花岗闪长岩	DYSG1	0.712151	0.512217		18.807 ±0.00002	15.67 ±0.00001	39.046 ±0.00001	22.84	51.68
		DYSG11 - 1	0.712152	0.512304		18.711 ±0.00001	15.66 ±0	38.743 ±0.00001	22.19	43.52
		DYSG11 - 2	0.712172	0.51223		18.965 ±0.00001	15.678 ±0	39.125 ±0.00001	23.36	53.8
		DYSG2	0.713312	0.512272		18.99 ±0.00001	15.656 ±0.00001	39.132 ±0.00001	21.93	53.99
		DYSG3	0.715436	0.512225		18.788 ±0.00001	15.671 ±0	38.875 ±0.00001	22.91	47.07

注:虎头崖 HTY - TW1 ~3 及野马泉 YMQ - TW1 ~3 样品为实测,测试单位为天津地质矿产研究所;虎头崖 I 矿带、II 矿带、VI 矿带样品、野马泉 YM - 4、YM - 5 及扎日玛日那样品引自江万等,2015;玛兴大湾样品引自吴祥珂等,2011;拉陵灶火样品引自李玉春等,2013b。

18.711 ~ 19.24188, $^{207}Pb/^{204}Pb$ 比值为 15.6076 ~ 15.678, $^{208}Pb/^{204}Pb$ 比值为 38.743 ~ 39.132；二长花岗岩 $^{207}Pb/^{206}Pb$ 比值为 0.81723 ~ 0.8267, $^{206}Pb/^{204}Pb$ 比值为 18.9672 ~ 19.07766, $^{207}Pb/^{204}Pb$ 比值为 15.5908 ~ 15.6799, $^{208}Pb/^{204}Pb$ 比值为 38.7842 ~ 39.4679。

在 $^{87}Sr/^{86}Sr-^{143}Nd/^{144}Nd$ 图解（图 5-39）中，花岗闪长岩、石英二长闪长岩、闪长岩靠近日本岛弧区和内华达消减带花岗岩，与二长花岗岩、花岗岩靠近喜马拉雅大陆碰撞带花岗岩具有较大差异；在铅同位素 $\Delta\gamma-\Delta\beta$ 成因分类图解（图 5-40）中大部分样品位于上地壳范围，但靠近地幔混合俯冲带铅范围的边缘，暗示原始岩浆源区具有幔源物质的贡献；在 $^{206}Pb/^{204}Pb-^{143}Nd/^{144}Nd$ 图解（图 5-41）中，样品点靠近 EMⅡ区域，结合岩石微量元素特征，推断原始岩浆具有流体改造的富集地幔来源。

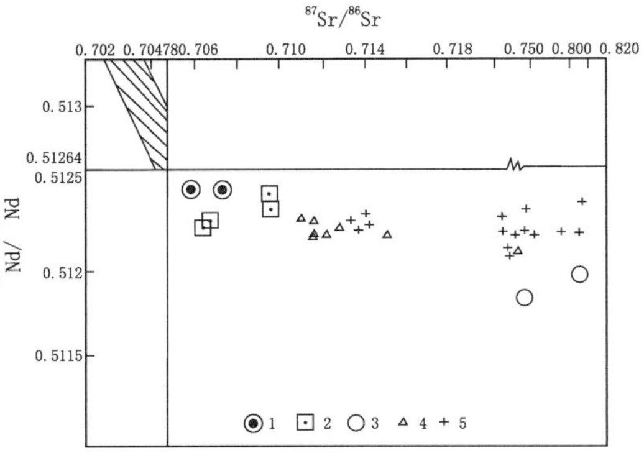

图 5-39 晚三叠世中酸性侵入岩 $^{87}Sr/^{86}Sr-^{143}Nd/^{144}Nd$ 图解

（底图据邓晋福等，2003）

1—日本岛弧花岗岩；2—内华达消减带花岗岩；3—喜马拉雅大陆碰撞带花岗岩；4—研究区花岗闪长岩、石英二长闪长岩、闪长岩；5—二长花岗岩、花岗岩、二长花岗斑岩

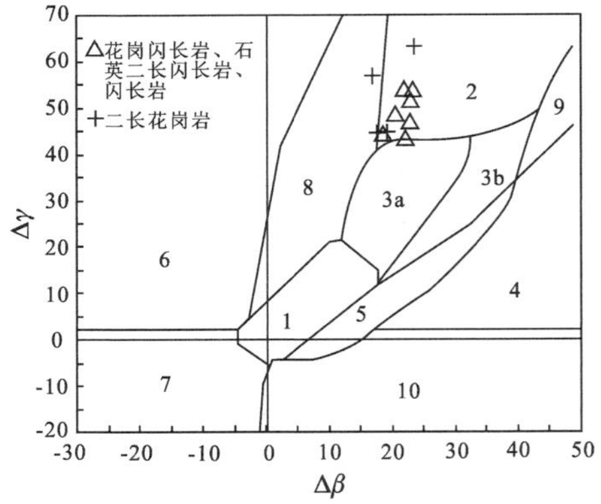

图 5-40 晚三叠世中酸性侵入岩 $\Delta\gamma-\Delta\beta$ 成因分类图解

（底图据朱炳泉，1998）

1—地幔源铅；2—上地壳铅；3—上地壳与地幔混合的俯冲带铅：3a—岩浆作用，3b—沉积作用；4—化学沉积型铅；5—海底热水作用铅；6—中深变质作用铅；7—深变质下地壳铅；8—造山带铅；9—古老页岩上地壳铅；10—退变质铅

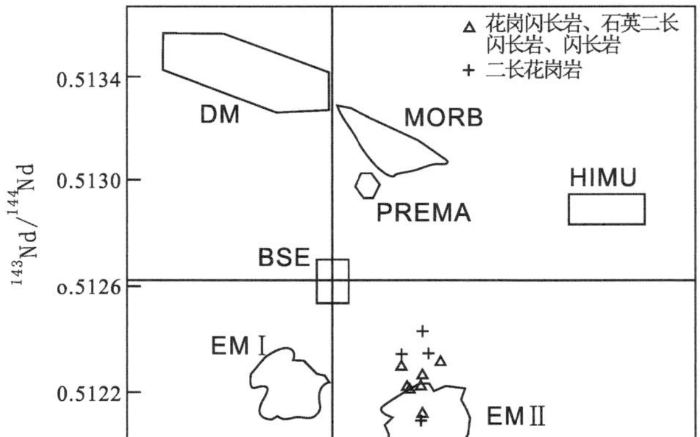

图 5-41 晚三叠世中酸性侵入岩 $^{206}Pb/^{204}Pb-^{143}Nd/^{144}Nd$ 图解

（底图据莫宣学等，2009）

图中英文缩写说明同图 5-20

6. 岩石成因

花岗闪长岩、石英二长闪长岩、石英二长岩、二长闪长岩、石英闪长岩、闪长岩A/CNK值（分别为0.98、0.87、0.74、0.81、0.91、0.86）通常小于1，平均为0.92，与I型花岗岩A/CNK值相似，属于钙碱性－高钾钙碱性准铝质－弱过铝质I型花岗岩。二长花岗岩、花岗岩、碱长花岗岩、花岗斑岩A/CNK值（分别为0.99、1.12、0.96、1.49），介于0.74～3.19，平均为1.07，89件样品中11件样品大于1.1，需要其他标志综合判断其成因。

花岗闪长岩、石英二长闪长岩、石英二长岩、二长闪长岩、石英闪长岩、闪长岩Rb/Sr值为0.05～1.16，平均为0.44，Rb/Ba值为0.03～0.54，平均为0.17，具有壳幔混合源I型花岗岩的微量元素比值特点。二长花岗岩、花岗岩、碱长花岗岩、花岗斑岩Rb/Sr值为0.02～17.39，平均为2.95，Rb/Ba值为0.01～9.91，平均为1.29，明显高于闪长岩、石英闪长岩、石英二长闪长岩、花岗闪长岩、英云闪长岩，具有壳源S型花岗岩的特点。

在K_2O-Na_2O、SiO_2-Ce、SiO_2-Zr、10000Ga/Al－Nb图解（图5－42至图5－45）中，花岗闪长岩、石英二长闪长岩、石英二长岩、二长闪长岩、石英闪长岩、闪长岩主要位于I型花岗岩区，Sr－Nd－Pb同位素也显示原始岩浆源区具有幔源物质的贡献，说明这些岩石具有壳幔混合来源。SiO_2-Zr图解中二长花岗岩、花岗岩、碱长花岗岩、花岗斑岩主要位于S型花岗岩区，在K_2O-Na_2O图解中位于A型花岗岩区，但是从岩石里特曼指数σ值平均为2.18来看，并不具有典型A型花岗岩所具有的碱性特征。

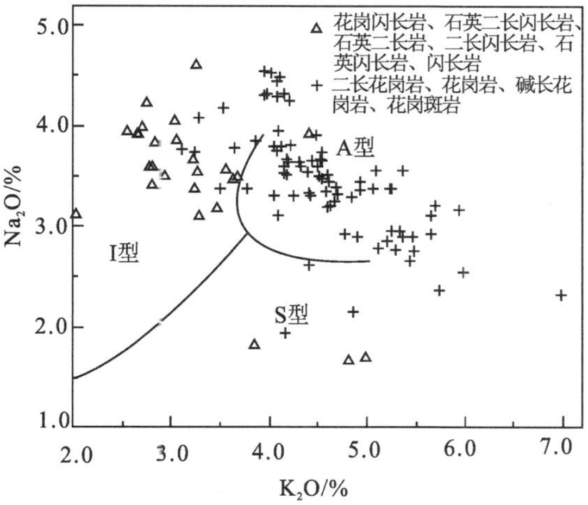

图5－42　晚三叠世中酸性侵入岩K_2O-Na_2O图解

（底图据Collins W J，1982）

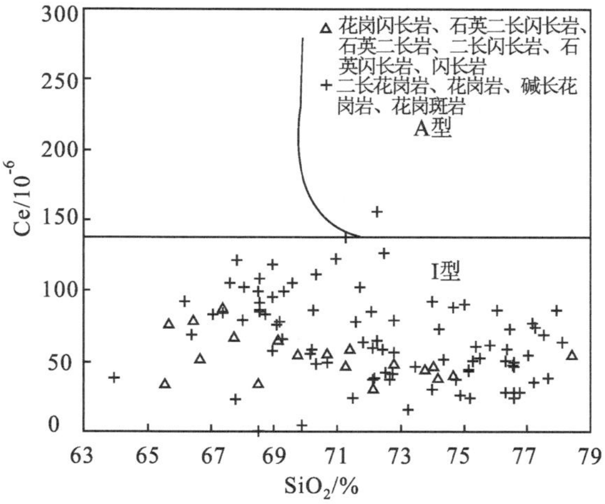

图5－43　晚三叠世中酸性侵入岩SiO_2-Ce图解

（底图据Collins W J，1982）

7. 构造背景

花岗闪长岩、石英二长闪长岩、石英二长岩、二长闪长岩、石英闪长岩、闪长岩在R_1-R_2构造环境判别图解（图5－46）中位于破坏性活动板块边缘（板块碰撞前）花岗岩和地幔斜长花岗岩区，在Yb＋Ta－Rb图解（图5－47）中位于VAG（火山弧花岗岩）

区，岩石似乎形成于俯冲环境。然而，岩石稀土元素球粒陨石标准化曲线向右陡倾，负铕异常不明显，高场强元素 Nb、Ta、Zr、Hf 亏损也不十分强烈，与大规模俯冲环境的岩石特征存在明显差异。二长花岗岩、花岗岩、碱长花岗岩、花岗斑岩在 R_1-R_2 构造环境判别图解中位于同碰撞（S 型）花岗岩区，Yb + Ta - Rb 图解中位于 VAG（火山弧花岗岩）区和 syn - COLG（同碰撞花岗岩）区。

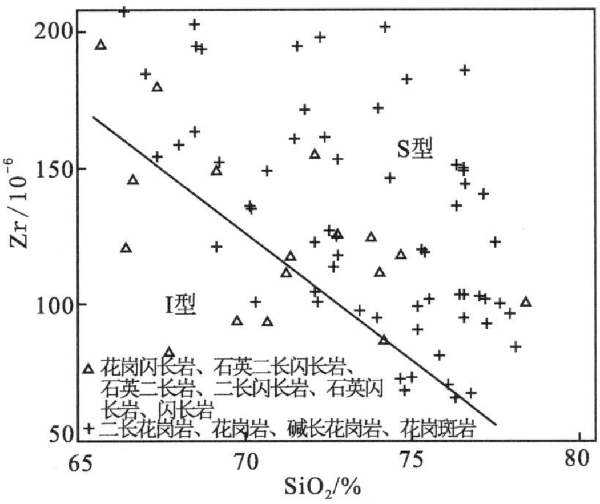

图 5 - 44　晚三叠世中酸性侵入岩 SiO_2 - Zr 图解

（底图据 Collins W J，1982）

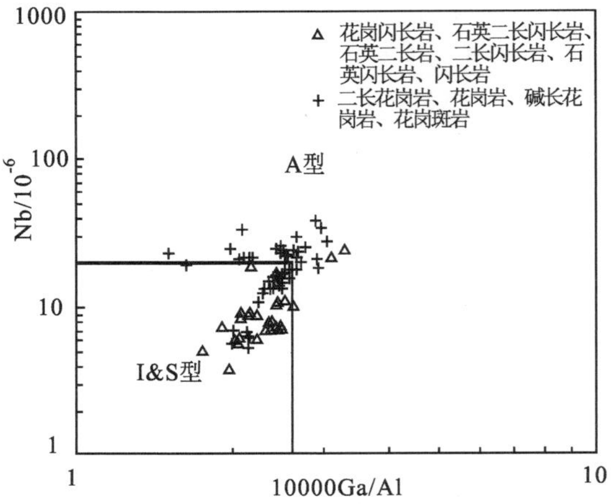

图 5 - 45　晚三叠世中酸性侵入岩

10000Ga/Al - Nb 图解

（底图据 Whalen J B et al.，1987）

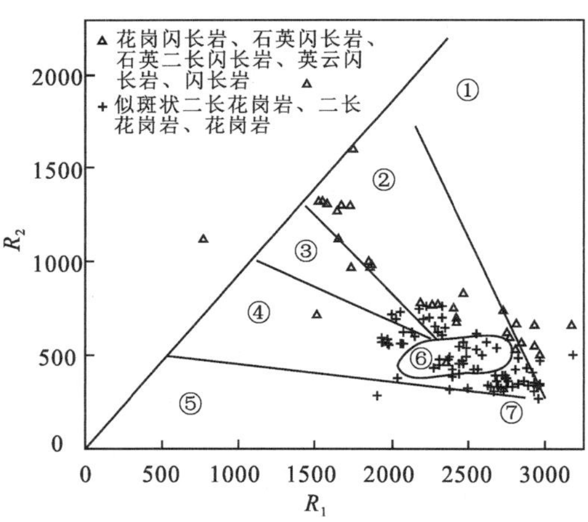

图 5 - 46　晚三叠世中酸性侵入岩

R_1-R_2 构造环境判别图解

（底图据 Batchelor et al.，1985）

①地幔斜长花岗岩；②破坏性活动板块边缘（板块碰撞前）花岗岩；③板块碰撞后隆起期花岗岩；④晚造山期花岗岩；⑤非造山区 A 型花岗岩；⑥同碰撞（S 型）花岗岩；⑦造山期后 A 型花岗岩

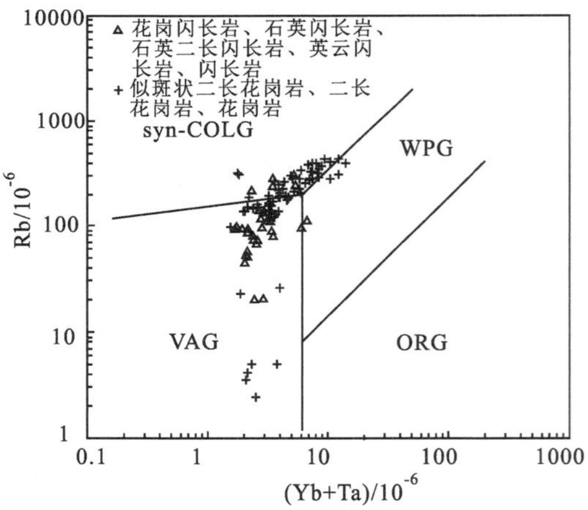

图 5 - 47　晚三叠世中酸性侵入岩

Y + Nb - Rb 图解

（底图据 Pearce et al.，1984）

WPG—板内花岗岩；VAG—火山弧花岗岩；ORG—洋脊花岗岩；syn - COLG—同碰撞花岗岩

前面已论述，祁漫塔格地区245Ma洋盆已经闭合，245～228Ma形成的花岗岩形成于大规模俯冲结束与全面碰撞转换的构造环境，即同碰撞环境。晚三叠世（228～204Ma）进入了全面陆－陆碰撞阶段。花岗闪长岩、石英二长闪长岩、石英二长岩、二长闪长岩、石英闪长岩、闪长岩这一岩石组合显示铕亏损不甚明显，结合区域背景，推断加厚陆壳的存在；岩石成因分析该岩石组合具有“I”型花岗岩的特征，Sr－Nd－Pb同位素亦显示存在地幔物质的贡献，说明晚三叠世依然存在强烈的壳幔相互作用，这种壳幔相互作用很可能是随着陆壳的加厚，下地壳底部物质密度不断增大，发生了下地壳的拆沉作用，从而引起高热软流圈物质上涌，诱发下地壳局部熔融，并和地幔物质充分交换，岩浆上升侵位，形成具有壳幔岩浆作用特点的这一岩石组合。Sr－Nd－Pb同位素显示岩浆源区具有EMⅡ的印记，微量元素Nb、Ta、Zr具有一定亏损，暗示岩浆源区还存在一定俯冲物质的印记，这与中三叠世花岗岩相似，并非是俯冲环境的产物，只是反映其岩浆源区具有流体改造的特征，也是俯冲物质“滞后熔融”的表现。下地壳拆沉模式较好地解释了晚三叠世花岗岩呈面状分布的特征（东昆仑东段昆中岩浆弧内大量存在晚三叠世岩体，研究区由于工作程度低，未能将晚三叠世岩体解体出来），这与马昌前等（2015）计算得到的晚三叠世岩浆体积添加速率高于中三叠世岩浆体积添加速率是一致的。

与中三叠世花岗岩形成相似，二长花岗岩、花岗岩、碱长花岗岩、花岗斑岩的形成依然是受下地壳高热流的影响，诱发中上地壳局部熔融，形成具有壳源贡献为主的S型花岗岩组合。

综合上述，晚三叠世花岗岩形成于后碰撞伸展构造环境。

8. 岩浆起源

花岗闪长岩、石英二长闪长岩、石英二长岩、二长闪长岩、石英闪长岩、闪长岩这一岩石组合以无明显的负Eu异常和高Sr、Sr/Y为特征，反映岩浆源区残留相主要为石榴子石，形成压力高于15 kbar，形成深度可能大于50km（张旗等，2010）；而二长花岗岩、花岗岩、碱长花岗岩、花岗斑岩具有中等或强烈负Eu异常、低Sr/Y和高La/Yb比值特征，暗示岩浆源区存在斜长石残留，形成深度低于前者。

基于上述讨论，推测祁漫塔格地区晚三叠世花岗岩可能经历了如下的形成过程：晚三叠世随着碰撞的发展，陆壳不断加厚，下地壳比重不断加大，必然引起下地壳物质的不稳定，发生下地壳拆沉作用。拆沉作用引起高热软流圈物质上涌，诱发下地壳局部熔融，并和地幔物质充分交换，岩浆上升侵位，形成具有壳幔岩浆作用特点的石英闪长岩－石英二长闪长岩－花岗闪长岩－英云闪长岩岩石组合。同样，下地壳高热流诱发中上地壳局部熔融，形成具有壳源贡献为主的S型似斑状二长花岗岩－二长花岗岩－花岗岩－碱长花岗岩岩石组合。陆壳加厚、下地壳拆沉模式较好地解释了晚三叠世花岗岩面状分布、分布范围广，源区地幔物质更加明显的特征。

第二节　典型矿床（类型）特征

研究区已发现与三叠纪中酸性侵入岩有关的矿床众多，而且大中型矿床较多，主要有矽卡岩型铁－铅－锌（铜）矿床、矽卡岩－热液型铜－铅－锌－锡－钼矿床、热液型金矿床、隐爆角砾岩型铅－锌（铜）矿床、斑岩型铜－钼矿床。限于篇幅，本节对部分矿床的描述不再按单个典型矿床来描述，而是归纳总结不同类型的矿床特征。

一、矽卡岩型铁－铅－锌（铜）矿床

研究区已发现的矽卡岩型铁－铅－锌（铜）矿床主要集中分布于野马泉－苏海图盆地的野马泉至沙丘一带，在昆中岩浆弧乌兰拜兴、卡尔却卡地区亦有所发育。典型矿床有野马泉矿床、尕林格矿床、四角羊－牛苦头矿床、它温查汉矿床、它温查汉西矿床、沙丘矿床、那陵郭勒河西矿床、拉陵灶火矿床、乌兰拜兴矿床及卡尔却卡 M3－9 磁异常矿段。

（一）地质背景

1. 围岩地层

矽卡岩型铁－铅－锌（铜）矿床围岩地层主要是寒武系—奥陶系滩间山群（€ OT）和上石炭统缔敖苏组（C_2d）（图 5－48 至图 5－50），其次有中元古界金水口岩群（$Pt_2J.$）和下石炭统大干沟组（C_1dg）。

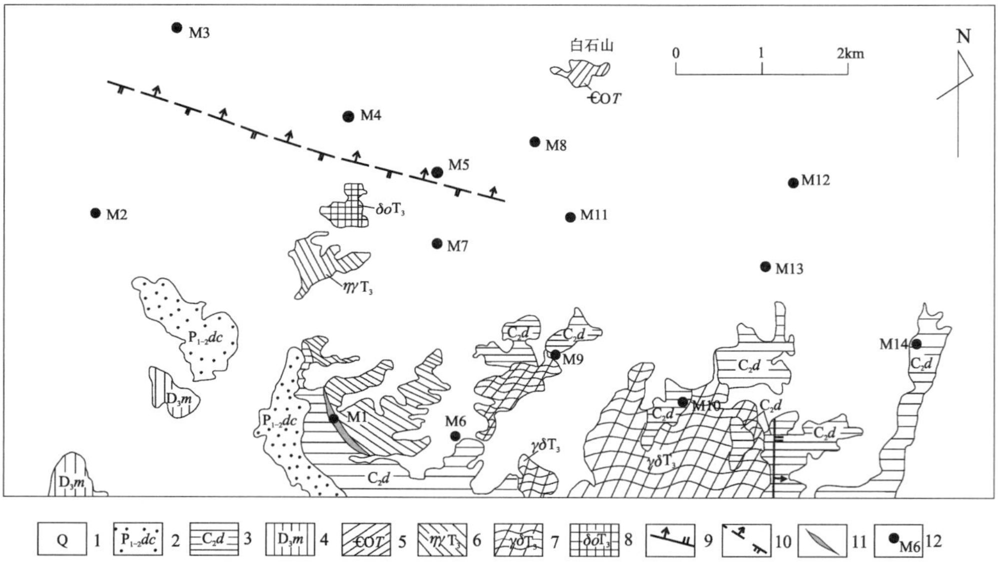

图 5－48　野马泉矿区地质图

1—第四系风成砂；2—下－中二叠统打柴沟组黑色燧石条带灰岩、结核灰岩、碎屑灰岩；3—上石炭统缔敖苏组大理岩、结晶灰岩、生物碎屑灰岩、红柱石堇青石角岩、变石英砂岩；4—上泥盆统牦牛山组安山岩夹英安岩、凝灰熔岩；5—寒武系—奥陶系滩间山群大理岩、炭质钙板岩、硅质岩夹玄武岩、长英质角岩；6—晚三叠世二长花岗岩；7—晚三叠世花岗闪长岩；8—晚三叠世石英二长闪长岩；9—实测正断层；10—推测逆断层；11—铁多金属矿体；12—地磁异常及编号

滩间山群是在弧后盆地环境下形成的一套滨海－浅海到较深海沉积环境的类复理石建造，再到火山喷发沉积，最后到深水碳酸盐沉积。滩间山群自下而上分为 3 个岩组，下岩组为碎屑岩－中基性火山岩－碳酸盐岩组，中岩组为火山岩组，上岩组为碳酸盐岩组。尕林格矿床、野马泉矿床、乌兰拜兴矿床及卡尔却卡 M3－9 磁异常矿段主要分布在下岩组，四角羊－牛苦头矿床、它温查汉矿床、它温查汉西矿床、沙丘矿床、那陵郭勒河西矿床、

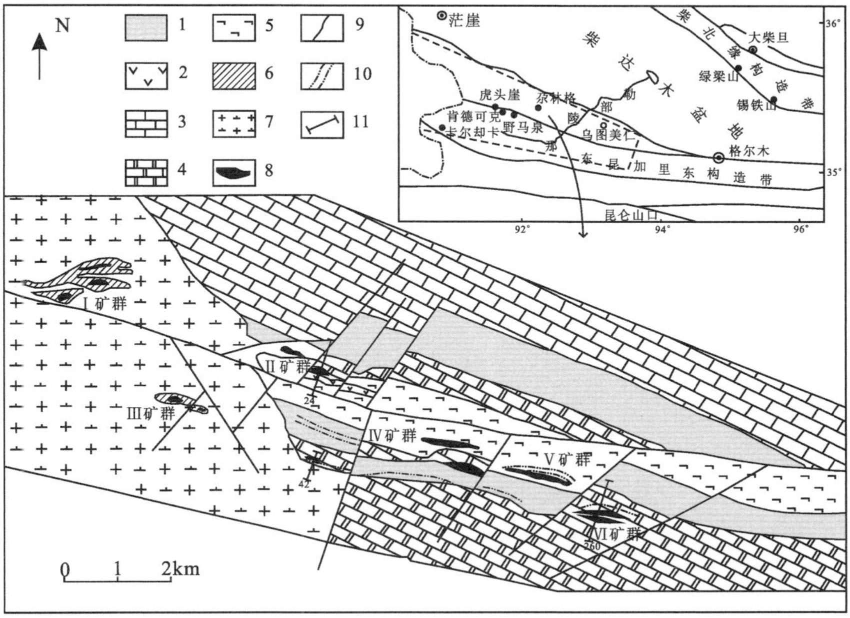

图 5-49　尕林格矿区基岩地质推断图

（据于淼等，2013，略做修改）

1～6—滩间山群：1—泥质粉砂岩，2—蛇纹石交代岩，3—灰岩，4—大理岩，5—硅质岩，6—透辉石矽卡岩；7—花岗闪长岩、石英二长闪长岩、石英闪长岩；8—矿体；9—断层；10—断裂破碎带；11—勘探线剖面

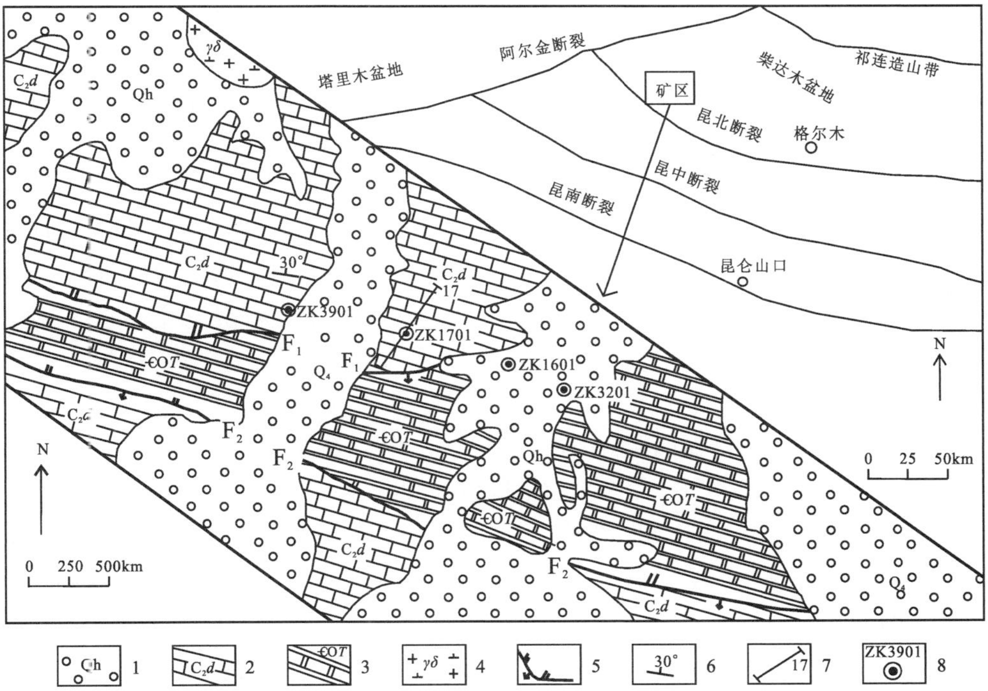

图 5-50　四角羊-牛苦头矿区地质图

（据李洪普等，2011，略做修改）

1—第四系冲洪积物；2—上石炭统缔敖苏组；3—寒武系—奥陶系滩间山群；4—晚三叠世花岗闪长岩；5—逆断层；6—地层产状；7—勘探线及编号；8—钻孔位置及编号

拉陵灶火矿床主要分布在上岩组，中岩组内尚未发现具一定规模的矿体。滩间山群岩性主要有白云质大理岩、结晶灰岩、泥质灰岩、白云质灰岩、白云岩、炭质钙板岩、硅质岩、玄武岩、安山岩、变质砂岩、粉砂岩和长英质角岩。其中，碳酸盐岩和中－基性火山岩是主要的赋矿围岩，在砂岩和粉砂岩中也存在含矿矽卡岩透镜体。

缔敖苏组可分为 3 个岩性段，下段（C_2d^1）岩性以大理岩、结晶灰岩、硅化灰岩为主，有少量生物碎屑灰岩；中段（C_2d^2）岩性主要为红柱石堇青石角岩，有少量变石英砂岩；上段（C_2d^3）岩性以大理岩、结晶灰岩为主。

2. 侵入岩

形成矽卡岩型铁－铅－锌（铜）矿床的侵入岩主要是花岗闪长岩、石英二长闪长岩、石英二长岩、石英闪长岩，其次有少量二长闪长岩、英云闪长岩及二长花岗岩。岩体时代为中三叠世和晚三叠世，岩体多呈岩株、岩舌、岩枝状，与围岩地层接触面多呈不规则状，部分矿床接触面较平整。侵入岩特征前面已进行了详细描述，在此不再赘述。

3. 构造

典型矿床内褶皱仅仅在尕林格矿区发育北西西向展布的向斜构造，其他矿区不甚发育。尕林格矿区较完整的向斜发育在Ⅴ矿群（于淼等，2013）。向斜南北两翼的岩性对称分布，但产状不对称，北翼倾向南，倾角较陡，通常为 60°～70°，南翼倾向北，倾角较缓，通常为 45°～60°，近轴部的地层比较平缓。枢纽西端翘起，东端倾伏，两翼小褶曲、挠曲发育。顺向斜轴自西往东，该向斜被断层切割成 4 段。矿体大部分产于向斜的北翼。

矿区断裂十分发育，根据其形成时间可分为成矿前断裂、成矿期断裂和成矿后断裂。

（1）成矿前断裂

成矿前构造活动明显，主要以平移隐伏断层和南北向逆断层为主，前者走向 30°～50°，倾角 60°～70°，主要切割滩间山群，对上石炭统缔敖苏组无影响，推断与早古生代构造演化相关。后者倾向 270°～280°，倾角 30°～50°，切割上石炭统缔敖苏组，但未影响印支期岩浆岩，推断与晚古生代俯冲作用相关。

（2）成矿期构造

成矿期受北北东—南南西向压应力的作用，总体构造线呈北西西向，主要发育北西西向断层组、北东和北西向共轭断层组以及层间构造和节理。

北西西向断层组十分发育，断层走向 290°～300°，延伸长度 1～3km。断层呈叠瓦式排列，并见分岔复合现象。断层性质为逆断层，断层两侧多数有宽 10～140m 的破碎带，由铁、钙质胶结。北西西向断层组控制了矿区的地层走向、侵入岩展布方向、褶皱形态、矿产分布及次一级构造的展布，为矿区主要控矿构造。

北东、北西向断层组为一共轭断层组，断层活动强烈，见有宽 20～100m 的破碎带，以断层角砾岩为主。

受主压应力的作用，岩层变形强烈，层间构造和节理发育，岩体多沿层间构造和节理侵入，层间构造和节理为矿液的灌入、运移、交代和沉淀提供了良好的场所。

（3）成矿后断裂

成矿后断裂构造主要为北北东向断裂，具有左旋扭张性质，将北西西向断裂、向斜构造和地层错断，断距最大可达1km，对矿体具有一定破坏作用。

（二）矿床地质

1. 含矿岩层特征

矿区自侵入岩向围岩，依次发育未蚀变侵入岩—内矽卡岩（蚀变侵入岩）—矽卡岩化碳酸盐岩—矽卡岩—矽卡岩化碳酸盐岩（角岩化变质碎屑岩）—碳酸盐岩。矿体主要产于侵入岩与碳酸盐岩外接触带的矽卡岩中，在其顶部的矽卡岩化碳酸盐岩中也有部分产出。前者主要产出有铁锌（铜）矿产，后者则多为铅锌矿产。内矽卡岩不甚发育，分布十分零星，矿化也很弱。

矽卡岩主要发育有钙矽卡岩、镁矽卡岩和锰矽卡岩（赵一鸣等，2013；刘建楠等，2013）。钙矽卡岩分布广泛，自侵入岩向围岩主要岩石类型有石榴子石矽卡岩（图5－51）、透辉石石榴子石矽卡岩、石榴子石透辉石矽卡岩、透辉石矽卡岩（图5－52）。镁矽卡岩以出现含镁较高的镁橄榄石、粒硅镁石、蛇纹石、皂石、金云母为特征。锰矽卡岩距离侵入岩存在一定距离，以锰质钙铁辉石的出现为标志。

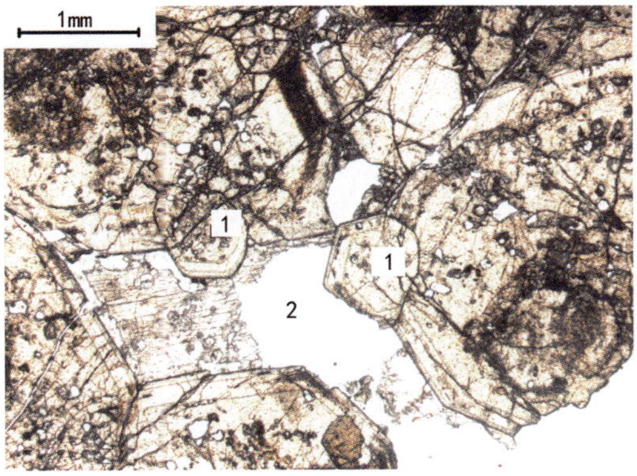

图5－51　石榴子石矽卡岩显微照片（+）
1—石榴子石；2—方解石

图5－52　透辉石矽卡岩显微照片（+）
1—透辉石

2. 矿带、矿体特征

矿体产于中酸性侵入岩体与碳酸盐岩以及中基性火山岩外接触带的矽卡岩中。矿体平面上主要位于接触面转折部位的内侧，剖面上主要位于舌状岩体凹陷带（图5－53）及岩体顶部（图5－54）。矿化金属种类从岩体到外接触带具明显分带现象。自岩体向外接触带为Sn、Mo、Co→Fe、Cu→S（磁黄铁矿）、Zn→Pb。金属种类的分带主要受温度的影响，靠近岩体温度较高，形成高温的锡石－辉钼矿金属组合，随着离岩体距离变大，温度逐渐下降，依次形成磁铁矿－黄铜矿组合和磁黄铁矿－闪锌矿组合，而方铅矿则离接触带距离更远一些，这与典型矽卡岩矿床金属矿物分带一致。主矿体均位于接触带50～150m范围内，远离接触带铁矿体规模逐渐变小，而出现多金属矿化。

下面以野马泉、尕林格、四角羊－牛苦头矿床为例，简要将矿带、矿体特征介绍如下。

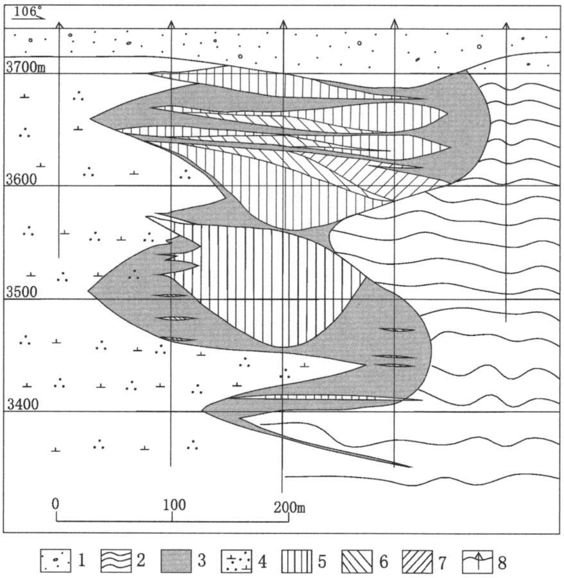

图 5－53　野马泉矿区 M5 磁异常区纵向剖面图

1—风成砂、冲洪积物；2—大理岩；3—矽卡岩；4—石英二长闪长岩；
5—铁矿体；6—锌矿体；7—铁锌矿体；8—钻孔

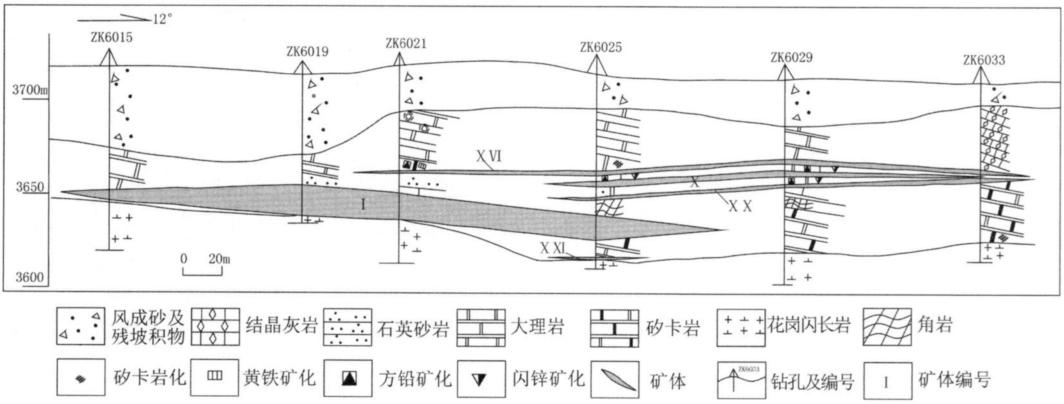

图 5－54　野马泉矿区 M10 磁异常区 52 勘探线剖面图

（1）野马泉矿床矿带、矿体

矿区圈定 14 处地磁异常（图 5－48），分为南、北两个磁异常带，与磁异常相对应有南、北两个矿带。北矿带包括的磁异常有 M3、M4、M5、M7、M8、M11、M12。南矿带包括磁异常 7 个，即 M1、M2、M6、M9、M10、M13、M14。

矿区共发现 205 条铁、铁多金属及多金属矿，矿区内发现的主要矿种有铁、铅、锌及铜，在矿石及围岩中见钴、银、锡、钼矿化，可综合利用。

M4、M5 磁异常区矿体多呈透镜状、扁豆状、不规则状（图 5－53），总体倾向北东，倾角 20°～62°；M9、M10 磁异常区矿体总体呈薄板状（图 5－54），倾向北东，倾角较缓，一般为 5°～20°；M13 磁异常区矿体形态随接触面变化而变化（图 5－55），南部埋深较浅、一般小于 200m，北部埋深较大、一般在 300～600m，局部达 900m 以上，矿体连续性较好，以方铅闪锌矿为主，磁铁矿在局部地段富集，M13 磁异常主矿体与 M10 磁异常区主矿体相连；M14 磁异常区矿体多呈条带状，总体倾向北，倾角 5°～10°；M1 磁异常区矿体总体呈透镜状，倾向南西，倾角一般为 30°～55°，向南侧伏；M3 磁异常区矿体总体呈透镜状，倾向南，倾角一般为 45°～55°；M6、M7 磁异常区矿体规模较小。

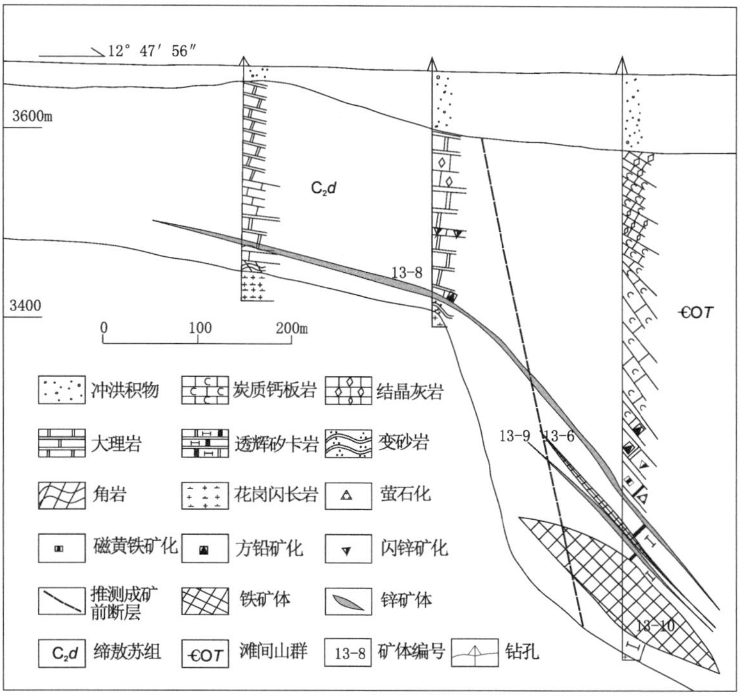

图 5－55　野马泉矿区 M13 磁异常区 100 勘探线剖面图

矿区主矿体有 18 条，主矿体长 200～2482m，厚 3.62～38.15m，延深为 45～1100m，全铁平均品位为 32.99%～47.32%，铜平均品位为 0.25%～1.22%，铅平均品位为 0.67%～0.95%，锌平均品位为 1.15%～2.95%，见表 5－13。

表 5－13　野马泉矿区主矿体特征

矿体编号	矿石类型	走向长 m	倾向长 m	平均厚度 m	TFe 平均品位 %	Cu 平均品位 %	Pb 平均品位 %	Zn 平均品位 %	矿体产状/(°)	
									倾向	倾角
M5－1Ⅲ	铁锌	325	107	35.66	38.13	—	—	2.95	15～20	35～62
M5－2Ⅱ	铁锌	300	48	21.92	41.33	—	—	1.46	30－40	35～50
M5－2Ⅲ	铁	200	45	21.51	47.32	—	—	—	30～40	35～50
M4Ⅰ	铁锌	200	118	31.49	43.88	—	—	1.81	195～210	20－60
M9－1	铁铜	888	316.30	5.12	38.74	0.67	—	—	12	5～10
M9－15	铁铜	718	277.75	6.63	35.19	0.25	—	—	5～20	2～15
M10－1	铁锌	1245	521.90	7.31	42.28	—	—	1.99	13	2～31
M10－13	锌	373	255.10	4.24	—	—	—	1.30	15	6～10
M3Ⅵ	铁	700	107	7.33	39.21	—	—	—	190～200	45－55

续表

矿体编号	矿石类型	走向长 m	倾向长 m	平均厚度 m	TFe 平均品位 %	Cu 平均品位 %	Pb 平均品位 %	Zn 平均品位 %	矿体产状/(°)	
									倾向	倾角
M1ⅩⅢ	铁铜	200	328	6.00	32.99	1.22	—	—	260~280	30~55
M13-3	铅锌	350	639.64	3.84	—	—	0.75	2.21	15~20	3~38
M13-4	铅锌	300	357.50	5.80	—	—	0.84	2.92	15~20	1~54
M13-5	铁	300	677.00	6.35	34.42	—	—	—	15~20	5
M13-6	铁	1292	1081.03	3.62	34.91	—	—	—	15~20	9~48
M13-14	铅锌	2482	571.47	3.93	—	—	0.67	1.36	15~20	3~48
M13-19	锌	704	377.99	6.46	—	—	—	1.57	15~20	10
M13-20	铁铅锌	702	378.97	38.15	34.10	—	0.95	1.15	15~20	18~49
M14-8	铁	800	1100	6.48	43.66	—	—	—	0	5~10

（2）尕林格矿床矿带、矿体

矿区经过地面磁测圈出7处磁异常，磁异常呈北西西向雁行排列。与磁异常相对应，矿床由7个矿群（带）组成（图5-56），呈北西西向展布，长约14km。Ⅴ、Ⅱ矿群为矿区规模较大的矿群，其铁矿石资源量占全区的三分之二还多，而Ⅵ矿群是矿区多金属矿的主体，发现的铅锌矿体几乎都位于Ⅵ矿群内。

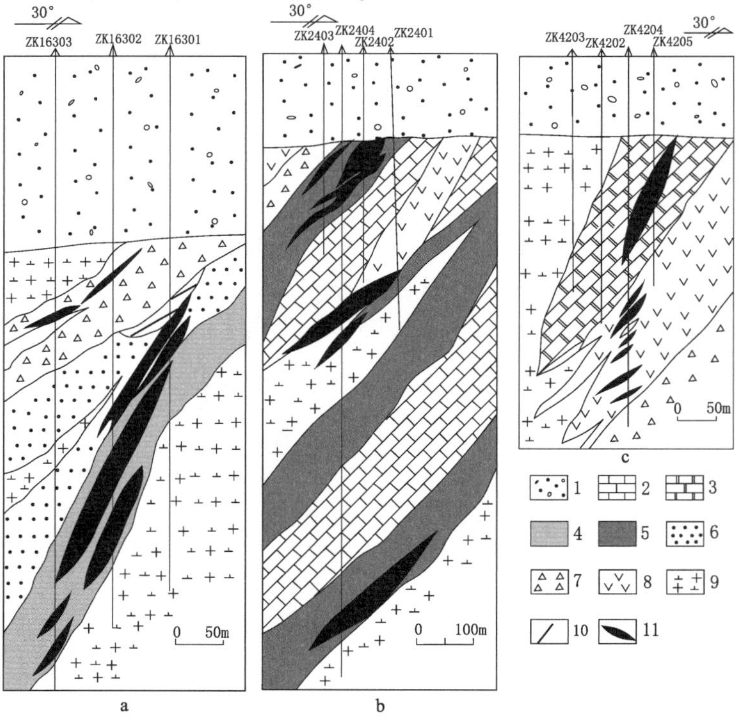

图5-56　尕林格矿区163、24、42勘探线剖面图

（据于森等，2013）

a—Ⅰ矿群163勘探线剖面图；b—Ⅱ矿群24勘探线剖面图；c—Ⅳ矿群42勘探线剖面图

1—第四系风成砂及冲洪积物；2~8—滩间山群：2—灰岩，3—大理岩，4—矽卡岩，5—蛇纹石交代岩，6—透辉石矽卡岩，7—硅质岩，8—蚀变安山岩；9—侵入岩；10—断层；11—矿体

矿区已发现铁多金属矿体70余条，磁铁矿体在7个矿群中均有所发现，矿体呈似层状、透镜状、不规则状、囊状，普遍见有矿体的分支复合现象（图5－56）。铅锌矿体主要位于Ⅵ矿群内，呈厚大的透镜状。铁多金属矿体倾向为160°～209°，倾角40°～72°。矿体长80～1200m，厚2～383m，倾向延伸30～400m，TFe品位20.4%～55.86%，平均品位为35.11%，铅平均品位为2.25%，锌平均品位为3.89%。

Ⅴ号矿群的2号主矿体是矿区代表性矿体，长1200m，倾向延深100～800m，最大厚度43m，平均17.6m，矿体呈似层状，中间膨大，顶部被剥蚀，矿体TFe平均品位46.67%，2号矿体铁矿石资源量占Ⅴ矿群铁矿石总资源量的76%。

（3）四角羊－牛苦头矿床矿带、矿体

矿区地表共圈定2条矽卡岩矿带（查道函等，2012），Ⅰ号矽卡岩矿带长约2km，宽20～70m，平均30m，呈带状或蛇形曲线展布，存在分支复合现象，整体走向北东东—南西西向，沿走向受侵入岩接触面产状控制明显，多呈起伏不规则状随着侵入岩接触面顶部分布。矿带总体倾向南，倾角总体较陡，通常为50°～70°。Ⅱ号矽卡岩矿带位于Ⅰ号矽卡岩南侧，产于缔敖苏组层间发育的锰矽卡岩或矽卡岩化碳酸盐岩中，长大于600m，宽5～10m，总体呈带状展布，走向近东西向，倾向南，倾角一般为60°。

矿区已发现铁多金属矿体近200条（李洪普等，2011），主矿体长300～2000m，厚度通常为3～15m，最厚达到30.87m，厚度变化较大，厚度变化系数一般在50%以上，最高可达139%，其中2号矿体和17号矿体规模较大。2号矿体长750m，矿体具分支复合和膨大缩小现象，厚度为0.5～20.99m，平均厚度为5.7m，Pb平均品位为1.71%，Zn平均品位为3.00%；17号矿体长大于750m，矿体同样具分支复合和膨大缩小现象（图5－57），厚度为0.96～23.20m，平均厚度为4.06m，Pb平均品位为0.74%，Zn平均品位为0.79%，Cu品位为0.23～1.48%。

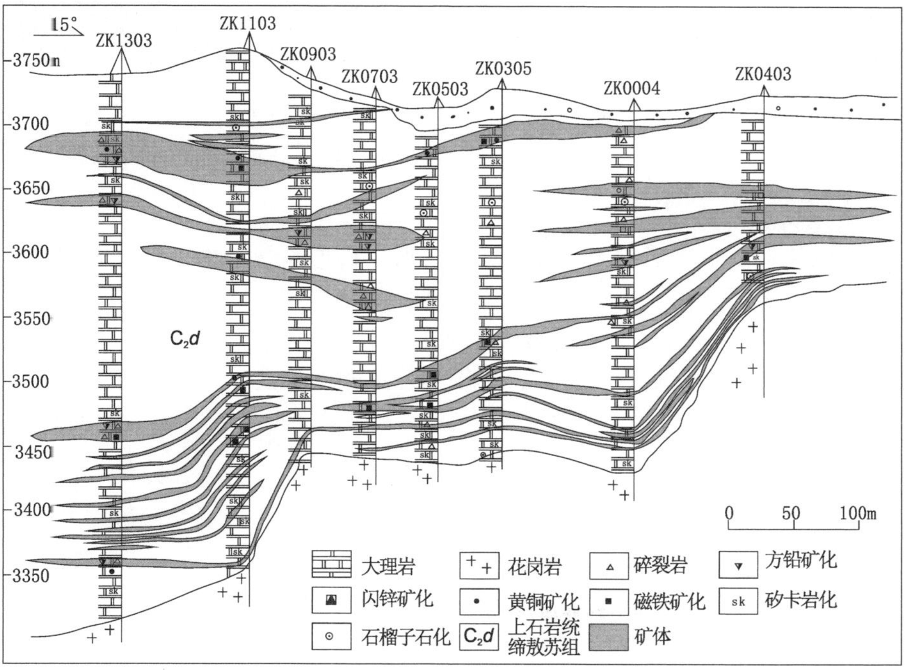

图5－57　四角羊－牛苦头矿区纵向剖面图

（据李洪普，2010，略做修改）

3. 矿石特征

（1）矿石矿物和脉石矿物

已发现的矿石矿物主要有磁铁矿、镁磁铁矿、磁黄铁矿、黄铜矿、方铅矿、闪锌矿、黄铁矿、赤铁矿、白铁矿，其次有辉钼矿、锡石、斑铜矿、辉铋矿、碲铋矿、毒砂等，地表氧化物主要有孔雀石、褐铁矿等。

脉石矿物主要有透辉石、钙铁辉石、锰钙铁辉石、锰三斜辉石、钙铁榴石、钙铝榴石、镁橄榄石、硅灰石、绿泥石、绿帘石、符山石、阳起石、透闪石、绿钙闪石、粒硅镁石、方解石、石英、金云母、白云母、萤石、钾长石、斜长石、普通角闪石、普通辉石和榍石等。透辉石与磁铁矿关系密切，钙铁辉石与铁铅锌矿关系密切，而阳起石、锰钙铁辉石和锰三斜辉石与铅锌矿关系密切。靠近侵入岩以钙铝榴石为主，向外出现较多钙铁榴石。

（2）矿石类型

矿石类型极其复杂，根据主要金属矿物组合可大致分为磁铁矿矿石（图5－58）、镁磁铁矿矿石、磁黄铁矿矿石、磁铁矿－闪锌矿矿石、磁铁矿－方铅矿－闪锌矿矿石、磁黄铁矿－闪锌矿矿石、磁铁矿－黄铜矿矿石、磁黄铁矿－磁铁矿－黄铜矿矿石、闪锌矿－方铅矿矿石、黄铜矿矿石、黄铜矿－方铅矿－闪锌矿矿石（图5－59）等。

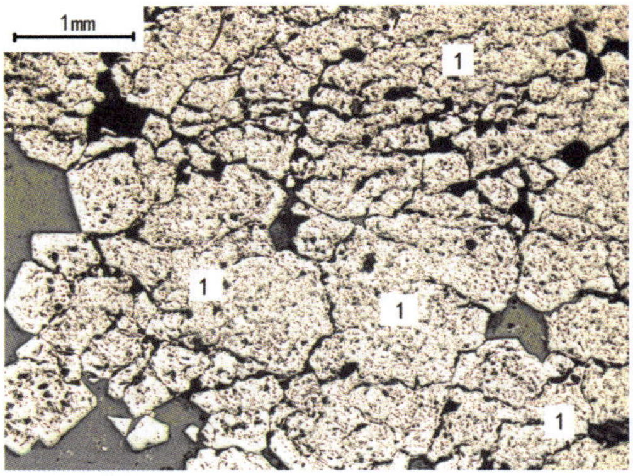

图5－58　磁铁矿矿石显微照片（－）
1—磁铁矿

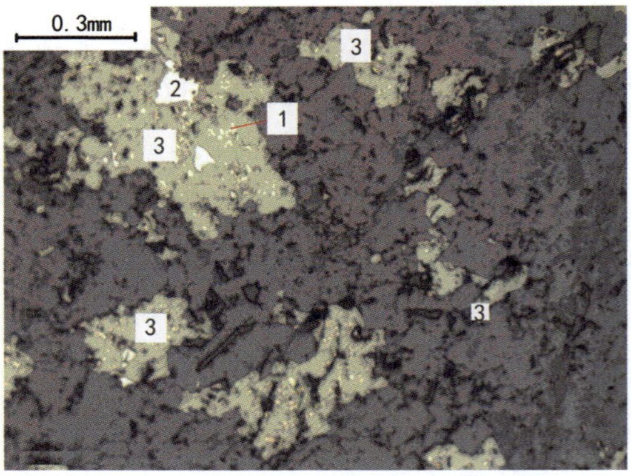

图5－59　黄铜矿－方铅矿－闪锌矿矿石显微照片（－）
1—黄铜矿；2—方铅矿；3—闪锌矿

（3）矿石结构、构造

矿石结构以他形－半自形为主，部分呈半自形－自形粒状结构、包含乳滴状结构，次有斑状结构、交代溶蚀结构、交代残留结构、叶片状结构。

矿石构造以浸染状构造为主，次为致密块状、网脉状、条带状构造、斑杂状、团块状、草束状、放射状及不规则脉状构造，局部受构造破坏见角砾状构造。

4. 围岩蚀变

矿床蚀变分带现象较明显，岩体常常发育绿帘石化、矽卡岩化、钾化、钠长石化、硅化、黏土化等，碳酸盐岩发育矽卡岩化、硅化、绿泥石化，碎屑岩发育角岩化。

5. 成矿阶段

从矿石光片结果分析，磁铁矿形成最早，从时间上大致可分为三期，早期和中期磁铁矿是铁矿石主体，早期磁铁矿晶体较粗大，晶形较完整，粒径为0.2～2mm，多在1mm以上，粒径较大者具明显的环带构造；中期磁铁矿粒径一般为0.1～1.24mm；晚期磁铁矿仅局部可见，呈细脉穿插，粒径一般为0.05～0.2mm。

黄铜矿、磁黄铁矿稍晚于磁铁矿。磁黄铁矿大致可分为两期，早期与黄铜矿近于同时形成，晚期与闪锌矿共生。闪锌矿和方铅矿形成较晚，方铅矿更晚于闪锌矿。闪锌矿晶形较完整，粒径一般为0.2～1.33mm；方铅矿多呈他形，粒径一般为0.1～0.68mm，有时与赤铁矿共生。黄铁矿分布广泛，形成时间跨度大，但主体与磁黄铁矿共生。

矿物生成顺序见图5－60。从中可看出，矿物的生成表现出多期性，矿物具相互交代、穿插和延续性，各期、各阶段均不是截然分开的，时间上紧密相关，空间上多穿插叠加。

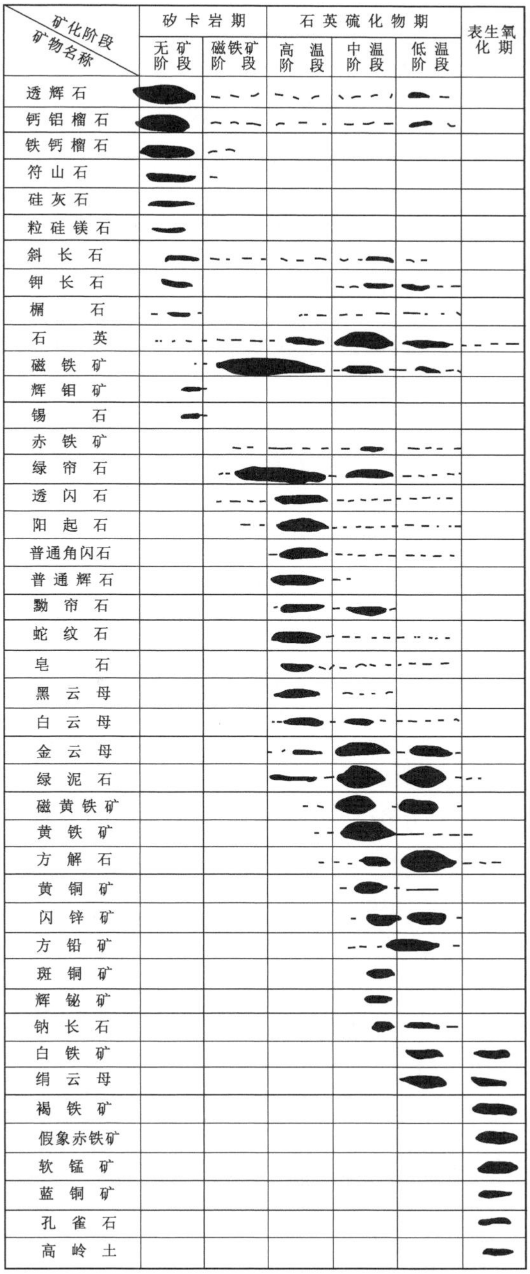

图5－60　野马泉矿区矿物生成顺序

通过对矿物共生组合及生成顺序的研究，发现矿床的形成经历了矽卡岩期、石英硫化物期及表生氧化期。介于矽卡岩期和石英硫化物期的锡石氧化物阶段不发育，仅在局部地段有所见及。磁铁矿主要形成于矽卡岩晚期－石英硫化物期高温阶段；多金属矿形成于石英硫化物期中低温阶段，多金属与脉石组成粗大的脉体进入磁铁矿。

（三）矿床地球化学特征

1. 主量元素

野马泉矿区矿石硅酸盐分析结果显示（表5－14），磁铁矿矿石富 Al_2O_3、SiO_2、CaO，磁铁矿－黄铜矿矿石、磁铁矿－闪锌矿－方铅矿矿石富 Na_2O、MgO、Fe_2O_3，矿石由早到晚表现出 Al_2O_3、SiO_2、CaO 总体减少和 Na_2O、MgO、Fe_2O_3增加的趋势。

表5－14　野马泉矿区矿石硅酸盐分析结果

样品编号	采样位置	岩性	分析结果 $w_B/\%$											
			Na_2O	MgO	Al_2O_3	SiO_2	K_2O	CaO	P_2O_5	TiO_2	MnO	Fe_2O_3	烧失量	总量
18274	M9 异常	磁铁矿矿石	0.14	0.35	5.21	26.23	0.08	21.69	0.014	0.41	0.28	38.25	4.38	97.03
18280	M10 异常		0.16	0.52	2.41	21.90	0.08	3.90	0.019	0.09	0.93	64.18	6.80	100.99
18255	M9 异常		0.92	0.35	3.49	19.34	0.14	18.28	0.066	0.21	0.75	49.78	3.22	96.55
18275	M9 异常		0.29	0.48	7.76	25.26	0.04	21.41	0.031	0.48	0.51	28.44	3.70	88.40
18276			0.24	0.21	1.17	12.69	0.02	4.50	0.018	0.02	0.10	69.77	10.82	99.56
18277	M10 异常		0.19	0.28	2.85	17.65	0.09	10.92	0.024	0.18	0.15	57.70	8.83	98.86
18262	M9 异常	磁铁矿－黄铜矿矿石	0.41	0.29	1.71	8.51	0.02	2.19	0.024	0.06	0.18	74.42	12.85	100.66
18278	M10 异常	磁铁矿－方铅矿－闪锌矿矿石	0.23	0.18	0.31	0.34	0.05	0.27	0.021	0.01	0.12	84.68	12.44	98.65
18279			0.99	0.65	4.18	22.83	0.15	4.95	0.025	0.14	1.19	56.13	7.46	98.70

注：样品由国土资源部西宁矿产资源监督检测中心测试，分析方法：ICP－MS。

2. 稀土元素

野马泉矿区矿石稀土元素分析结果显示（表5－15），矿石稀土元素总量变化大（ΣREE 为 $3.16\times10^{-6}\sim46.92\times10^{-6}$），$\delta$Eu 为 0.67～1.85，$\delta$Ce 为 0.52～0.82。矿石稀土元素标准化分布型式图（图5－61）曲线具有向右倾斜特征，负铕异常不明显或出现正铕异常，Gd、Yb 显示富集，强度不高，与热液蚀变有关。

尕林格矿区磁铁矿矿石稀土元素总量变化大（$7.16\times10^{-6}\sim138\times10^{-6}$），铕亏损或强烈富集（$\delta$Eu 为 0.23～1.66），铈呈明显的正异常（δCe 为 1.09～20.4），暗示成矿过程中成矿流体可能有 Ce 的加入（吴庭祥等，2009）。

四角羊－牛苦头矿区矿石稀土元素总量变化大（$9.63\times10^{-6}\sim132.49\times10^{-6}$），轻稀土元素富集，铕亏损或强烈富集（$\delta$Eu 为 0.41～16.4），铈呈明显的负异常（δCe 为 0.27～0.84）（李洪普，2010）。

总的看来，矽卡岩化和矿石形成过程中存在斜长石的带入和带出，存在明显的热液蚀变，矿石的稀土元素标准化分布型式与侵入岩具有一定相似性，均表现出轻稀土元素富集的右倾型曲线形式，可能继承了侵入岩稀土元素的分布特征。

表 5-15　野马泉矿区矿石稀土元素分析结果及稀土元素参数特征

样品号	采集地点	岩石名称	$w_B/10^{-6}$														
			La	Ce	Pr	Nd	Sm	Eu	Gd	Tb	Dy	Ho	Er	Tm	Yb	Lu	Y
YMQ-XT1	野马泉 M10 磁异常区	磁铁矿-闪锌矿矿石	6.90	8.64	1.50	6.80	1.84	1.12	2.54	0.42	2.60	0.60	1.62	0.21	1.18	0.18	27.4
YMQ-XT2		磁黄铁矿矿石	13.7	12.0	2.38	10.0	2.02	1.24	2.08	0.29	1.44	0.29	0.77	0.095	0.53	0.083	16.2
YMQ-XT3	野马泉 M5 磁异常区	磁铁矿矿石	0.65	1.04	0.15	0.64	0.11	0.028	0.15	0.015	0.13	0.027	0.096	0.01	0.1	0.01	1.44

样品号	采集地点	岩石名称	$w_B/10^{-6}$			LREE/HREE	La_N/Yb_N	δEu	δCe
			ΣREE	LREE	HREE				
YMQ-XT1	野马泉 M10 磁异常区	磁铁矿-闪锌矿矿石	36.15	26.80	9.35	2.87	4.19	1.58	0.66
YMQ-XT2		磁黄铁矿矿石	46.92	41.34	5.58	7.41	18.54	1.85	0.52
YMQ-XT3	野马泉 M5 磁异常区	磁铁矿矿石	3.16	2.62	0.54	4.87	4.66	0.67	0.82

注：样品由西安地质矿产研究所实验测试中心测试，分析方法：ICP-MS。

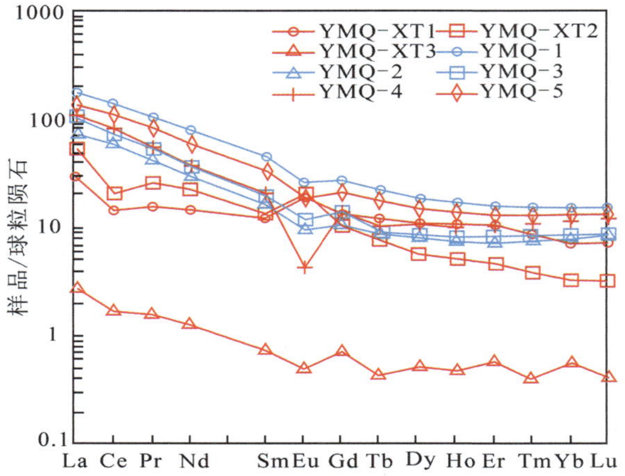

图 5-61 野马泉矿石和侵入岩稀土元素标准化分布型式图

（据张爱奎，2012）

YMQ-XT1—磁铁闪锌矿石；YMQ-XT2—磁黄铁矿石；YMQ-XT3—磁铁矿石；

YMQ-1—石英二长闪长岩；YMQ-2、YMQ-3、YMQ-4、YMQ-5—二长花岗岩

3. 硫同位素

矿石的 $\delta^{34}S$ 值范围为 -0.5‰～5.83‰，绝大部分样品为正值（吴庭祥等，2009；李洪普，2010），与典型矽卡岩矿床 $\delta^{34}S$ 值（-2‰～7.5‰）范围一致，硫主要来源于岩浆，表明侵入岩对成矿具有较大的贡献。

4. 成矿温度

根据陈世顺等在尕林格矿区研究结果，成矿温度主要在 280～395℃之间（陈世顺等，2009）。

（四）控矿因素

根据上述矿床地质及地球化学特征，总结矽卡岩型铁-铅-锌（铜）矿床主要控矿因素如下：

1. 围岩地层因素

矽卡岩型铁-铅-锌（铜）矿床围岩地层主要是寒武系—奥陶系滩间山群和上石炭统缔敖苏组，其次有中元古界金水口岩群和下石炭统大干沟组。碳酸盐岩和中-基性火山岩则是主要的赋矿围岩。

为了讨论围岩地层对矽卡岩矿床成矿矿种的影响，将研究区典型的矽卡岩型铁-铅-锌（铜）矿床资源量状况、围岩地层、侵入岩进行了统计。为了对比，同时将矽卡岩-热液型铜-铅-锌-锡-钼矿床资源量状况、围岩地层、侵入岩统计结果也一并统计于表 5-16。

综合分析可看出，寒武系—奥陶系滩间山群作为围岩地层，与上石炭统缔敖苏组作为围岩地层相比，形成铁矿和铜矿的比例较高，主要与滩间山群地层铜背景值较高有关。区域地层元素含量统计表明，滩间山群下岩组铜平均含量为 102×10^{-6}，而缔敖苏组铜平均含量仅为 2×10^{-6}（青海省地质局区调队，1986）。同时，成矿矿种的差异还与侵入岩及含矿带距离侵入岩的远近（成矿方式是接触交代还是热液充填）有关（详见后述）。

表 5-16　矽卡岩型铁-铅-锌（铜）矿床及矽卡岩-热液型铜-铅-锌-锡-钼矿床对比

矿床类型	典型矿床名称	围岩地层	侵入岩	铁矿石资源量/10^4t	总矿石资源量/10^4t	铁矿石资源量占总矿石资源量的比例/%	铜金属资源量/10^4t	铜铅锌金属资源量/10^4t	铜金属资源量占铜铅锌金属资源量的比例/%
矽卡岩型 Fe-Pb-Zn（Cu）矿床	尕林格	滩间山群	中三叠世花岗闪长岩、石英二长岩、石英二长闪长岩、石英闪长岩为主	11860	12314	96.31	0.03	49.78	0.06
	野马泉	滩间山群	晚三叠世石英二长闪长岩为主	1064	1269	83.85	0.6	7.08	8.47
		缔敖苏组	晚三叠世花岗闪长岩为主	6178	8839	69.89	9.29	93.83	1.07
	四角羊-牛苦头	缔敖苏组	晚三叠世花岗闪长岩为主	2909	9175	31.71	17.87	161.59	11.06
	它温查汉	滩间山群	晚三叠世二长花岗岩、花岗闪长岩为主	4561	4711	96.8	1.66	2.13	77.9
	它温查汉西	滩间山群	晚三叠世二长花岗岩、花岗闪长岩为主	3982	6035	65.98	16.75	34.96	47.91
	沙丘	滩间山群	晚三叠世花岗闪长岩为主	1001	2531	39.55	3.44	15.64	21.99
	那陵郭勒河西	滩间山群	晚三叠世二长花岗岩、花岗闪长岩、花岗斑岩为主	650	810	80.25	9	24	37.5
	乌兰拜兴	滩间山群	中三叠世花岗闪长岩为主	443	546	81.14	0.45	1.60	28.13
	卡尔却卡 M3-9 矿段	滩间山群	中三叠世花岗闪长岩为主	1074	1578	68.06	2.45	13.24	18.50
热液型 Cu-Pb-Zn 矿床	虎头崖	狼牙山组	未发现明显的岩体	—	—	—	1.28	48.12	2.66

续表

矿床类型	典型矿床名称	围岩地层	侵入岩	铁矿石资源量/10^4t	总矿石资源量/10^4t	铁矿石资源量占总矿石资源量的比例/%	铜金属资源量/10^4t	铜铅锌金属资源量/10^4t	铜金属资源量占铜铅锌金属资源量的比例/%
矽卡岩型 Cu－Pb－Zn－Sn－Mo 矿床	虎头崖（迎庆沟Ⅵ、Ⅱ矿带）	缔敖苏组	晚三叠世二长花岗岩、碱长花岗岩为主	—	—	—	2.61	13.63	19.15
	卡尔却卡（除 M3－9 外的其他地段）	滩间山群	中三叠世似斑状二长花岗岩为主	1039	4947	21.00	23.72	56.53	41.96

注：数据来源于青海省第三地质矿产勘查院，2016；—表示数量较少；表中仅列出了典型矿床或代表性矿床，其他一般性小型矿床或矿点未统计。

2. 围岩岩性因素

碳酸盐岩作为被交代的围岩，由于其化学性质活泼，有效孔隙度高，尤其是成分不纯且具有硅化的碳酸盐岩，在岩浆侵入过程中容易破碎，也易形成层间滑动及层间剥离，有利于形成储矿构造，对接触交代和热液交代，都非常有利。如野马泉 M5－1 磁异常区大理岩成分不纯（硅钙质），CaO、SiO_2、Al_2O_3 含量高（表 5－17），异常区蚀变范围较大，一般为 80～130m，平均宽度为 113m，矿化程度高，矿体规模大；与 M5－1 异常区大理岩相比，M5－2 异常区大理岩较纯（钙镁质），异常区形成的蚀变矿化范围较小，一般为 40～70m，平均宽度为 63m，矿体规模较小。充分说明围岩成分对矽卡岩化及矿体的形成具有重要的影响。

表 5－17 野马泉矿区围岩硅酸盐分析结果

异常编号	地质体代号	岩性	分析结果 w_B/%									
			Na_2O	MgO	Al_2O_3	SiO_2	K_2O	CaO	P_2O_5	TiO_2	MnO	Fe_2O_3
M5－1	$\in-OT$	大理岩	0.3	0.81	2.32	14.85	0.05	50.93		0.1		0.22
M5－2		大理岩	0.18	20.03	0.66	1.65	0.05	36.66		0.03		0.22
M9、M10	C_2d	大理岩、结晶灰岩	0.20	1.08	1.26	3.05	0.10	54.96	0.03	0.04	0.02	0.50
		角岩、变石英砂岩	0.71	1.76	7.56	72.82	1.45	5.28	0.06	0.37	0.31	6.69
		矽卡岩	0.39	1.70	7.53	40.27	0.49	7.81	0.08	0.37	0.45	36.27

注：M5－1、M5－2 样品数据为平均数值，资料来源于青海省地质调查院，2005；其他数据由国土资源部西宁矿产资源监督检测中心测试，分析方法：ICP－MS。

而硅泥质岩惰性组分高，化学性质不活泼，有效孔隙度低，不利于溶液渗透，且岩石可塑性强，不易破碎，对矽卡岩化和热液蚀变的进行有一定的阻滞和隔挡作用，往往成为矿体的顶底板。如野马泉 M9、M10 磁异常区角岩和变石英砂岩由于岩石化学成分以硅质为主，不容易被侵入岩交代，成为主矿体的有效隔挡层（图 5－54）。M10 Ⅰ 矿体规模较大（占该异常资源量 80% 以上），正是由于有效隔挡层的存在，使得岩浆热液不容易散失。

被交代的围岩若存在硅钙界面（碳酸盐岩和含硅成分较高的岩石界面），对于成矿热液活动和交代成矿也十分有利。如尕林格矿区硅质岩和碳酸盐岩界面部位，往往有矿体产出（马晓光等，2013；吴庭祥等，2009；陈世顺等，2009）；再如狼牙山组是一套碳酸盐岩和碎屑岩的沉积变质组合，硅钙界面十分发育，这是狼牙山组热液型矿床规模较大的原因之一（张爱奎等，2013）。硅钙界面处之所以成矿较好，主要与硅质不容易被交代成为有效隔挡层，岩浆热液得以与钙质充分接触交代，同时硅钙界面又是构造薄弱带，利于成矿热液的运移有关。这也造成缔敖苏组作为围岩的接触交代矽卡岩矿床中大量矿体远离接触带，如四角羊－牛苦头矿床接触带顶部出现的大量铅锌矿体。研究区缔敖苏组与滩间山群比较，前者硅钙界面更加发育。

3. 侵入岩因素

从表 5－16 可看出，成矿矿种的差异与侵入岩岩石类型密切相关，石英二长闪长岩、石英闪长岩、花岗闪长岩、英云闪长岩组合为主的侵入岩形成的铁矿石比例较高，铜矿资源量相对铜铅锌矿资源量比例较低。而成矿矿种的差异与岩体时代关系不十分密切，如中三叠世的侵入岩既可形成铁－铅－锌矿（尕林格），又可形成矽卡岩型铜－铅－锌－钼矿床（卡尔却卡）。分析侵入岩对成矿矿种差异的影响，具体表现如下。

（1）岩浆氧逸度对形成铁矿的影响

在花岗岩类岩石形成磁铁矿的过程中，岩石中暗色矿物和磁铁矿之间存在如下 2 个平衡反应（赵一鸣等，2012）：

$$(1+n)\ H_2KMgFe_2AlSi_3O_{12}+0.5nO_2\longleftrightarrow H_2KMg_{1+n}Fe_{2-n}AlSi_3O_{12}+nKAlSi_3O_8+nFe_3O_4+nH_2O \quad (1)$$

$$(2+n)\ H_2Ca_2Mg_2Fe_3Al_2Si_6O_{24}+nFeTiO_3+0.5O_2\longleftrightarrow 2H_2Ca_2Mg_2Fe_{3-n}Al_2Si_6O_{24}+2nFe_3O_4+nCaAlSi_2O_8+nCaTiSiO_5+3nSiO_2+nH_2O \quad (2)$$

从上述反应方程可以看出，富氧环境更有利于磁铁矿的形成，这一般是壳幔混合型岩浆所具备的环境，而壳源型岩浆低氧逸度条件决定了铁主要赋存于硅酸盐相（赵一鸣等，2012）。

（2）岩浆起源深度对多金属成矿的影响

对于花岗质熔体，Cu 属于相容元素（晶体/熔体分配系数为 2），但在挥发分与熔体之间的分配系数很大（约为 9），然而 Pb、Zn 元素的相容性远低于 Cu 元素（桑隆康等，2012）。

前已述及，石英二长闪长岩、石英闪长岩、花岗闪长岩、英云闪长岩起源深度较大，经历了强烈壳幔物质交换，金属元素处于过饱和状态，在水饱和之前岩浆结晶较多。对于 Cu 元素，由于在花岗质熔体中具有较高的相容性，Cu 大量被早结晶的晶体所捕获，造成

Cu 分散在岩浆中，在后期热液中含量较低，不利于铜矿的形成。对于铅锌矿，虽然在水饱和之前岩浆结晶较多，但是由于 Pb、Zn 元素在花岗质熔体中具有较低的相容性，不会造成成矿物质被早结晶的晶体所捕获，而在后期热液中富集，对铅锌矿的形成影响远小于铜矿。

石英二长闪长岩、石英闪长岩、花岗闪长岩、英云闪长岩组合为主的矿床中，如野马泉、尕林格、四角羊－牛苦头、沙丘、乌兰拜兴、卡尔却卡 M3－9 矿段等，铜矿在铜铅锌矿中所占比例（Cu 金属量/CuPbZn 金属总量为 0.06%～28.13%，表 5－16）远低于侵入岩以似斑状二长花岗岩、二长花岗岩、花岗岩、碱长花岗岩组合为主的它温查汉、它温查汉西、那陵郭勒河西、虎头崖迎庆沟矿段及卡尔却卡矿床（除 M3－9 矿段）（Cu 金属量/CuPbZn 金属总量为 19.15%～77.9%），很好地说明了这一点。

（3）侵入岩中地幔/地壳物质的贡献对成矿的影响

具有地幔物质贡献的花岗质岩浆源区曾经经历了上地幔和下地壳，以及地壳之间的强烈物质交换。强烈壳幔物质交换使得成矿金属离子容易达到过饱和状态，因此岩浆具有十分有利的成矿条件。研究区矽卡岩型矿床规模之所以较大，可能与岩浆源区壳幔物质的交换及地幔物质的贡献密不可分。同时，在壳幔物质的交换过程中，大量亲幔元素（如 Co、Au）进入岩浆源区，也十分有利钴、金等矿产的形成，如尕林格矿床发现了具有一定规模的钴矿，野马泉岩体中也发现有大量钴矿，它温查汉西矿床发现有金矿，充分地说明了地幔物质在成矿过程中的重要作用。

S 型花岗岩形成与上地壳的绝对贡献有关。不相容元素，如 Sn、W 元素，由于在局部熔融过程中，更趋向于进入熔体，与上地壳的亲合性好，在上地壳占绝对贡献的 S 型花岗岩更加容易成矿。如著名的中国南岭地区 W－Sn 矿床，其花岗岩为燕山期 S 型花岗岩（赵一鸣等，2013）。与 Sn、W 元素相比，Cu、Zn 元素相容性较高，S 型花岗岩形成铜锌矿较弱，如虎头崖Ⅱ矿带 Sn 达到小－中型规模，铜仅达到矿点规模。

4. 接触带因素

控制接触交代矽卡岩型矿床最主要的成矿构造是侵入岩与围岩形成的接触带，侵入岩与围岩的接触形式很大程度影响着矿体规模以及形态（张爱奎等，2010b）。接触带产状和围岩产状相反，夹角较大，利于成矿。接触带产状与围岩产状一致部位，矿液沿界面流动，不利于接触交代作用。产状较缓的接触带、侵入体位于地层顶部形成的接触带（岩体超覆），以及岩体接触形成的港湾部位（凹陷带）是形成厚大矿体最有利的部位，如野马泉 M5－1 磁异常区和 M13 磁异常区形成的厚大矿体。这主要由于这些接触形式接触面积较大，且港湾部位（凹陷带）应力较小，有利于矿液聚集。侵入岩中捕虏体与侵入岩形成的接触带，接触面积很大，交代作用较彻底，形成的矿体规模较大，通常为良好的储矿部位。

距离接触带远近不同，形成的矽卡岩类型不同，同时形成的矿产种类也存在明显的差异，矿化金属种类从岩体到外接触带依次出现 Sn、Mo、Co→Fe、Cu→S、Zn→Pb 的矿化分带现象。近接触带以接触交代成矿为主，远离接触带逐渐以热液充填方式成矿为主。热液型矿床相比较接触交代矽卡岩矿床，铅锌矿大量出现，铜矿则较少，如虎头崖矿床 Cu 金属量/CuPbZn 金属总量仅为 2.66%，明显低于接触交代矽卡岩矿床（表 5－16）。

5. 成矿构造因素

区域上主要发育北西西向大断裂，构成了区域构造主体格架，控制了地层和岩浆岩展布方向。研究区地层和岩浆岩总体展布方向以北西西向为主，充分体现了北西西向大断裂控岩的特征。

北西向和北东向次级断裂与北西西向大断裂在三叠纪是同一碰撞应力体制下的构造体系，主要由北北东—南南西压应力的作用形成，是一组共轭剪切断裂，较好地沟通了北西西向大断裂及与北西西向大断裂平行的次级断裂，为热液的运移提供了良好的通道，是研究区很重要的导矿构造。

区域褶皱轴向与北西向大断裂方向基本一致，总体呈北西西向，在虎头崖地区呈近东西向。褶皱核部常常叠加有断裂构造以及岩浆的侵入，对成矿具有重要的作用。

在经历了晚三叠世的大规模成矿之后，受新特提斯构造演化的影响，研究区逆冲构造系形成发展，陆壳水平缩短，近南北向或北北东向构造发育，对已形成的矿体具有破坏作用，对矿体的影响程度各个矿区具有一定差异，通常造成矿体错位或灭失，矿体错位距离通常 50～100m，最大超过 500m。

6. 矽卡岩类型对成矿的影响

研究区发育有钙矽卡岩、镁矽卡岩和锰矽卡岩（赵一鸣等，2013；刘建楠等，2013）。靠近侵入岩体，来源于岩浆的流体氧逸度较高，流体交代钙质灰岩形成了硅灰石、石榴子石和钙铁辉石等钙矽卡岩矿物，交代镁质碳酸盐岩形成镁橄榄石、粒硅镁石、透辉石等贫铁富镁的矽卡岩矿物。由于早期热液具高温及高氧逸度条件，Mn^{2+}不能进入矽卡岩矿物的晶体，所以矽卡岩矿物中锰质含量较低。随着温度及氧逸度的降低，钙铁辉石含量超过一定范围，流体中 Mn^{2+}才有条件交代透辉石中的 Mg^{2+}，使得辉石中出现锰质钙铁辉石（刘建楠等，2013）。钙矽卡岩和镁矽卡岩形成于氧化条件，锰矽卡岩形成于还原条件，锰矽卡岩是成矿热液在较低温度下与围岩发生交代反应的结果（赵一鸣等，2013；刘建楠等，2013）。

矿物结晶温度存在差异，就铁多金属矿而言，由高温到低温主要出现磁铁矿、黄铜矿、闪锌矿、方铅矿。高温氧化条件下形成钙矽卡岩和镁矽卡岩之后，随着温度的降低，含矿岩浆热液达到磁铁矿的结晶温度，磁铁矿析出。岩浆热液继续运移，温度继续降低，依次出现黄铜矿、闪锌矿、方铅矿。由于闪锌矿、方铅矿，特别是方铅矿结晶温度低，此时岩浆热液与围岩接触交代形成的是锰矽卡岩，这就是为什么锰矽卡岩主要发育铅锌矿，而钙矽卡岩和镁矽卡岩主要发育铁铜锌矿的主要原因。如四角羊－牛苦头矿区广泛发育锰矽卡岩（剖面顶部，距离岩体接触带大于 200m），矿区铅锌矿就十分发育；野马泉 M13 与 M9、M10 磁异常区相比，M13 磁异常区广泛发育锰矽卡岩，M13 磁异常区铅锌矿就普遍发育；尕林格Ⅵ、Ⅶ矿群锰矽卡岩也很发育，在Ⅵ矿群也发现矿区主要的铅锌矿体。以上事实充分说明，矽卡岩类型与形成的矿产类型具有十分密切的关系。

总之，矽卡岩型铁－铅－锌（铜）矿床主要受围岩地层、岩性、侵入岩、接触带、矽卡岩类型等因素的综合控制。寻找铁矿的有利部位是石英二长闪长岩、花岗闪长岩与滩间山群近接触带形成的钙、镁矽卡岩，其次是与缔敖苏组近接触带形成的钙矽卡岩；寻找铜矿的有利部位是二长花岗岩、似斑状二长花岗岩与滩间山群近接触带形成的钙、镁矽卡岩；寻找铅锌矿的有利部位是侵入岩与滩间山群、缔敖苏组远接触带形成的锰矽卡岩或沿构造发育的锰矽卡岩。

（五）矿床成因

矿床地质背景、矿体特征和矿石特征的研究表明，矿体产于侵入岩与碳酸盐岩或中基性火山岩接触带，矿床的形成经历了矽卡岩期、石英硫化物期及表生氧化期。介于矽卡岩期和石英硫化物期的锡石氧化物阶段不发育，仅在局部地段有所见及。主要成矿元素在矽卡岩晚期和石英硫化物期形成，与典型矽卡岩矿床（赵一鸣等，1986；赵斌，1989；吴言昌等，1996）具有相似的成矿特征和成矿过程。矿石硫同位素显示，成矿物质主要来源于侵入岩，稀土元素和微量元素变化特征说明矿床的形成与侵入岩关系比较密切。铅同位素组成具有与岩浆作用有关的幔源铅和壳源铅相混合的造山带铅的特征（徐国端，2010）。综上所述，矿床属岩浆接触交代矽卡岩型矿床。

（六）成矿模式

根据矿床特征、地球化学特征、控矿因素及矿床成因的分析，提取重要的成矿要素，建立的三叠纪矽卡岩型铁－铅－锌（铜）矿床成矿模式见表5－18及图5－62。

表5－18　矽卡岩型铁－铅－锌（铜）矿床成矿模式

矿床模式要素	特　征
成矿时代	三叠纪
大地构造环境	碰撞、后碰撞
侵入岩	石英二长闪长岩、石英闪长岩、花岗闪长岩和英云闪长岩
围岩地层	滩间山群、缔敖苏组为主，其次是大干沟组、金水口岩群
岩性	碳酸盐岩和中基性火山岩为主
构造	北西西向、北西向构造控制了岩体和矿床的展布
主要控矿因素	围岩地层、围岩岩性、侵入岩、接触带、矽卡岩类型等
矿体特征	形态复杂，位于外接触带，自岩体向外接触带出现Sn、Mo、Co→Fe、Cu→S、Zn→Pb的矿化分带
矿石特征	矿石成分复杂，交代结构明显，浸染状、团块状、致密块状、斑杂状等构造
围岩蚀变	矽卡岩化为主
成矿期次	矽卡岩期、石英硫化物期及表生氧化期

三叠纪矽卡岩型铁－铅－锌（铜）矿床形成于晚古生代—早中生代构造旋回的碰撞、后碰撞阶段，矿体产于侵入岩与滩间山群、缔敖苏组等碳酸盐岩、火山岩地层接触带矽卡岩中，侵入岩类型主要有石英二长闪长岩、石英闪长岩、花岗闪长岩和英云闪长岩。矿体形态复杂，矿石类型多样，从岩体到外接触带依次出现Sn、Mo、Co→Fe、Cu→S、Zn→Pb的矿化分带现象，成矿主要经历了矽卡岩期、石英硫化物期及表生氧化期，磁铁矿主要形成于矽卡岩晚期－石英硫化物期高温阶段；铜铅锌矿形成于石英硫化物期中低温阶段。矿床的形成受围岩地层、围岩岩性、侵入岩、接触带、矽卡岩类型等因素的综合控制。

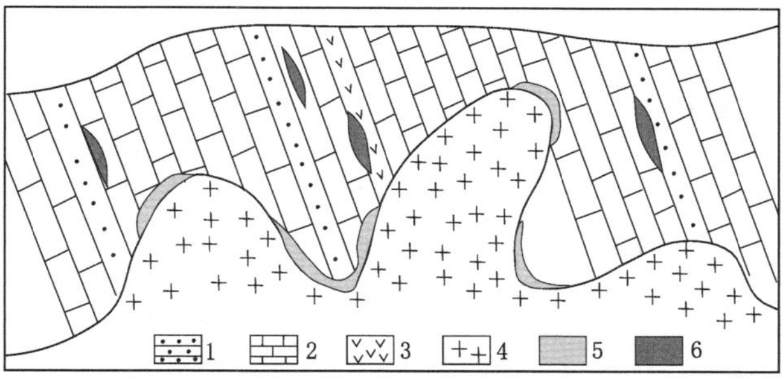

图 5-62 矽卡岩型铁-铅-锌（铜）矿床成矿模式

1—碎屑岩；2—碳酸盐岩；3—中基性火山岩；4—中酸性侵入岩；
5—铁（铜）矿体；6—铅锌（铜）矿体

二、矽卡岩-热液型铜-铅-锌-锡-钼矿床

研究区已发现的矽卡岩-热液型铜-铅-锌-锡-钼矿床主要分布于野马泉-苏海图盆地的虎头崖地区和昆中岩浆弧卡尔却卡地区。典型矿床有虎头崖矿床、卡尔却卡矿床（索拉吉尔矿段）。虎头崖矿床主要为矽卡岩-热液型铜-铅-锌-锡矿床，卡尔却卡矿床（索拉吉尔矿段）主要为矽卡岩型铜-钼-铅-锌矿床。

（一）地质背景

1. 围岩地层

矿床围岩地层主要是蓟县系狼牙山组（Jx*l*）、寒武系—奥陶系滩间山群（€O*T*）和上石炭统缔敖苏组（C_2d），其次为下石炭统大干沟组（C_1dg）。

虎头崖矿床矽卡岩型矿体的主要围岩地层是缔敖苏组，其次为大干沟组（图 5-63）。

缔敖苏组在矿区北部大面积分布，地层总体走向近东西向，与寒武系—奥陶系滩间山群、上三叠统鄂拉山组呈角度不整合或断层接触。北部地层倾向 170°~195°，倾角 32°~67°，中部地层产状近直立，南部地层倾向 352°~10°，倾角 40°~80°。岩性主要为微晶灰岩、微晶-粉晶白云岩、白云质灰岩、大理岩、生物碎屑灰岩、长石石英砂岩、角岩等。由底到顶呈现由粗到细的退积-加积型沉积，属潮下浅水高能环境-较深水低能环境，具浅海-陆棚碳酸盐相特征。

大干沟组呈条带状分布于矿区的中部，位于蓟县系狼牙山组和寒武系—奥陶系滩间山群之间，与两侧地层呈断层接触。地层近东西向展布，倾向北，倾角 50°~70°，出露厚度 600~10C0m。岩性主要为大理岩夹结晶灰岩。

虎头崖热液型矿体的主要围岩是狼牙山组，地层总体呈北西西向展布，出露厚度 2600 余米，与寒武系—奥陶系滩间山群、下石炭统大干沟组和上石炭统缔敖苏组呈断层接触。狼牙山组可分为 3 个岩性段，第一岩性段岩性主要为灰质白云岩、薄层含碳泥晶灰岩、大理岩，其次见硅质岩、同生角砾岩和少量石英粉砂岩；第二岩性段岩性主要为石英砂岩、泥晶灰岩、大理岩；第三岩性段岩性主要为中厚层泥晶灰岩、灰质白云岩、含粉砂黏土岩、绢云母板岩。目前在第一岩性段发现铅锌铜多金属矿，是矿区最主要的赋矿地层

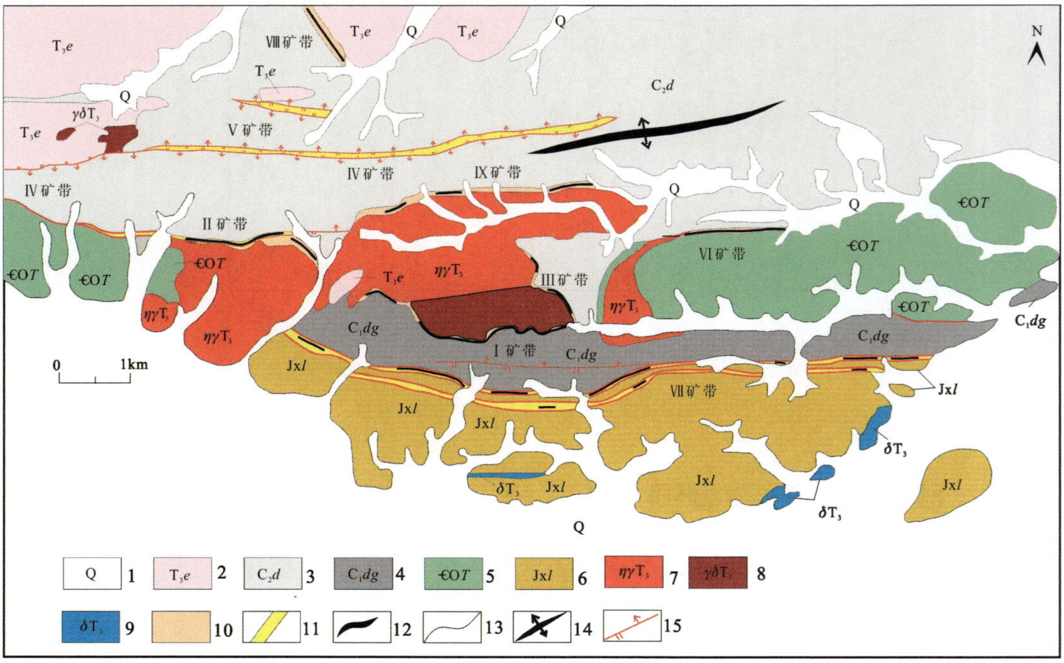

图 5-63　虎头崖矿区地质矿产图

（据张爱奎等，2013，略做修改）

1—第四系；2—上三叠统鄂拉山组晶屑凝灰岩、流纹质含角砾凝灰岩、流纹质玻屑晶屑角砾熔结凝灰岩等；3—上石炭统缔敖苏组微晶灰岩、微晶-粉晶白云岩、白云质灰岩、大理岩、生物碎屑灰岩、长石石英砂岩、角岩等；4—下石炭统大干沟组大理岩夹结晶灰岩；5—寒武系—奥陶系滩间山群玄武岩、凝灰岩夹硅质岩；6—蓟县系狼牙山组灰质白云岩、含碳泥晶灰岩、大理岩、石英砂岩、绢云母板岩及硅质岩等；7—晚三叠世二长花岗岩；8—晚三叠世花岗闪长岩；9—晚三叠世闪长岩；10—矽卡岩；11—破碎蚀变带；12—矿体；13—地质界线；14—背斜；15—逆断层

之一。地层中见波状层理、交错层理、斜层理、纹层，沉积相为滨海-浅海相碳酸盐岩夹碎屑岩建造，地层内产丰富的叠层石和微古植物。

卡尔却卡矿床（索拉吉尔矿段）的主要围岩是滩间山群下岩组（图 5-64），岩性为一套碎屑岩-中基性火山岩-碳酸盐岩组合，主要岩石有安山玄武岩、大理岩、变质砂岩等。安山玄武岩和大理岩是主要的赋矿岩性。

2. 侵入岩

形成矽卡岩型铜-铅-锌-锡-钼矿床的侵入岩岩石类型主要是二长花岗岩、似斑状二长花岗岩、花岗岩，其次有少量碱长花岗岩。岩体时代为中三叠世和晚三叠世，岩体多呈岩株、岩脉、岩枝状，与围岩地层接触面多呈不规则状。侵入岩特征已在前面进行了详细描述，在此不再赘述。

3. 构造

（1）虎头崖矿床构造特征

矿区构造活动强烈，主体构造线呈东西向，是区域昆北断裂（北支）走向方向发生改变（北西向转变为近东西向）的地段。矿区北部背斜构造发育，背斜轴位于楚鲁套海

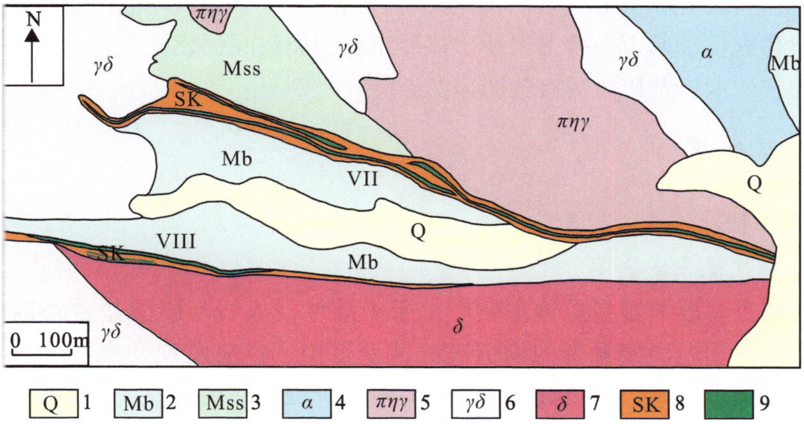

图 5-64 卡尔却卡矿床索拉吉尔矿段地质矿产图

1—第四系；2～4—寒武系—奥陶系滩间山群：2—大理岩，3—变质碎屑岩，4—安山岩；5—中三叠世似斑状二长花岗岩；6—中三叠世花岗闪长岩；7—中三叠世闪长岩；8—矽卡岩；9—矿体

高勒至Ⅳ矿带一线，轴向近东西向，轴面北倾，产状较陡，北翼地层倾向北，倾角 40°左右，南翼地层倾向南，倾角为 50°～65°。核部及两翼地层均为上石炭统缔敖苏组。背斜核部近东西向断裂破碎带发育，北翼次级断裂发育，在断裂破碎带内发现有多金属矿体。核部及两翼地层中有二长花岗岩、花岗闪长岩体侵入。矿区南部发育有向斜构造，向斜核部和两翼均为狼牙山组，北部地层总体倾向南，倾角较陡，一般为 70°～82°，南部地层总体倾向北，倾角 65°～70°。

矿区狼牙山组地层韧性变形强烈，岩石具强烈的糜棱岩化，条带、眼球、旋转碎斑、剪切褶皱等构造形迹十分发育。韧性剪切带内发育糜棱岩和超糜棱岩。糜棱岩呈糜棱结构，具有明显的条带状构造，岩石碎斑成分较复杂，主要有灰岩、砂屑、透辉石、辉石、石英等，具明显的波状消光，碎块和细粉状物质具有明显位移。根据区域研究，韧性变形主期变形时期为晚奥陶世。

矿区发育 3 条较大规模近东西向断裂，分别为Ⅶ、Ⅱ、Ⅳ矿带的控矿断裂，断裂倾向南，倾角较陡，通常为 70°～85°，断裂带内构造角砾岩、碎裂岩十分发育。矿区北部北西向和北东向共轭剪切断裂发育，走向分别为 40°和 140°，断裂带内岩石破碎，蚀变强烈，闪长玢岩脉发育，常见多金属矿体。

总体来看，矿区于晚奥陶世发育韧性变形，韧性变形特征保留于狼牙山组。受古特提斯洋（昆南洋）俯冲消减的影响，三叠纪时期矿区表现为由南向北的斜冲运动，南部地层被抬升，出现较古老的蓟县系狼牙山组，矿区北部受挤压发生褶皱，在背斜核部形成虚脱和张性断裂，同时侵入岩沿背斜核部附近应力薄弱地带侵入。随着岩浆岩的侵入，岩浆扩容和区域压应力的作用下，北西、北东向剪切构造形成，同时岩浆热液在背斜核部、先存断裂及扩容过程中形成的北西、北东向剪切构造等部位运移和沉淀。主要矿体赋存在岩体外接触和构造薄弱带，特别是二者复合部位更加利于成矿，成矿与构造－岩浆作用密不可分。

（2）卡尔却卡矿床（索拉吉尔矿段）构造特征

矿区构造活动强烈，主要发育北西西向断裂构造。断裂位于矽卡岩带部位，长约 3km，走向 300°，倾向北北东，倾角 70°～75°。带内岩石较破碎，主要发育碎裂岩，原岩主要为矽卡岩，其次有少量似斑状二长花岗岩。断裂具有多期活动的特点，成矿期为岩浆侵入和热液运移提供了通道，矽卡岩及矿体展布与断裂空间位置较吻合；断裂在成矿后仍具有强烈活动，矽卡岩及矿体具有较明显的破碎。

（二）矿床地质

1. 含矿岩层特征

（1）虎头崖矿床含矿岩层

根据野外调查，矽卡岩型矿体主要产出于中酸性侵入岩与碳酸盐岩外接触带矽卡岩中，热液型矿体产于远离接触带的构造破碎蚀变带中。目前发现的主要 11 条矿带，Ⅳ、Ⅴ、Ⅶ、Ⅹ、Ⅺ矿带远离岩体接触带，其他矿带位于岩体外接触带，二者在成矿特征和矿种等方面存在一些差异，其含矿岩层也明显不同。

A. Ⅳ、Ⅴ、Ⅶ、Ⅹ、Ⅺ矿带含矿岩层

Ⅳ、Ⅴ、Ⅶ矿带含矿岩层在空间延伸较稳定，含矿岩石类型主要以透辉石矽卡岩（图 5－65）、硅化大理岩、绢英岩（图 5－66）为主，岩石普遍见糜棱岩化和碎裂岩化。含矿岩石矿物粒度相对较细，透辉石含量普遍大于石榴子石含量，绢云母、石英较多出现，但不含萤石；围岩蚀变主要为硅化、矽卡岩化、绢英岩化、绿泥石化和碳酸盐化。

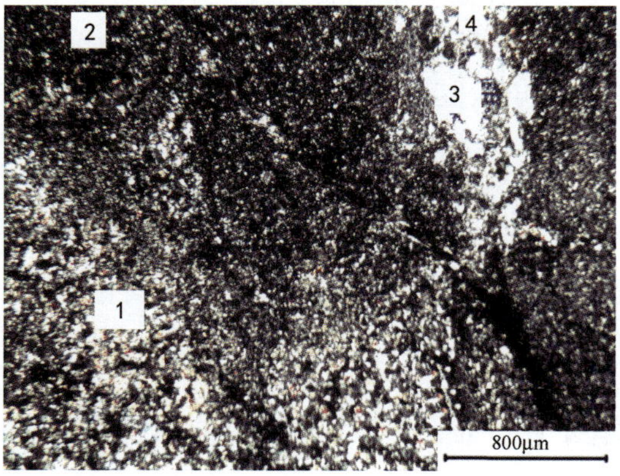

图 5－65 虎头崖Ⅶ矿带透辉石矽卡岩显微照片（+）

1—透辉石；2—绿泥石；3—方解石；4—石英

图 5－66 虎头崖Ⅶ矿带绢英岩

B. 其他矿带含矿岩层

其他矿带含矿岩层空间延伸不规则，较严格受岩体接触带形态的控制。含矿岩石类型以透辉石石榴子石矽卡岩（图 5－67）、石榴子石矽卡岩、透辉石绿帘石矽卡岩最为常见。

岩石呈柱粒状变晶结构，块状构造。矿物成分十分复杂，主要有石榴子石、透辉石、绿帘石、符山石、方解石、石英、萤石、金云母、黑云母、长石、蛇纹石等。石榴子石、透辉石、绿帘石、符山石为接触交代变质形成，方解石一部分为残留，一部分为后期热液形成，其他矿物为后期热液蚀变形成。与Ⅳ、Ⅴ、Ⅶ矿带矽卡岩相比，矿物颗粒粗大，石榴子石含量一般较透辉石高，普遍含绿帘石，且萤石广泛出现，符山石也较为多见。

（2）卡尔却卡矿床（索拉吉尔矿段）含矿岩层

卡尔却卡矿床（索拉吉尔矿段）矿体主要产出于中酸性侵入岩与碳酸盐岩、中基性火山岩外接触带的矽卡岩中，含矿岩层较严格受岩体接触带形态的控制，走向呈北西西向或近东西向，延伸长度大于1500m，倾向方向厚度和产状变化大，厚度由几米到上百米不等，倾角20°~85°，一般地表产状较陡，深部变缓。含矿岩石类型以透辉石石榴子石矽卡岩和石榴子石矽卡岩最为常见。

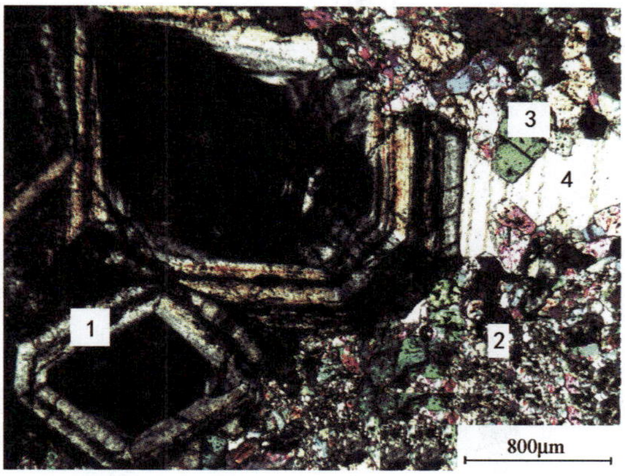

图5-67　虎头崖Ⅵ矿带透辉石石榴子石矽卡岩显微照片（+）

1—石榴子石；2—透辉石；3—绿泥石；4—方解石

2. 矿带、矿体特征

（1）虎头崖矿床矿带、矿体

矿区Ⅰ、Ⅱ、Ⅲ、Ⅵ、Ⅷ、Ⅸ矿带位于岩体与石炭系、寒武系—奥陶系碳酸盐岩或火山岩接触带。Ⅳ、Ⅴ、Ⅶ、Ⅹ、Ⅺ矿带受构造控制明显，其中Ⅳ、Ⅴ、Ⅶ矿带受东西向构造控制，Ⅹ、Ⅺ矿带受北东向构造控制（Ⅹ、Ⅺ矿带超出图5-63），矿带走向延伸稳定，尤其Ⅳ、Ⅶ矿带延伸长度较远，均超过10km。

矿区各个矿带成矿金属矿物具有明显差异，Ⅰ、Ⅲ矿带以磁铁矿为主；Ⅱ矿带以磁铁矿、黄铜矿和黄锡矿为主，并发现有辉钼矿、白钨矿；Ⅵ、Ⅷ、Ⅸ矿带以黄铜矿、闪锌矿为主，其次为方铅矿；Ⅳ、Ⅴ、Ⅶ、Ⅹ、Ⅺ矿带矿体以方铅矿、闪锌矿为主，黄铜矿相对较少，并发现有毒砂和砷硫锑铅矿。

矿区Ⅶ、Ⅵ、Ⅱ、Ⅳ矿带规模较大，是矿区最为重要的矿带。现重点将4条矿带及其矿体特征描述如下。

Ⅶ矿带：产于蓟县系狼牙山组近东西向构造破碎蚀变带中，长10km，宽30~150m。目前，发现4条主矿体，呈似层状，倾向南，倾角较陡，通常为70°~85°，与围岩产状基本一致，具有顺层展布的特征（图5-68）。主矿体长350~1000m，厚度为2.15~4.55m，Pb品位为2.84%~3.47%，Zn品位为2.71%~3.66%，Ag品位为51.33~106.44g/t。

Ⅵ矿带：产于二长花岗岩与上石炭统缔敖苏组接触带，长大于3km，宽10~50m。发现2条主矿体，呈透镜状，具有穿层现象（图5-69）。矿体倾向南，倾角为50°~78°。长825m，厚度为1.83~4.41m，Cu品位为0.86%~1.22%，Pb品位为1.86%~3.16%，Zn品位为3.00%~3.09%。

Ⅱ矿带：产于二长花岗岩、花岗岩、碱长花岗岩与上石炭统缔敖苏组接触带，发现2

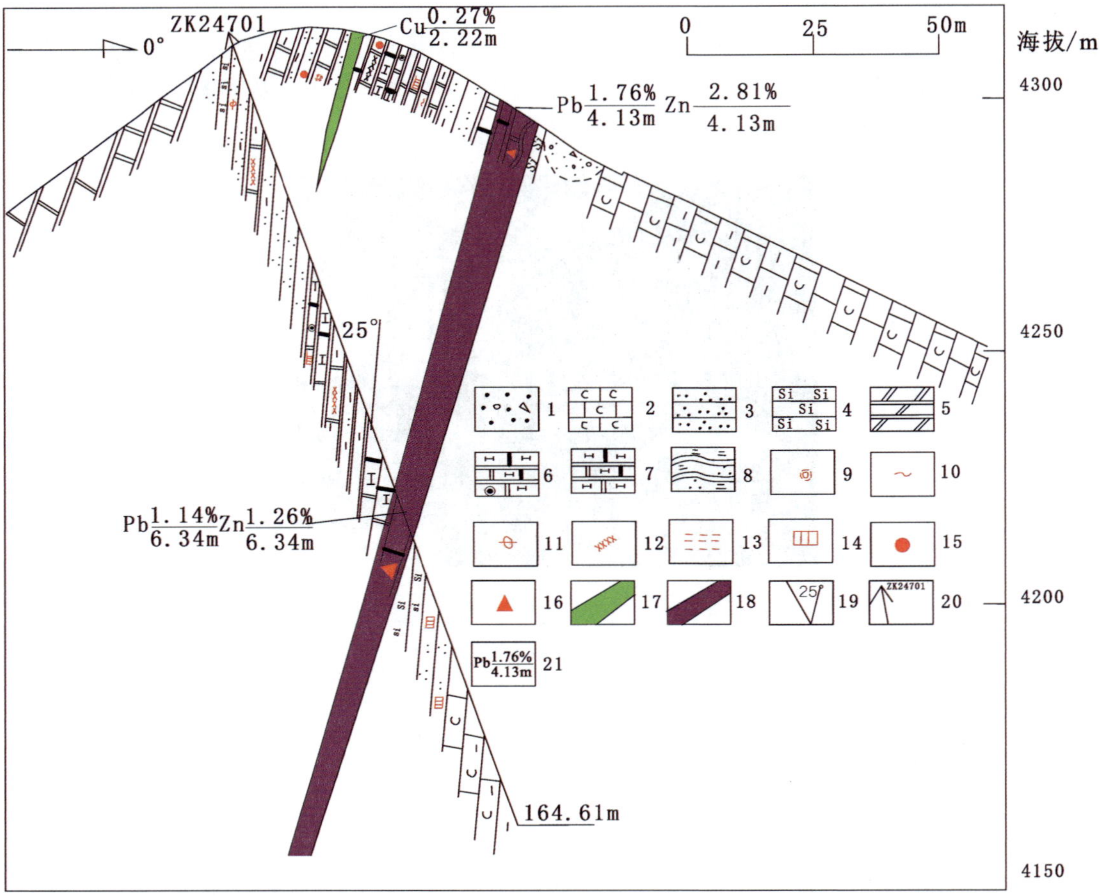

图 5-68　虎头崖矿区Ⅶ矿带 247 勘探线剖面图

1—风成砂及残坡积物；2—蓟县系狼牙山组含碳泥晶灰岩；3—蓟县系狼牙山组石英粉砂岩；4—蓟县系狼牙山组硅质岩；5—蓟县系狼牙山组白云岩；6—含石榴子石透辉石矽卡岩；7—透辉石矽卡岩；8—绢英岩；9—硅化；10—绿泥石化；11—绿帘石化；12—矽卡岩化；13—糜棱岩化；14—黄铁矿化；15—黄铜矿化；16—方铅闪锌矿化；17—铜矿体；18—铅锌矿体；19—轴心夹角；20—钻孔及编号；21—品位（%）/厚度（m）

条主矿体，矿体呈透镜状，倾向南，倾角为 40°～75°。长 480～605m，厚度为 4.56～6.04m，Cu 品位为 1.06%，Pb 平均品位为 3.46%，Zn 平均品位为 3.50%，TFe 平均品位为 29.22%，Sn 平均品位为 0.22%。

Ⅳ矿带：产于上石炭统缔敖苏组近东西向构造破碎蚀变带中，断续长大于 10km，但带内矿体规模较小。发现 1 条主矿体，呈似层状，倾向北，倾角较陡，通常为 65°～80°。长 490m，厚度为 1.60～3.49m，Pb 品位为 2.30%，Zn 品位为 2.52%。

（2）卡尔却卡矿床（索拉吉尔矿段）矿带、矿体

卡尔却卡矿床索拉吉尔Ⅶ矿带产于似斑状二长花岗岩与滩间山群大理岩接触部位叠加断裂构造带内的矽卡岩带中，长度 2.5km，宽 10～100m 不等，矽卡岩呈带状分布，走向北西西向，矽卡岩带随着深度变深有明显变缓增厚趋势，深部钻探控制的矽卡岩带宽度大于 165m（图 5-70）。

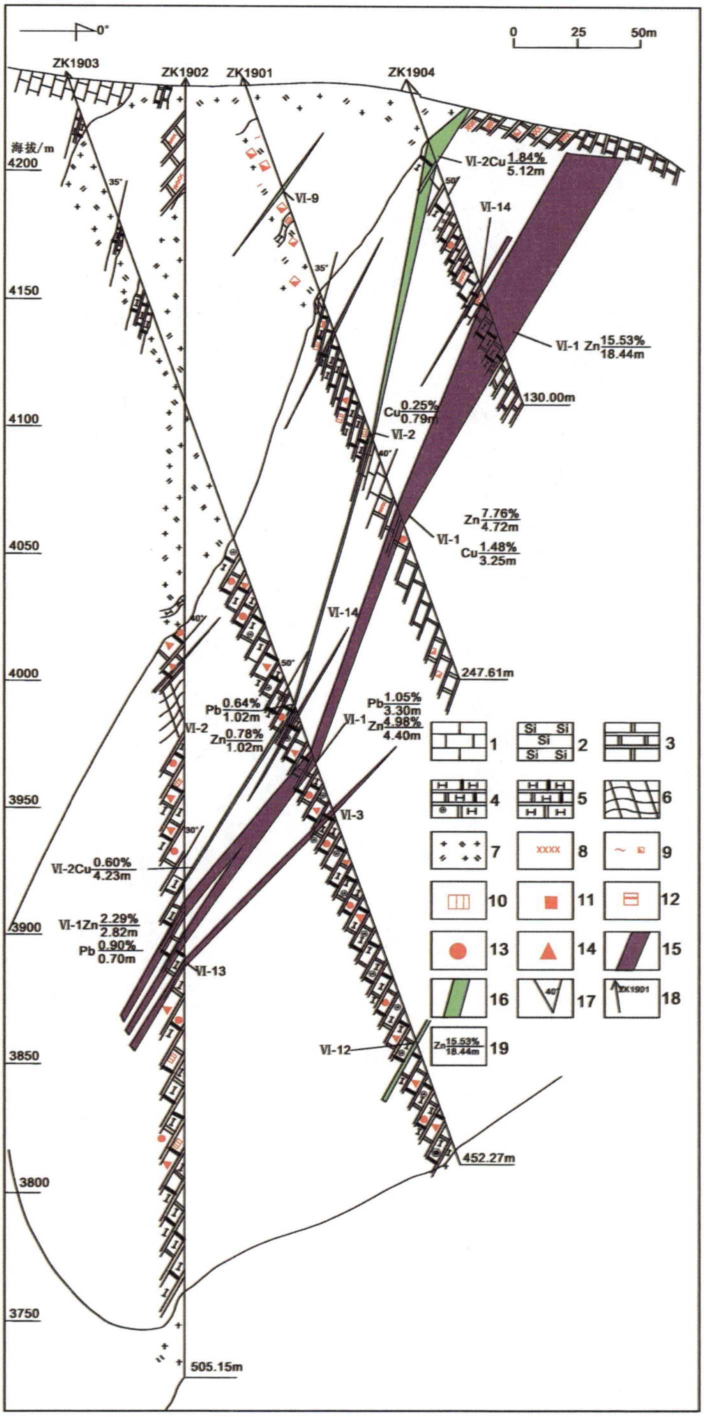

图 5－69　虎头崖矿区Ⅵ矿带 19 勘探线剖面图

1—上石炭统缔敖苏组灰岩；2—上石炭统缔敖苏组硅化灰岩；3—上石炭统缔敖苏组大理岩；4—含石榴子石透辉石矽卡岩；5—透辉石矽卡岩；6—角岩；7—二长花岗岩；8—矽卡岩化；9—绿泥石化、褐铁矿化；10—黄铁矿化；11—磁铁矿化；12—辉钼矿化；13—黄铜矿化；14—方铅闪锌矿化；15—铅锌矿体；16—铜矿体；17—轴心夹角；18—钻孔及编号；19—品位（%）/厚度（m）

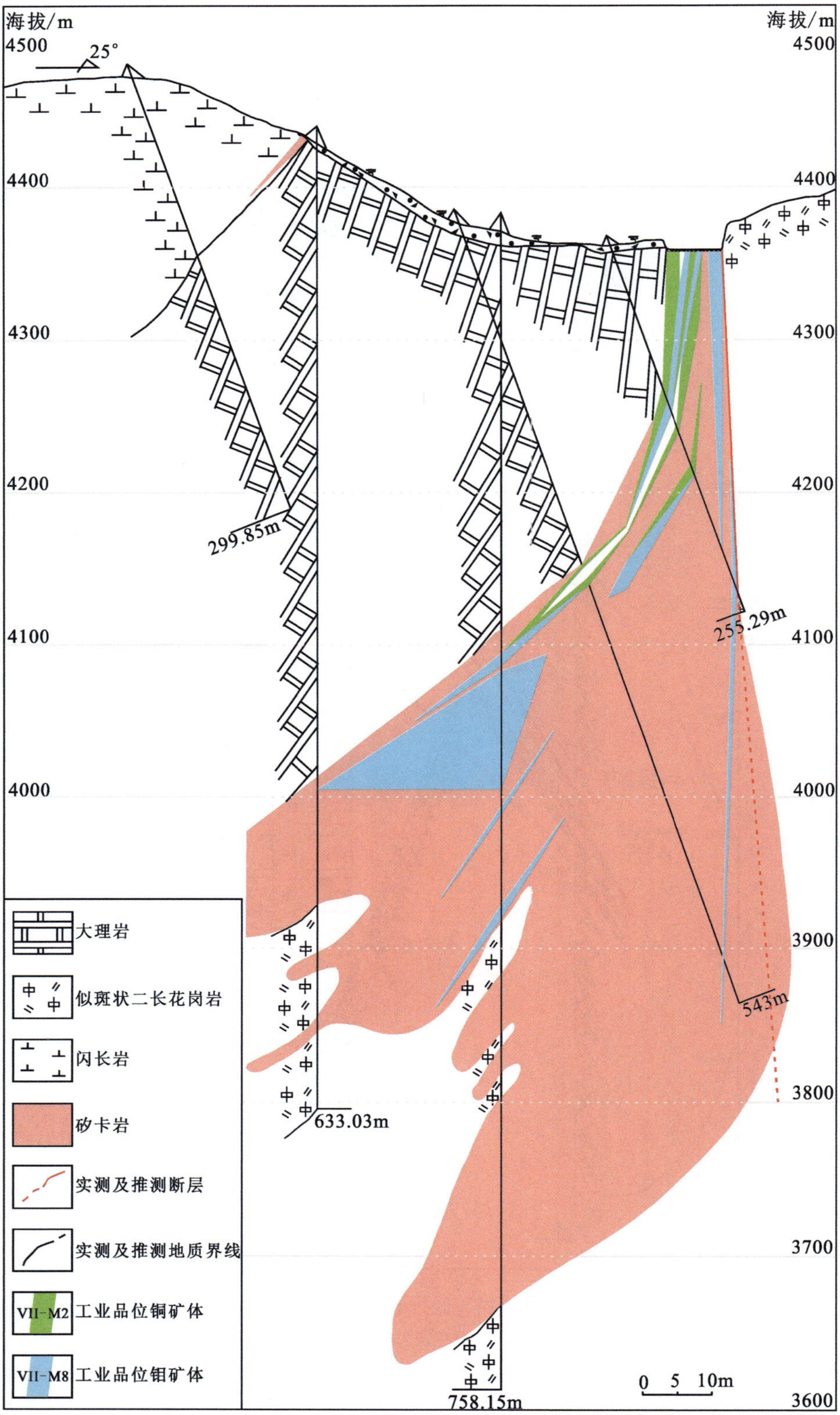

图5－70　卡尔却卡矿床索拉吉尔Ⅶ矿带27号勘探线剖面图

矿带内共圈出铜钼铁矿体41条（包括盲矿体32条），矿体呈似层状、透镜状，倾向南，倾角较陡，一般为70°~85°，矿体长60~1440m，厚度为1.01~19.13m，延深8~727m。矿体向深部延伸具分带性，地表以铜（铅锌）、铜-钼矿为主，主要出现孔雀石、黄铜矿、斑铜矿、辉铜矿、辉钼矿、赤铜矿、自然铜；深部以钼矿为主，局部出现铁、钨锡矿，磁铁矿主要在矽卡岩带变缓处较富集。黄铜矿主要赋存于透辉石矽卡岩、透闪透辉石矽卡岩中，辉钼矿主要赋存于透闪石矽卡岩中，石榴子石矽卡岩含矿性较弱。

Ⅶ矿带共圈出主矿体6条，长436~1440m，厚度为3.31~13.44m，延伸55~727m，Cu平均品位为1.10%~1.61%，Mo平均品位为0.081%~0.207%，TFe平均品位为28.32%，见表5-19。

表5-19　虎头崖Ⅶ矿带主矿体特征一览表

矿体编号	矿石类型	矿体长度 m	矿体平均厚度/m	厚度变化系数	矿体平均品位/%	品位变化系数	矿体延深 m	矿体产状/(°)	
								倾向	倾角
Ⅶ-M1	Mo	1228	4.51	110.09	0.138	153.04	223~727	205~220	70~85
Ⅶ-M2	CuMo	Cu 1440，Mo 436	Cu 5.2，Mo 3.31	Cu 110.08	Cu 1.61，Mo 0.081	Cu 131.30	Cu 166~570，Mo 55~436	205~220	65~85
Ⅶ-M3	Cu	1238	5.39	117.66	1.19	78.51	103~584	198~220	55~90
Ⅶ-M4	CuMo	625	8.57	Cu 88.99	Cu 1.10，Mo 0.118	Cu 49.21	385	205~220	55~75
Ⅶ-M7	TFe	906	4.23	57.97	28.32	20.50	55~432	180	10~35
Ⅶ-M8	Mo	505	13.44	151.60	0.207	100.29	77~138	165~235	25~35

3. 矿石特征

矽卡岩型和热液型两种类型矿带内矿石类型存在明显差别。

（1）热液型矿石

热液型矿石以虎头崖矿床Ⅳ、Ⅴ、Ⅶ、Ⅹ、Ⅺ矿带内矿石为代表。

A. 矿石矿物和脉石矿物

矿石矿物主要为方铅矿、闪锌矿，其次为毒砂（Ⅶ矿带）、磁黄铁矿、黄铁矿、黄铜矿、砷硫锑铅矿（Ⅶ矿带）、白铁矿及少量磁铁矿。

脉石矿物主要有透辉石、方解石、绿泥石、硅灰石，少量石榴子石、石英等。

B. 矿石类型

矿石类型主要有闪锌矿方铅矿矿石（图5-71）、方铅矿矿石、黄铜矿闪锌矿方铅矿矿石和砷硫锑铅矿矿石（图5-72），其中又以闪锌矿方铅矿矿石最为多见。

C. 矿石结构、构造

矿石结构主要有半自形-他形粒状结构、交代结构、压碎结构、包含结构，矿石构造有浸染状构造、致密块状构造、纹层状构造、条带状构造、脉状构造、团块状构造、网脉状构造等。

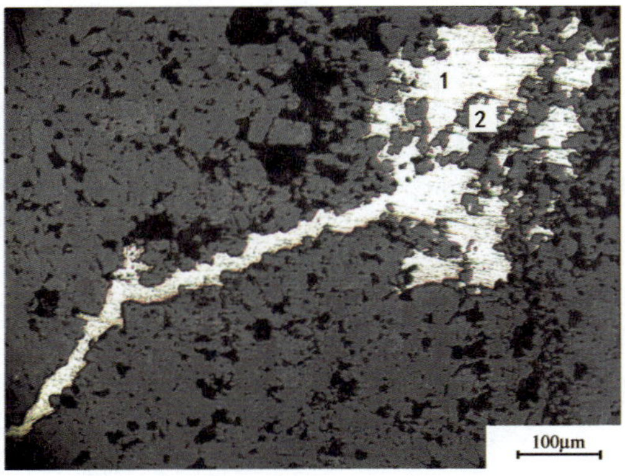

图 5－71　虎头崖Ⅶ矿带脉状闪锌矿－方铅矿矿石显微照片（－）

1—方铅矿；2—闪锌矿

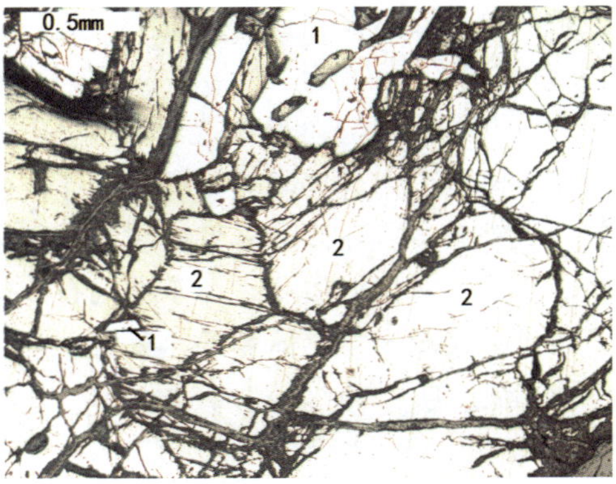

图 5－72　虎头崖矿区Ⅶ矿带砷硫锑铅矿显微照片（－）

1—毒砂；2—砷硫锑铅矿

（2）矽卡岩型矿石

矽卡岩型矿石涉及虎头崖矿床Ⅰ、Ⅱ、Ⅲ、Ⅵ、Ⅷ、Ⅸ矿带内矿石和卡尔却卡矿床内索拉吉尔矿段矿石。

A. 矿石矿物和脉石矿物

矿石矿物主要为磁铁矿、黄铜矿、闪锌矿、方铅矿，其次为磁黄铁矿、蓝铜矿、斑铜矿、辉铜矿、黄锡矿、白钨矿、辉钼矿、赤铁矿、黄铁矿、赤铜矿、自然铜、孔雀石等。斑铜矿、辉铜矿、赤铜矿、自然铜、辉钼矿主要在卡尔却卡矿床（索拉吉尔矿段）内出现。

脉石矿物主要有石榴子石、透辉石、透闪石、绿泥石、绿帘石、符山石、绢云母、钾长石、斜长石、黑云母、金云母、方解石、石英、萤石等。

B. 矿石类型

矿石类型主要有磁铁矿矿石、磁铁矿黄锡矿矿石、磁铁矿黄铜矿矿石、黄铜矿矿石、辉钼矿矿石、黄铜矿辉钼矿矿石（图 5－73）、黄铜矿闪锌矿方铅矿矿石（图 5－74），其中又以磁铁矿矿石、磁铁矿黄铜矿矿石、黄铜矿辉钼矿矿石和黄铜矿闪锌矿方铅矿矿石最为多见。

图 5－73　卡尔却卡矿区Ⅶ矿带辉钼矿矿石照片

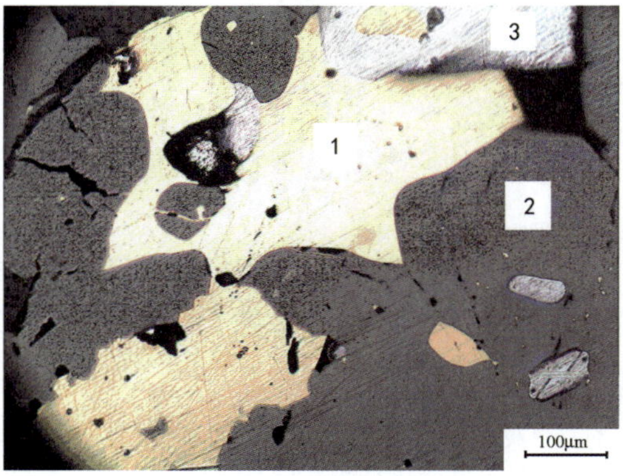

图 5－74　虎头崖矿区Ⅵ矿带黄铜矿－闪锌矿－方铅矿矿石显微照片（－）

1—黄铜矿；2—闪锌矿；3—方铅矿

C. 矿石结构、构造

矿石结构以半自形－他形粒状结构、交代结构为主。矿石构造有浸染状构造、星点状构造、致密块状构造、脉状构造、网脉状构造、斑杂构造。

从以上矿石特征可看出，两类不同矿石具有较明显的差异。远离岩体接触带的热液型矿石以方铅矿、闪锌矿为主，黄铜矿相对较少，并见有毒砂和砷硫锑铅矿出现，说明矿石来源中富含 Pb、Zn 和 AS、Sb。而近接触带矽卡岩带矿石矿物非常复杂，黄铜矿、磁铁矿大量出现，还发现代表高温环境的辉钼矿、白钨矿，脉石矿物粒度普遍较粗，且普遍存在萤石，说明矿石来源中富含 Mo、W、Sn、Cu、F。这些特征总体反映出成矿与岩浆岩存在非常密切的关系，近岩体接触带显示为接触交代矽卡岩型矿化，远离岩体接触带显示出热液成矿特征。

4. 围岩蚀变

热液型矿体围岩主要发育矽卡岩化、硅化、绢英岩化、绿泥石化、碳酸盐化，矽卡岩型矿体围岩主要发育绿帘石化、矽卡岩化、钾化、硅化、萤石化等。

5. 成矿阶段

纵观虎头崖矿区和卡尔却卡索拉吉尔矿段，成矿经历了矽卡岩期、石英硫化物期（热液期）和表生氧化期，辉钼矿、白钨矿、磁铁矿形成最早，主要形成于矽卡岩晚期，黄铜矿、闪锌矿形成于石英硫化物期中低温阶段，方铅矿主要形成于石英硫化物期低温阶段，矿区矿物生成顺序大致可确定为：辉钼矿→白钨矿→磁铁矿→赤铁矿→黄铁矿→斑铜矿→早期黄铜矿→辉铜矿→黄锡矿→毒砂→闪锌矿→磁黄铁矿→晚期黄铜矿→方铅矿、辉银矿→白铁矿→蓝铜矿→褐铁矿、孔雀石、白铅矿。矿区矿物生成顺序见图 5－75。

（三）矿床地球化学特征

1. 黄铁矿中微量元素

一般认为，黄铁矿中的 Co、Ni 含量及其比值具有较好的成因指示意义（Loftus et al.，1967）。沉积型黄铁矿中 Co 含量低，一般小于 1000×10^{-6}，Co/Ni 比值小于 1。热液型黄铁矿中 Co 含量高，为 $400\times10^{-6}\sim2400\times10^{-6}$，Co/Ni 比值大于 1。虎头崖矿区Ⅶ矿带黄铜矿闪锌矿方铅矿矿石中黄铁矿电子探针分析结果 Co/Ni 比值为 1.7～40，平均值为 14.4，显示黄铁矿物质主要来源于岩浆热液的特点（刘云华等，2006b）。

2. 矿石稀土元素

（1）虎头崖矿床

矿区Ⅶ矿带闪锌矿方铅矿矿石稀土元素分析结果显示（表 5－20），矿石具有稀土元素总量低的特点，ΣREE 为 $2.92\times10^{-6}\sim4.65\times10^{-6}$，轻重稀土元素比值 6.53～9.2，轻重稀土元素分馏明显。δEu 为 0.39～0.63，平均 0.49，铕中等亏损。矿石 δCe 为 0.70～0.86，平均为 0.79，具热液蚀变。稀土元素标准化分布型式图（图 5－76）显示，矿石曲线具有向右倾斜特征，负铕异常明显，曲线形态和矿区二长花岗岩曲线形态相似，但轻稀土元素富集更加明显，Gd、Yb 元素显示富集，可能与热液蚀变有关。1 件矿石曲线形态和 δEu 值与闪长岩相近，闪长岩可能对成矿也具有一定的贡献。近年，在矿区南部闪长岩出露附近的次级断裂中已发现铅锌矿石，这在以往并未引起研究者的注意。

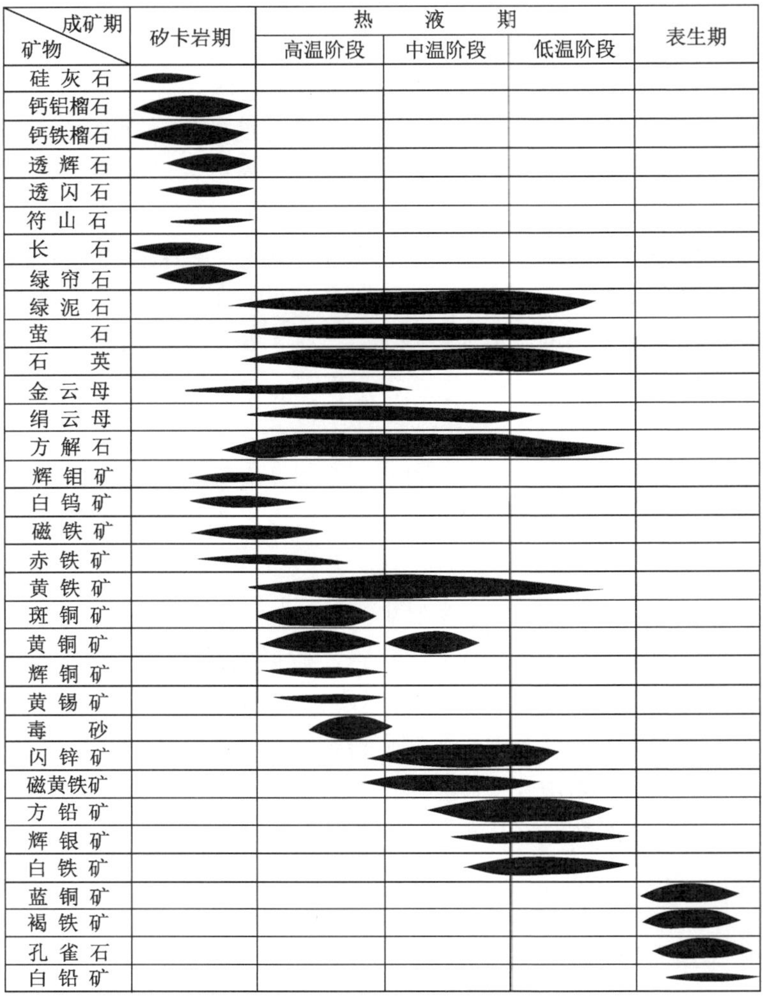

图 5－75 虎头崖矿区矿物生成顺序

表 5－20 虎头崖矿区Ⅶ矿带闪锌矿方铅矿矿石稀土元素分析结果及稀土元素参数特征

样品号	$w_B/10^{-6}$										
	La	Ce	Pr	Nd	Sm	Eu	Gd	Tb	Dy	Ho	Er
HTY－XT1	1.03	1.63	0.23	0.94	0.18	0.026	0.18	0.022	0.16	0.031	0.11
HTY－XT2	0.8	0.99	0.15	0.59	0.089	0.011	0.085	0.012	0.078	0.013	0.046
HTY－XT3	0.79	1.24	0.16	0.67	0.13	0.027	0.13	0.015	0.12	0.024	0.079

样品号	$w_B/10^{-6}$						LREE/HREE	La_N/Yb_N	δEu	δCe
	Tm	Yb	Lu	Y	ΣREE	LREE				
HTY－XT1	0.013	0.086	0.008	1.63	4.65	4.04	6.62	8.59	0.44	0.82
HTY－XT2	0.006	0.041	0.005	0.75	2.92	2.63	9.2	14	0.39	0.7
HTY－XT3	0.01	0.078	0.006	1.32	3.48	3.02	6.53	7.26	0.63	0.86

注：西安地质矿产研究所实验测试中心测试，分析方法：ICP－MS。

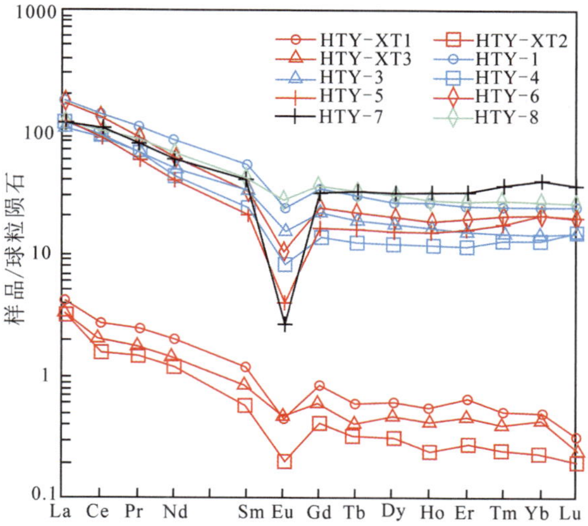

图 5-76 虎头崖矿区Ⅶ矿带矿石及侵入岩
稀土元素球粒陨石标准化分布型式图
（球粒陨石数据据 Sun and McDonough，1989）
HTY-XT1～HTY-XT3—Ⅶ矿带闪锌矿方铅矿矿石；HTY-1、HTY-3—硅质岩；
HTY-4、HTY-5、HTY-6、HTY-7—二长花岗岩；HTY-8—闪长岩；HTY-1、
HTY-3～HTY-8 数据引自张爱奎，2012

（2）卡尔却卡矿床索拉吉尔矿段

据赖健清等（2015）研究，矿石样品稀土元素总量低，介于 $3.7\times10^{-6}\sim39.13\times10^{-6}$之间，δEu 为 0.72～0.89，均值为 0.79，显示铕弱亏损，δCe 为 0.77～0.90，显示铈弱亏损，稀土元素配分曲线右倾，轻稀土元素曲线较重稀土元素曲线陡，轻重稀土元素比值大于 1，轻稀土元素富集。La/Sm-Sm/Nd 和 La-Nd 图解显示，岩浆岩、矽卡岩和矿石三类地质体大致呈线性相关排列，说明它们属同一成矿体系的组成部分。由矿石 Sm/Nd 值判断成矿与岩体及矽卡岩密切，与地层关系较小（赖健清等，2015）。

3. 微量元素特征

虎头崖矿区Ⅶ矿带矿石和围岩微量元素含量见表 5-21。

表 5-21 虎头崖矿区Ⅶ矿带矿石和围岩微量元素含量统计结果 单位：10^{-6}

元素	Ⅶ矿带铅锌矿石	硅质岩	大理岩	二长花岗岩	闪长岩	地壳丰度
Rb	90	169.3		309.5	136	8
Ba		416.58	16.6	269.25	644	259
Th		12.2		30.8	9.2	5.6
Ta		1.2		2.59	1.13	0.7
Nb		12.55		20.18	14.2	12
Hf		3.785		4.48	4.64	3.7
Zr	90	139		134.75	184	123

续表

元素	Ⅶ矿带铅锌矿石	硅质岩	大理岩	二长花岗岩	闪长岩	地壳丰度
Sr	410	283	654	101.70	119	325
Ni		28.98	10	3.14	3.36	51
Cu	1600	32.77	33	8.11	23.3	24
Zn	38400	104.75	555	57.20	174	73
Pb	26000	82.77	73	50.85	31.4	12.6
Mo	80	0.9	2	1.69	1.26	0.65
Co	20	27.8	3.6	2.18	24.8	25
Cs		10.65		9.49	5.34	42
Cr	210	53.25	10	8.14	29.2	119
Sc		15.1		2.56	36.9	22
V		128.7		9.00	124	128
As	110	47				3.1
Sb		7.12				0.2
B		34.09				18
Se		0.04				133
Au	100	1.03				1.21
Ag	61000	317.5	1			52
Ga		18.9		17.80	21.8	16

注：数据来源于张爱奎，2012；Au、Ag单位为10^{-9}。

从表5－21可看出，矿区硅质岩、二长花岗岩、闪长岩除Cr、Co、Ni、Sr、Cs、Se元素含量低于地壳丰度外，其他元素含量通常高于地壳丰度；大理岩Cu、Pb、Zn、Mo、Sr元素高于地壳丰度。矿石Rb、Zr元素含量低于围岩，Cu、Pb、Zn、Mo、Cr、As、Au、Ag元素含量高于围岩，Sr元素含量介于大理岩和其他岩石中间，Co元素含量与硅质岩和闪长岩相近，Rb/Sr比值低于围岩，相对而言，与硅质岩、闪长岩较接近。从不同岩石微量元素含量特征分析，围岩硅质岩和大理岩中Cu、Pb、Zn成矿元素含量均较高，二长花岗岩、闪长岩Pb、Zn元素含量较高，尤其是闪长岩Pb、Zn元素含量明显高于地壳丰度，矿石中Cu、Pb、Zn、Mo、Au、Ag等元素具有明显富集，表明成矿与中酸性侵入岩和围岩存在密切关系，成矿物质很可能来源于地层和岩浆热液。闪长岩对成矿可能具有一定的贡献，这与矿石稀土元素特征判断结果一致。

4. 硫、铅同位素

（1）虎头崖矿床

矿区Ⅶ矿带矿石硫同位素分析结果表明，$\delta^{34}S$介于－0.97‰～5.69‰之间，测试的7个样品中有6个样品$\delta^{34}S$集中在3.09‰～5.69‰的范围，反映矿床硫主要来自深源（刘云华等，2006b）。矿床中方铅矿$^{206}Pb/^{204}Pb$值范围为18.520～18.591，$^{207}Pb/^{204}Pb$值范围为 15.589 ~ 15.680，$^{208}Pb/^{204}Pb$ 值范围为 38.268 ~ 38.570，具有深源铅的特征，模式年龄差别较大，为异常铅，μ 值变化不大，铅具有多来源，但主要来自于岩浆（刘云华等，2006b）。

（2）卡尔却卡矿床索拉吉尔矿段

矿区矿石硫同位素分析结果显示（表 5 - 22），$\delta^{34}S$ 介于 3.1‰ ~ 11‰之间，均值为 5.53‰，具有较低的 $\delta^{34}S$，反映了矿石中的硫总体具有岩浆硫的特征，即硫主要来源于深源岩浆，极少量可能来自于地层中的海水硫酸盐。

表 5 - 22　卡尔却卡矿床索拉吉尔矿段硫同位素组成

样品编号	矿物名称	$\delta^{34}S_{V-CDT}$/‰	样品编号	矿物名称	$\delta^{34}S_{V-CDT}$/‰	样品编号	矿物名称	$\delta^{34}S_{V-CDT}$/‰
KEQK - KSD - JK9	辉钼矿	4.8	KEQK - B - CK - 14 - B5	闪锌矿	5.1	SL03	辉钼矿	4.9
KEQK - ZK16 - B15	黄铁矿	6.7	KD019	黄铜矿	7.2	SL06	辉钼矿	3.8
KEQK - KSD - JK8	辉钼矿	4.8	KD0024	黄铜矿	6.0	SL09	辉钼矿	5.1
KEQK - KSD - JK10	黄铜矿	7.1	KD0026	黄铜矿	6.9	SL11	辉钼矿	5.6
KEQK - CC - JK2	黄铜矿	4.2	KD0033	黄铜矿	3.8	ZKB28 - 13	黄铜矿	11.0
KEQK - CC - JK3	黄铜矿	5.1	KD0034	黄铜矿	4.7	KCD1 - 10	辉钼矿	4.9
KEQK - 32	方铅矿	6	KD0035	黄铜矿	4.0	KCD1 - 7	黄铜矿	7.8
KEQK - B - CK - 14 - B1	黄铁矿	5	KD0035	闪锌矿	4.5	KCD1 - 6	黄铜矿	8.3
KEQK - B - CK - 14 - B1	黄铜矿	6.1	BZK1604 - 5	黄铜矿	4.4	KCD1 - 5	黄铜矿	7.7
KEQK - B - CK - 14 - B2	辉钼矿	5.3	BZK1401 - 4	闪锌矿	5.8	KCD1 - 2	黄铜矿	7.2
KEQK - B - CK - 14 - B3	辉钼矿	5	BZK1401 - 13	黄铜矿	3.3	RM - 10	黄铜矿	4.4
KEQK - B - CK - 14 - B4	辉钼矿	4.2	BZK1401 - 13	磁黄铁矿	3.1			
KEQK - B - CK - 14 - B5	黄铜矿	5.4	SL01	黄铜矿	5.4			

注：KEQK - KSD - JK9 ~ KEQK - B - CK - 14 - B5 数据来源于吉林大学钱烨未发表资料；KD019 ~ SL11 数据来源于王松等，2014；ZKB28 - 13 ~ KCD1 - 2 数据来源于赖健清等，2015；RM - 10 数据来源于徐国端，2010。

5. 成矿流体特征

（1）虎头崖矿床

矿区Ⅶ矿带闪锌矿方铅矿的脉石矿物石英中流体包裹体分析结果（表 5 - 23）显示，流体包裹体为气液两相包裹体，气相成分主要为 CH_4，其次有 H_2S、N_2，液相主要为 H_2O，其次有 CH_4，具有岩浆热液流体的特征。冰点温度为 -2.3 ~ -5.5℃，均一温度为 211 ~ 407℃。利用公式：$W = 0.00 + 1.78T_m - 0.0442T_m^2 + 0.000557T_m^3$（Hall et al.，1988）计算求得，流体盐度为 3.87% ~ 8.55% $NaCl_{equiv}$，利用 NaCl - H_2O 体系温度 - 盐度 - 密度相图获得流体密度为 0.6 ~ 0.9 g/cm^3。矿石中脉石矿物石英形成于石英硫化物期，其成矿流体为中高温低盐度低密度流体。

表5-23　虎头崖矿区闪锌矿方铅矿矿石流体包裹体成分及温度测定结果

样品号	采集地点	岩石名称	气相/%				液相/%			包裹体温度		
			H_2S	CH_4	N_2	总和	H_2O	CH_4	总和	序列号	冰点温度/(℃)	均一温度/(℃)
HTY-BT1	虎头崖Ⅶ矿带	闪锌矿方铅矿矿石		100.0		100.0	100.0		100.0	1	-5.5	407.0
										2	-5.4	407.0
										3	-5.0	401.0
										4	-4.1	370.0
										5	-4.2	395.0
HTY-BT2		闪锌矿方铅矿矿石	8.8	82.9	8.3	100.0	99.3	0.7	100.0	1	-3.0	227.0
										2	-3.1	226.0
										3	-2.8	226.0
										4	-2.3	211.0
										5	-2.3	211.0

注：样品由西安地质矿产研究所实验测试中心测试；分析方法：invia激光拉曼探针；气相、液相均为摩尔数的相对百分含量；实验条件为 Ar^+ 激光器波长514.5nm，激光功率40mW，扫描速度10s/6次叠加，光谱仪狭缝10μm，温度23℃，湿度65%。

方解石中包裹体主要类型为Ia型无子矿物水溶液包裹体，形态一般不规则，少量为负晶型。包裹体大小不一，为4~30 μm，成群或较孤立分布，填充度（20℃）为10%~65%。观测计算出盐度为1.06%~3.87% $NaCl_{equiv}$，主要集中于1.74% $NaCl_{equiv}$左右。均一温度主要分布在220~303℃范围内，10个数据平均为266℃，并出现一个较低的温度142℃和两个大于310℃的温度，其中大于310℃的两个包裹体的填充度（20℃）均大于45%。流体密度值范围为0.681~0.954 g/cm³（徐国端，2010）。

虎头崖矿区Ⅶ矿带石英和方解石中流体均具有低盐度、低密度和较高均一温度的特征，低密度、低盐度和较高均一温度是矿区成矿溶液主要特点（徐国端，2010）。与野马泉矿区中高密度流体具有明显区别，但两个矿区流体盐度均较低，只是虎头崖矿体流体盐度变化范围更广一些。

（2）卡尔却卡矿床索拉吉尔矿段

根据于森等（2014）的研究，卡而却卡矽卡岩矿带包裹体成分以 H_2O、CO_2 和 CH_4 为主，其次有微弱的 N_2 和 H_2S。包裹体均一温度从140~>560℃都有分布，流体包裹体均一温度的变化与成矿阶段演化有良好的对应关系，从矽卡岩期到硫化物期温度逐渐降低。在矽卡岩期阶段，石榴子石、石英和透辉石中包裹体均一温度分布范围为260~>560℃。其中，石榴子石包裹体均一温度分为明显的两个区间，分别为260~400℃和460~>560℃，各区间峰值分别为320℃和>560℃，两区间分别对应矽卡期早期阶段和晚期阶段。石英中包裹体均一温度主要分布在360~500℃，局部大于560℃。透辉石中包裹体均一温度为440~500℃。在硫化物期，方解石中包裹体均一温度分为两个区间，一个是中高温区间（140~220℃），另一个是高温区间（大于220℃）。

石英包裹体盐度主要分布在两个区间，分别是10.11%~10.49% $NaCl_{equiv}$和40.96%~44.32% $NaCl_{equiv}$；石榴子石和透辉石包裹体盐度都较低，各自平均值分别为6.46%

$NaCl_{equiv}$和6.75% $NaCl_{equiv}$；方解石包裹体盐度分布在0.35% ~23.05% $NaCl_{equiv}$之间。

石英脉中单矿物石英的氢氧同位素测定结果显示，δD_{V-SMOW}值介于 -44‰ ~ -72‰之间，平均值为 -60.2‰，$\delta^{18}O_{V-SMOW}$值介于10.9‰ ~14.8‰之间，平均值为12.78‰。计算后的$\delta^{18}O_{H_2O}$值介于5.9‰ ~9.3‰之间，平均值为7.7‰，明显属于岩浆水（5.5‰ ~9.5‰）变化范围（于淼等，2014）。

（四）成矿年龄

1. 虎头崖矿床

虎头崖矿区Ⅴ矿带辉钼矿 Re - Os 模式年龄较为一致，为（223.0 ±3.2）Ma ~（224.8 ±3.3）Ma，加权平均年龄为（224.1 ±1.2）Ma（MSWD =0.16），等时线年龄为（225.0 ±4.0）Ma（MSWD =0.24）；Ⅶ矿带西段辉钼矿 Re - Os 模式年龄集中于（229.4 ±3.7）Ma ~（230.6 ±3.4）Ma，加权平均年龄为（229.9 ±1.5）Ma（MSWD =0.07），等时线年龄为（230.1 ±4.7）Ma（MSWD =0.12；丰成友等，2011）。结合其侵入岩 - 二长花岗岩（212.1 ±3.3）Ma（罗照华等，2002）和（218 ±2）Ma（张爱奎等，2013）的锆石 U - Pb 同位素年龄来分析，成矿时代属印支期。所测得的辉钼矿 Re - Os 年龄数据略大于侵入岩锆石 U - Pb 同位素年龄数据，可能与年龄测试误差有关。

2. 卡尔却卡矿床索拉吉尔矿段

利用辉钼矿 Re - Os 同位素定年技术，获得卡尔却卡矿区的8个 Re - Os 模式年龄非常接近，介于（240.1 ±3.3）Ma ~（245.3 ±3.4）Ma 之间，模式年龄加权平均年龄为（242.1 ±1.2）Ma（MSWD =0.84；图5 -77；表5 -24）。8个数据点构成一条很好的$^{187}Re - ^{187}Os$ 等时线，计算得到辉钼矿 Re - Os 等时线年龄为（242.1 ±2.3）Ma（MSWD =1.9），与加权平均年龄一致，可代表辉钼矿的形成年龄。这与丰成友等（2009b）获得9件样品的 Re - Os 模式年龄为236.9 ~240.1Ma，加权平均年龄为（238.8 ±1.3）Ma，等时线年龄为（239 ±11）Ma（MSWD =0.48）的结果一致。结合与成矿有关的侵入岩同位素年龄，表明成矿作用发生于中三叠世。辉钼矿样品中 Re 含量较高，变化较大，为17.16 ~111.4μg/g，指示其成矿物质来源为壳幔混合源。

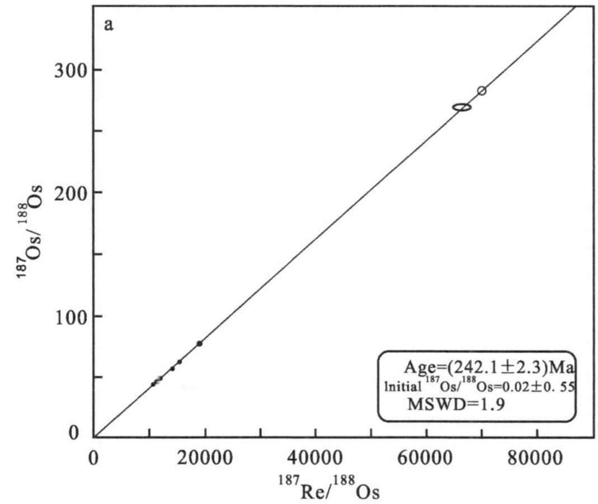

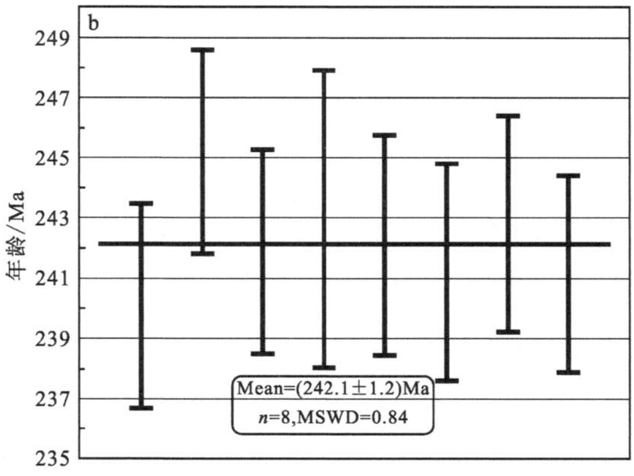

图5 -77　卡尔却卡矿区辉钼矿 Re - Os 同位素模式年龄等时线（a）及加权平均年龄（b）

表 5-24　卡尔却卡矿床索拉吉尔矿段辉钼矿 Re-Os 同位素组成

样品	样重	Re μg/g	^{187}Re（±2σ） μg/g	^{187}Os（±2σ） ng/g	模式年龄 Ma	±2σ Ma
KEQK-KSD-JK1	0.00585	22.50	110	56.67	240.1	3.3
KEQK-KSD-JK2	0.02059	18.90	90	48.66	245.3	3.4
KEQK-KSD-JK3	0.00519	111.4	540	282.6	241.9	3.4
KEQK-KSD-JK4	0.02058	105.8	1070	269.8	243	4.9
KEQK-KSD-JK5	0.02005	30.12	180	76.51	242.1	3.7
KEQK-KSD-JK6	0.02059	17.16	100	43.43	241.2	3.6
KEQK-KSD-JK7	0.02069	24.45	140	62.3	242.8	3.6
KEQK-KSD-JK8	0.02031	17.93	80	45.38	241.2	3.2

注：据吉林大学钱烨未发表资料。

（五）控矿因素

前面章节已对矽卡岩-热液型铜-铅-锌-锡-钼矿床主要控矿因素进行了部分论述，与矽卡岩型铁-铅-锌（铜）矿床成矿矿种差异进行了比较，下面重点针对虎头崖热液型铜-铅-锌矿床控矿因素进行论述。

1. 围岩因素

区域内热液型矿床主要产在蓟县系狼牙山组和上石炭统缔敖苏组。前者产出的矿床规模较大，如虎头崖矿床Ⅶ矿带已提交60余万吨铅锌铜多金属资源量，紧邻研究区的新疆维宝矿床也已提交80余万吨铅锌铜多金属资源量。相比狼牙山组，缔敖苏组内热液型矿产规模较小，如虎头崖矿床Ⅳ、Ⅴ矿带。分析其原因，主要有以下两个方面：

1）狼牙山组是一套碳酸盐岩和碎屑岩的沉积变质组合，硅钙界面十分发育，这是狼牙山组热液型矿床规模较大的原因之一。缔敖苏组仅在第2岩性段和上下岩性段之间存在连续的硅钙界面，岩性段内则不十分发育，而第2岩性段在虎头崖矿区分布范围十分有限。

2）从表5-21可以看出，狼牙山组地层富含Pb、Zn、Ag、As、Sb等成矿物质，尤其硅质岩微量元素含量较正常沉积地壳高出几—几十倍，局部已有成矿事实，如矿区发现的砷硫锑铅矿石等。虽然地层形成阶段未能形成具有工业利用价值的矿床，但狼牙山组地层为印支期岩浆热液交代提供了重要物质基础。虎头崖矿床规模之所以能达到大型，与中元古代成矿物质的预富集作用可能存在很密切的关系。

2. 构造因素

虎头崖矿床成矿与矿区构造特征有很密切的关系。祁漫塔格地区区域研究表明，经历了晚古生代早期的洋盆形成和扩张，早二叠世昆南洋向北俯冲，三叠纪发生陆-陆碰撞（张爱奎等，2012）。推断矿区南部较古老的蓟县系狼牙山组在陆-陆碰撞体制下被抬升出露。而矿区北部受挤压发生褶皱，在背斜核部形成虚脱和张性断裂。同时，侵入岩沿背斜核部附近应力薄弱地带侵入。随着岩浆的侵入，岩浆扩容和区域压应力的作用下，北西向、北东向剪切构造形成，同时岩浆热液在背斜核部、先存断裂及扩容过程中形成的北西向、北东向剪切构造等部位运移和沉淀。这些构造的发育，为成矿热液的运移提供了便利。而热液总是向着构造应力小的地区运移聚集，表现在矿区就向着断层的上盘，即Ⅶ矿带处运移聚集，这对Ⅶ矿带的形成十分有利，也是Ⅶ矿带规模较大的一个重要因素。

同时，虎头崖矿床所处位置，是区域断裂方向由北西向改变为近东西向的地段，由于构造方向的改变，引起地质条件的较大变化和物质迁移，这对于矿区成矿具有重要的影响。它控制了近东西向构造的发育，褶皱的形成，以及岩浆的侵入，进而控制了区内的成矿。

矿区主要储矿构造为近东西向断裂和岩体与地层的接触带，其次为褶皱核部以及北西、北东向剪切构造部位。北西、北东向剪切构造部位的成矿以往未重视，近年已发现多金属矿体，值得进一步关注。

3. 侵入岩因素

矿床流体包裹体、硫同位素的研究表明，虎头崖矿区成矿热液来源于岩浆。Ⅶ矿带主矿体，主要位于虎头崖东部。从空间位置来看，主矿体均距离Ⅵ矿带二长花岗岩近一些。这可能暗示虎头崖成矿热液很可能是来源于Ⅵ矿带的二长花岗岩（闪长岩也可能提供了一部分）。

前面已提及，Ⅵ矿带的二长花岗岩具有 EMⅡ地幔印记，地幔物质对矿床的形成可能具有重要的贡献。

区域内冰沟南地区，出露地层亦以蓟县系狼牙山组为主，矿体也具有层状展布的特征，但矿体规模较小，品位也较低。这可能与冰沟南地区侵入岩的规模、类型和虎头崖矿区存在差异有关。冰沟南地区侵入岩不发育，仅见少量闪长岩，其分异程度较低（闪长岩分异指数为 51.85；张爱奎，2012），岩浆热液不发育，其成矿能力就弱得多。

综上所述，中元古代地层成矿元素预富集、岩浆热液和构造的叠加，是形成虎头崖热液型矿床良好的成矿要素组合。

（六）矿床成因

虎头崖矿床Ⅰ、Ⅱ、Ⅲ、Ⅵ、Ⅷ、Ⅸ矿带位于岩体与石炭系、寒武系—奥陶系碳酸盐岩、火山岩接触带，与区域内野马泉、四角羊沟等矽卡岩矿床特征相似，其成因属于接触交代矽卡岩型，已经广大学者和专家研究证实（刘云华等，2006b；丰成友等，2011；张爱奎，2012；张爱奎等，2012）。卡尔却卡矿床索拉吉尔矿段位于岩体与寒武系—奥陶系碳酸盐岩接触带，矿体受岩体接触带控制，其成因属于接触交代矽卡岩型（王松等，2009；李东生等，2010；李碧乐等，2010；李大新等，2011；丰成友等，2011；于淼等，2014；张雨莲等，2014）。

虎头崖矿床Ⅳ、Ⅴ矿带位于缔敖苏组内东西向断层破碎蚀变带中，Ⅹ、Ⅺ矿带位于缔敖苏组内北东向断层破碎蚀变带中，属热液型（或称远接触带矽卡岩型；丰成友等，2011）。而Ⅶ矿带位于狼牙山组地层内，矿体产出受一定层位控制，矿床成因长期以来存在一些争议，主要有两种不同认识，其一认为属于 SEDEX 型（李欢等，2012；湖南省有色地质勘查局 217 地质队，2008），第二种认为属于热液型或远接触带矽卡岩型（丰成友等，2011；张爱奎等，2013）。该类矿床在西部新疆也有发现（杨自安等，2008），具有重要意义，下面主要针对虎头崖矿床Ⅶ矿带成因进行探讨。

受昆南洋（布青山－阿尼玛卿洋）形成和消亡影响，区内晚古生代—早中生代造山旋回岩浆活动强烈，在虎头崖矿区形成花岗闪长岩－二长花岗岩－闪长岩一套中酸性岩石组合，具备形成热液（或远接触带矽卡岩）型矿床的条件。通过前述虎头崖Ⅶ矿带成矿的特征，与典型 SEDEX 型矿床进行了比较（表 5－25）。

表 5－25　虎头崖矿床（Ⅶ矿带）特征与 SEDEX 型矿床特征对比

矿床特征	SEDEX 矿床	虎头崖矿床	虎头崖矿床与 SEDEX 矿床对比
构造背景	被动大陆边缘或陆内夭折裂谷中的活动伸展盆地	中元古代被动大陆边缘，晚古生代—早中生代造山作用	虎头崖矿床具备形成 SEDEX 型矿床和矽卡岩型矿床条件
矿区构造	同沉积断层和同生角砾岩、浊积岩发育	逆断层、韧性构造发育，并见同生角砾岩	
喷流岩类型	硅质岩（燧石岩、碧玉岩、隐晶质条带状石英岩）、铁锰质岩、铁白云岩、电气石岩、钠长石岩、细粒矽卡岩等	硅质岩	虎头崖矿床硅质岩具有喷流岩特征
萤石	不发育	不发育	相似
含矿岩层	喷流岩	矽卡岩、硅化碳酸盐岩、绢英岩为主	具有明显不同
矿体特征	主要呈层状、似层状、透镜状，产状与围岩整合，层纹状硫化物与围岩层理平行；矿化具有明显的分带性，主要与同沉积断裂有关，从同生断层由下往上和由内向外，多出现 Cu－Pb－Zn－Ba、Fe 的分带现象	似层状、透镜状，产状与围岩整合；矿化分带不明显	矿体产出特征有一定相似性，但矿化分带有明显区别
矿石特征	具纹层状构造、条带状构造。硫化物纹层与围岩互层往往构成韵律性纹层；金属矿物主要有闪锌矿－方铅矿－黄铁矿/白铁矿－磁黄铁矿，伴生重要的 Ag、Ba、Cu，普遍含一定量的 As、Sb、Sn、Hg、B 等痕量元素	矿石多具浸染状、团块状构造、似层状，层纹状不发育；金属矿物主要有闪锌矿－方铅矿－毒砂－黄铜矿－黄铁矿/白铁矿－磁黄铁矿－砷硫锑铅矿，伴生 Ag、As、Sb、B 等元素含量高	矿石构造不同，金属矿物组合和伴生微量元素相似
	REE 总量低，远源金属沉积物显著亏损 Eu、Ce，但近源硫化物矿石和喷流岩具显著的正铕异常	REE 总量低，为 2.92×10^{-6}～4.65×10^{-6}，平均为 7.45×10^{-6}，δEu 为 0.39～0.63，平均为 0.49，铕强烈亏损，δCe 为 0.7～0.86，平均为 0.79，铈亏损；黄铁矿 Co/Ni 为 1.7～40，平均为 14.4，具有热液黄铁矿成因特征	与 SEDEX 型远源金属沉积物相似

续表

矿床特征	SEDEX 矿床	虎头崖矿床	虎头崖矿床与 SEDEX 矿床对比
围岩蚀变	蚀变不对称，硅化较普遍，此外还可见到电气石化、绿泥石化、钠长石化、铁白云石化等	硅化、矽卡岩化、绢英岩化较普遍，此外见绿泥石化、碳酸盐化	某些特征相似，但虎头崖矿床具有矽卡岩化、绢英岩化
成矿温度	没有严格限制，测量值一般在120℃到200℃之间，但有些可达到275℃。	石英中流体包裹体为气液两相包裹体，气相成分主要为 CH_4，其次有 H_2S、N_2，液相主要为 H_2O，其次有 CH_4，具有岩浆热液流体的特征，冰点温度 -2.3 ~ -5.5℃，均一温度为 211 ~ 407℃；方解石中包裹体主要类型为 Ia 型无子矿物水溶液包裹体，均一温度 220 ~ 303℃，平均为266℃，并出现一个较低的温度142℃和两个大于310℃的温度	成矿温度明显高于 SEDEX 型矿床
盐度	没有严格限制，如 Red Dog 和 Century 在 10% ~30% 之间	石英中流体包裹体计算的盐度为 3.87% ~8.55% $NaCl_{equiv}$，流体密度为 0.6 ~0.9g/cm^3；方解石中包裹体计算的盐度为 1.06% ~ 3.87% $NaCl_{equiv}$，流体密度为 0.681 ~0.954g/cm^3	盐度明显低于 SEDEX 型矿床
硫同位素	金属来源于壳源物质，但非岩浆；硫的来源是同期海水硫酸盐，在一个矿区范围内，矿床的硫同位素组成可能变化很大，但是对于单个矿体或产于某一地层单元内的独立矿体，其硫同位素组成则相当均一	金属来源于岩浆，$\delta^{34}S$ 介于 -0.97‰ ~5.69‰之间，测试的 7 个样品中有 6 个样品 $\delta^{34}S$ 集中在 3.09‰ ~5.69‰的范围，反映矿床硫主要来自深源	来源于岩浆，与 SEDEX 型矿床来源于同期海水明显不同
成矿时代	中元古代、寒武纪、泥盆纪—石炭纪	225 ~230Ma，中晚三叠世	明显不同

从中可以看出：

1）虎头崖矿床的含矿岩层主要为透辉石矽卡岩、矽卡岩化碳酸盐岩、硅化碳酸盐岩、绢英岩，少数产于硅质岩中，与 SEDEX 型矿床含矿岩层主要为喷流岩具有较大的差异。

2）虎头崖矿床的围岩蚀变主要为硅化、矽卡岩化、绢英岩化、绿泥石化和碳酸盐化，与 SEDEX 型矿床的围岩蚀变主要为硅化、电气石化、绿泥石化、钠长石化、铁白云石化存在一定差异，尤其是虎头崖矿床普遍发育矽卡岩化，绢英岩化也较为普遍。因此说明，虎头崖矿床较 SEDEX 型矿床发育高温蚀变。

3）虎头崖矿床矿石构造主要有浸染状、团块状和似层状，似层状矿石与浸染状矿石一起产出。而 SEDEX 型矿床矿石具纹层状构造、条带状构造，硫化物纹层与围岩互层，往往构成韵律性纹层（Large D E，1983，1986；Sangster D F，1998，2002）。与 SEDEX 型矿床层纹状矿石相比，虎头崖矿床似层状矿石并非典型的硫化物纹层，在似层状硫化物之间，还分布有交代形成的矿石矿物。虎头崖矿床矿石具有似层状表象，实质是热液顺着层理进行交代的一种现象。

4）虎头崖矿床闪锌矿方铅矿的脉石矿物石英中，流体包裹体分析结果显示，均一温度为 211 ~407℃，流体盐度为 3.87% ~8.55% $NaCl_{equiv}$，流体密度为 0.6 ~0.9 g/cm^3；方解石中包裹体均一温度主要分布在 220 ~303℃范围内，亦出现一个较低的温度 142℃和两个大于 310℃的温度（徐国端，2010）。虽然虎头崖矿区Ⅶ矿带石英和方解石中明显地存在 2 种不同的成矿流体，可能存在 2 期成矿作用，但总体显示低盐度、中低密度和较高均一温度的特征。与 SEDEX 型矿床成矿温度一般在 120℃到 200℃之间，具有明显的差异。

5）矿石硫同位素测定结果表明，虎头崖矿床具有深源硫的特点，与 SEDEX 型矿床硫的来源为同期海水硫酸盐具有明显的差异。

6）虎头崖矿床辉钼矿成矿年龄测定值为（225.0 ±4.0）Ma ~（230.1 ±4.7）Ma（丰成友等，2011），与围岩时代蓟县纪存在很大差异。虽然不能说明辉钼矿与铅锌矿同时形成，但至少表明矿床在中晚三叠世发生过成矿作用。结合区域晚三叠世存在大规模成矿的事实（刘云华等，2005，2006a；丰成友等，2010，2011），以及地质特征和矿石特征，矿床主体不是由中元古代喷流沉积形成。

综合上述特征，虎头崖矿床Ⅶ矿带主要特征显示具有热液矿床成矿的特点，属热液型矿床。

（七）成矿模式

根据矿床特征、地球化学特征、控矿因素及矿床成因的分析，提取重要的成矿要素，建立的三叠纪矽卡岩 – 热液型铜 – 铅 – 锌 – 锡 – 钼矿床成矿模式见表 5 –26 及图 5 –78。

表 5 –26　矽卡岩 – 热液型铜 – 铅 – 锌 – 锡 – 钼矿床成矿模式

矿床模式要素	特　征
成矿时代	三叠纪
大地构造环境	碰撞、后碰撞
侵入岩	二长花岗岩、似斑状二长花岗岩、花岗岩，少量碱长花岗岩
围岩地层	狼牙山组、滩间山群、缔敖苏组为主，其次是大干沟组、金水口岩群
岩性	碳酸盐岩、中基性火山岩和碎屑岩
构造	北西西向、北西向构造控制了岩体、矿床和矿体的展布，热液矿体产于构造带
主要控矿因素	围岩地层、围岩岩性、构造、侵入岩、接触带等
矿体特征	形态复杂，矽卡岩矿体位于外接触带，热液矿体位于构造带
矿石特征	矿石成分复杂，交代结构明显
围岩蚀变	矽卡岩化、硅化、绢英岩化等
成矿期次	矽卡岩期、石英硫化物期（热液期）和表生氧化期

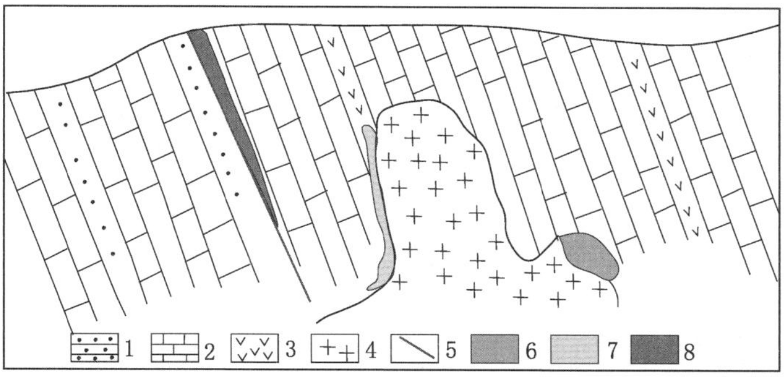

图 5－78　矽卡岩－热液型铜－铅－锌－锡－钼矿床成矿模式

1—碎屑岩；2—碳酸盐岩；3—中基性火山岩；4—中酸性侵入岩；
5—断裂；6—锡钼矿体；7—铜钼矿体；8—铅锌矿体

三叠纪矽卡岩型－热液型铜－铅－锌－锡－钼矿床形成于晚古生代—早中生代构造旋回的碰撞、后碰撞阶段，矽卡岩矿体产于侵入岩与滩间山群、缔敖苏组等碳酸盐岩、火山岩接触带矽卡岩中，热液矿体产于远离岩体的狼牙山组、缔敖苏组等地层的构造破碎带内，但热液来源于岩体。侵入岩类型主要有二长花岗岩、似斑状二长花岗岩、花岗岩，其次为少量碱长花岗岩。矽卡岩矿体形态复杂，矿石类型多样，主要有铜钼矿、铜铅锌矿、锡矿等，成矿主要经历了矽卡岩期、石英硫化物期及表生氧化期，矿体主要形成于石英硫化物期。矿床的形成受围岩地层、围岩岩性、构造、侵入岩、接触带等因素的综合控制。热液矿体受构造带控制，矿石以铅锌（铜）矿为主，矿体主要形成于热液期。矿床的形成受围岩地层、围岩岩性、构造、侵入岩等因素的综合控制。

三、热液型金矿床

研究区已发现的热液型金矿床仅见于昆中岩浆弧卡尔却卡矿区（V矿带）。

（一）地质背景

1. 围岩地层

区内出露地层简单，主要为寒武系—奥陶系滩间山群，呈不规则状分布，四周均被岩体包围，形成一个孤岛状的残留体（图 5－79）。地层总体倾向北东，倾角一般在 75°～85°之间。岩性组合为灰白色厚层条带状大理岩、绢云石英片岩、硅质岩夹大理岩、变砂岩。中三叠世花岗闪长岩与地层呈侵入接触。

2. 构造

区内北部出露有一条近东西向的破碎蚀变带（即V矿带），该带出露长度约 0.9km，宽度 50～150m 不等，倾向南东，倾角较陡。破碎蚀变带地表较明显，带内主要岩性为碎裂蚀变花岗闪长岩，多呈角砾状，蚀变程度较高，主要有硅化、高岭土化、绿泥石化和碳酸盐化。地表因氧化呈砖红色。该带在深部破碎不明显，但裂隙十分发育，蚀变很强，主要有硅化、绢云母化、绿帘石化、绿泥石化、碳酸盐化和高岭土化，矿化主要发育黄铁矿化，少量毒砂矿化。

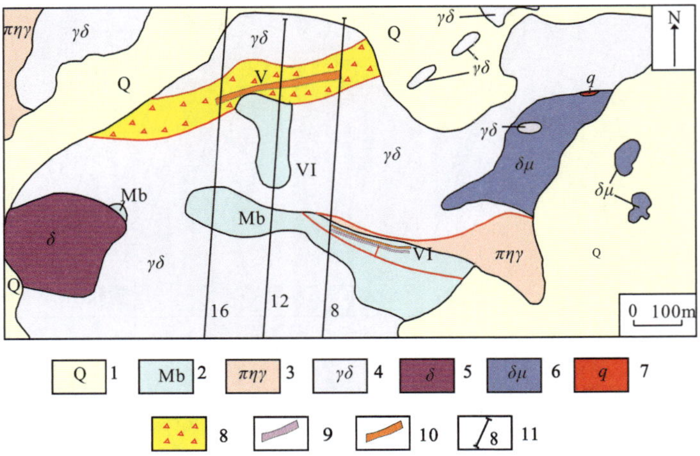

图 5-79　卡尔却卡矿区Ⅴ矿带地质矿产图

1—第四系；2—寒武系—奥陶系滩间山群大理岩；3—中三叠世似斑状二长花岗岩；4—中三叠世花岗闪长岩；5—中三叠世闪长岩；6—闪长玢岩；7—石英脉；8—破碎蚀变带；9—铜、铅、锌矿体；10—金矿体；11—勘探线剖面

3. 侵入岩

区内主要出露中三叠世花岗闪长岩，其次发育有闪长玢岩和似斑状二长花岗岩。花岗闪长岩出露面积约 $4km^2$，呈岩株状产出，形态呈不规则长条状，北西西向展布。岩石整体蚀变较强，主要表现为长石具绢云母化、绿帘石化。岩体中裂隙较发育，沿裂隙具较强的硅化，表现为沿裂隙石英呈细脉状、浸染状及团块状分布。岩体褪色蚀变明显，具有绿泥石化、碳酸盐化和高岭土化。花岗闪长岩体内黄铁矿化十分普遍。闪长玢岩出露面积小于 $0.5km^2$，呈岩脉状产出，平面形态呈椭圆状，具较强的黄铁矿化和褪色蚀变。

（二）矿床地质

1. 含矿岩层特征

区内发现的矿体有金矿和铜铅锌多金属矿，铜铅锌多金属矿主要产于岩体与寒武系—奥陶系滩间山群碳酸盐岩外接触带矽卡岩中，与卡尔却卡矿床索拉吉尔矿段具有相似的成矿特征；而金矿主要产于岩体的蚀变带内，其次在矽卡岩中也有产出，金矿成矿特征与铜铅锌多金属矿具有较大差异。地表和深部的系统取样表明，地表 Au≥0.1g/t 的矿化范围不仅仅局限于矽卡岩范围，在岩体蚀变带中亦有较大的矿化范围；深部，如 12 勘探线 ZK1203 钻孔中从 143.36～530.80m 之间岩体蚀变带内 Au≥0.1g/t 的矿化厚度达 387.44m（图 5-80），Au 平均品位达到 0.52g/t，同时伴生有银，Ag 平均品位为 1.45g/t。下面重点介绍区内岩体中产出的金矿特征。

野外编录发现，花岗闪长岩硅化和黄铁矿化普遍发育（图 5-81），黄铁矿化与硅化相伴呈脉状产出，脉频一般 10～20 条/m，最密集部位呈网脉状，脉频 40～60 条/m。硅化大致可分为三期，第一期硅化呈浅灰色，中-细脉状，脉宽 0.1～1mm；第二期硅化呈肉红色，中脉状，脉宽 0.5～2mm；第三期硅化呈烟灰色，大脉状，脉宽 2～9mm。结合

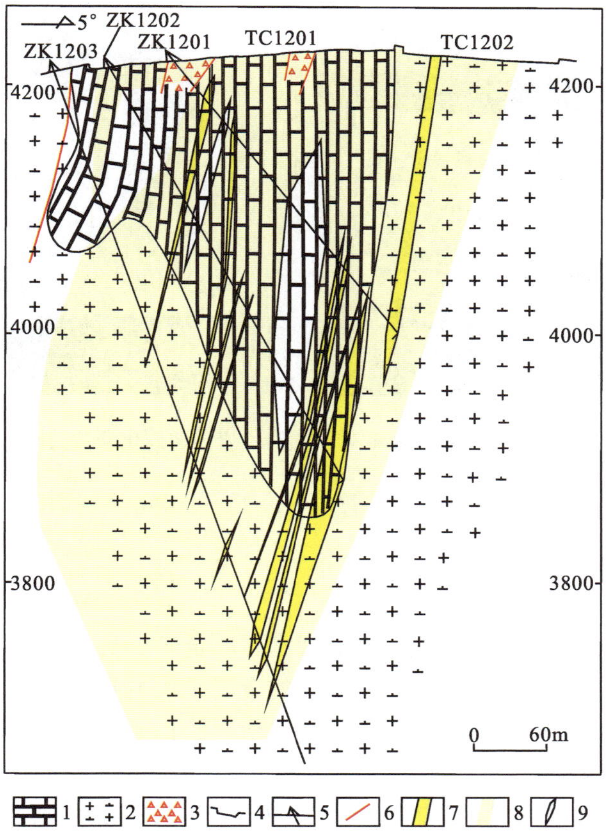

图 5－80　卡尔却卡矿区Ⅴ矿带 12 号勘探线剖面图

1—大理岩；2—花岗闪长岩；3—构造角砾岩；4—探槽；5—钻孔；6—断层；7—金矿体；8—金矿化体；9—夹石

室内分析结果，岩体中金矿化地段，硅化和黄铁矿化较强，金矿富集程度与含矿岩石中的硅化强度和黄铁矿含量成正比关系，黄铁矿硅化脉越密集，金矿化越连续，品位也相对越高，尤其是第三期硅化黄铁矿化发育地段 Au 品位较高，表明金矿化与硅化和黄铁矿化关系密切。

2. 矿体特征

区内共圈出 13 条金矿体，矿体长度 100 ~ 300m，厚度为 1.04 ~ 31.82m，金品位为 1.01 ~ 11.0g/t。其中主矿体有 3 条，即 V－M1、V－M2 和 V－M3 矿体。

V－M1 矿体总体呈透镜状，产状较为稳定，倾向 170°，倾角一般为 70° ~ 80°，矿体具有分支复合现象。矿体长 300m，厚度为 1.04 ~ 31.82m，平均厚度为 10.51m，金品位为 1.29 ~ 3.02g/t，单样最高品位达到 11.0g/t，平均品位为 1.54g/t。

V－M2 矿体总体呈透镜状，产状较为稳定，倾向 170°，倾角一般为 75° ~ 80°，矿体较为连续，无分支复合现象，矿体长 300m，厚度为 2.18 ~ 5.98m，平均厚度为 3.76m，金品位为 1.19 ~ 1.97g/t，平均品位为 1.74g/t。

V－M3 矿体总体呈透镜状，产状较为稳定，倾向 170°，倾角一般为 75°，矿体较为连

图 5－81　卡尔却卡Ⅴ矿带花岗闪长岩中的硅化和黄铁矿化

续，无分支复合现象，矿体长 300m，厚度为 1.52～9.40m，平均厚度为 5.13m，金品位为 1.16～1.83g/t，平均品位为 1.56g/t。

3. 矿石特征

卡尔却卡Ⅴ矿带内矿石类型主要有铜铅锌矿石、金矿石及金铜铅锌矿石。

金矿石含矿岩性为蚀变花岗闪长岩，含金的金属矿物主要是黄铁矿，脉石矿物主要是石英、斜长石、钾长石、角闪石等。矿石结构以他形粒状结构、半自形粒状结构为主，矿石构造以脉状构造、浸染状构造为主。

金铜铅锌矿石和铜铅锌矿石含矿岩性均为矽卡岩，矿石矿物主要有闪锌矿、方铅矿、黄铁矿、磁黄铁矿、黄铜矿、毒砂等，脉石矿物主要有白云石、方解石、透辉石、硅灰石、滑石、透闪石、绿帘石、石英、斜长石等。矿石结构以他形粒状变晶结构、半自形粒状结构、填隙结构、交代结构为主，矿石构造以稀疏浸染状构造、稠密浸染状构造、斑杂状构造、脉状构造、致密块状构造为主。

4. 围岩蚀变

铜铅锌及金铜铅锌矿体围岩主要发育矽卡岩化、绿帘石化、黏土化，花岗岩内金矿围岩主要发育硅化、绢云母化、绿泥石化、碳酸盐化和高岭土化。

5. 成矿阶段

根据光片鉴定结果，分 3 个矿化阶段，第一矿化阶段主要形成黄铁矿，其黄铁矿色泽较浅，压碎特征明显，受动力变质作用定向排列；第二矿化阶段生成黄铁矿以及黄铜矿、闪锌矿、方铅矿，黄铁矿色泽较深；第三矿化阶段生成细脉、网脉状黄铁矿和毒砂等，黄铁矿与硅化脉相伴生，颜色多呈烟灰色，少数呈灰黑色。

（三）矿床地球化学特征

1. 微量元素

表 5－27 列出了矿区围岩的微量元素分析结果。从表中可看出，矿区 Au、Cu、Pb、Zn、Ag 元素含量明显高于地壳丰度，Cr、Co、Ni 元素含量低于地壳丰度；矽卡岩化和黄

铁矿化岩石微量元素含量明显高于同类未蚀变矿化或蚀变矿化较弱的岩石；花岗闪长岩Au元素含量明显高于大理岩和后期花岗细晶岩（脉）。说明矿区金矿化来源于岩浆热液，与大理岩及后期岩脉关系不十分密切。

表5－27　卡尔却卡V矿带围岩微量元素分析　　　　单位：10^{-6}

样品编号	名称	Au	As	Sb	Cu	Pb	Zn	Ag	Mo	Cr	Co	Ni
卡S6TC12Y6	矽卡岩化大理岩	872			24.6	260	320	12.9			2.6	
卡S6TC12Y7	矽卡岩化大理岩	586			25.2	184	325	7.4			2.9	
卡S6TC12Y8	矽卡岩化大理岩	1879			42.3	525	590	4.6			2.8	
卡S6TC13Y5	大理岩	12.3			43.5	249	774	911			3.4	
卡S6TC13Y6	大理岩	13.5			22.5	180	388	806			3.1	
卡S6TC13Y7	大理岩	6.0			18.3	195	352	406			3.9	
卡S6TC12Y42	黄铁矿化花岗闪长岩	2107			31.4	104	315	12.6			2.9	
卡S6TC12Y44	黄铁矿化花岗闪长岩	2589			73.9	110	350	134.4			3.0	
卡S6TC12Y45	黄铁矿化花岗闪长岩	2378			72.3	112	625	52.8			2.9	
卡S6TC12Y65	花岗闪长岩	277			33.1	76.3	112	1.3			2.9	
卡S6TC12Y66	花岗闪长岩	150			52.9	87.1	124	5.0			2.6	
卡S6TC12Y67	花岗闪长岩	267			59.3	53.2	125	6.0			2.8	
卡S6TC13Y47	花岗细晶岩	8.8			34.5	114	222	694			6.6	
卡S6TC13Y48	花岗细晶岩	4.1			36.2	90.7	283	734			3.1	
卡S6TC13Y49	花岗细晶岩	4.4			35.2	103	172	669			3.1	
KC－1	黄铁矿化花岗闪长岩	1070	174	9.14	18.3	107	227	1851	4.47	7.4	6.25	5.2
KC－2	黄铁矿化花岗闪长岩	516	37.6	1.29	62.2	25.2	41.2	162	0.53	6.3	3.26	3.3
KC－3	黄铁矿化花岗闪长岩	1630	256	9.2	109	81.5	88	1020	1.35	6.3	3.78	3.2
KC－4	黄铁矿化花岗闪长岩	2640	165	19.7	93.6	257	324	3200	1.9	5.5	6.16	4.2
KC－5	黄铁矿化花岗闪长岩	197	403	49.1	139	1022	641	3200	1.55	6.2	3.5	2.8
KC－6	黄铁矿化石英闪长玢岩	106	7.29	4.48	458	18.7	62.1	773	1.46	8.1	5.49	3.8
KC－7	黄铁矿化花岗闪长岩	30.1	30.1	9.75	165	48.5	115	700	1.18	8.8	5.87	4.0
KC－8	黄铁矿化花岗闪长岩	22.3	12.6	15.6	195	97.6	129	1276	0.68	7.2	5.64	2.8
地壳丰度		1.21	3.1	0.2	24	73	12.6	52	0.65	119	25	51

注：测试单位为西宁矿产资源监督检测中心；Au、Ag单位为10^{-9}；地壳丰度引自韩吟文等，2003（转引自国际地球化学参考模型）。

2. 氢、氧、硫同位素

矿区金矿石氢、氧、硫同位素分析结果列于表5－28。

不同来源的流体具有不同的氢氧同位素组成特征，因此常根据成矿流体的氢氧同位素组成来确定成矿流体的来源。卡尔却卡V矿带含金石英脉中氢氧同位素组成分析结果显示，δD_{V-SMOW}值变化于 -59‰ ~ -72‰之间，平均为 -67.5‰；$\delta^{18}O_{V-SMOW}$值变化在7.2‰ ~9.1‰之间，平均为8.43‰。

表5-28 卡尔却卡V矿带金矿石H-O-S同位素分析结果

送样编号	测试矿物	δD_{V-SMOW}/‰	$\delta^{18}O_{矿V-SMOW}$/‰	$\delta^{18}O_{水V-SMOW}$/‰	测试矿物	$\delta^{34}S_{V-CDT}$/‰
KC-TW1	石英	-68	7.2	1.40	黄铁矿	10.8
KC-TW2	石英	-59	9.1	3.30	黄铁矿	10.5
KC-TW3	石英	-72	9.0	3.20	黄铁矿	10.7
KC-TW4	石英	-71	8.4	2.60	黄铁矿	10.8

注：测试单位为澳实分析检测（广州）有限公司。

根据公式 $\delta^{18}O_{矿} - \delta^{18}O_{水} = 3.38\times10^6/T^2 - 2.90$ 计算矿物包裹体水的同位素组成（Clayton et al.，1972；本公式适应的温度范围为200~500℃）。其中 T 为同位素平衡温度，$\delta^{18}O_{矿}$为实验所得石英脉中氧同位素分析结果。

虽然未开展卡尔却卡V矿带含金石英脉流体包裹体测温，但是矿区其他地段石英脉流体包裹体测温结果显示，成矿阶段均一温度为260~440℃（李世金等，2008；于淼等，2014），取其中间值350℃，作为石英-水体系的氧同位素平衡温度。

根据上述，将计算的$\delta^{18}O_{水V-SMOW}$结果列入表5-28中。

矿区流体氢氧同位素组成图解可以看出（图5-82），矿化石英脉样品的氢氧同位素点落在岩浆水附近，并向雨水线偏移。若成矿溶液为岩浆水（$\delta D_{水}$为 -80‰ ~ -50‰，$\delta^{18}O_{水}$

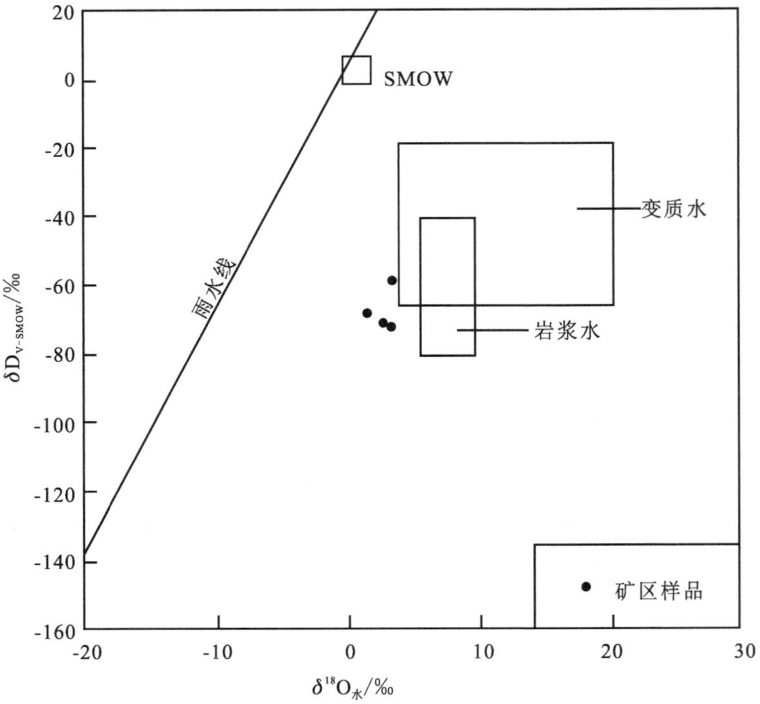

图5-82 卡尔却卡V矿带金矿石 $\delta D-\delta^{18}O_{水}$图解

为7.0‰～9.5‰；张理刚，1978），则经过水－岩交换后的热液水氧同位素组成降低，而氢同位素应该升高或保持（陈振胜等，1989），故卡尔却卡Ⅴ矿带金矿含矿热液很可能是由岩浆水发展而或为成矿热液，同时也不排除有大气降水的影响。

矿区硫化物主要是黄铁矿，并没有见到硫酸盐矿物，依据低氧逸度下，硫在成矿流体中以 HS^-、S^{2-} 形式存在（Ohmoto and Goldhaber，1997），此时形成的黄铁矿 $\delta^{34}S$ 与整个成矿流体相近，可以近似代表热液流体的总硫同位素组成。卡尔却卡Ⅴ矿带金矿石中黄铁矿 $\delta^{34}S$ 介于10.5‰～10.8‰之间，变化范围很小，反映硫来源单一，与花岗岩硫同位素组成较为一致。结合金矿石主要产于花岗闪长岩中的特点，以及矿石氢、氧同位素组成，认为矿床硫主要来自岩浆热液（图5－83）。

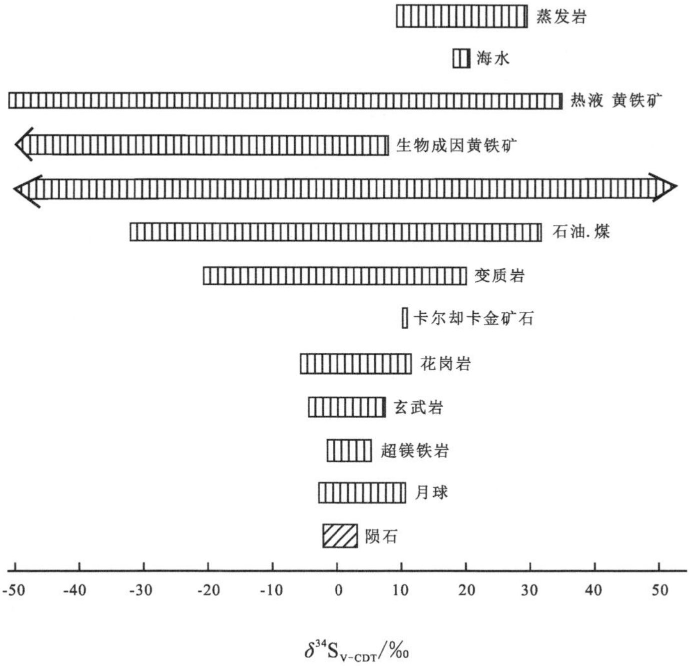

图5－83　卡尔却卡Ⅴ矿带金矿石硫同位素

（四）控矿因素

1. 构造因素

矿区位于昆北断裂（南支）附近，主体构造线呈北西西向展布。该断裂形成可能与早古生代晚期大规模的陆－陆碰撞事件有关（祁生胜等，2014）。印支期侵入岩的总体展布方向与该断裂方向一致，暗示断裂在印支期仍具有强烈的活动，昆北断裂控岩特征明显，是主要的控矿构造。

矿区构造呈近东西向，地表破碎明显，深部主要表现为裂隙十分发育，中三叠世花岗闪长岩中早期黄铁矿压碎特征明显，受动力变质作用黄铁矿定向排列，晚期黄铁矿多为脉状充填于裂隙中，表明在岩浆侵入之后，构造仍具有较强活动，构造活动形成的裂隙为含矿热液的运移和沉淀提供了良好的通道和储矿空间，是主要的储矿构造。

2. 侵入岩因素

矿区侵入岩主要是中三叠世花岗闪长岩，岩石暗色微粒包体发育，具有壳幔混合花岗岩的典型特点，岩石中 Au 平均含量达 231.33×10^{-9}，超过克拉克值的 190 倍。矿床地球化学研究表明，成矿热液来源于岩浆，岩浆活动为金矿的形成可能提供了丰富的物源和热源。

3. 地层因素

花岗闪长岩外接触带金矿品位高于岩体内金矿品位，但围岩大理岩中金含量远低于花岗闪长岩，外接触带金矿品位较高的原因并非与地层有直接的关系，可能是外接触带形成的矽卡岩有效孔隙度高，更利于含矿热液的运移、交代和沉淀。

综上所述，构造及岩浆热液活动，是形成区内热液型金矿床的主要控矿因素。

（五）矿床形成机制及矿床成因

矿区内发现的铜铅锌矿体和金铜铅锌矿体产于花岗闪长岩和滩间山群外接触带的矽卡岩内，与前述索拉吉尔矿段成矿特征基本一致，属于接触交代矽卡岩型矿床，在此不再讨论。下面重点对区内花岗闪长岩体内发现的金矿形成机制及矿床成因进行初步探讨。

地表填图和钻孔岩芯编录发现，V矿带花岗闪长岩具有面型蚀变，且裂隙十分发育，硅化和黄铁矿化十分强烈，黄铁矿含量普遍大于3%，这与区内其他地段，如索拉吉尔矿段的花岗闪长岩具有明显的蚀变矿化差异。V矿带黄铁矿化与硅化相伴呈脉状产出，大致可分为三期，结合室内化学分析结果，金矿富集程度与硅化强度和黄铁矿含量成正比关系，尤其是第三期硅化黄铁矿化发育地段 Au 品位较高。微量元素含量统计表明，V矿带花岗闪长岩 Au 含量超过克拉克值 190 倍，黄铁矿化花岗闪长岩 Au 含量最大（2640×10^{-9}），为克拉克值2000 余倍，说明花岗闪长岩具有 Au 的高背景，为成矿提供了物质基础，黄铁矿化与金矿成矿关系十分密切，是 Au 的主要载体。氢、氧、硫同位素特征显示成矿物质主要来自岩浆热液，很可能与深部小岩体（斑岩）有关，主要依据有：花岗闪长岩中早期黄铁矿压碎特征明显，受动力变质作用黄铁矿定向排列，但早期黄铁矿含矿性差，晚期黄铁矿多为脉状充填于裂隙中，表明成矿在花岗闪长岩形成之后；矿区构造表现为裂隙十分发育，具有网脉状分布的特点，暗示可能与深部小岩体（斑岩）侵位有关。但是限于矿床勘查程度较低的影响，成矿流体是否来源于深部小岩体还不能完全确定。综上所述，初步推断区内金矿形成机理如下：中三叠世地幔底侵引起中下地壳熔融形成的岩浆和幔源岩浆混合，形成 Au 高背景值的花岗闪长岩，沿昆北断裂侵位。昆北断裂持续活动和深部小岩体（斑岩）的侵入，导致花岗闪长岩体内形成大量裂隙构造，压力释放导致流体向裂隙中运移，并萃取花岗闪长岩中的 Au 形成含矿流体，压力和温度逐步降低，以及大气降水加入，导致含金硫化物黄铁矿沉淀，形成金矿床，同时形成了钾化、硅化、绿帘石化、绿泥石化、碳酸盐化、高岭土化等一系列蚀变。矿床成因属热液型。

（六）成矿模式

根据矿床特征、地球化学特征、控矿因素及矿床成因的分析，提取重要的成矿要素，建立的三叠纪热液型金矿床成矿模式见表 5－29 及图 5－84。

表 5－29　热液型金矿床成矿模式

矿床模式要素	特　征
成矿时代	三叠纪
大地构造环境	碰撞
侵入岩	可能是斑岩
含矿岩性	黄铁矿化似斑状二长花岗岩
围岩	似斑状二长花岗岩、滩间山群碳酸盐岩、中基性火山岩
构造	地表为北西西向破碎带，深部为网状裂隙
主要控矿因素	推断受构造和隐伏斑岩控制
矿体特征	矿体产于似斑状二长花岗岩裂隙和矽卡岩中
矿石特征	细脉状、浸染状黄铁矿含金
围岩蚀变	钾化、硅化、绿帘石化、绿泥石化、碳酸盐化、高岭土化等
成矿期次	岩浆热液期

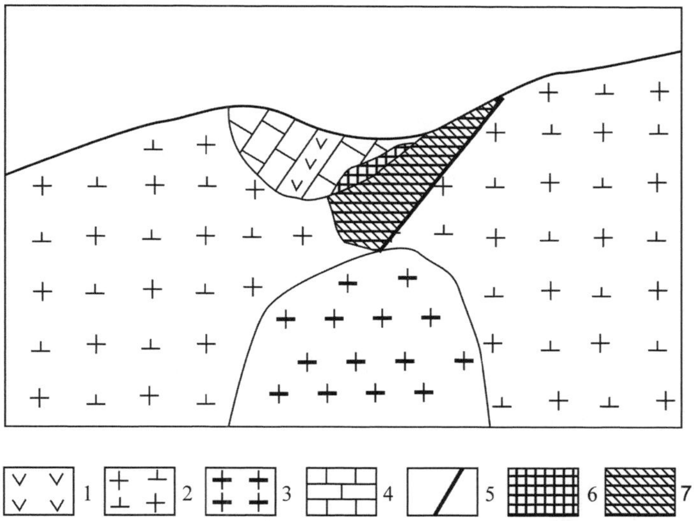

图 5－84　热液型金矿床成矿模式

1—中基性火山岩；2—花岗闪长岩；3—斑岩；4—碳酸盐岩；5—断层；
6—矽卡岩型金多金属矿体；7—热液型金矿体

三叠纪热液型金矿床形成于晚古生代—早中生代构造旋回的碰撞阶段，热液型金矿体主要产于花岗闪长岩网状裂隙中，矿化范围大，连续矿化厚度达到387.44m。推断成矿热液来源于隐伏斑岩。矿石类型主要是黄铁矿型金矿，形成于岩浆热液期。矿体与硅化、黄铁矿化密切相关。矿床的形成受构造和隐伏斑岩的控制。

四、隐爆角砾岩型铅－锌（铜）矿床

隐爆角砾岩是角砾岩中的一种特殊类型，是在浅成或超浅成环境中，在岩浆顶部或旁侧岩层承受压力大于岩浆爆破应力条件下发生爆破形成的一种岩石。岩浆隐爆作用发生最直接的因素是受热的多源流体或气体，浅成－超浅成中酸性斑岩体是隐爆角砾岩形成的决定性因素。隐爆角砾岩筒是热液运移的良好通道和容矿场所，隐爆角砾岩成岩作用常常伴随热液成矿作用，隐爆角砾岩型矿床为金属矿床中的一种重要成矿类型（Bryner，1961；Barton et al.，1977；Henley，1985；Thompson et al.，1985；Sillitoe，1985；Sillitoe et al.，1990；Henley，1991；Barker et al.，1991；Pirajno，1995）。

研究区已发现的隐爆角砾岩型铅－锌（铜）矿床见于昆中岩浆弧卡尔却卡矿区北部的楚阿克拉千矿区以及克停哈尔矿区，该类型矿产是近年来才发现，勘查程度较低，但已显示出巨大的找矿前景，以楚阿克拉千矿床为代表。

（一）地质背景

1. 隐爆角砾岩特征

楚阿克拉千矿区隐爆角砾岩呈筒状，平面呈椭圆状，北西向展布，长大于350m，宽约100m（图5－85）。

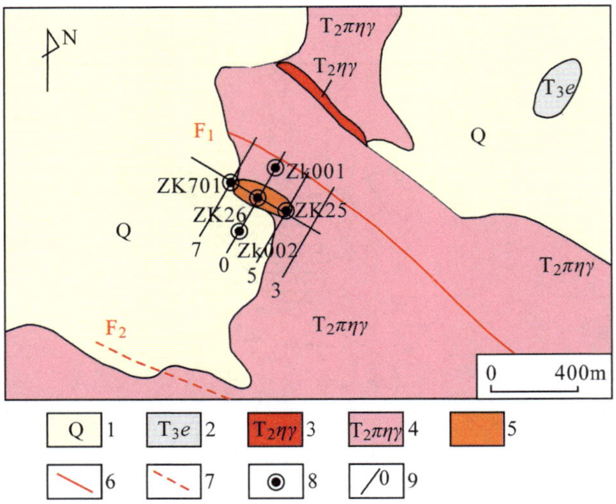

图5－85　楚阿克拉千矿区地质矿产图

1—第四系；2—上三叠统鄂拉山组；3—中三叠世二长花岗岩；4—中三叠世似斑状二长花岗岩；5—隐爆角砾岩；6—实测性质不明断层；7—推测性质不明断层；8—钻孔；9—勘探线及编号

隐爆角砾岩由大小相差悬殊的棱角状角砾，以及角砾间的岩粉、岩屑、硅质、绿泥石、硫化物等组成，构成典型的“爆破角砾结构”（林仕良等，2003；图5－86）。角砾含量40%～60%，大小悬殊，从小于3 cm到大于15 cm不等，通常3～10 cm，岩筒中部的角砾较小，外部的角砾较大，这与火山角砾岩由中心向边部角砾由大变小具有明显差异。角砾部分呈不规则棱角状、撕裂状，部分呈次棱角状－次圆状，野外观察部分角砾可拼接（图5－87，图5－88），这也是隐爆角砾岩的典型特征。角砾成分较复杂，主要有似斑状二长花岗岩、花岗闪长岩、流纹岩、安山岩、花岗斑岩等，其中，花岗斑岩呈斑状结构，斑晶有石英和钾长石，石英呈椭圆状，钾长石呈板状。除花岗斑岩在地表填图和钻孔编录中未观察到之外，其他角砾成分的岩石在隐爆角砾岩附近均有发现，具有“就地取材”的特点，这与湖北铜绿山隐爆角砾岩具有一定的相似性（刘继顺等，2005）。隐爆角砾岩胶结物主要是岩粉、岩屑、硅质及硫化物，这与火山角砾岩胶结物主要是火山灰、塑性玻屑等具有一定差异。隐爆角砾岩具有绢云母化、硅化、绿泥石化、碳酸盐化、高岭土化等蚀变，岩筒中部硫化物较富集（图5－89）。隐爆角砾岩顶部发现有硅化壳，硅化壳呈北西向椭圆状，长度约100m，宽度约20m，主要由石英组成（图5－90），其中具褐铁矿化、黄铁矿化，以及方铅矿化、闪锌矿化。矿区发现的含矿隐爆角砾岩与克停哈尔矿区含矿隐爆角砾岩（图5－91）具有相似特点。

图5－86　岩筒边部不含矿的隐爆角砾岩
爆破角砾结构

图5－87　岩筒中部含矿隐爆角砾岩
部分角砾可拼，硫化物胶结，浸染状矿化

图5－88　岩筒中部含矿隐爆角砾岩
部分角砾可拼，硫化物胶结，脉状矿化

图5－89　岩筒中部含矿隐爆角砾岩
硫化物胶结，部分角砾见黄铜矿化和黄铁矿化

图5－90　岩筒顶部硅化壳

图5－91　克停哈尔含矿隐爆角砾岩
硫化物胶结，部分角砾见黄铜矿化和黄铁矿化

2. 围岩特征

隐爆角砾岩的围岩主要是似斑状二长花岗岩，外围南部见花岗闪长岩，北部见二长花岗岩，北东部见上三叠统鄂拉山组火山岩（图5－85）。隐爆角砾岩与围岩界线清晰，围岩具有绿泥石化、泥化现象。

（二）矿床地质

1. 矿体特征

矿体产于隐爆角砾岩筒中部，含矿岩性为隐爆角砾岩，围岩中有少量矿体产出。硫化物主要分布在隐爆角砾岩胶结物中，主要呈浸染状矿化（图5－87），其次可见脉状矿化（图5－88）。部分角砾中见黄铜矿化、闪锌矿化、方铅矿化、黄铁矿化。矿体总体呈柱状，边部呈分支状（图5－92至图5－95）。

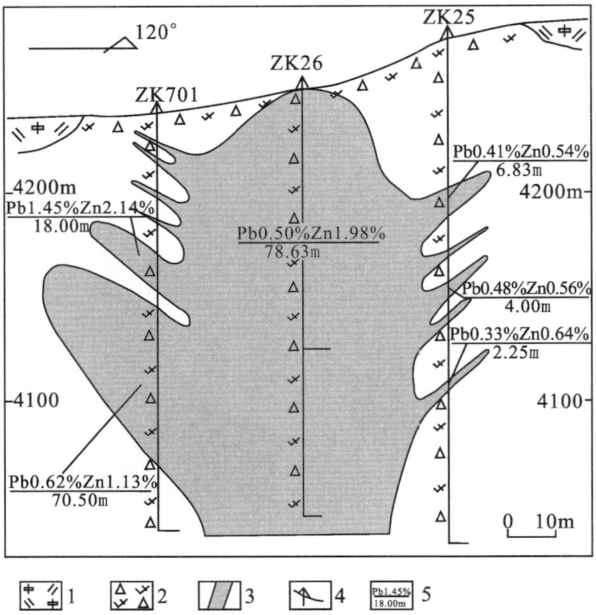

图5－92 楚阿克拉千隐爆角砾岩纵向剖面图

1—似斑状二长花岗岩；2—隐爆角砾岩；3—铅锌矿体；4—钻孔；5—品位（%）/厚度（m）

初步勘查，矿体长大于400m，宽大于80m，最大厚度超过200m，利用工业品位指标圈定的单层矿体最大厚度可达114m。Cu品位为0.29%～0.64%，Pb品位为0.31%～0.78%，Zn品位为0.67%～8.86%，局部Ag品位为66.3～88.0g/t。

2. 矿石特征

矿石类型主要是铅锌（银）矿石，其次是铜铅锌（银）矿石。金属矿物主要是闪锌矿、方铅矿，其次是黄铜矿、黄铁矿等。脉石矿物主要有石英、长石、角闪石、黑云母等。

矿石结构主要是他形粒状结构，构造主要是角砾充填构造和浸染状构造，局部为块状构造和脉状构造。

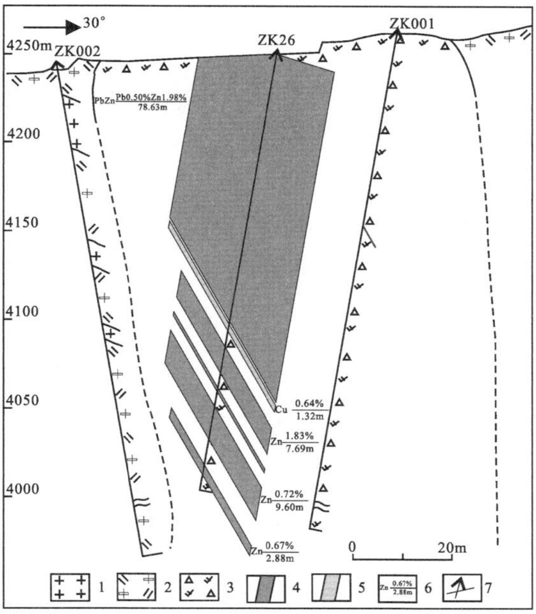

图 5－93　楚阿克拉千 0 勘探线剖面图

1—花岗斑岩；2—似斑状二长花岗岩；3—隐爆角砾岩；4—铅锌矿体；5—铜矿体；6—品位（%）/厚度（m）；7—钻孔

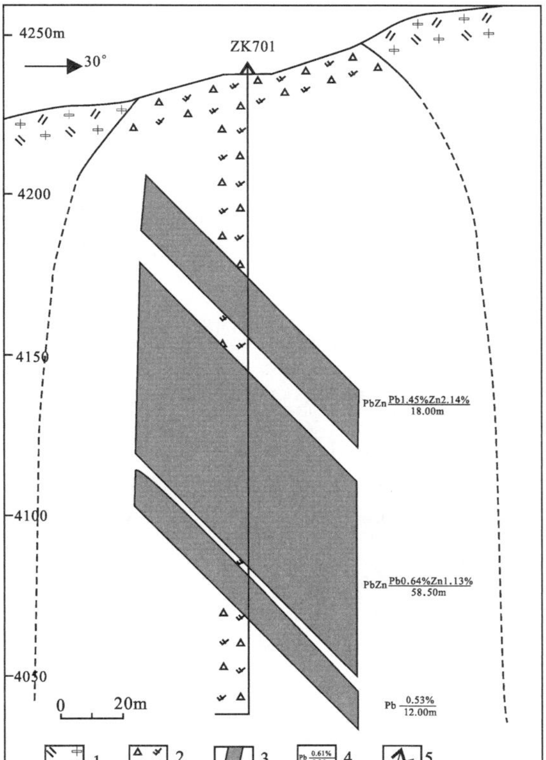

图 5－94　楚阿克拉千 7 勘探线剖面图

1—似斑状二长花岗岩；2—隐爆角砾岩；3—铅锌矿体；4—品位（%）/厚度（m）；5—钻孔

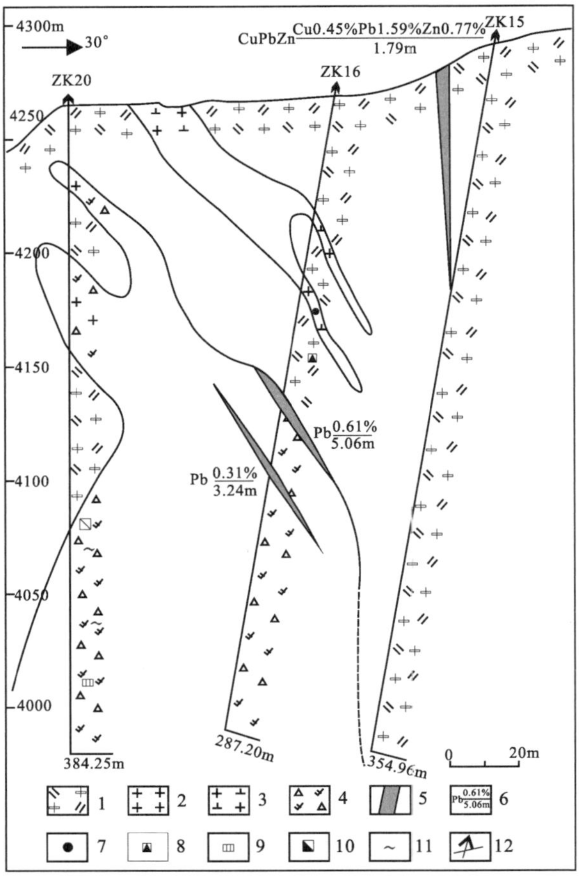

图5-95 楚阿克拉千3勘探线剖面图

1—似斑状二长花岗岩；2—花岗斑岩；3—花岗闪长岩；4—隐爆角砾岩；5—铅锌矿体；6—品位（%）/厚度（m）；7—黄铜矿化；8—方铅矿化、闪锌矿化；9—黄铁矿化；10—褐铁矿化；11—绿泥石化；12—钻孔

（三）控矿因素、矿床成因及找矿意义探讨

矿体均赋存于隐爆角砾岩筒中，含矿岩性为隐爆角砾岩，矿体的产出受隐爆角砾岩筒的控制。隐爆角砾岩中角砾成分复杂，主要有似斑状二长花岗岩、花岗闪长岩、流纹岩、安山岩、花岗斑岩等。除花岗斑岩外，其他岩石在矿区均有一定范围的分布，地表填图工作显示，流纹岩、安山岩为晚三叠世陆相火山岩，花岗闪长岩、似斑状二长花岗岩为中三叠世侵入岩，陆相火山岩不整合于侵入岩之上。隐爆角砾岩的形成具有“就地取材”的特点。

大多数含矿角砾岩筒形成显示出与岩浆活动有关（Sillitoe et al.，1975；Ross et al.，2002；Yang et al.，2004；张会琼等，2012）。环太平洋成矿带上不少国家和地区，都把隐爆角砾岩筒的存在作为寻找斑岩型矿床的直接标志（Richards，1995；Sillitoe et al.，2003）。矿区花岗斑岩角砾的出现，暗示该地区存在隐伏的斑岩体，也很有可能是隐爆角砾岩形成的主要原因。由于隐伏斑岩体在侵位过程中，围岩主要是一套花岗岩和火山岩，其成分与花岗斑岩相近，斑岩体头部气液不容易散失。随着气液不断聚集，压力增大，超过围岩可承受压力，发生隐爆作用，压力骤然降低。正是由于压力的急剧降低，岩浆气液中携带的成矿金属硫化物达到过饱和状态，快速得以沉淀，矿床成因属隐爆角砾岩型。

隐爆角砾岩筒的垂向分带研究表明，隐爆角砾岩垂向可分为4个相带，从顶部到下部分别为裂隙相、震碎相、爆裂相和通道相（张会琼等，2012）。裂隙相角砾可拼贴性强，角砾大小一般为20~50 cm，大者可达2m以上，角砾为岩筒上部和边侧围岩，蚀变不发育，裂隙脉状矿化；震碎相角砾大多数具可拼合性，角砾大小一般为5~20 cm，主要是围岩角砾，主要发育碳酸盐化，其次是硅化，具有角砾状充填矿化；爆裂相是角砾岩筒的主体部分，角砾可拼贴性差，角砾相对较小，大小一般为2~5 cm，少数5~15 cm，角砾成分复杂，除有来自围岩的角砾外，还有基底岩系及斑岩角砾，主要发育硅化，其次是绢云母化、碳酸盐化，浸染状、细脉状矿化；通道相发育在石英斑岩小岩株的顶部，角砾大小0.2~1 cm，主要是石英斑岩角砾，具有裂隙脉状矿化。

由于勘查程度低，楚阿克拉千隐爆角砾岩具体相带的划分存在一定困难。表5-30列出了楚阿克拉千隐爆角砾岩与山西灵丘支家地隐爆角砾岩的对比情况，从对比结果来看，目前楚阿克拉千矿床发现的隐爆角砾岩主要是爆裂相，边部存在震碎相。

表5-30　楚阿克拉千隐爆角砾岩与山西灵丘支家地隐爆角砾岩对比

矿床	分带	角砾			蚀变	矿化
		可拼贴性	大小/cm	成分		
支家地	裂隙相	强	20~50，最大200以上	围岩	不发育	裂隙脉状
	震碎相	可拼合	5~20	围岩	碳酸盐化，其次是硅化	角砾状充填
	爆裂相	差	2~5，少数5~15	围岩、基底岩系及斑岩	硅化，其次是绢云母化、碳酸盐化	浸染状、细脉状
	通道相		0.2~1	斑岩	硅化	裂隙脉状
楚阿克拉千		可拼合-差	通常3~10，部分大于15	围岩及斑岩	绢云母化、硅化、绿泥石化、碳酸盐化、高岭土化	中部发育，浸染状构造为主，局部为块状构造和脉状构造

注：山西灵丘支家地隐爆角砾岩特征据张会琼等，2012。

隐爆角砾岩筒深部是否存在斑岩型矿产是勘查和科学研究十分关注的问题，如何判别隐爆角砾岩筒深部是否存在斑岩型矿产，首先要判断隐爆角砾岩处于岩筒的什么部位。隐爆角砾岩筒的垂向分带研究，对于判别隐爆角砾岩深部是否存在斑岩型矿产具有重要的意义。若隐爆角砾岩具有下部特征，则可直接观察浅成（超浅成）岩角砾与胶结物是否含矿，若含矿，则预示其深部有含矿斑岩体。楚阿克拉千隐爆角砾岩筒中，目前发现的隐爆角砾岩处于中部，已发现有斑岩角砾，且在斑岩角砾中发现有少量黄铜矿化和黄铁矿化（图5-89），暗示其深部具有寻找斑岩矿产的可能。沿已发现的隐爆角砾岩筒继续探索寻找通道相，进一步探索斑岩成矿的可能，对于东昆仑地区斑岩找矿突破具有重要的意义。

（四）成矿模式

根据楚阿克拉千矿床特征、控矿因素及矿床成因的探讨，提取重要的成矿要素，建立的隐爆角砾岩型铅－锌（铜）矿床成矿模式见表5－31及图5－96。

表5－31　隐爆角砾岩型铅－锌（铜）矿床成矿模式

矿床模式要素	特　征
成矿时代	三叠纪
大地构造环境	碰撞
侵入岩	可能是斑岩
含矿岩性	隐爆角砾岩
围岩	花岗斑岩、似斑状二长花岗岩、花岗闪长岩，鄂拉山组流纹岩、安山岩
构造	北西西向断层，隐爆角砾岩筒
主要控矿因素	推断受隐爆角砾岩筒、构造和隐伏斑岩控制
矿体特征	矿体产于隐爆角砾岩筒中，呈柱状，边部呈树枝状
矿石特征	主要是铅锌（银）矿石，其次是铜铅锌（银）矿石； 以角砾充填构造和浸染状构造为主，局部为块状和脉状构造
围岩蚀变	绢云母化、硅化、绿泥石化、碳酸盐化、高岭土化等
成矿期次	隐爆期，成矿时间短，快速成矿

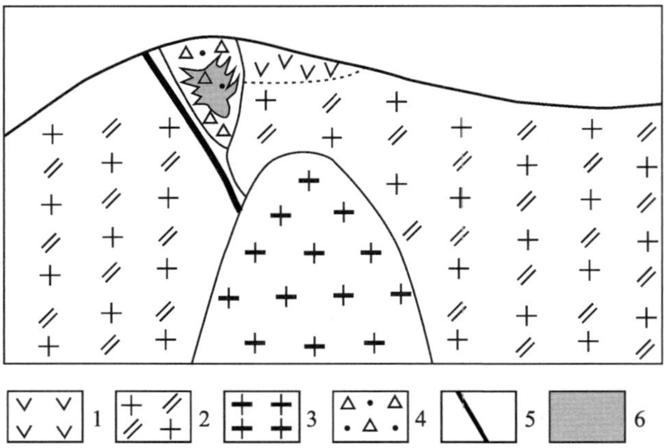

图5－96　隐爆角砾岩型铅－锌（铜）矿床成矿模式

1—鄂拉山组火山岩；2—似斑状二长花岗岩；3—斑岩；4—隐爆角砾岩；5—断层；6—铅锌（铜）矿体

三叠纪隐爆角砾岩型铅－锌（铜）矿床形成于晚古生代—早中生代构造旋回的碰撞阶段，矿床形成可能与斑岩顶部发生的隐爆作用有关，矿床受隐伏斑岩和构造的控制，矿体的产出受隐爆角砾岩筒的控制。矿体形态总体呈柱状，边部呈树枝状。隐爆角砾岩中角砾成分复杂，主要有花岗斑岩、似斑状二长花岗岩、花岗闪长岩，以及鄂拉山组流纹岩、安山岩等。矿石主要是铅锌（银）矿石，其次是铜铅锌（银）矿石，以角砾充填构造和浸染状构造为主，局部为块状和脉状构造。

五、斑岩型铜－钼矿床

研究区已发现的斑岩型铜－钼矿床主要有昆北断裂北部的乌兰乌珠尔斑岩型铜（锡）矿、鸭子沟斑岩型铜－钼矿、长山斑岩型钼矿、克停哈尔斑岩型钼矿、拉陵灶火沟脑斑岩型钼矿，以及昆中岩浆弧卡尔却卡地区的野拉赛斑岩型铜矿（卡尔却卡 A 区）。这些矿区发现的斑岩大多数呈脉状、岩枝状，规模很小，均未发现岩株状的斑岩体，尤其是克停哈尔和拉陵灶火沟脑斑岩型钼矿区极少发现有斑岩，但是矿区均发现有斑岩成矿的蚀变和相似的稀疏浸染状、细脉网脉状矿化特征。目前，乌兰乌珠尔矿区和长山矿区斑岩规模相对较大一些，且工作程度稍高于其他地区，下面就以乌兰乌珠尔斑岩型铜（锡）矿床和长山斑岩型钼矿点为代表，对斑岩型矿床特征介绍如下。

（一）乌兰乌珠尔斑岩型铜（锡）矿

1. 矿区地质

矿区主要分布早泥盆世斑状二长花岗岩和早二叠世中－细粒二长花岗岩，早二叠世中－细粒二长花岗岩超动侵入于早泥盆世斑状二长花岗岩中。区内斑岩脉、细粒花岗岩脉、钾长花岗岩脉、闪长玢岩脉及石英脉较为发育（图 5－97）。

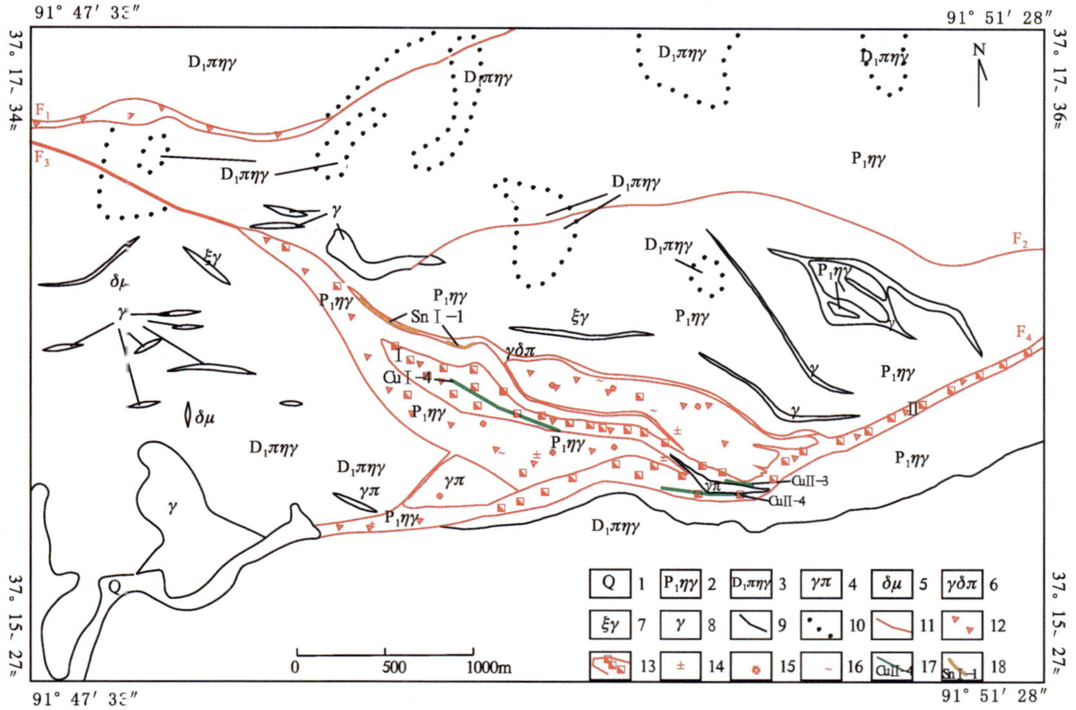

图 5－97 乌兰乌珠尔矿区地质简图

1—第四系；2—早二叠世二长花岗岩；3—早泥盆世斑状二长花岗岩；4—花岗斑岩；5—闪长玢岩；6—花岗闪长斑岩；7—钾长花岗岩脉；8—花岗岩脉；9—地质界线；10—岩相界线；11—构造界线；12—破碎带；13—褐铁矿化带；14—高岭土化；15—硅化；16—绿泥石化；17—铜矿体及编号；18—锡矿体及编号

矿区断裂十分发育，规模较大，主要为北西向、北东东向及东西向断裂。北西向断裂、北东东向断裂构成区内主干断裂，而东西向断裂属北东东向断裂引起的次级断裂，北西向断裂早于北东东向断裂。断裂活动时间长，且多具蚀变破碎带。各断裂相交，局部地段复合，复合相交部位破碎带明显变宽，其主要断裂的特征分述如下：

F_1 断裂：位于矿区北西部，北东向展布，区内长约3.1km，断裂规模较大，具破碎蚀变带，破碎带宽一般为20～30m，最宽处可达150m，属逆断层，北倾，倾角50°～60°，带内岩性主要为构造角砾岩。其两侧围岩为斑状二长花岗岩和二长花岗岩，断裂北侧岩石具片理化，该断裂破碎带经槽探工程、地化剖面及地质路线填图控制未发现矿化现象及线索。

F_2 断裂：位于矿区中部，东西向展布，近似弧形，出露长约3.7km，断裂东端延伸出图，西端和 F_3 断裂相交。断裂规模较大，中东端具破碎蚀变带，破碎带宽一般为10～20m，最宽处可达50m，属逆断层。北倾，倾角50°～70°，断裂切穿二长花岗岩，两侧及带内可见与断裂方向一致的细粒花岗岩脉及石英脉。

F_3 断裂：断裂贯穿于整个矿区，北西向展布，长约6km，断裂规模较大，多具蚀变破碎带，最宽处可达120～150m，受东西向断裂切割，在走向上呈树枝状，具有膨大尖缩，分枝复合的现象。断面北倾，倾角较大，一般在50°～70°，性质为逆断层。沿断裂带常见花岗岩脉、斑岩脉及钾长花岗岩脉侵入。带内岩石破碎蚀变强烈，岩性主要为糜棱岩、构造角砾岩等。岩石蚀变矿化主要为硅化、黄钾铁钒化、黄铁矿化、褐铁矿化、孔雀石化、蓝铜矿化及绿泥石化，其中黄钾铁钒化、黄铁矿化、褐铁矿化蚀变在地表普遍发育。

F_4 断裂：位于一道沟—四道沟，北东东向展布，断裂规模大，属区域性断裂。矿区内长约5.6km，属逆断层，北倾，倾角一般为40°～60°，倾向350°左右，发育于二长花岗岩体内，与 F_3 断裂相交于二道沟、三道沟沟脑，地貌特征为平直沟谷和低山垭口。断层形成20～150m宽的蚀变破碎带，主干断裂两侧多见东西向次级断裂。带内花岗岩脉、斑岩脉发育，但因断裂活动时间长，岩石破碎，挤压片理发育，形成糜棱岩、碎裂岩、构造角砾岩等。岩石蚀变矿化强，有硅化、高岭土化、黄钾铁矾、孔雀石化、蓝铜矿化、绿泥石化等，其中硅化、高岭土化、黄钾铁矾蚀变在地表发育普遍，呈面型蚀变，而孔雀石化、蓝铜矿化、绿泥石化只在局部地段沿裂隙发育，区内铜矿体主要赋存于该断裂带与 F_3 断裂复合部位。

2. 斑岩特征

矿区共发现两条斑岩脉，主要分布于矿区内Ⅰ号破碎蚀变带及Ⅰ、Ⅱ号破碎蚀变带交汇部位。侵入于二长花岗岩和斑状二长花岗岩中。根据佘宏全等（2007）测定，斑岩同位素地质年龄为215.1Ma，时代属于晚三叠世。

（1）岩体特征

花岗闪长斑岩出露于矿区西部，近东西向展布，受 F_3 断裂控制。主要分布在断裂带及附近，斑岩脉长可达0.8km，宽一般为5～7m，最宽处可达15m。岩石蚀变强，蚀变主要为绿泥石化、黏土化、黄钾铁矾化，局部具有硅化以及很弱的钾化。矿化主要为褐铁矿化、孔雀石化和蓝铜矿化（图5－98）。

花岗斑岩分布在矿区的南部，受 F_3 和 F_4 断裂控制，呈脉状或小透镜状，长度可达700m，宽10～72m，最宽地段主要位于南西部。地表岩石氧化强烈，破碎蚀变带宏观上呈一醒目的黄褐色条带，常见褐铁矿化、黄钾铁钒化、水绿矾、孔雀石、蓝铜矿等（图5－99）。

图5－98 蚀变花岗闪长斑岩

花岗闪长斑岩呈脉状，侵入于二长花岗岩（灰色）中，岩石强烈蚀变，主要蚀变有黏土化、黄钾铁矾化、绿泥石化，局部具有硅化，矿化主要是褐铁矿化和孔雀石化，钻孔深部见黄铜矿化、黄铁矿化、锡石和黄锡矿化

图5－99 蚀变花岗斑岩

花岗斑岩呈透镜状，侵入于二长花岗岩和斑状二长花岗岩，主要蚀变有黏土化、黄钾铁矾化、绿泥石化、碳酸盐化、硅化、绢英岩化，局部具钾化，矿化主要是褐铁矿化、孔雀石化和蓝铜矿化，钻孔深部见黄铜矿化、黄铁矿化

（2）岩石学特征

花岗闪长斑岩呈浅灰色、浅肉红色，斑状结构，块状构造（图5－100）。斑晶为斜长石（2%～5%）、石英（少量～5%）、黑云母（少量）。斑晶均为半自形晶，大小一般为2～3mm，星散状分布，斜长石被绢云母交代，石英边界不规则状，黑云母被绿泥石、绢云母、铁质交代。基质为斜长石（55%～60%）、钾长石（5%～10%）、石英（25%～30%）、黑云母（2%～5%）、角闪石（2%～5%），大小一般为0.2～0.5mm，少部分为0.1～0.2mm。斜长石呈半自形板状，被绢云母交代；钾长石呈半自形－他形粒状，填隙状分布，绢云母化，少量残留；石英呈他形粒状，填隙状分布，部分与钾长石文象交生；角闪石呈半自形柱状，星散状分布，局部绿泥石化；黑云母呈片状，被绿泥石、绢云母交代。副矿物主要为磁铁矿、锆石、磷灰石。

花岗斑岩呈肉红色，斑状结构，基质微晶结构，块状构造（图5－101）。岩石主要由斑晶、基质组成。斑晶为钾长石（1%～5%）、石英（5%～15%）及少量斜长石，均呈半自形晶，大小一般为0.5～2mm，部分可达3mm，星散状分布。钾长石呈板状，被高岭土、绢云母交代；石英常见港湾状熔蚀，局部边部有钾长石、石英交生环边；斜长石呈板状，被绢云母、方解石交代；基质为斜长石（10%～15%）、钾长石（45%～50%）、石英（20%～25%），大小一般为0.01～0.02mm。斜长石呈半自形板状，绢云母化；钾长石呈半自形－他形粒状，杂乱分布，部分与石英文象交生；石英呈半自形－他形粒状，杂乱分布。岩石内见少量细粒文象花岗岩包体。

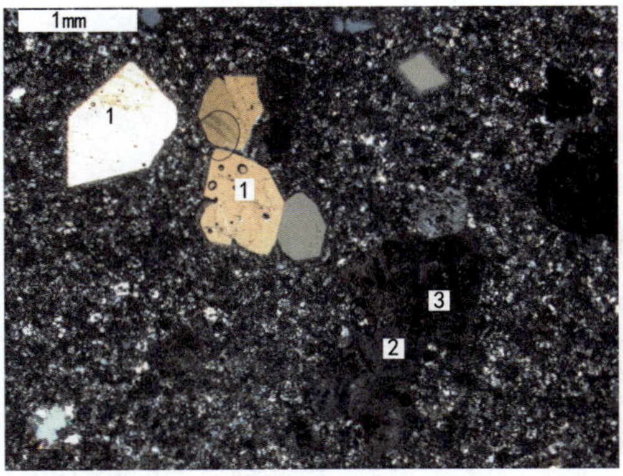

图 5－100　花岗闪长斑岩显微照片（+）

1—石英；2—钾长石；3—斜长石

图 5－101　花岗斑岩显微照片（+）

1—石英（薄片中斑晶还有钾长石，照片未显示）

3. 矿床地质

（1）矿带特征

A. Ⅰ号矿带

位于矿区的中部，北西向展布，由 F_3 逆断层形成，长约 6km，规模较大，宽可达 150～450m，受东西向断裂切割，在走向上呈树枝状，膨大尖缩，分枝复合的现象。断面北倾，倾角较大，一般在 50°～70°之间，性质为逆断层。沿断裂带常见花岗岩脉、钾长花岗岩脉及花岗闪长斑岩脉。

带内岩石破碎蚀变强烈，岩性主要为糜棱岩、构造角砾岩、糜棱岩化二长花岗岩、破碎花岗闪长斑岩等。岩石主要蚀变有黏土化、黄钾铁矾化、绿泥石化，局部具有硅化（图 5－102），矿化主要是褐铁矿化、孔雀石化，钻孔深部见黄铜矿化、黄铁矿化、锡石和黄锡矿化。

B. Ⅱ号矿带

矿带走向 80°～260°，规模大，长约 5.6km，由 F_4 压性平移逆断层形成，北倾，倾角一般 50°～65°，倾向 340°左右。带宽 20～150m，与 F_3 引起的蚀变破碎带相交于二道沟、三道沟沟脑，地貌特征为平直沟谷和低山垭口，在走向上呈树枝状，膨大尖缩，分枝复合的现象。沿破碎带断续见有糜棱岩、碎裂岩、构造角砾岩等，岩石破碎，挤压片理发育，其原岩以似斑状二长花岗岩和二长花岗岩为主。岩石因受强烈的褪色蚀变和氧化而在地表呈黄褐色、黄绿色、棕褐色等，宏观上呈醒目的黄色条带。氧化深度一般大于 5m。蚀变带内花岗岩脉、花岗斑岩脉发育。

矿带内岩石蚀变强，围岩蚀变有黏土化、黄钾铁矾化、绿泥石化、碳酸盐化、硅化、绢英岩化，局部具有钾化，其中黏土化、黄钾铁钒化在地表普遍发育，呈面型蚀变（图 5－103）。从地表到深部蚀变逐渐减弱，深部蚀变主要以硅化、绢英岩化和绿泥石化为主。地表矿化主要是褐铁矿化、孔雀石化和蓝铜矿化，钻孔深部见黄铜矿化和黄铁矿化。

（2）矿体特征

矿区共圈定铜矿体 17 条和 6 条锡矿体，以 CuⅡ－2、CuⅡ－4 和 SnⅠ－1 规模较大。主矿体特征见表 5－32。

图 5-102　花岗闪长斑岩内的硅化和孔雀石化

图 5-103　花岗斑岩面型蚀变

表 5-32　主矿体特征

矿体编号	矿体长度/m	平均厚度/m	最高品位/%		平均品位/%		矿体形态	矿体产状
			Cu	Sn	Cu	Sn		
Cu Ⅰ -1	670	5.56	0.65		0.50		似层状	20°~30°∠60°~63°
Cu Ⅰ -2	350	2.72	4.45		0.58		透镜状	20°∠70°
Cu Ⅱ -2	200	22.73	2.20		0.49		透镜状	351°~6°∠55°~80°
Cu Ⅱ -3	100	10.45	0.51		0.50		似层状	0°∠85°
Cu Ⅱ -4	598	5.87	0.68		0.43		透镜状	345°~25°∠49°~67°
Sn Ⅰ -1	480	1.8		0.22		0.14	似层状	20°∠55°
Sn Ⅱ -1	100	2.5		0.41		0.28	透镜状	30°∠48°
Sn Ⅱ -2	100	3.1		0.41		0.28	透镜状	170°∠56°

铜矿体赋矿岩性主要为花岗斑岩（如 PD Ⅰ 硐探及钻孔中的 Cu Ⅱ -2 矿体，PD Ⅰ 硐探中的 Cu Ⅱ -3、Cu Ⅱ -4 矿体）和蚀变碎裂二长花岗岩（图 5-104）。花岗斑岩中黄铜矿主要呈稀疏浸染状、细脉状产出，碎裂二长花岗岩中黄铜矿主要呈稀疏浸染状产出，地表主要为孔雀石和蓝铜矿化，呈粉末状或沿裂隙带呈薄膜状产出。锡矿体赋矿岩性主要为花岗闪长斑岩和蚀变碎裂二长花岗岩。

主矿体 Cu Ⅱ -2 是一条隐伏矿体，是目前发现厚度最大的铜矿体。含矿岩石以花岗斑岩为主。矿体呈透镜状，长度为 200m，地表厚度为 3.71m，硐探中厚度为 41.56m，钻孔中厚度为 3.89~18.25m，矿体平均厚度为 22.73m，沿倾向矿体厚度变化很大。矿体品位为 0.22%~2.20%，平均品位为 0.49%。矿体产状 351°~6°∠55°~80°。

主矿体 Cu Ⅱ -4 西部含矿岩石以糜棱岩化花岗岩和构造角砾岩为主，东部以花岗斑岩为主。矿体呈透镜状，长度为 598m，矿体厚度为 1.68~13.42m，平均厚度为 5.87m。矿体品位为 0.26%~1.96%，平均品位为 0.68%。矿体产状 345°~25°∠49°~67°。

主矿体 Sn Ⅰ -1 含矿岩石以花岗闪长斑岩为主。矿体呈似层状，长度为 480m，矿体

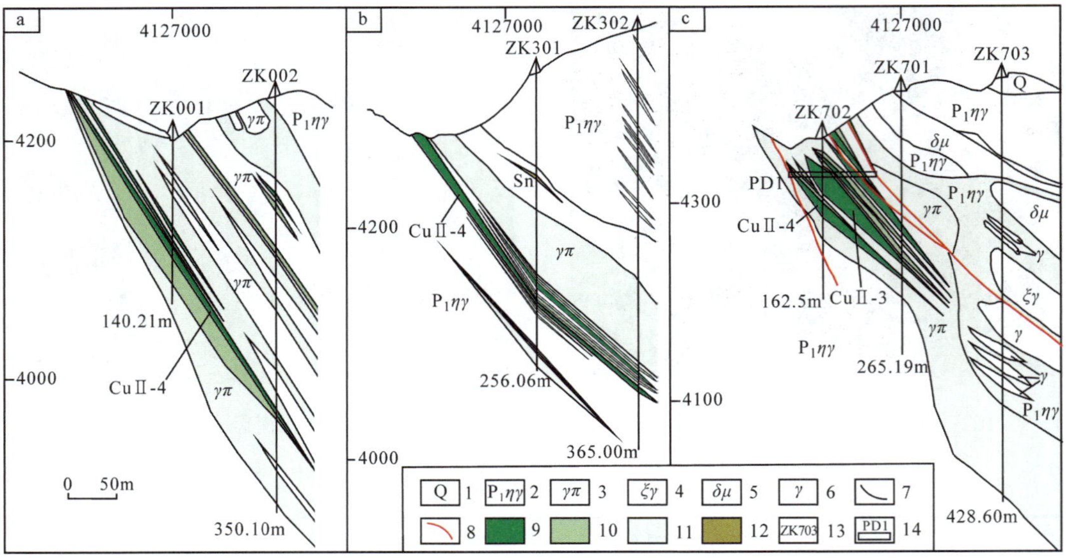

图 5－104　乌兰乌珠尔 0、3、7 勘探线剖面图

a—0 勘探线；b—3 勘探线；c—7 勘探线

1—第四系；2—早二叠世二长花岗岩；3—花岗斑岩；4—碱长花岗岩；5—闪长玢岩；6—花岗岩脉；7—地质界线；8—断层；9—铜矿体（>0.2%）；10—铜矿化体（0.09%～0.2%）；11—铜矿化体（0.01%～0.09%）；12—锡矿体；13—钻孔；14—平硐

厚度为 1～3.5m，平均厚度为 1.8m。矿体品位为 0.1%～0.22%，平均品位为 0.14%。矿体产状 20°∠55°。

（3）矿化富集规律

矿体含矿岩石以花岗斑岩和花岗闪长斑岩为主，斑岩及围岩具黏土化、黄钾铁矾化、绿泥石化、碳酸盐化、硅化、绢英岩化、绿帘石化，局部具有钾化。在花岗斑岩上部及下部均见有铜或锡的矿化（图 5－104），Cu 品位达到 0.1%～0.7%，Sn 品位达到 0.06%～0.23%。

铜矿化斑岩呈岩脉状产出，矿体呈透镜状，与斑岩脉产状一致。含矿斑岩两侧见有热液脉型及角砾岩型矿化，目前认为的矿化糜棱岩、矿化糜棱岩化岩石及角砾岩均分布于矿化斑岩两侧，很可能是斑岩侵位动力造成的破碎裂隙脉、角砾岩带。在矿化花岗斑岩的上部发育黄铜矿化角砾岩，角砾呈次棱角状，大小 0.1～0.3cm 不等。这一矿化角砾岩很可能是斑岩体上部的角砾岩筒。

从西向东（自 0 勘探线、3 勘探线，到 7 勘探线），矿体及花岗斑岩规模变大。总体来看，矿体向北倾斜。矿体向深部的变化，与富比兰山斑岩型铜矿细脉浸染状铜矿化有类似的特点，铜品位大于 0.4% 的斑岩型铜矿体仅位于垂向一定的范围内，在其范围上下，岩体中以均匀的矿化为特征（图 5－104）。

（4）矿石特征

按赋矿岩性可以分为蚀变花岗斑岩、蚀变二长花岗岩、蚀变角砾岩、蚀变糜棱岩化二长花岗岩、蚀变糜棱岩等矿石类型，以花岗斑岩矿石为主。一般具浸染状、细脉－浸染状、细脉（网脉）状构造及局部的稠密浸染状构造，半自形－他形粒状结构、交代结构、变余斑状结构。铜矿石按自然类型分氧化矿石和原生矿石两种，氧化矿石矿物组合为孔雀石、蓝铜矿、褐铁矿、黄钾铁矾，含少量未完全氧化的黄铜矿、黄铁矿残余；原生矿石矿物组合为黄铁矿、黄铜矿、白铁矿、毒砂，少量磁铁矿，以黄铁矿和黄铜矿最常见。

黄铜矿呈他形粒状，大小一般为0.1～0.5mm，部分为0.5～1mm，星散状，少量脉状分布，局部尖角状交代黄铁矿，或被蓝铜矿交代（图5－105）。黄铁矿呈半自形－他形粒状，大小一般为0.05～0.1mm，部分为0.1～0.5mm，星散状分布。褐铁矿呈隐晶状，集合体不规则状，细脉状分布，常交代黄铁矿、黄铜矿。经初步分析金属矿物生成顺序为，磁铁矿→黄铁矿、白铁矿→黄铜矿。脉石矿物主要有钾长石、斜长石、石英、绢云母等。

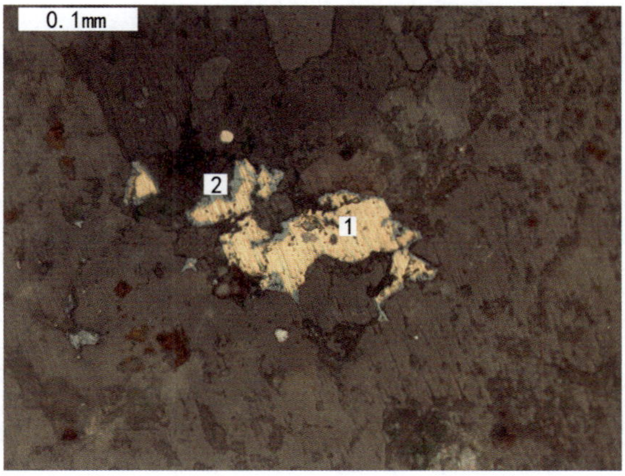

图5－105　乌兰乌珠尔铜矿石显微照片

1—黄铜矿；2—蓝铜矿，蓝铜矿交代黄铜矿

锡矿石主要有花岗岩脉锡矿石、花岗斑岩脉锡矿石。锡矿物主要是锡石和黄锡矿。

4. 矿床地球化学特征

根据硫同位素地质温度计计算的共生黄铜矿－黄铁矿的成矿温度为528℃，说明成矿温度较高。对矿石矿物黄铜矿与黄铁矿的硫同位素测定结果显示，硫同位素（$\delta^{34}S_{CDT}$）组成为＋3.4‰～＋4.5‰，变化较小，说明成矿物质硫的来源比较稳定，受混染程度小，为深部岩浆来源。含矿岩石石英氧同位素（$\delta^{18}O_{SMOW}$）为＋11.3‰～＋12.8‰，变化较小，显示出富氧的特征，也显示其与花岗质岩浆作用有关（佘宏全等，2007）。

含矿斑岩的脉石英和斑晶石英内发育高温、高盐度和中温、低盐度两种类型的流体包裹体，暗示斑岩铜矿的流体可能有两种流体来源。高温、高盐度包裹体与富气相包裹体共生，均一温度相差不大，显示成矿流体在高温阶段发生了强烈的流体不混溶作用，且斑晶石英中部分包裹体含有钾盐和石盐子晶子矿物，说明含矿流体富含K、Na等成分，这种富K、Na高盐度流体来源以岩浆来源为主。流体的沸腾作用和混合作用应是引起矿质沉淀的主要因素，乌兰乌珠尔矿床的流体包裹体特征与一般典型斑岩铜矿的流体特征相似（佘宏全等，2007）。

5. 控矿因素

（1）大地构造背景

根据前述三叠纪花岗岩的研究，晚三叠世区域处于后碰撞伸展环境。矿区花岗斑岩形成于后碰撞阶段，是受岩石圈拆沉、幔源岩浆底侵作用影响的深熔花岗岩。晚三叠世后碰撞伸展环境是乌兰乌珠尔铜（锡）矿床形成的基本条件。

（2）斑岩因素

矿床的产出受斑岩控制明显。铜矿体主要产于花岗斑岩及围岩两侧，锡矿体主要赋存于花岗闪长斑岩及围岩两侧。矿体产状与斑岩脉产状基本一致。

（3）构造因素

构造对斑岩的侵位控制作用明显，靠近斑岩的破碎带内往往存在热液脉型矿体。矿区构造具有多期活动的特点，构造为斑岩的侵入和岩浆热液的运移、沉淀提供了通道和空间。

（4）蚀变因素

矿区发现的矿体主要与硅化、绢英岩化关系密切，通常，硅化、绢英岩化较强地段，矿化亦较强烈。

综合上述，矿床的形成主要受斑岩和构造的综合控制。

6. 矿床成因

矿区铜锡矿化主要产于花岗斑岩、花岗闪长斑岩内部及其两侧围岩中，矿体产状与斑岩脉产状基本一致，显示花岗斑岩具有成矿母岩特点。含矿斑岩两侧见有热液脉型及角砾岩型矿化，这一矿化角砾岩很可能是斑岩体上部的角砾岩筒。矿石具浸染状、细脉－浸染状、细脉（网脉）状构造，具有典型斑岩矿床矿石的特征。矿床的形成受斑岩和构造的控制。矿床成矿温度较高（528℃），硫的来源比较单一，为深部岩浆来源，含矿岩石石英氧同位素也显示其与花岗质岩浆作用有关。流体包裹体显示流体来源以岩浆来源为主，与一般典型斑岩铜矿的流体特征相似。

矿区斑岩侵入于二长花岗岩和似斑状二长花岗岩，形成时代明显晚于围岩（早泥盆世和早二叠世），斑岩同位素地质年龄测试结果为215.1Ma，时代属于晚三叠世。区域构造演化对比显示，斑岩形成于晚古生代—早中生代构造岩浆旋回的后碰撞伸展阶段。

综合上述，乌兰乌珠尔矿床属于晚三叠世后碰撞伸展阶段形成的斑岩矿床。

（二）长山斑岩型钼矿

1. 矿区地质

长山钼矿点是1969年青海省地质局物探队开展1:5万地磁测量时发现区内地磁异常，1975～1976年青海省地质局地质一队对地磁异常钻探验证发现磁铁矿体，2004年以来青海省地质调查院、青海省第三地质矿产勘查院开展了进一步普查，发现斑岩型钼矿体，下面重点介绍区内斑岩型钼矿特点。

区内出露地层主要为寒武系—奥陶系滩间山群和第四系（图5－106）。寒武系—奥陶系滩间山群出露上、下两个岩组。下岩组岩性为火山角砾岩、凝灰岩、变粉砂岩、变砾岩、灰岩、大理岩，局部夹硅质岩。上岩组岩性为大理岩。灰岩、大理岩与侵入岩体形成的外接触带内见磁铁矿体和少量钼矿体，靠近侵入岩体的变粉砂岩、火山角砾岩、凝灰岩及硅质岩内见少量钼矿体。

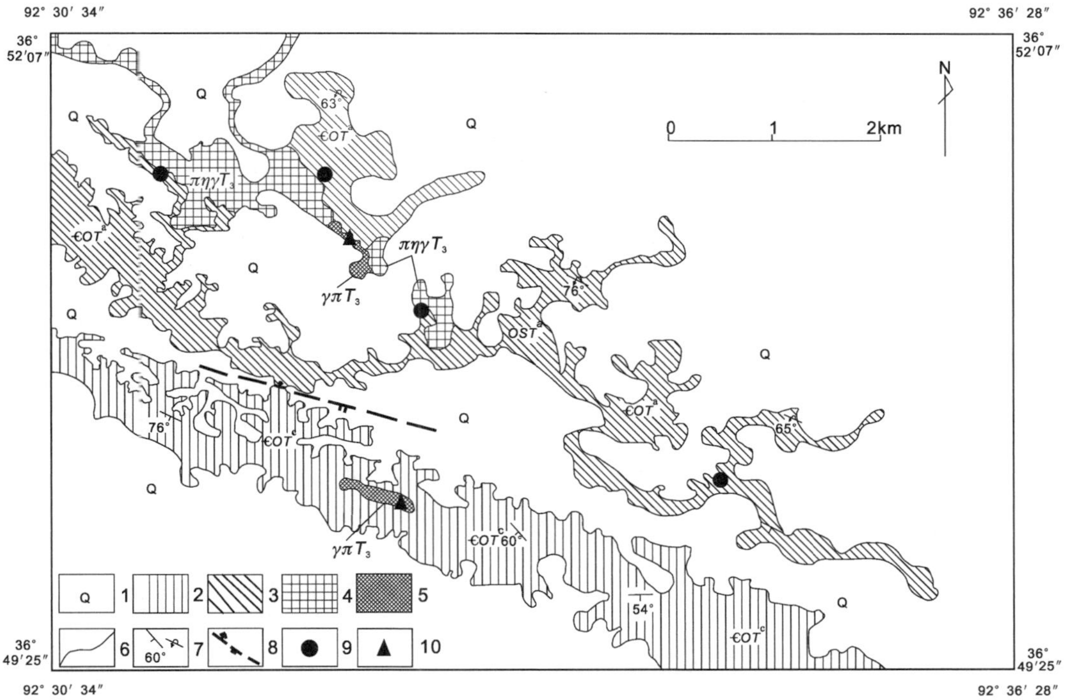

图 5－106　长山矿区地质矿产图

1—第四系；2—寒武系—奥陶系滩间山群上岩组；3—寒武系—奥陶系滩间山群下岩组；4—晚三叠世似斑状二长花岗岩；5—晚三叠世花岗斑岩；6—地质界线；7—地层产状；8—实测、推测逆断层；9—铁矿体；10—钼矿体

矿区褶皱发育，分布有一条倒转背斜，轴向北西西向，轴面倾向南西西。核部为寒武系—奥陶系滩间山群下岩组火山角砾岩、凝灰岩；南翼为寒武系—奥陶系滩间山群上岩组灰岩、大理岩，倾向南，倾角 54°～76°；北翼为寒武系—奥陶系滩间山群下岩组灰岩、大理岩、变粉砂岩、变砾岩，北翼产状倒转，倾向南，倾角 63°～76°。沿褶皱核部有似斑状二长花岗岩、二长花岗岩和二长花岗斑岩分布。断裂构造以北西西走向的压扭性断裂为主，主要分布于矿区南部，断裂西侧有似斑状二长花岗岩分布。

侵入岩主要分布于北西侧，岩石类型主要为似斑状二长花岗岩、二长花岗岩和花岗斑岩（图 5－106），有少量闪长玢岩脉。花岗斑岩呈岩枝状侵入于似斑状二长花岗岩中，地表出露面积很小，小于 0.01km^2（赵淑芳等，2014）。二长花岗岩在地表基本未出露，深部钻孔揭露，主要侵入于似斑状二长花岗岩中。似斑状二长花岗岩呈岩株状产出，岩石中测得的 SHIMP U－Pb 同位素年龄为（220±1）Ma（丰成友等，2010）。

2. 花岗斑岩特征

矿区花岗斑岩分布较少，呈岩枝状，地表见少量出露，主要分布于矿区中西部，侵入于似斑状二长花岗岩中，深部钻孔揭露，花岗斑岩向西南部具有变大趋势，钻孔揭露厚度最大可达 30 余米。花岗斑岩的围岩主要为似斑状二长花岗岩，花岗斑岩与似斑状二长花岗岩呈侵入接触，接触界限较模糊。

花岗斑岩岩石学和地球化学特征已在前面进行了描述。岩石形成于后碰撞伸展环境。

花岗斑岩微量元素含量与陆壳丰度比较（表5－33），Bi、Mo、W、Sn、Pb元素含量较高，Bi元素含量为陆壳丰度值的336.11倍，Mo元素含量为陆壳丰度值的38.62倍，W元素含量为陆壳丰度值的3.38倍，Sn元素含量为陆壳丰度值的5.15倍，Pb元素含量为陆壳丰度值的1.99倍。表明花岗斑岩具有形成Bi、Mo、W、Sn高温组合元素矿床的良好成矿条件。

表5－33　长山矿区花岗斑岩微量元素含量与陆壳丰度比值

元素含量	Ag	Au	Bi	Co	Cu	Mo	Pb	Sn	Zn	W
花岗斑岩平均值	0.06	0.0011	1.21	10.44	13.35	46.34	25.82	8.75	39.54	3.72
陆壳丰度值	0.07	0.0034	0.0036	20	54	1.2	13	1.7	85	1.1
花岗斑岩/陆壳丰度比值	0.86	0.32	336.11	0.52	0.25	38.62	1.99	5.15	0.47	3.38

注：数据来源于张爱奎，2012。

3. 矿床特征

（1）矿体特征

区内共圈定52条矿体，其中钼矿体29条，铁矿体13条，铅锌矿体5条，钨矿体5条。背斜核部和北翼产出37条，南翼产出15条。下面主要叙述钼矿体特征。

辉钼矿主要产于二长花岗斑岩内，尤其在二长花岗斑岩硅化较强，石英细脉发育地段，辉钼矿密集分布。钼矿化与硅化呈明显正相关，斑岩体内石英脉是最直接的找矿标志。靠近二长花岗斑岩外接触带的碎屑岩、凝灰岩及矽卡岩中也有少量辉钼矿分布。辉钼矿化与二长花岗斑岩具有明显依赖关系。在二长花岗斑岩分布的矿区中西部，发现钼矿体20条，占整个矿区发现钼矿体总数的74%；远离二长花岗斑岩分布的其他地段，仅发现7条辉钼矿体，且矿体延伸较小，品位也较低。辉钼矿体围岩主要为似斑状二长花岗岩，其次为碎屑岩、凝灰岩、硅化灰岩、矽卡岩等。围岩具硅化、钾化、绿泥石化、绿帘石化，局部见碳酸盐化、蛇纹石化等。

目前发现的辉钼矿主矿体有6条，长100～200m，厚度为1.35～3.75m，延深150～360m，Mo平均品位为0.034%～0.111%。

原生晕特征显示（图5－107），Mo元素含量在47勘探线至63勘探线之间较高。尤其靠近二长花岗斑岩部位，Mo元素含量明显高于其他部位，这与已发现的辉钼矿矿体特征吻合。从图5－107可看出，Mo元素向矿区西部和深部有更加富集的趋势，但限于工作程度，对矿区西部和深部未进行细致验证，通过工作有望取得找矿突破。

（2）矿石特征

辉钼矿矿石：金属矿物主要为辉钼矿，多呈细脉浸染状、树枝状、网脉状分布，硅化脉中尤其发育（图5－108），矿化细脉长5～15cm，宽0.2～6cm。辉钼矿多呈叶片状结构，叶片长0.324～2.52mm，一般为0.83mm以上，叶片宽0.036～0.79mm，少数呈鳞片状，鳞片大小多在0.01～0.486mm之间。辉钼矿Re－Os模式年龄为218Ma、228Ma（丰成友等，2010），辉钼矿主要形成于晚三叠世。

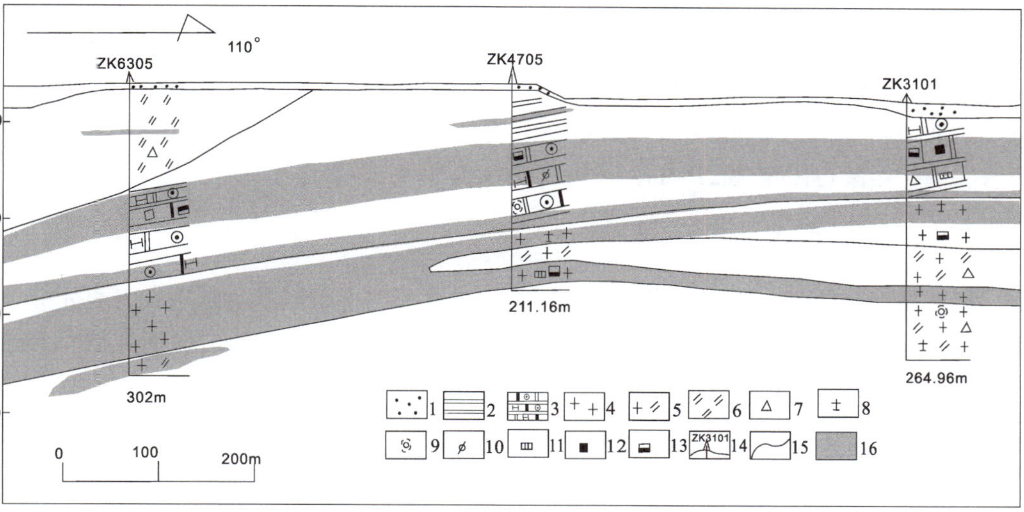

图 5－107　长山矿区 Mo 元素原生晕地质纵向剖面图

1—风成砂；2—硅质岩；3—石榴子石透辉石矽卡岩；4—花岗斑岩；5—似斑状二长花岗岩；6—二长花岗岩；7—碎裂岩化；8—高岭石化；9—硅化；10—绿帘石化；11—黄铁矿化；12—磁铁矿化；13—辉钼矿化；14—钻孔及编号；15—地质界线；16—Mo 含量大于 32×10^{-6} 的原生晕范围

图 5－108　二长花岗斑岩硅化脉中的辉钼矿

4. 矿床成因探讨

长山矿区近年来发现的钼矿体主要产于花岗斑岩岩枝及靠近花岗斑岩的围岩中。辉钼矿化与花岗斑岩具有明显依赖关系。花岗斑岩微量元素含量与陆壳丰度比较，Bi、Mo、W、Sn、Pb 元素含量较高，具有形成 Bi、Mo、W、Sn 高温组合元素矿床的良好条件。辉钼矿矿石具有典型细脉浸染状、树枝状构造特点。围岩主要为似斑状二长花岗岩，其次为碎屑岩、凝灰岩、硅化灰岩和矽卡岩等。围岩蚀变较强，主要为硅化、钾化和绿泥石化，辉钼矿化与硅化呈明显正相关，尤其是石英脉发育地段辉钼矿密集分布，与区内鸭子沟具有相似的典型斑岩成矿特点（何书跃等，2008，2009）。该矿床属于斑岩型钼矿。

虽然未取得矿区花岗斑岩详细的同位素测年资料，但区域分布的乌兰乌珠尔含矿花岗斑岩获得 SHRIMP U－Pb 同位素年龄为（215.1 ±4.5）Ma（佘宏全等，2007），鸭子沟钾长花岗斑岩中获得 SHRIMP U – Pb 同位素年龄为（224.0 ± 1.6）Ma（李世金等，2008），矿区似斑状二长花岗岩获得 SHIMP U – Pb 同位素年龄为（220 ± 1）Ma（丰成友等，2010）。从上述同位素年龄资料可看出，区域斑岩年龄（215.1 ~ 224.0Ma）与区域大范围分布的似斑状二长花岗岩年龄（220Ma）较为接近，与辉钼矿同位素年龄（218Ma）较为一致，成矿年龄可限定为 218Ma，属晚三叠世。

（三）成矿模式

根据乌兰乌珠尔、长山矿床特征、地球化学特征、控矿因素及矿床成因的分析，结合研究区其他斑岩矿床特征，提取重要的成矿要素，建立的三叠纪斑岩型铜 – 钼矿床成矿模式见表 5 – 34 及图 5 – 109。

表 5 – 34　斑岩型铜 – 钼矿床成矿模式

矿床模式要素	特　征
成矿时代	三叠纪
大地构造环境	碰撞、后碰撞
侵入岩	斑岩，多呈岩脉或岩枝
围岩	花岗岩类岩石为主，其次有滩间山群、金水口岩群等
构造	北西西向构造控制斑岩分布
主要控矿因素	斑岩及围岩岩性
矿体特征	矿体多呈脉状，斑岩边部存在碳酸盐岩时形成矽卡岩矿体，形态不规则
矿石特征	细脉浸染状矿化
围岩蚀变	硅化、钾化、绿帘石化、绿泥石化、高岭土化等，硅化与成矿关系密切

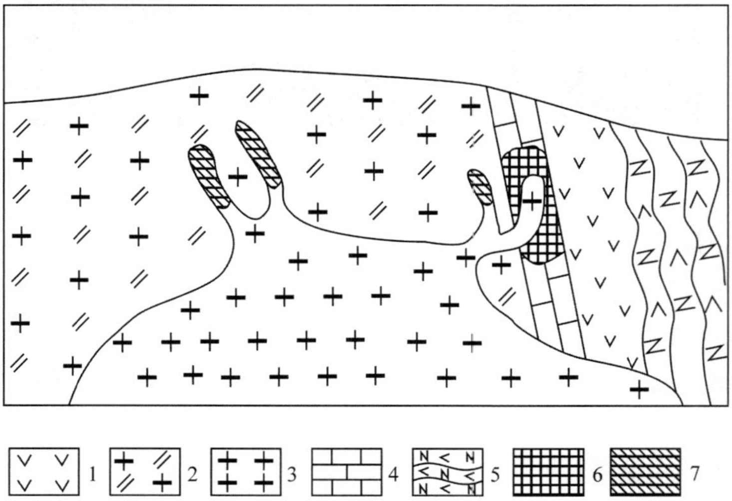

图 5 – 109　斑岩型铜 – 钼矿床成矿模式

1—中基性火山岩；2—花岗岩；3—斑岩；4—碳酸盐岩；5—片麻岩；6—接触交代矽卡岩型矿体；7—斑岩型矿体

三叠纪斑岩型铜–钼矿床形成于晚古生代—早中生代构造旋回的碰撞、后碰撞阶段，矿体产于斑岩及其两侧的围岩中，斑岩类型主要有花岗斑岩、花岗闪长斑岩、石英斑岩等，斑岩展布形态受区域构造的控制。围岩主要是花岗岩类岩石，其次是滩间山群和金水口岩群碳酸盐岩、碎屑岩、中基性火山岩等，围岩出现碳酸盐岩、中基性火山岩时斑岩矿化与矽卡岩化同时发育，显示斑岩–矽卡岩型成矿特点。矿体与斑岩形态较一致，多呈脉状，这与区内斑岩多呈岩脉、岩枝状有关。矿石多呈细脉浸染状。围岩具硅化、钾化、绿帘石化、绿泥石化、高岭土化等，硅化与成矿关系密切。矿床的形成受斑岩、围岩、构造等因素的综合控制。

第三节　成矿规律

研究区已发现与三叠纪中酸性侵入岩有关的矿床 27 处，其中昆北三弧盆地分布 23 处，占绝对优势，可能与昆北三弧盆地整体剥蚀程度较低，有利的围岩狼牙山组、滩间山群、缔敖苏组得以保存有关。昆中岩浆弧分布 4 处，矿床数量明显不如昆北三弧盆地，与昆中岩浆弧整体剥蚀程度较高有关。但是也不排除局部存在保存条件较好的地区，如卡尔却卡地区成矿优势十分明显，卡尔却卡地区滩间山群，三叠纪斑岩、隐爆角砾岩均有分布，说明区内存在差异抬升的特点。

研究区三叠纪矿床主要类型有矽卡岩型铁–铅–锌（铜）矿床、矽卡岩–热液型铜–铅–锌–锡–钼矿床、热液型金矿床、隐爆角砾岩型铅–锌（铜）矿床、斑岩型铜–钼矿床。

矽卡岩型铁–铅–锌（铜）矿床和矽卡岩–热液型铜–铅–锌–锡–钼矿床均受花岗岩、围岩和构造的控制。两类矿床的形成都离不开花岗岩的存在。花岗岩时代与成矿类型没有直接的关系，而成矿类型的差异主要与花岗岩岩石组合关系密切，石英二长闪长岩、石英闪长岩、花岗闪长岩和英云闪长岩为主的岩石组合形成矽卡岩型铁–铅–锌（铜）矿床，二长花岗岩、似斑状二长花岗岩、花岗岩、碱长花岗岩为主的岩石组合形成矽卡岩–热液型铜–铅–锌–锡–钼矿床。这两种类型矿床的成矿矿种与围岩的关系也十分密切，滩间山群更有利于形成铜矿，且多共生有金、钴矿。构造和硅钙界面的发育是热液矿床形成的重要因素。

研究区矽卡岩矿床大量矿体并不赋存在岩体和围岩接触带形成的矽卡岩中，尤其是铅锌矿体，如四角羊–牛苦头、野马泉 M13 等，这是祁漫塔格地区矽卡岩矿床成矿的一个特点。分析其原因，主要与被交代的围岩——缔敖苏组存在硅钙界面有关，硅质层性质不活动，成为热液运移的有效隔挡层，使得热液可沿硅钙界面运移较远的距离。从矽卡岩类型的角度来看，区内远离接触带的锰矽卡岩广泛发育也说明热液运移较远。当围岩是滩间山群时，矿体则多靠近岩体接触带，这与滩间山群以碳酸盐岩和中基性火山岩为主的岩石组合有关，碳酸盐岩和中基性火山岩与岩体接触均利于接触交代。

矽卡岩矿床从岩体到外接触带具有矿化分带现象，靠近接触带以形成锡、钼、铁、铜矿为主，向外为锌和铅矿。靠近接触带由于存在磁铁矿，地球物理显示明显的强磁异常，远离接触带铅锌矿中共生有磁黄铁矿，地球物理显示为低缓磁异常。强磁异常区找矿已引起前人广泛关注，但是低缓磁异常区多金属找矿近年才得以重视，具有一定的找矿前景。

热液型金矿床、隐爆角砾岩型铅－锌（铜）矿床、斑岩型铜－钼矿床发现的数量不多，且工作程度也较低，他们与接触交代矽卡岩型矿床在空间上存在一些叠加，如斑岩型铜－钼矿床的外围经常发现有接触交代矽卡岩型矿床，有的接触交代矽卡岩型矿体的成矿母岩就是斑岩；再如热液型金矿体与接触交代矽卡岩型矿体紧密伴生。三类矿床之间也存在一定的联系，隐爆角砾岩型铅－锌（铜）矿床与深部斑岩活动密切相关，隐爆角砾岩形成于斑岩顶部；热液型金矿床亦可能与深部斑岩活动有关。笔者认为，控制三类矿床最重要的因素就是斑岩，是斑岩系列矿床在不同部位的具体表现。与国内其他地区斑岩矿产相比，如与冈底斯斑岩成矿带相比，研究区斑岩多呈岩脉、岩枝状，前人研究认为研究区斑岩剥蚀深度大，多已到达斑岩成矿的根部，但是祁漫塔格地区发现众多隐爆角砾岩，如楚阿克拉千、克停哈尔隐爆角砾岩等，依此我们认为区内斑岩找矿仍具有较大的潜力。区内隐爆角砾岩在昆中岩浆弧西部和昆北三弧盆地中部均有分布，根据隐爆角砾岩、斑岩分布的特点，首先应在隐爆角砾岩发育的矿区开展深部勘查和研究，通过重点解剖带动区内斑岩系列矿产的找矿工作。

斑岩型铜－钼矿床和热液型金矿床均具有强烈的围岩蚀变，矿体多产于硅化较强地段，矿石多呈细脉浸染状、网脉状构造。卡尔却卡发现连续厚度达到 387.44m 的热液型金矿化线索，不能由矿区分布的花岗闪长岩、似斑状二长花岗岩解释这一现象，因为热液型金矿周边同样是出露花岗闪长岩、似斑状二长花岗岩，却未发现金矿化。构造也无法解释这一现象，因为矿区深部钻孔验证，花岗闪长岩体中没有明显的断层，只是岩体中发育众多脉状、网脉状裂隙，笔者认为厚度大的金矿化由深部斑岩活动形成。然而，区内除卡尔却卡外，其他地区发现的斑岩多以铜或钼矿化为主，很少存在金的矿化，是否暗示区内存在一种新的斑岩类型－斑岩型金矿还需要进一步勘查和研究。

第六章　区域成矿规律与成矿系列

第一节　矿床数量及类型

研究区已发现的矿产丰富，共发现矿床34处，其中超大型矿床1处（夏日哈木），大型矿床6处（虎头崖、卡尔却卡、野马泉、四角羊－牛苦头、尕林格、那西郭勒），中型矿床9处，小型矿床18处，具体见表6－1、图1－3。

已发现的矿床类型主要有沉积变质型、接触交代矽卡岩型、岩浆熔离型、喷流沉积－热液改造型、热液型、隐爆角砾岩型、斑岩型。矿产种类主要有铁、铜、铅、锌、镍、金、石墨、钴、钼、锡、钨、铋、银。

按不同矿床类型对研究区已发现矿床进行统计（图6－1），沉积变质型中型以上规模矿床2处，占该类型矿床的40%，占矿床总数的5.9%；接触交代矽卡岩型－热液型中型以上规模矿床11处，占该类型矿床的44%，占矿床总数的32.4%；斑岩型未发现中型以上规模矿床；岩浆熔离型仅有夏日哈木1处超大型矿床，喷流沉积－热液改造型仅有肯德可克1处中型矿床，隐爆角砾岩型仅有楚阿克拉千1处中型矿床。形成大型、超大型矿床的类型有沉积变质型、岩浆熔离型、接触交代矽卡岩型－热液型。喷流沉积－热液改造型、隐爆角砾岩型和斑岩型处于探索找矿阶段，还未发现大型、超大型矿床。

按矿种统计，铁矿的类型有沉积变质型和接触交代矽卡岩型两类，均可形成中型以上规模矿床，以接触交代矽卡岩型铁矿规模大、品位高，是研究区寻找铁矿的主要类型；铜矿的类型有接触交代矽卡岩型－热液型、斑岩型、隐爆角砾岩型和岩浆熔离型，接触交代矽卡岩型－热液型可形成中型以上规模矿床，是研究区寻找铜矿的主要类型，斑岩型铜矿目前仅有小型规模，隐爆角砾岩型铜矿规模较小，多作为铅锌矿共（伴）生矿产，岩浆熔离型铜矿仅作为镍矿伴生矿产；铅锌矿的类型有接触交代矽卡岩型－热液型和隐爆角砾岩型，二者均可形成中型以上规模矿床；镍矿的类型仅有岩浆熔离型，可形成超大型规模矿床；金矿的类型有接触交代矽卡岩型、热液型，接触交代矽卡岩型可形成中型规模矿床；石墨矿的类型仅有沉积变质型，可形成大型规模矿床；钴矿的类型有喷流沉积－热液改造型和岩浆熔离型，前者可形成独立小型矿床，后者仅作为镍矿伴生矿产；钼、锡、钨矿的类型有接触交代矽卡岩型和斑岩型，前者品位高但规模小，后者规模大但品位低；铋矿的类型仅有喷流沉积－热液改造型，规模可达到中型；银矿无独立矿床，多与铅锌铜矿床共（伴）生，主要类型有接触交代矽卡岩型、热液型和隐爆角砾岩型。

目前发现的矿床中，铁、铅、锌、镍、石墨矿有大型或大型以上规模。形成大型铁矿的类型主要是接触交代矽卡岩型；形成大型铅锌矿的类型主要是接触交代矽卡岩型－热液型；形成超大型镍矿的类型是岩浆熔离型；形成大型石墨矿的类型是沉积变质型。

表 6－1　研究区矿床特征

编号	矿床名称	矿床特征	矿床时代			矿床成因	构造单元	规模	资源量
			时代	年龄/Ma	资料来源				
1	那西郭勒铁－石墨矿床	矿体产于金水口岩群石英岩、石英片岩、斜长角闪片岩、大理岩中	中元古代			沉积变质型		大型	石墨 300×10^4t，铁矿石 6500×10^4t
2	呼热郭勒石墨矿床	矿体产于金水口岩群大理岩中	中元古代			沉积变质型		中型	石墨 60×10^4t
3	查可勒图铁－石墨矿床	矿体产于金水口岩群大理岩、石英岩、石英片岩、斜长角闪片岩，以及金水口岩群与印支期岩体外接触带	中元古代	950～1270	陆松年等，2009；钱烨，未发表	沉积变质型（局部叠加矽卡岩型）	昆中岩浆弧	小型	铁矿石 450×10^4t，石墨 15×10^4t
4	东沙子铁矿床	矿体产于金水口岩群斜长角闪片岩、石英岩、斜长角闪岩中	中元古代			沉积变质型		小型	铁矿石 650×10^4t
5	莫斯图石墨矿床	矿体产于金水口岩群大理岩中	中元古代			沉积变质型		小型	石墨 10×10^4t
6	肯德可克钴－金－铋－铁－锌矿床	钴－金－铋矿产于滩间山群钙质板岩、矽卡岩及矽卡岩化硅质岩中，含矿岩系为一套热水沉积岩，成矿经历了热水喷流沉积期、构造－热液改造期、岩浆期后热液期和表生氧化期 铁、锌矿体产于滩间山群及缔敖苏组内的石榴子石透辉石矽卡岩和钙镁橄榄石矽卡岩中	寒武纪—奥陶纪叠加三叠纪	440.2～494（滩间山群玄武岩，Sm－Nd、LA－ICP－MS），211.13、229.5（二长花岗岩、辉长岩脉，LA－ICP－MS、$^{40}Ar-^{39}Ar$）	青海省地质调查院，2010c；王秉璋等，2012；赵财胜等，2006；肖晔等，2013	热水喷流沉积－热液改造型铁－铅锌－钴－金－铋矿	野马泉－苏海图盆地	中型	钴矿 529.39t，金矿 9.50t，铋矿 4438.22t，铁矿石 7000×10^4t，锌 20×10^4t

续表

编号	矿床名称	矿床特征	矿床时代			矿床成因	构造单元	规模	资源量
			时代	年龄/Ma	资料来源				
7	夏日哈木镍-铜-钴矿床	矿床产在超基性岩体中，矿体赋存于橄榄岩相、辉石岩相	晚志留世—中泥盆世	422~410（超基性岩，LA-ICP-MS）	王冠等，2014；张照伟等，2015	岩浆熔离型	昆中岩浆弧	超大型	镍 110×10^4t，铜 20×10^4t，钴 3×10^4t
8	卡尔却卡铜-钼-铅锌-金-铁矿床	铜、钼、铅锌矿主要产于似斑状二长花岗岩与滩间山群碳酸盐岩外接触带，构造叠加明显，铁矿主要产于花岗闪长岩与滩间山群基性火山岩、碳酸盐岩外接触带，铜-钼-铅锌-铁矿含矿岩性是矽卡岩、矽卡岩化碳酸盐岩、绢英岩等；金矿产于花岗闪长岩及其与滩间山群碳酸盐岩外接触带，赋矿岩石无选择性，受构造和岩体控制	中三叠世	238.8、242.1（辉钼矿，Re-Os），227.3~245.1（似斑状二长花岗岩、花岗闪长岩、花岗细晶岩、闪长玢岩，SHRIMP、LA-ICP-MS、$^{40}Ar-^{39}Ar$）	丰成友等，2009b；本书	矽卡岩型-热液型	昆中岩浆弧	大型	铜铅锌 69.79×10^4t，铁矿石 2113×10^4t，金 3t，钼 3×10^4t
9	乌兰拜兴铁-铅锌-铜矿	矿体产于花岗闪长岩与滩间山群碳酸盐岩外接触带形成的矽卡岩内	中三叠世			矽卡岩型	昆中岩浆弧	小型	铁矿石 443×10^4t，铜铅锌 1.6×10^4t
10	哈西亚图铁-铜-铅锌-金矿床	矿体产于花岗闪长岩、石英闪长岩与金水口岩群碳酸盐岩外接触带形成的矽卡岩内	中三叠世	240.1、246.8（花岗闪长岩、石英闪长岩，LA-ICP-MS）	南卡俄吾等，2014，2015	矽卡岩型	昆中岩浆弧	中型	铁矿石 3487.76×10^4t，金 9.98t，铜铅锌 10.45×10^4t
11	楚阿克拉千铅锌矿床	矿体主要产于隐爆角砾岩岩筒中	三叠纪	239.8（隐爆角砾岩）	钱烨，未发表	隐爆角砾岩型	昆中岩浆弧	中型	铅锌 30×10^4t

续表

编号	矿床名称	矿床特征	矿床时代			矿床成因	构造单元	规模	资源量
			时代	年龄/Ma	资料来源				
12	虎头崖铜－铅锌矿床	矿体主要产于二长花岗岩与缔敖苏组、滩间山群、大干沟组外接触带形成的矽卡岩，以及远离接触带的狼牙山组、缔敖苏组构造带内，受岩体、围岩、构造控制	晚三叠世	224.1～229.9（辉钼矿，Re－Os），204.1～239.7（二长花岗岩、花岗闪长岩、碱长花岗岩、花岗斑岩，LA－ICP－MS）	丰成友等，2011，2012；罗照华等，2002；刘云华等，2006a；李侃等，2015；张爱奎等，2015；江万等，2013；张晓飞等，2016	矽卡岩型－热液型	野马泉－苏海图盆地	大型	铜铅锌 85×10^4t，锡 3148t，铁矿石 300×10^4t（包括虎头崖、迎庆沟及景忍）
13	鸭子沟铅锌－铜－钼矿床	矿体主要产于晚三叠世二长花岗岩、花岗闪长岩与滩间山群碳酸盐岩外接触带形成的矽卡岩，以及花岗斑岩体内	晚三叠世	224（花岗闪长岩、花岗斑岩，LA－ICP－MS）	李世金等，2008；青海省地质调查院，2010c	矽卡岩型、斑岩型	滩北雪峰－乌兰乌珠尔盆地	小型	铜铅锌 5.58×10^4t
14	黑柱山铜－铅锌矿床	矿体主要产于晚三叠世二长花岗岩、花岗闪长岩与滩间山群碳酸盐岩外接触带形成的矽卡岩内	晚三叠世			矽卡岩型		小型	铜铅锌 5×10^4t
15	野马泉铁－铅锌－铜矿床	矿体产于晚三叠世花岗闪长岩、石英二长闪长岩、二长花岗岩与滩间山群、缔敖苏组碳酸盐岩外接触带形成的矽卡岩内	晚三叠世	213～229.5（石英二长闪长岩、花岗闪长岩、二长花岗岩，LA－ICP－MS）	肖晔等，2013；高永宝等，2014；张爱奎等；2016；乔保星等；2016；江万等，2015	矽卡岩型	野马泉－苏海图盆地	大型	铁矿石 7242×10^4t，铅锌铜 100.91×10^4t
16	尕林格铁－铅锌矿床	矿体产于石英二长闪长岩、石英闪长岩、花岗闪长岩与滩间山群碳酸盐岩、基性火山岩外接触带形成的矽卡岩内	中三叠世	227.8～234.4（石英二长闪长岩、花岗闪长岩、石英二长岩，LA－ICP－MS、SIMS）	丰成友等，2012；高永宝等，2012；于淼等，2013	矽卡岩型	滩北雪峰－乌兰乌珠尔盆地	大型	铁矿石 11860×10^4t，铅锌 49.78×10^4t

续表

编号	矿床名称	矿床特征	矿床时代			矿床成因	构造单元	规模	资源量
			时代	年龄/Ma	资料来源				
17	四角羊－牛苦头铁－铅锌矿床	矿体产于花岗闪长岩与滩间山群、缔敖苏组碳酸盐岩外接触带形成的矽卡岩内	晚三叠世	223.2（花岗闪长岩，LA－ICP－MS）	青海省地质调查院，2004b	矽卡岩型	野马泉－苏海图盆地	大型	铅锌铜 161.59 $\times 10^4$t，铁矿石 2909 $\times 10^4$t
18	群力铁矿床	矿体产于花岗闪长岩与金水口岩群碳酸盐岩外接触带形成的矽卡岩内	晚三叠世			矽卡岩型	昆中岩浆弧	小型	铁矿石 303.6 $\times 10^4$t
19	扎日玛日那铜－铅锌矿床	矿体产于二长花岗岩与狼牙山组碳酸盐岩外接触带形成的矽卡岩内	晚三叠世	224.4（二长花岗岩，LA－ICP－MS）	江万等，2015	矽卡岩型	野马泉－苏海图盆地	小型	铜铅锌 5 $\times 10^4$t
20	喀雅克登铜－铅锌矿床	矿体产于二长花岗岩与金水口岩群碳酸盐岩外接触带形成的矽卡岩内	中三叠世			矽卡岩型	昆中岩浆弧	小型	铜铅锌 7.43 $\times 10^4$t
21	别里赛北铁矿床	矿体产于石英闪长岩与金水口岩群碳酸盐岩外接触带形成的矽卡岩内	中三叠世			矽卡岩型		小型	铁矿石 511.95 $\times 10^4$t
22	莫河下拉铜－铅锌－银矿床	矿体产于二长花岗岩与金水口岩群碳酸盐岩远接触带的构造破碎带内及花岗斑岩内，受构造、花岗斑岩控制，构造破碎带内矿体呈脉状，花岗斑岩内矿体控制程度低，形态不明	晚三叠世	222（花岗斑岩，LA－ICP－MS）	许庆林等，2014	斑岩型－热液型	野马泉－苏海图盆地	小型	铜铅锌 5 $\times 10^4$t
23	尕林哈铁矿床	矿体产于花岗闪长岩与滩间山群碳酸盐岩外接触带形成的矽卡岩内	晚三叠世			矽卡岩型		小型	铁矿石 800 $\times 10^4$t
24	球路噢窝头铁矿床	矿体产于花岗闪长岩与滩间山群碳酸盐岩、基性火山岩外接触带形成的矽卡岩内	晚三叠世			矽卡岩型		小型	铁矿石 450 $\times 10^4$t

续表

编号	矿床名称	矿床特征	矿床时代			矿床成因	构造单元	规模	资源量
			时代	年龄/Ma	资料来源				
25	长山铁-钼矿床	铁矿体产于似斑状二长花岗岩、二长花岗岩与滩间山群碳酸盐岩、基性火山岩外接触带形成的矽卡岩内，钼矿体产于花岗斑岩内及其与围岩的接触带部位	晚三叠世	219.9～220（似斑状二长花岗岩、二长花岗岩，LA-ICP-MS）	丰成友等，2010，2012	斑岩型、矽卡岩型	野马泉-苏海图盆地	小型	铁矿石 350×10^4t，钼 1×10^4t
26	它温查汉铁矿床	矿体产于二长花岗岩、花岗闪长岩与滩间山群、缔敖苏组碳酸盐岩、基性火山岩接触带矽卡岩内	晚三叠世			矽卡岩型		中型	铁矿石 4561×10^4t
27	它温查汉西铁铜-铅锌-金矿床	矿体产于二长花岗岩、花岗闪长岩与滩间山群、缔敖苏组碳酸盐岩、基性火山岩外接触带形成的矽卡岩内	晚三叠世	230.7（磁铁矿石中白云母，$^{40}Ar-^{39}Ar$）	田承盛等，2013	矽卡岩型		中型	铁矿石 3982×10^4t，铜铅锌 34.96×10^4t，金 7t
28	沙丘铁-铅锌矿床	矿体产于花岗闪长岩与滩间山群碳酸盐岩外接触带形成的矽卡岩内	晚三叠世			矽卡岩型		中型	铁矿石 1001×10^4t，铅锌 15.64×10^4t
29	那陵郭勒河西铁-铜-铅锌	矿体产于二长花岗岩、花岗闪长岩、花岗斑岩与滩间山群碳酸盐岩外接触带形成的矽卡岩内	晚三叠世			矽卡岩型		中型	铁矿石 650×10^4t，铜 9×10^4t，铅锌 15×10^4t
30	那陵郭勒河东铁矿床	矿体产于二长花岗岩、碱长花岗岩、花岗闪长岩与缔敖苏组碳酸盐岩外接触带形成的矽卡岩内	晚三叠世			矽卡岩型		小型	铁矿石 300×10^4t

续表

编号	矿床名称	矿床特征	矿床时代			矿床成因	构造单元	规模	资源量
			时代	年龄/Ma	资料来源				
31	全红山铁矿床	矿体产于二长花岗岩、碱长花岗岩、花岗闪长岩与缔敖苏组碳酸盐岩外接触带形成的矽卡岩内	晚三叠世			矽卡岩型	野马泉－苏海图盆地	小型	铁矿石 300×10^4t
32	拉陵灶火铁矿床	矿体产于花岗闪长岩、石英闪长岩、二长花岗岩与滩间山群、缔敖苏组碳酸盐岩外接触带形成的矽卡岩内	晚三叠世	199.5～214.1（碱长花岗岩、花岗闪长岩、石英闪长岩，LA－ICP－MS）	青海省地质调查院，2010a；王秉璋等，2014b	矽卡岩型		小型	铁矿石 300t
33	拉陵灶火中游铜－钼－金矿床	矿体产于碱长花岗岩与金水口岩群碳酸盐岩外接触带形成的矽卡岩内	晚三叠世			矽卡岩型	昆中岩浆弧	中型	铜 6.4×10^4t，金 7.55t，钼 2.1×10^4t
34	乌兰乌珠尔铜－锡矿床	矿体赋存于花岗斑岩、花岗闪长斑岩中，围岩为早泥盆世似斑状二长花岗岩和早二叠世二长花岗岩	晚三叠世	215.1（花岗斑岩，SHRIMP）	佘宏全等，2007	斑岩型	滩北雪峰－乌兰乌珠尔盆地	小型	铜锡 3.2×10^4t

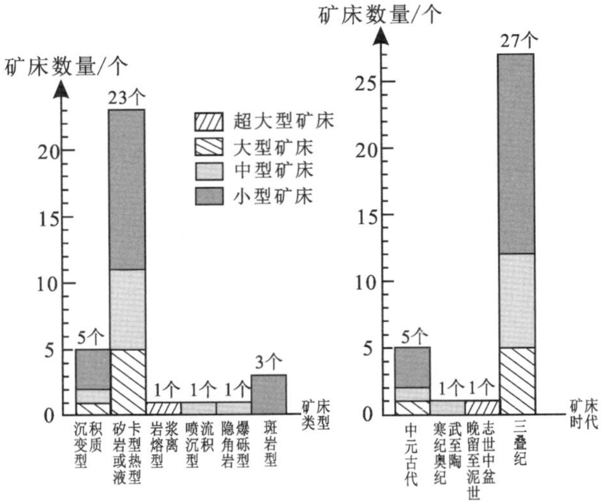

图6－1　研究区矿床统计

第二节　矿床时空分布规律

一、矿床形成时代

根据典型矿床研究成果，结合研究区已发现矿床特征，对矿床形成时代进行了统计（图6－1）。研究区有中元古代、寒武纪—奥陶纪、晚志留世—中泥盆世和三叠纪4个主要成矿期。

中元古代形成矿床5处，占研究区矿床总数的14.7%，其中中大型矿床2处，占研究区矿床总数的5.9%。寒武纪—奥陶纪形成中型矿床1处，占研究区矿床总数的2.9%。晚志留世—中泥盆世形成超大型矿床1处，占研究区矿床总数的2.9%。三叠纪形成矿床27处，占研究区矿床总数的79.4%，其中中大型矿床12处，占研究区矿床总数的35.3%。

不同时代成矿具有一定专属性，中元古代主要形成沉积变质型铁和石墨矿，寒武纪—奥陶纪形成喷流沉积－热液改造型铁－铅锌－钴、铋、金矿，晚志留世—中泥盆世形成岩浆熔离型镍、铜、钴矿，三叠纪形成接触交代矽卡岩型、热液型、隐爆角砾岩型、斑岩型铁、铜、铅、锌、金、钼、锡、钨、银矿。从早到晚，成矿出现两个高峰期，分别是中元古代和三叠纪，尤其三叠纪形成的矿床数量多，矿床类型和矿种丰富。

二、矿床空间分布规律

中元古代沉积变质型铁－石墨矿分布于昆中岩浆弧（图1－3）；寒武纪—奥陶纪喷流沉积－热液改造型铁、铅锌、钴、铋、金矿位于野马泉－苏海图早古生代弧后盆地；晚志留世—中泥盆世岩浆熔离型镍、铜、钴矿主要位于昆中岩浆弧，在昆北断裂北部也有所发现；三叠纪接触交代矽卡岩型、热液型、隐爆角砾岩型、斑岩型铁、铜、铅、锌、金、钼、锡、钨、银矿在研究区广泛分布，昆北断裂南部以中三叠世矿床为主，北部以晚三叠世矿床为主。

三、矿床时空分布规律

从矿床形成时代和空间分布情况总体来看，昆中岩浆弧构造带内主要产出中元古代沉积变质型铁－石墨矿，晚志留世—中泥盆世岩浆熔离型镍－铜－钴矿，中三叠世接触交代矽卡岩型、热液型、隐爆角砾岩型铁－铜－铅－锌－金－钼－银矿；滩北雪峰－乌兰乌珠尔、野马泉－苏海图及那陵郭勒河盆地内主要产出晚三叠世接触交代矽卡岩型、热液型、斑岩型铁－铜－铅－锌－金－钼－锡－钨－银矿及寒武纪—奥陶纪喷流沉积－热液改造型铁－铅锌－钴－铋－金矿（图6－2），另有晚志留世—中泥盆世岩浆熔离型镍－铜－钴矿矿点（如冰沟南）。

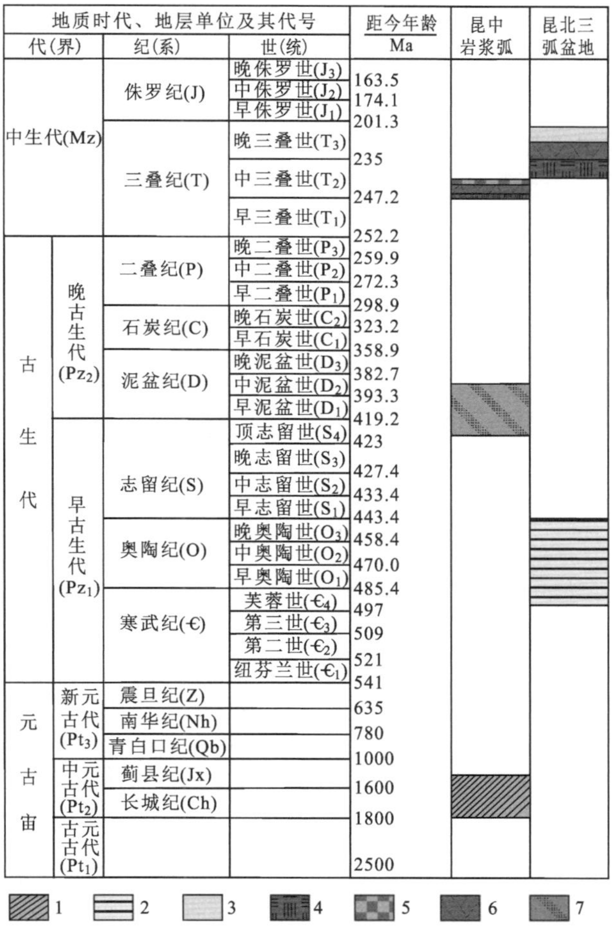

图6－2 研究区矿床时空分布规律

1—沉积变质型铁－石墨矿床；2—喷流沉积型钴－金－铋矿床；3—斑岩型铜－钼（锡）矿床；4—矽卡岩型铁多金属矿床；5—隐爆角砾岩型铅锌矿床；6—矽卡岩型或热液型多金属矿床；7—岩浆熔离型镍－铜－钴矿床

第三节 构造演化与成矿作用

一、中元古代活动大陆边缘成矿作用

中元古界金水口岩群为一套变质建造，主要分布于昆北断裂（南支）以南，主要岩石类型有片麻岩、变粒岩、斜长角闪岩、斜长角闪片岩、石英岩、石英片岩和大理岩。片麻岩、变粒岩、石英岩、石英片岩原岩恢复为一套碎屑岩；斜长角闪岩、斜长角闪片岩原岩恢复为一套基性火山岩。金水口岩群原岩为一套碎屑岩+基性火山岩+碳酸盐岩建造。基性火山岩具有活动大陆边缘特征。金水口岩群构成了研究区的基底，属于造山带的基底，属于柴达木块体的部分。研究区中元古代形成的沉积质型铁-石墨矿多位于研究区南部，是活动大陆边缘构造环境的产物。

沉积变质型铁矿主要产于斜长角闪片岩岩组中，石墨矿产于斜长角闪片岩岩组和大理岩岩组中，主要含矿岩性为石英岩、大理岩、石英片岩和斜长角闪片岩。矿石来源既有海相-热液沉积物的贡献，又存在陆源物质的贡献。矿体产出受地层岩性控制，矿体变质变形中等，后期构造和岩浆作用对矿体具有一定改造和破坏作用。典型矿床（那西郭勒矿床）研究结果显示，矿床是在造山带基底环境下形成的一种铁矿类型，与克拉通基底环境下形成的阿尔戈马型、稳定克拉通上的海相沉积盆地或被动大陆边缘环境下形成的苏比利尔型矿床具有一些差异。

从研究区金水口岩群岩石类型分布情况来看，昆北断裂（南支）以南是寻找该类型矿产的主要地段，尤其要关注石墨矿的评价。

二、寒武纪—奥陶纪早古生代弧后盆地成矿作用

早古生代开始，包括研究区在内的东昆仑地区发生广泛的裂解作用，形成多岛洋的构造格局。研究区寒武纪—奥陶纪火山-热水沉积盆地，形成于弧后扩张环境（王秉璋等，2012，2014a），寒武系—奥陶系滩间山群为一套弧后盆地环境下形成的火山-热水喷流沉积岩系。肯德可克式铁-铅锌-钴-铋-金矿床产于滩间山群热水喷流沉积岩系内，滩间山群硅质岩、钙质板岩所含成矿元素丰度值远远高出沉积岩类页岩值。虽然三叠纪热液成矿作用是形成肯德可克式矿床的主要因素，但是从矿区分布少量层纹状矿石、草莓状黄铁矿等特征分析，寒武纪—奥陶纪火山-热水喷流沉积作用伴随了一次成矿作用。而且寒武系—奥陶系滩间山群火山-热水喷流沉积岩系为三叠纪热液成矿作用提供了一定的物质基础。

研究区寒武纪—奥陶纪火山-热水沉积盆地范围较广，形成滩北雪峰-乌兰乌珠尔、野马泉-苏海图及那陵郭勒河北部3个火山-热水沉积盆地。目前，在野马泉-苏海图火山-热水沉积盆地内发现了肯德可克矿床，但盆地其他地段找矿未取得突破，而且在滩北雪峰-乌兰乌珠尔和那陵郭勒河北部2个火山-热水沉积盆地内找矿也未取得重要进展，值得进一步研究。

三、早古生代晚期（晚志留世—中泥盆世）大陆碰撞－伸展成矿作用

研究区早古生代寒武纪—奥陶纪发生广泛的裂解作用，昆中洋盆（属于原特提斯洋）形成，晚奥陶世—早志留世洋壳俯冲消减，大规模的俯冲消减发生在奥陶纪，俯冲可能结束于早志留世，泥盆纪柴达木陆块和昆中陆块碰撞拼合，构成一个新生的大陆地壳块体。

研究区晚志留世—中泥盆世发育超基性－基性岩（422～386.4Ma），同期花岗岩（421.2～391.1Ma）类型复杂，既有高钾钙碱性I型花岗岩，又有过铝质S型花岗岩以及A型花岗岩。研究表明，晚志留世—中泥盆世构造体制由同碰撞挤压体制转变为碰撞后的伸展体制，该构造体制的转变是超基性岩及与超基性岩相关的岩浆熔离型镍－铜－钴矿床形成的先决条件。

晚志留世—中泥盆世由同碰撞挤压体制转变为碰撞后的伸展体制阶段，岩石圈伸展减薄，软流圈地幔物质上涌。受伸展减压和软流圈地幔物质加热的影响，先前经过洋壳消减板片析出的流体交代改造的岩石圈地幔，在低压高温下发生部分熔融。软流圈及岩石圈地幔部分熔融发生混合形成幔源岩浆，幔源岩浆经历了橄榄石和斜方辉石的结晶分异后，沿深大断裂脉动式上侵，形成区内超基性岩体。

上述超基性岩体的形成过程，与超基性岩岩石地球化学特征相吻合。地球化学特征显示，超基性岩体岩浆源区为受俯冲带流体改造的亏损地幔源区，混入了少量EMⅡ端元，可能是亏损地幔与EMⅡ两个端元不同程度混合形成，亏损地幔是主要的，而EMⅡ端元的贡献是次要的，岩浆在上升过程中存在微弱的地壳混染。

夏日哈木式镍－铜－钴矿床是软流圈地幔物质上涌及其诱发洋壳消减板片流体交代改造的岩石圈地幔部分熔融，二者混合形成幔源岩浆，经历了橄榄石和斜方辉石的分离结晶和地壳混染，导致岩浆中的硫达到饱和，从而形成岩浆熔离型镍－铜－钴矿。矿床的形成受断裂和超基性岩体的控制，北西西向大断裂附近的次级断裂控制着超基性岩体的定位，矿体则主要赋存在超基性岩体的橄榄岩相和辉石岩相中。

从研究区基性－超基性岩体分布及典型矿床成矿特点分析，昆北断裂、昆中断裂两侧附近的基性－超基性岩体值得开展含矿性调查，特别是喀雅克登、水仙南、冰沟南等地区的基性－超基性岩体，值得开展进一步研究。

四、三叠纪碰撞－伸展成矿作用

研究区中三叠世和晚三叠世中酸性侵入岩总体分为石英二长闪长岩－石英闪长岩－花岗闪长岩－英云闪长岩和似斑状二长花岗岩－二长花岗岩－花岗岩－碱长花岗岩两类组合。中三叠世和晚三叠世两类岩石组合均完整发育，而且都存在较大规模的矿产。

研究区已发现的矽卡岩型－热液型－隐爆角砾岩型－斑岩型矿产与三叠纪花岗岩和浅成斑岩密切相关，其中矽卡岩型－热液型铁多金属矿产多产于花岗岩内、外接触带或远离接触带，斑岩型－热液型－隐爆角砾岩型多金属－贵金属矿产与斑岩关系密切，产于斑岩体内部、顶部及外围的裂隙带内。

矿产种类与岩体时代无直接关系，但是与侵入岩岩石组合具有密切的关系，前一种

岩石组合形成以铁、铅锌为主的矿产，后一种岩石组合形成铜、铅锌、钨锡钼等矿产（表6－1）。

前面已有论述，中三叠世石英闪长岩－石英二长闪长岩－花岗闪长岩－英云闪长岩岩石组合形成于俯冲－碰撞转换阶段，经历了俯冲板片断离－软流圈上涌、洋壳“滞后”熔融交代岩石圈地幔、幔源岩浆底侵、下地壳局部熔融和幔源岩浆混合、岩浆上升侵位这样一个复杂而连续的过程；中三叠世似斑状二长花岗岩－二长花岗岩－花岗岩岩石组合形成于前者之后的中上地壳局部熔融。晚三叠世石英闪长岩－石英二长闪长岩－花岗闪长岩－英云闪长岩岩石组合形成于后碰撞陆壳加厚、下地壳拆沉软流圈上涌、下地壳局部熔融并和地幔物质充分交换、岩浆上升侵位过程；同样，晚三叠世似斑状二长花岗岩－二长花岗岩－花岗岩－碱长花岗岩－斑岩随后形成于中上地壳局部熔融。总体看来，第一种岩石组合来源深度大，岩浆源区地幔贡献较高，壳幔作用明显，第二种岩石组合来源深度小，以壳源为主。侵入岩岩石组合不同造成的成矿差异，显示了岩浆深部过程对于成矿的制约。

中三叠世俯冲－碰撞转换环境的俯冲板片断离和晚三叠世后碰撞环境的下地壳拆沉，这两次大的构造事件引起强烈的壳幔相互作用，促进了成矿物质的交换，是三叠纪集中成矿的深部控制因素。同时，三叠纪强烈壳幔相互作用，正是造成区内强过铝花岗岩不发育的主要原因。

不论是中三叠世，还是晚三叠世岩浆作用与成矿，都处在挤压环境向伸展环境转变的过程。前者是俯冲结束转换为碰撞阶段，俯冲板片的断离造成由挤压环境转换为伸展环境；后者是后碰撞阶段，下地壳拆沉造成由挤压环境转换为伸展环境。由于引起伸展的深部机制不同，岩浆作用和成矿作用具有明显的差异，前者形成的岩体和矿产呈带状分布，后者分布范围则更大，如东昆仑东段研究程度较高，在昆中岩浆弧内已发现众多晚三叠世矿床，典型矿床有五龙沟金矿、白石崖铁多金属矿。这与马昌前等（2015）计算得到的晚三叠世岩浆体积添加速率高于中三叠世岩浆体积添加速率是一致的。

第四节　区域成矿规律与区域成矿模式

区域大地构造演化经历了元古宙基底演化、早古生代多岛洋演化、晚古生代—早中生代造山和晚中生代—新生代造山4个主要阶段，区域成矿作用开始于中元古代，在中元古代活动大陆边缘形成沉积变质型铁－石墨矿，矿床产于古火山－热水沉积盆地，受地层层位、岩性和后期变形作用的控制。矿体主要产于金水口岩群斜长角闪片岩岩组和大理岩岩组。活动大陆边缘火山－热水沉积盆地边部更利于形成铁矿，深水盆地碳酸盐岩组中石墨矿品质较好。卡尔却卡至那西郭勒中元古代活动大陆边缘火山－热水沉积盆地属于柴达木－昆中陆块南部边缘，成矿条件有利。

祁漫塔格地区发现的新元古代变质侵入岩显示同碰撞构造环境，反映新元古代存在一次大陆碰撞、地壳增厚地质事件（谈生祥等，2004）。早古生代开始，包括研究区在内的东昆仑地区发生广泛的裂解作用，形成多岛洋的构造格局，昆中洋盆（属于原特提斯洋）形成。随着昆中洋的演化，研究区寒武纪—奥陶纪处于弧后盆地环境，形成一期热水喷流沉积成矿作用。晚奥陶世—早志留世洋壳俯冲消减，大规模的俯冲消减发生在奥陶纪，俯冲可能结束于早志留世。晚志留世—中泥盆世碰撞阶段的局部伸展体制，为岩浆熔离型镍－铜－钴矿床的形成提供了有利的构造环境，夏日哈木矿床是该时期成矿的典型代表。矿床产于基性－超基性岩体的辉石岩相和橄榄岩相，硫化物的深部熔离是成矿的关键。研究区基性－超基性岩体受区域断裂的总体控制，但岩体的定位不局限于昆中岩浆弧，矿床的形成与围岩也没有必然的联系。具有一定分异程度的基性－超基性岩体在找矿过程中都应值得关注。

在经历了早古生代造山旋回作用之后，东昆仑地区昆南洋（布青山－阿尼玛卿洋）洋盆在早二叠世已经形成，推断洋盆打开的起始时间为早石炭世，原先闭合了的昆中小洋盆再次打开成为边缘海或弧后盆地。中－晚二叠世到早三叠世（240～260Ma）是主要的俯冲造山期。研究区响应昆南洋的闭合，大规模俯冲结束与碰撞转换阶段（245～228Ma）以及全面陆－陆碰撞阶段（228～204Ma）分别形成了中三叠世、晚三叠世花岗岩。中－晚三叠世花岗岩岩浆成矿作用具有“爆发式”成矿的特点，形成了矽卡岩型铁－铅－锌（铜）矿床、矽卡岩－热液型铜－铅－锌－锡－钼矿床、热液型金矿床、隐爆角砾岩型铅－锌（铜）矿床、斑岩型铜（锡）－钼矿床。

不论是中三叠世，还是晚三叠世岩浆作用与成矿，都是在挤压环境向伸展环境转变的过程中发生的。中三叠世俯冲－碰撞转换环境的俯冲板片断离和晚三叠世后碰撞环境的下地壳拆沉两次大的构造事件引起的强烈壳幔相互作用，是三叠纪集中成矿的深部控制因素。

花岗岩时代与成矿类型没有直接的关系，而成矿类型的差异主要与花岗岩岩石组合关系密切。矽卡岩型铁－铅－锌（铜）矿床的典型花岗岩组合是中－晚三叠世石英二长闪长岩－石英闪长岩－花岗闪长岩－英云闪长岩，矽卡岩型－热液型铜－铅－锌－锡－钼矿床的典型花岗岩组合是中－晚三叠世二长花岗岩－花岗岩－似斑状二长花岗岩－碱长花岗岩。热液型金矿床、隐爆角砾岩型铅－锌（铜）矿床、斑岩铜－钼矿床的岩体主要是浅成斑岩。

矽卡岩型铁－铅－锌（铜）矿床和矽卡岩－热液型铜－铅－锌－锡－钼矿床在碰撞、后碰撞阶段均有形成，这两种矿床特征类似，均与花岗岩密切相关。矿床差异仅是表现在矿种和控矿因素方面略有差异，前者大量出现铁矿，后者多出现铜、钼，主要差异形成的原因是形成矿床的花岗岩岩石组合不相同，矿体形成时构造活动存在差异，以及矿体产出部位的不同。

矽卡岩型矿床成矿矿种与围岩的关系也十分密切，滩间山群更有利于形成铜矿，且多共生有金、钴矿。构造和硅钙界面的发育是热液矿床形成的重要因素。矽卡岩型矿床和热液型多金属矿床往往相伴产出，且矽卡岩矿床中有大量矿体并不赋存在岩体和围岩接触带，这是祁漫塔格地区矽卡岩矿床成矿的一个特点。

控制热液型金矿床、隐爆角砾岩型铅－锌（铜）矿床、斑岩型铜－钼矿床最重要的因素是斑岩，隐爆角砾岩型铅－锌（铜）矿床的发现为斑岩系列找矿提供了新的思路和方向。热液型金矿床、隐爆角砾岩型铅－锌（铜）矿床、斑岩型铜－钼矿床受控于斑岩及斑岩侵位过程，属于同一成矿作用在不同部位的表现，斑岩型铜－钼矿床产于斑岩体内，隐爆角砾岩型铅－锌（铜）矿床产于斑岩体顶部，热液型金矿床可能是斑岩体顶部或外侧裂隙带内的矿化反映。

三叠纪与中酸性侵入岩有关的矿床主要分布在昆北三弧盆地，可能与昆北三弧盆地整体剥蚀程度较低有关，但是也不排除昆中岩浆弧局部存在保存条件较好的地区。

表6－2及图6－3综合表达了与三叠纪花岗岩和浅成斑岩相关的矽卡岩－热液型－隐爆角砾岩型－斑岩型矿床区域成矿模式。

结合区域构造演化和研究区成矿作用特点，图6－4反映了研究区元古宙基底演化、早古生代多岛洋演化、晚古生代—早中生代造山作用的区域成矿模式。

表6－2　祁漫塔格三叠纪矽卡岩型－热液型－隐爆角砾岩型－斑岩型矿床区域成矿模式

成矿类型	矽卡岩型铁－铅－锌（铜）矿床	矽卡岩－热液型铜－铅－锌－锡－钼矿床	热液型金矿床	隐爆角砾岩型铅－锌（铜）矿床	斑岩型铜－钼矿床
成矿时代	中－晚三叠世	中－晚三叠世	中三叠世	中三叠世	中－晚三叠世
大地构造环境	碰撞－后碰撞	碰撞－后碰撞	碰撞	碰撞	碰撞－后碰撞
成矿岩石组合	石英二长闪长岩－石英闪长岩－花岗闪长岩	二长花岗岩－花岗岩－似斑状二长花岗岩－碱长花岗岩	斑岩（?）	隐爆角砾岩	斑岩
围岩	滩间山群、缔敖苏组为主，其次为金水口岩群、大干沟组	狼牙山组、滩间山群、缔敖苏组为主，其次是大干沟组	花岗岩类、滩间山群（无选择性）	花岗岩类	花岗岩类
构造	区域断裂控岩，接触带构造控矿，接触带、层间构造带储矿	区域断裂控岩，接触带、次级断裂控矿，接触带、次级断裂、层间构造带储矿	区域断裂控岩，次级断裂控矿，裂隙储矿	斑岩控制隐爆角砾岩形成，隐爆角砾岩控矿、储矿	区域断裂控岩，斑岩控矿、储矿
主要控矿因素	岩体、围岩、接触带	岩体、围岩、构造、接触带	断裂、斑岩（?）	隐爆角砾岩、斑岩	斑岩
含矿岩性	矽卡岩、矽卡岩化碳酸盐岩	矽卡岩、硅化碳酸盐岩、绢英岩等	花岗岩类、矽卡岩、硅化碳酸盐岩等（无选择性）	隐爆角砾岩	斑岩
矿体特征	矿体多靠近岩体外接触带，港湾部位矿体规模较大，矿体形态不规则，矿化分带明显，矿种复杂	矿体位于岩体外接触带构造叠加部位，或远离岩体外接触带的构造带，透镜状、似层状，矿化分带不明显，矿种复杂	矿体位于断裂裂隙带，形态不规则，透镜状、脉状，矿化不均匀	矿体产于隐爆角砾岩岩筒内，中部总体呈筒状，边部形态极不规则，矿化相对均匀，矿种较单一	矿体主要产于斑岩中，围岩内亦有部分矿体，矿体形态随着斑岩形态变化，矿化较均匀，矿种较单一

成矿类型	矽卡岩型铁－铅－锌（铜）矿床	矽卡岩－热液型铜－铅－锌－锡－钼矿床	热液型金矿床	隐爆角砾岩型铅－锌（铜）矿床	斑岩型铜－钼矿床
矿石特征	矿石矿物主要为磁铁矿、闪锌矿、方铅矿、磁黄铁矿、黄铜矿等。矿石结构主要为半自形粒状结构、包含乳滴状结构，矿石构造主要为浸染状构造	矿石矿物主要为黄铜矿、闪锌矿、方铅矿、斑铜矿、辉铜矿、黄锡矿、辉钼矿等。矿石结构主要有半自形－他形粒状结构、交代结构、压碎结构、包含结构，浸染状构造、致密块状构造、纹层状构造、条带状构造、脉状构造	载金矿物主要是黄铁矿。矿石结构为他形－半自形粒状结构，矿石构造以稀疏浸染状构造、稠密浸染状构造、脉状构造为主	矿石矿物主要是闪锌矿、方铅矿，其次是黄铜矿。矿石结构主要是他形粒状结构，浸染状构造为主，局部为块状构造和脉状构造	矿石矿物主要是黄铜矿、辉钼矿。矿石结构主要为他形粒状结构，矿石构造主要为稀疏浸染状、细脉－网脉状构造
围岩蚀变	矽卡岩化为主，其次有硅化、绿泥石化	矽卡岩化、硅化、绢英岩化、绿泥石化、碳酸盐化	硅化为主，其次有钾化、绿帘石化、绿泥石化、碳酸盐化、高岭土化	绢云母化、硅化、绿泥石化、碳酸盐化、高岭土化	钾化、硅化、绢云母化、绿帘石化、绿泥石化、黏土化、高岭土化
成矿期次	经历了矽卡岩期、石英硫化物期和表生氧化期，主要在矽卡岩晚期和石英硫化物期成矿	经历了矽卡岩期、热液期和表生氧化期，主要在热液期成矿	热液期成矿	隐爆角砾岩形成时快速成矿	硅化阶段成矿
成矿温度	280～395℃	211～440℃			528℃
硫同位素	－2‰～7.5‰	－0.97‰～11‰	10.5‰～10.8‰		3.4‰～4.5‰

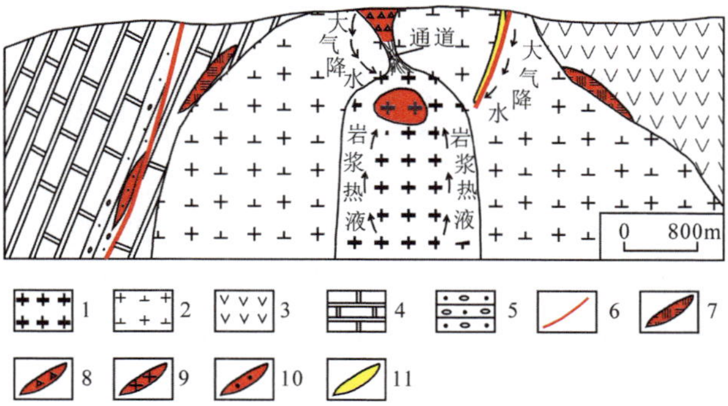

图6－3 三叠纪矽卡岩型－热液型－隐爆角砾岩型－斑岩型矿床区域成矿模式

1—花岗斑岩；2—花岗闪长岩；3—中－基性火山岩；4—碳酸盐岩；5—碎屑岩；6—性质不明断层；7—矽卡岩型铁多金属矿体；8—隐爆角砾岩铅锌矿体；9—斑岩型铜钼矿体；10—热液型多金属矿体；11—热液型金矿体

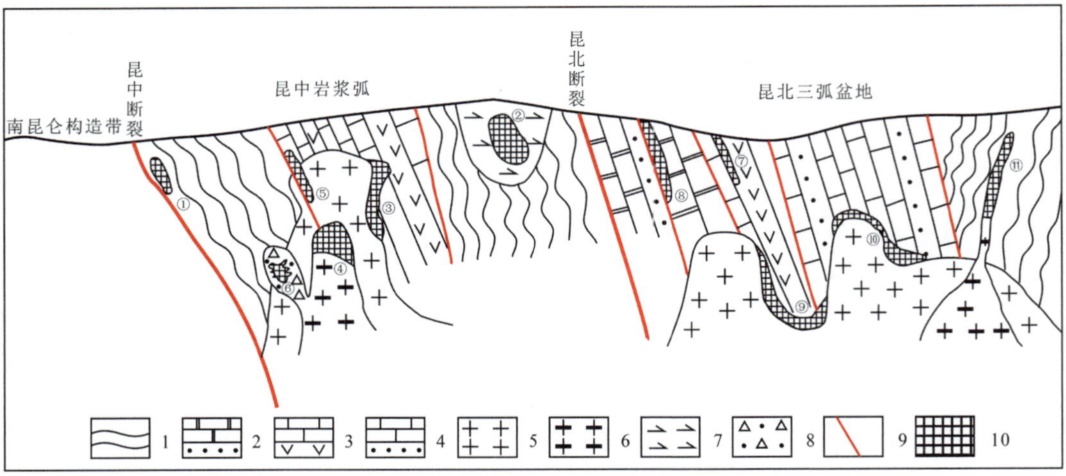

图 6－4　祁漫塔格地区构造演化与区域成矿模式

1—金水口岩群；2—狼牙山组；3—滩间山群；4—缔敖苏组；5—花岗岩类；6—斑岩；7—超基性－基性杂岩；8—隐爆角砾岩；9—断裂；10—矿体。①中元古代沉积变质型铁－石墨矿床；②晚志留世—中泥盆世岩浆熔离型镍－铜－钴矿床；③中三叠世接触交代矽卡岩型铜－钼－铁矿床；④中三叠世斑岩铜矿床；⑤中三叠世热液型金矿床；⑥中三叠世隐爆角砾岩型铅－锌（铜）矿床；⑦寒武纪—奥陶纪喷流沉积－热液改造型钴－铋－金矿床；⑧晚三叠世热液型铅－锌（铜）矿床；⑨、⑩晚三叠世接触交代矽卡岩型铁－铅锌（铜）矿床；⑪晚三叠世斑岩铜－钼（锡）矿床

第五节　成矿系列

一、成矿系列划分

程裕淇等（1979）正式提出并建立了铁矿“成矿系列”的概念。后来，程裕淇（1979，1983）等又将铁矿“成矿系列”的概念推广应用到其他矿种、矿床类型组合。翟裕生等（1996）出版了《成矿系列研究》专著，将成矿系列进一步向前推进。

翟裕生提出成矿系列是以系统论的观点为出发点，研究一个区域中与一定成矿事件有关的不同演化阶段、不同控矿条件下形成的各类矿床间的相互关系，即在一定的地质时期和地质环境中，在主导的地质成矿作用下形成的，在时间上、空间上和成因上有密切联系的一组矿床类型的组合。

随后陈毓川（1998，2006）将成矿系列定义为：指产出于地质环境四维空间内的具有内在联系的矿床自然组合，强调的是特定地质演化阶段相对独立的成矿系统的最终产物。近年来，相继提出了“成矿谱系”和“成矿系列组合”等新概念，并取得了一系列创新成果（陈毓川等，2006）。

矿床的成矿系列主要学术思想体现在：①在一定的地质历史期间或构造运动阶段，在一定的地质构造单元及构造部位，与一定的地质成矿作用有关，形成一组具有成因联系的矿床组合自然体；②矿床是地质环境中的组成部分，成矿作用是形成地质环境的地质作用中的一个组成部分；③在同一地区先后形成的矿床成矿系列具有一定的继承性及演变性，并可出现对早期矿床成矿系列的叠加、改造；④在一个地质构造旋回涉及的构造单元内所形成的各类矿床成矿系列，具有一定的演化规律、分布规律及内在联系，组成矿床成矿系列组；⑤不同时代、不同地区具有类似地质构造环境和同类成矿作用，可形成类似的矿床成矿系列，但又各具特色，组成矿床成矿系列类型；⑥矿床的成矿系列可分出5个序次（层次），第一序次分三类：矿床成矿系列组合、矿床成矿系列类型和矿床成矿系列组，第二序次为矿床成矿系列，第三序次为矿床成矿亚系列，第四序次为矿床式（类型），第五序次为矿末。

本次研究，在剖析典型矿床的基础上，根据研究区特定的地质成矿时期、地质构造单元及大地构造背景，以岩石－构造－成矿作用为主线，紧紧抓住主要成矿地质作用和成矿时代，将区内形成的主要矿产划分为4个矿床成矿系列，分别为中元古代沉积变质型铁－石墨矿成矿系列、早古生代喷流沉积－热液改造型铁－铅锌－钴－金－铋矿成矿系列、早古生代晚期岩浆熔离型镍－铜－钴矿成矿系列和三叠纪与中酸性侵入岩有关的矽卡岩型－热液型－隐爆角砾岩型－斑岩型铁－多金属－贵金属成矿系列。

区内与三叠纪中酸性侵入岩有关的矿床在昆中岩浆弧成矿时代主要是中三叠世，昆北三弧盆地成矿时代主要是晚三叠世，因此从成矿时代考虑，可分出与中三叠世中酸性侵入岩有关的矿床成矿亚系列和与晚三叠世中酸性侵入岩有关的矿床成矿亚系列。若从成矿地质体的角度考虑，不论是中三叠世还是晚三叠世又可分别分出与深成侵入岩有关的矿床和与斑岩有关的矿床两类亚系列。笔者主要根据成矿时代和构造单元的差异，将其分为中三叠世矽卡岩型－热液型－斑岩型－隐爆角砾岩型铁－多金属－贵金属成矿亚系列和晚三叠世矽卡岩型－热液型－斑岩型铁－多金属成矿亚系列（表6－3）。

表6－3　祁漫塔格地区成矿系列

成矿系列	成矿亚系列	矿床类型	代表性矿床	矿床时代	构造单元
中元古代沉积变质型铁－石墨矿成矿系列		沉积变质型	那西郭勒铁－石墨矿床	中元古代	昆中岩浆弧
早古生代喷流沉积－热液改造型铁－铅锌－钴－金－铋矿成矿系列		喷流沉积－热液改造型	肯德可克铁－铅锌－钴－铋－金矿床	寒武纪—奥陶纪、晚三叠世	祁漫塔格弧后盆地
早古生代晚期岩浆熔离型镍－铜－钴矿戍矿系列		岩浆熔离型	夏日哈木镍－铜－钴矿床	晚志留世—中泥盆世	昆中岩浆弧
三叠纪与中酸性侵入岩有关的矽卡岩型－热液型－隐爆角砾岩型－斑岩型铁－多金属－贵金属成矿系列	中三叠世矽卡岩型－热液型－斑岩型－隐爆角砾岩型铁－多金属－贵金属成矿亚系列	矽卡岩型－热液型	卡尔却卡铁－多金属－贵金属矿床	中三叠世	昆中岩浆弧
		隐爆角砾岩型－斑岩型	楚阿克拉千铅锌矿床	中三叠世	昆中岩浆弧
		矽卡岩型	尕林格铁－铅锌矿床	中三叠世	祁漫塔格弧后盆地

续表

成矿系列	成矿亚系列	矿床类型	代表性矿床	矿床时代	构造单元
三叠纪与中酸性侵入岩有关的矽卡岩型-热液型-隐爆角砾岩型-斑岩型铁-多金属-贵金属成矿系列	晚三叠世矽卡岩型-热液型-斑岩型铁-多金属成矿亚系列	矽卡岩型-热液型	虎头崖铜-铅锌矿床、野马泉铁-铅锌-铜矿床、四角羊-牛苦头铁-铅锌矿床	晚三叠世	祁漫塔格弧后盆地
		斑岩型	乌兰乌珠尔铜（锡）矿床、长山钼矿床	晚三叠世	祁漫塔格弧后盆地

二、成矿系列的结构和特点

中元古代沉积变质型铁-石墨矿成矿系列发现了那西郭勒、呼热郭勒、查可勒图、东沙子、莫斯图5处矿床。成矿类型和矿种较单一，矿床有的以铁矿为主，有的以石墨矿为主，有的铁和石墨同时存在。成矿系列形成于中元古代活动大陆边缘火山-沉积作用，金水口岩群斜长角闪片岩岩组和大理岩岩组是主要含矿层位，矿体的产出受地层和构造的控制，褶皱转折端矿体连续性好，厚度大。

早古生代喷流沉积-热液改造型铁-铅锌-钴-金-铋矿成矿系列仅发现肯德可克一处矿床。矿床形成于早古生代弧后盆地演化和晚三叠世后碰撞阶段，具有早古生代和三叠纪两个矿床成矿系列叠加成矿的特点，含矿层位是滩间山群，矿体的产出受地层、构造、岩浆热液的控制，特别是晚三叠世岩浆热液对矿床形成起到了十分重要的作用。

早古生代晚期岩浆熔离型镍-铜-钴矿成矿系列也仅仅发现了夏日哈木一处矿床。矿床形成于早古生代晚期伸展构造环境，辉石岩类和橄榄岩类岩石是主要含矿岩石，矿体的产出受超基性岩体的控制。

三叠纪与中酸性侵入岩有关的铁-多金属-贵金属矿床成矿系列发现了27处矿床，是研究区发现矿床最多的一个矿床成矿系列，具有集中成矿的特点。成矿类型主要有矽卡岩型、热液型、斑岩型和隐爆角砾岩型。矿床成矿系列形成于三叠纪同碰撞-后碰撞阶段，壳幔相互作用是该系列成矿爆发的深部控制因素。成矿类型和矿种均受三叠纪中酸性侵入岩和围岩的控制。深成岩主要形成矽卡岩型、热液型，浅成岩主要形成斑岩型和隐爆角砾岩型，在有利的围岩，如碳酸盐岩发育部位，亦可形成矽卡岩型矿产。

三、成矿系列的演化

研究区主要有中元古代、早古生代、早古生代晚期和三叠纪4个成矿阶段，相应形成4个矿床成矿系列。中元古代矿床成矿系列以铁和石墨为主，早古生代晚期主要形成镍、铜、钴，三叠纪矿床成矿系列主要形成铁、铜、铅、锌、银、金、钼、锡、钨，早古生代叠加三叠纪矿床成矿系列主要形成铁、铅锌、钴、金、铋（图6-5）。从成矿矿种和成矿类型上来看，早期矿种和成矿类型较单一，晚期矿种和成矿类型多样。成矿矿种早期以亲幔元素为主，晚期以亲壳元素为主，这与地球演化早期地壳较薄、晚期加厚的规律一致。

从空间角度来看，中元古代矿床分布于研究区南部，早古生代矿床分布于研究区北部，早古生代晚期矿床分布于研究区南部，三叠纪矿床在研究区南部和北部均有分布。矿床成矿系列的空间演化明显受控于区域构造演化，与元古宙基底演化、早古生代多岛洋演化、晚古生代—早中生代造山构造演化的空间有利成矿位置相匹配。

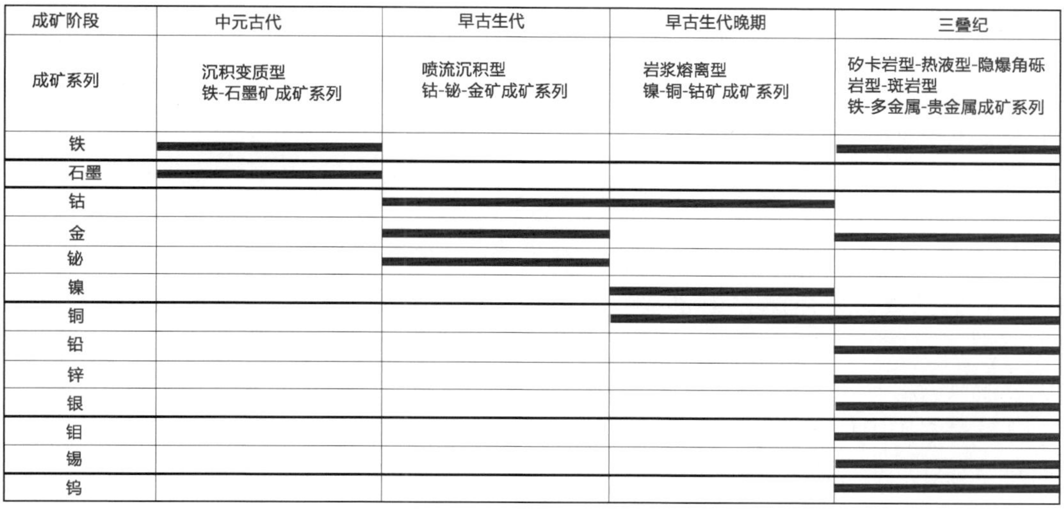

图 6－5　祁漫塔格地区成矿系列演化

四、不同成矿系列的找矿方向及潜力

（一）中元古代沉积变质型铁－石墨矿矿床成矿系列

中元古代沉积变质型矿床矿种上的差异主要与金水口岩群原岩建造有关，大理岩岩组发育地区有利于寻找品质好的石墨矿，斜长角闪片岩岩组发育地区有利于寻找铁矿和厚度大的低品位石墨矿。

该系列矿床主要分布在昆中岩浆弧，特别是在卡尔却卡至那西郭勒北西向条带内集中分布，该部位恰好是柴达木－昆中陆块边缘地带。虽然中元古代原始活动大陆边缘的边界受工作程度和后期构造演化的破坏难以确定，但从编图成果反映的岩石组合和矿床分布特点来看，卡尔却卡至那西郭勒构成了一个中元古代活动大陆边缘火山－热水沉积盆地，西部大理岩发育，东部变质中基性火山岩相对多一些，反映盆地西部海水深于东部。由此说明火山－热水沉积盆地边部更有利于形成沉积变质型铁矿。那西郭勒矿床及其东部是寻找沉积变质铁矿的主要找矿方向。

构造变形对矿体形态、厚度具有重要的控制作用，褶皱转折端铁矿体通常厚度大、连续性好。那西郭勒典型矿床的北部矿体已有很大一部分被剥失，其深部找矿前景不大，但是矿床南部深部极可能存在褶皱转折部位的隐伏矿体，具有良好的找矿潜力。

对于战略性资源石墨矿而言，大理岩岩组是找矿的首选层位，因为该层位中的石墨矿品位高、品质好，具有良好的开发利用价值。寻找石墨，激电中梯测量是十分有效的手段，极低的视电阻率可明显圈定石墨矿层。

（二）早古生代喷流沉积–热液改造型铁–铅锌–钴–金–铋矿成矿系列

昆北三弧盆地形成于早古生代昆中洋俯冲消亡过程中，寒武系—奥陶系滩间山群属于弧后扩张的产物，弧后扩张环境是形成热水喷流沉积型矿床十分有利的构造环境。研究区内已在野马泉–苏海图火山–热水沉积盆地内发现肯德可克矿床。宽沟—小狼牙山一带火山岩具有双峰式火山岩组合的特点，该种岩石组合有利于形成喷流沉积型矿床，其酸性端元是找矿的有利地段。宽沟—小狼牙山一带铜、金水系沉积物测量异常明显，需加强该带热水喷流沉积型矿床的勘查。

（三）早古生代晚期岩浆熔离型镍–铜–钴矿成矿系列

夏日哈木超大型镍–铜–钴矿床的发现，极大程度地鼓舞了区内岩浆熔离型镍–铜–钴矿的勘查。矿体赋存于超基性岩体中，夏日哈木含矿岩石属铁质超基性岩系列。研究区喀雅克登、冰沟南岩石也具有铁质超基性岩系列的特点，有利于形成铜镍硫化物矿床。

夏日哈木矿床具有 Cr–Ni–Co–Cu 元素组合的水系沉积物测量异常，以及相对独立的地磁异常。近年对研究区航磁异常、地磁异常和水系沉积物测量异常进行了梳理，选择一些 Cr–Ni–Co–Cu 水系异常套合独立磁异常进行查证，已发现了找矿线索或矿体，如敖拉多来、索阿克赛等。

相对具有一定规模的岩体，如夏日哈木岩体，已进行了含矿性检查。然而，受区内地质工作程度的限制，一些出露很小的岩体以往还未能有效地识别，甚至浅埋藏岩体的勘查尚未起步，岩浆熔离型镍–铜–钴矿仍具有良好的找矿潜力。

（四）三叠纪与中酸性侵入岩有关的铁–多金属–贵金属成矿系列

研究区接触交代矽卡岩型矿床矿种复杂，寻找铁矿的有利部位是石英二长闪长岩、花岗闪长岩与滩间山群近接触带形成的钙、镁矽卡岩，其次是与缔敖苏组近接触带形成的钙矽卡岩；寻找铜矿的有利部位是二长花岗岩、似斑状二长花岗岩与滩间山群近接触带形成的钙、镁矽卡岩；寻找铅锌矿的有利部位是侵入岩与滩间山群、缔敖苏组远接触带形成的锰矽卡岩或沿构造发育的锰矽卡岩。由于铁矿部位具有明显的地磁异常，矿床较容易被发现，前人研究程度较高，发现的矿床也较多。但是，铜铅锌矿体产出部位，仅仅共生磁黄铁矿，地磁异常多为低缓异常，加上研究区风成砂覆盖影响，矿床很不容易被识别出来。研究区铜铅锌矿产仍具有找矿潜力，需要提高工作精度，加强精细的物探解译工作。

研究区虽然发现了一些斑岩型矿产，但是区内斑岩多为岩枝、岩脉，勘查未取得重大进展。隐爆角砾岩型矿床的发现，为寻找斑岩矿床提供了新的思路和依据。以已发现的隐爆角砾岩型矿床为依托，加强矿床及周边深部勘查，有望取得新的突破。

从矿床成矿系列"缺位找矿理论"角度分析，笔者认为研究区还存在与晚三叠世斑岩活动有关的隐爆角砾岩型铅锌矿和热液型金矿形成条件，但目前还没有发现，值得进一步研究。

结　　语

祁漫塔格地区蕴藏着丰富的矿产资源，典型矿床众多，近年来通过大规模投入、大兵团作战，有色金属、贵金属及非金属矿产找矿取得了重大突破。随着新类型、新矿种矿床的发现，加之研究区复杂的地质构造演化及交通不便、气候恶劣等自然因素制约，对研究区主要矿产种类、典型矿床特征及控矿因素、矿床成因及成矿模式、矿床成矿系列以及成矿与地质构造演化的关系研究仍较薄弱，区域成矿规律的总结明显不足，直接制约了找矿的突破。本书以岩石－构造－成矿作用研究为主线，以成矿系列思想为指导，通过修编系列图件、典型矿床调研和室内综合研究，取得了如下主要成果和创新认识：

1）首次提出祁漫塔格地区沉积变质型铁－石墨矿床形成于中元古代活动大陆边缘火山－热水沉积盆地，并建立了祁漫塔格地区沉积变质型铁－石墨矿床的成矿模式。

2）深化了岩浆熔离型镍－铜－钴矿形成于早古生代晚期碰撞向后碰撞阶段伸展造山构造环境的认识，建立了软流圈地幔物质上涌成矿模式。

3）首次提出三叠纪花岗岩岩石组合类型是控制祁漫塔格地区接触交代矽卡岩型矿床矿产种类的首要侵入岩因素，成矿主要受岩体和围岩的控制，大量矿体远离岩体接触带是祁漫塔格地区接触交代矽卡岩型矿床成矿的特色，受控于围岩发育的硅钙界面。

4）首次报道了祁漫塔格地区发现隐爆角砾岩型铅锌矿和热液型金矿，并提出这两种新类型矿产与区内斑岩活动有关。

5）系统总结了祁漫塔格地区矿床时空分布规律，建立了典型矿床或不同类型矿床成矿模式和区域成矿模式，划分了4个主要矿床成矿系列，并系统研究了矿床成矿系列的结构、演化及其与构造背景的关系。

6）深化了重大构造事件与成矿的关系，提出挤压向伸展转变构造事件引起的强烈壳幔相互作用是三叠纪集中成矿的深部控制因素。

7）以成矿规律研究为基础，提出了祁漫塔格地区主要矿床成矿系列的找矿潜力和找矿方向。

参考文献

奥琮，孙丰月，李碧乐，等. 2014. 青海夏日哈木矿区中泥盆世闪长玢岩锆石 U－Pb 年代学、地球化学及其地质意义［J］. 西北地质，47（1）：96 ~106.

蔡雄飞，罗中杰，刘德民，等. 2008. 东昆仑三叠系一个不可忽视的地层单位——希里可特组［J］. 地层学杂志，32（4）：374 ~ 380.

蔡岩萍，李炯，梁海川，等. 2011. 青海肯德可克矿区钴多金属矿地质特征及成因初探［J］. 黄金科学技术，19（2）：41 ~ 46.

曹世泰，刘晓康，马永胜，等. 2011. 祁漫塔格地区早志留世侵入岩的发现及其地质意义［J］. 青海科技，5：26 ~ 30.

查道函，赖健清，樊俊昌，等. 2012. 四角羊沟铅锌多金属矿床地质特征及成因［J］. 西部资源，157 ~ 159.

柴凤梅，夏芳，陈斌，等. 2013. 新疆北山地区两个含铜镍镁铁—超镁铁质岩体铂族元素地球化学研究［J］. 地质学报，87（4）：474 ~ 485.

柴凤梅，张招崇，毛景文，等. 2006. 中天山白石泉镁铁超镁铁质岩体岩石学与矿物学研究［J］. 岩石矿物学杂志，25（1）：1 ~ 12.

常有英，李建放，张军，等. 2009. 青海那陵郭勒河东晚三叠世侵入岩形成环境及年代学研究［J］. 西北地质，42（1）：57 ~ 65.

陈炳蔚，王彦斌，古国朝. 1995. 青藏高原北部地体划分及其构造演化［J］. 地球物理学报，38（增刊Ⅱ）：98 ~ 113

陈静，谢智勇，李彬，等. 2013. 东昆仑拉陵灶火地区泥盆纪侵入岩成因及其地质意义［J］. 矿物岩石，33（2）：26 ~ 34.

陈能松，何蕾，孙敏，等. 2002. 东昆仑造山带早古生代变质峰期和逆冲构造变形年代的精确限定［J］. 科学通报，47（8）：628 ~ 631.

陈世顺，付永侠. 2009. 青海省东昆仑西段尕林格铁多金属矿床特征及成因［J］. 矿产与地质，23（6）：542 ~ 546.

陈毓川，裴荣富，宋天锐. 1998. 中国矿床成矿系列初论［M］. 北京：地质出版社，1 ~ 104.

陈毓川，裴荣富，王登红. 2006. 三论矿床的成矿系列问题［J］. 地质学报，80（10）：1501 ~ 1507.

陈振胜，张理刚. 1989. 水/岩交换作用及其找矿［J］. 地质与勘探，2：7 ~ 11.

谌宏伟，罗照华，莫宣学，等. 2006. 东昆仑喀雅克登塔格杂岩体的 SHRIMP 年龄及其地质意义［J］. 岩石矿物学杂志，25（1）：25 ~ 32.

谌宏伟，罗照华，莫宣学，等. 2005. 东昆仑造山带三叠纪岩浆混合成因花岗岩的岩浆底侵作用机制［J］. 中国地质，32（3）：386 ~ 395.

程裕淇，陈毓川，赵一鸣，等. 1983. 再论矿床的成矿系列问题［J］. 中国地质科学院院报，5（6）：1 ~ 64.

程裕淇，陈毓川，赵一鸣. 1979. 初论矿床的成矿系列问题［J］. 中国地质科学院院报，1（1）：32 ~ 57.

邓晋福，刘翠，冯艳芳，等. 2010. 高镁安山岩/闪长岩类（HMA）和镁安山岩/闪长岩类（MA）：与俯冲作用相关的两类典型的火成岩类［J］. 中国地质，37（4）：1112 ~ 1118.

邓晋福，刘厚祥，赵海玲，等. 1996. 燕辽地区燕山期火成岩与造山模型［J］. 现代地质，10（2）：137 ~ 148.

邓晋福，罗照华，苏尚国，等. 2003. 岩石成因、构造环境与成矿作用［M］. 北京：地质出版社.

邓晋福，莫宣学，罗照华，等. 1999. 火成岩构造组合与壳－幔成矿系统［J］. 地学前缘，6（2）：259 ~ 270.

邓晋福，莫宣学. 1998. 壳－幔物质与深部过程［J］. 地质前缘，5（3）：67 ~ 74.

邓晋福，吴宗絮，杨建军，等. 1995. 格尔木－额济纳旗地学断面走廊域地壳－上地幔岩石学结构与深部过程［J］. 地球物理学报，38（2）：130 ~ 144.

邓晋福，赵海玲，赖绍聪. 1994. 白云母/二云母花岗岩形成与陆内俯冲作用［J］. 地球科学，19（2）：139 ~ 147.

杜玮，凌锦兰，周伟，等. 2014. 东昆仑夏日哈木镍矿床地质特征与成因［J］. 矿床地质，33（4）：713 ~ 726.

丰成友，李东生，吴正寿，等. 2009a. 青海东昆仑成矿带斑岩型矿床的确认及找矿前景分析［J］. 矿物学报，（S1）：171 ~ 172.

丰成友，李东生，屈文俊，等. 2009b. 青海祁漫塔格索拉吉尔矽卡岩型铜钼矿床辉钼矿铼－锇同位素定年及其地质意

义 [J]. 岩矿测试, 28 (3): 223 ~ 227.
丰成友, 李东生, 吴正寿, 等. 2010. 东昆仑祁漫塔格成矿带矿床类型、时空分布及多金属成矿作用 [J]. 西北地质, (04): 10 ~ 17.
丰成友, 王松, 李国臣, 等. 2012. 青海祁漫塔格中晚三叠世花岗岩: 年代学、地球化学及成矿意义 [J]. 岩石学报, 28 (2): 665 ~ 678.
丰成友, 王雪萍, 舒晓峰, 等. 2011. 青海祁漫塔格虎头崖铅锌多金属矿区年代学研究及地质意义 [J]. 吉林大学学报 (地球科学版), 41 (6): 1806 ~ 1817.
冯建赟, 裴先治, 于书伦, 等. 2010. 东昆仑都兰可可沙地区镁铁 - 超镁铁质杂岩的发现及其 LA - ICP - MS 锆石 U - Pb 年龄 [J]. 中国地质, 37 (1): 28 ~ 38.
高永宝, 李侃, 钱兵, 等. 2015. 东昆仑卡而却卡铜矿区花岗闪长岩及其暗色微粒包体成因: 锆石 U - Pb 年龄、岩石地球化学及 Sr - Nd - Hf 同位素证据 [J]. 中国地质, 42 (3): 646 ~ 662.
高永宝, 李文渊, 马晓光, 等. 2012. 东昆仑尕林格铁矿床成因年代学及 Hf 同位素制约 [J]. 兰州大学学报 (自然科学版), 48 (2): 36 ~ 47.
高永宝, 李文渊, 钱兵, 等. 2014. 东昆仑野马泉铁矿相关花岗质岩体年代学、地球化学及 Hf 同位素特征 [J]. 岩石学报, 30 (6): 1647 ~ 1665.
古风宝. 1994. 东昆仑地质特征及晚古生代—中生代构造演化 [J]. 青海地质, 3 (1): 4 ~ 14.
郭通珍, 刘荣, 陈发彬, 等. 2011. 青海祁漫塔格山乌兰乌珠尔斑状正长花岗岩 LA - MC - ICP - MS 锆石 U - Pb 定年及地质意义 [J]. 地质通报, 30 (8): 1203 ~ 1211.
郭正府, 邓晋福, 许志琴, 等. 1998. 青藏东昆仑晚古生代末—中生代中酸性火成岩与陆内造山过程 [J]. 现代地质, 12 (3): 344 ~ 352.
韩发, 赵汝松, 沈建忠, 等. 1997. 大厂锡多金属矿床地质及成因 [M]. 北京: 地质出版社.
韩吟文, 马振东. 2003. 地球化学 [M]. 北京: 地质出版社, 30 ~ 54.
郝娜娜, 袁万明, 张爱奎, 等. 2014. 东昆仑祁漫塔格晚志留世—早泥盆世花岗岩: 年代学、地球化学及形成环境 [J]. 地质论评, 60 (1): 201 ~ 215.
郝太平, 王辉. 1992. 东昆仑山前长城系基底钕同位素组成特征 [R].
何书跃, 李东生, 李良林, 等. 2009. 青海东昆仑鸭子沟斑岩型铜 (钼) 矿区辉钼矿铼 - 锇同位素年龄及地质意义 [J]. 大地构造与成矿学, (02): 236 ~ 242.
何书跃, 祁兰英, 舒树兰, 等. 2008. 青海祁漫塔格地区斑岩铜矿的成矿条件和远景 [J]. 地质与勘探, 44 (2): 14 ~ 22.
湖南省有色地质勘查局 217 地质队. 2008. 青海省茫崖镇虎头崖多金属矿区详查地质报告 [R].
江万, 杨兴科, 姚磊, 等. 2015. 青海祁漫塔格地区矿田构造调查报告 [R].
姜常义, 凌锦兰, 周伟, 等. 2015. 东昆仑夏日哈木镁铁质 - 超镁铁质岩体岩石成因与拉张型岛弧背景 [J]. 岩石学报, 31 (4): 1117 ~ 1136.
姜春发, 杨经绥, 冯秉贵, 等. 1992. 昆仑开合构造 [M]. 北京: 地质出版, 59 ~ 78.
匡俊, 孙丰月, 阵国华, 等. 2003. 青海肯德可克钴铋金矿床地质特征及其地质意义 [J]. 吉林大学学报 (地球科学学版), 33 (增刊): 47 ~ 52.
赖健清, 黄敏, 宋文彬, 等. 2015. 青海卡尔却卡铜多金属矿床地球化学特征与成矿物质来源 [J]. 地球科学—中国地质大学学报, 40 (1): 1 ~ 16.
李碧乐, 孙丰月, 于晓飞, 等. 2010. 青海东昆仑卡尔却卡地区野拉塞铜矿床成因类型及成矿机制 [J]. 岩石学报, 26 (12): 3796 ~ 3708.
李大新, 丰成友, 赵一鸣, 等. 2011. 青海卡而却卡铜多金属矿床蚀变矿化类型及矽卡岩矿物学特征 [J]. 吉林大学学报 (地球科学版), 41 (6): 1818 ~ 1827.
李东生, 张占玉, 苏生顺, 等. 2010. 青海卡尔却卡铜钼矿床地质特征及成因 [J]. 西北地质, 43 (4): 239 ~ 244.
李洪普, 曹永亮, 关有国, 等. 2009. 青海东昆仑山四角羊地区铁多金属矿床的成矿地质特征 [J]. 地质通报, 28 (6): 787 ~ 793.
李洪普, 刘具仓, 张喜全, 等. 2011. 青海省柴南缘四角羊铁多金属矿区岩浆岩特征及其成矿意义 [J]. 地质与勘探,

47（6）：1009～1017.
李洪普. 2010. 东昆仑祁漫塔格铁多金属矿成矿地质特征与成矿预测［D］. 中国地质大学（北京）.
李欢，奚小双. 2012. 青海虎头崖—肯德可克矿区地球化学特征及其喷流成矿作用［J］. 中国有色金属学报，（3）：772～783.
李侃，高永宝，钱兵，等. 2015. 东昆仑祁漫塔格虎头崖铅锌多金属矿区花岗岩年代学、地球化学及 Hf 同位素特征［J］. 中国地质，42（3）：630～645.
李荣社，计文化，杨永成，等. 2008. 对中国西部造山带地质研究若干问题的思考［J］. 地质通报，（12）：2020～2025.
李瑞保，裴先治，李佐臣，等. 2012. 东昆仑东段晚古生代—中生代若干不整合面特征及其对重大构造事件的响应［J］. 地学前缘，19（5）：244～254.
李世金，孙丰月，丰成友，等. 2008. 青海东昆仑鸭子沟多金属矿的成矿年代学研究［J］. 地质学报，(7)：949～955.
李世金，孙丰月，高永旺，等. 2012. 小岩体成大矿理论指导与实践——青海东昆仑夏日哈木铜镍矿找矿突破的启示及意义［J］. 西北地质，45（4）：185～191.
李玉春，张爱奎，张培青，等. 2013a. 青海祁漫塔格沙丘地区侵入岩地质、地球化学特征及找矿意义［J］. 西北地质，46（3）：70～82.
李玉春，李彬，陈静，等. 2013b. 东昆仑拉陵灶火矿区花岗闪长岩 Sr－Nd－Pb 同位素特征及其地质意义［J］. 矿物岩石，(3)：110～115.
李志红，朱祥坤，孙剑. 2014. 江西新余铁矿的地球化学特征及其与华北 BIFs 铁矿的对比［J］. 岩石学报，30（05）：1279～1291.
林仕良，雍永源，高大发. 2003. 西藏东部隐爆角砾岩特征及其含矿性［J］. 沉积与特提斯地质，23（3）：49～53.
凌锦兰，赵彦锋，康珍，等. 2014. 柴达木地块北缘牛鼻子梁镁铁质－超镁铁质岩体岩石成因与成矿条件［J］. 岩石学报，30（6）：1628～1646.
刘彬，马昌前，蒋红安，等. 2013. 东昆仑早古生代洋壳俯冲与碰撞造山作用的转换：来自胡晓钦镁铁质岩石的证据［J］. 岩石学报，(6)：2093～2106.
刘彬，马昌前，张金阳，等. 2012. 东昆仑造山带东段早泥盆世侵入岩的成因及其对早古生代造山作用的指示［J］. 岩石学报，28（6）：1785～1807.
刘成东，莫宣学，罗照华，等. 2003. 东昆仑造山带花岗岩类 Pb－Sr－Nd－O 同位素特征［J］. 地球学报，(24)：584～588.
刘继顺，马光，舒广龙. 2005. 湖北铜绿山矽卡岩型铜铁矿床中隐爆角砾岩型金（铜）矿体的发现及其找矿前景［J］. 矿床地质，24（5）：527～536.
刘建楠，丰成友，赵一鸣，等. 2013. 青海野马泉矽卡岩铁锌多金属矿区侵入岩、交代岩及矿化蚀变特征［J］. 矿床地质，32（01）：77～93.
刘磊，乔冠军，柳长峰，等. 2011. 沉积变质改造型铁矿的成矿作用分析［J］. 中国矿业，20（增刊）：140～144.
刘云华，莫宣学，喻学惠，等. 2006a. 东昆仑野马地区景忍花岗岩锆石 SHRIMPU － Pb 定年及其地质意义［J］. 岩石学报，22（10）：2457～2463.
刘云华，莫宣学，张雪亭，等. 2006b. 东昆仑野马泉地区矽卡岩矿床地球化学特征及其成因意义［J］. 华南地质与矿产，(3)：31～36.
刘云华，莫宣学，张雪亭，等. 2005. 东昆仑野马泉地区矽卡岩矿床地质特征及控矿条件［J］. 华南地质与矿产，(3)：18～23.
陆露，张延林，吴珍汉，等. 2013. 东昆仑早古生代花岗岩锆石 U－Pb 年龄及其地质意义［J］. 地球学报，34（4）：447～454.
陆松年，李怀坤，王惠初，等. 2009. 秦－祁－昆造山带元古宙副变质岩层碎屑锆石年龄谱研究［J］. 岩石学报，25（9）：2195～2208.
陆松年，于海峰，李怀坤，等. 2006. 中国前寒武纪重大地质问题研究［M］. 北京：地质出版社，1～197.
陆松年，于海峰，赵凤清，等. 2002. 青藏高原北部前寒武纪地质初探［M］. 北京：地质出版社.
吕林素，毛景文，周振华，等. 2012. 吉林红旗岭 1 号和 7 号岩体中含矿超镁铁质岩的矿物化学特征：对岩浆演化过程以及铜镍硫化物矿床形成机制的约束［J］. 岩石学报，28（1）：319～344.
罗照华，邓晋福，曹永清，等.1999. 青海省东昆仑地区晚古生代——早中生代火山活动与区域构造演化［J］. 现代地质，13（1）：51～56.
罗照华，柯珊，曹永清，等.2002. 东昆仑印支晚期幔源岩浆活动［J］. 地质通报，21（6）：292～297.
马昌前，熊富浩，尹烁，等.2015. 造山带岩浆作用的强度和旋回性：以东昆仑古特提斯花岗岩类岩基为例［J］. 岩石学报，31（12）：3555～3568.
马晓光，杨德，王军，等.2013. 尕林格大型隐伏铁铅锌矿床的地质特征及成因分析［J］. 青海大学学报（自然科学版），31（2）：51～55.
马言胜，陶琰，朱飞霖，等.2009. 金宝山铂－钯矿和力马河镍矿的硫同位素组成特征及地质意义［J］. 矿物岩石地球化学通报，28（2）：123～127.
毛景文，周振华，武广，等.2013. 内蒙古及邻区矿床成矿规律与成矿系列［J］. 矿床地质，32（4）：715～729.
莫宣学，路凤香，沈上越，等.1993. 三江特提斯火山作用与成矿［M］. 北京：地质出版社.
莫宣学，罗照华，邓晋福，等.2007. 东昆仑造山带花岗岩及地壳生长［J］. 高校地质学报，13（3）：403～414.
莫宣学，罗照华，喻学惠，等.2005. 东昆仑造山带花岗岩及地壳生长（原名：东昆仑造山带岩浆混合花岗岩及其填图方法基础研究）［R］.
莫宣学.2009. 青藏高原岩浆岩成因研究：成果与展望［J］. 地质通报，（12）：1693～1703.
南卡俄吾，贾群子，李文渊，等.2014. 青海东昆仑哈西亚图铁多金属矿区石英闪长岩岩石地球化学特征与LA－ICP－MS锆石 U－Pb 年龄［J］. 地质通报，33（6）：841～849.
南卡俄吾，贾群子，唐玲，等.2015. 青海东昆仑哈西亚图矿区花岗闪长岩锆石 U－Pb 年龄与岩石地球化学特征［J］. 中国地质，42（3）：702～712.
潘桂棠，李兴振，王立全，等.2002. 青藏高原及邻区大地构造单元初步划分［J］. 地质通报，21（11）:701～707.
潘桂棠，肖庆辉，陆松年，等.2009. 中国大地构造单元划分［J］. 中国地质，（1）：1～28.
潘彤，罗才让，伊有昌，等.2006，青海省多金属矿产成矿规律及成矿预测［M］. 北京：地质出版社，35～163.
潘彤，马梅生，康祥瑞，等.2001. 东昆仑肯德可克及外围钴多金属矿找矿突破的启示［J］. 中国地质，28（2）：17～20.
潘彤，孙丰月，李智民，等.2005. 青海省东昆仑钴矿成矿系列研究［M］. 北京：地质出版社，15～79.
潘彤，孙丰月.2003. 青海东昆仑肯德可克钴铋金矿床成矿特征及找矿方向［J］. 地质与勘探，39（1）：18～22.
潘彤，王秉璋，李东生，等.2015. 青海东昆仑成矿环境成矿规律与找矿方向［M］. 北京：地质出版社，57～130.
潘彤.2008. 青海东昆仑肯德可克钴金矿床硅质岩特征及成因［J］. 地质与勘探，44（2）：51～54.
庞存廉，方胜，夏元祁.1996. 巴颜喀拉山东段及邻区大地电磁测深成果地质解释［J］. 青海地质，5（1）:73～81.
裴荣富，李进文，梅燕雄.2004. 金属成矿省等级体制成矿［J］. 矿床地质，23（2）：131～141.
祁生胜，宋述光，史连昌，等.2014. 东昆仑西段夏日哈木－苏海图早古生代榴辉岩的发现及意义［J］. 岩石学报，30（11）：3345～3356.
钱壮志，孙涛，汤中立，等.2009. 东天山黄山东铜镍矿床铂族元素地球化学特征及其意义［J］. 地质论评，（6）：873～884.
乔保星，潘彤，陈静.2016. 东昆仑野马泉铁多金属矿床花岗闪长岩年代学、地球化学特征及其地质意义［J］. 青海大学学报（自然科学版），34（1）：63～73.
青海省地勘局区调队.1986. 青海省伯喀里克幅 1:20 万区域地质调查报告［R］.
青海省地矿局第一地质队.1981. 青海省格尔木市肯德可克铁矿区铁矿详细普查地质报告［R］.
青海省地矿局区调综合地质大队.1995. 青海省巴尔图达吾幅，金水口幅 1:5 万区域地质调查报告［R］.
青海省地质调查院.2004a. 青海省 1:25 万布喀达坂峰幅区域地质调查报告［R］.
青海省地质调查院.2004b. 1:25 万库郎米其提幅区域地质调查报告［R］.
青海省地质调查院.2015. 青海省东昆仑成矿理论创新与勘查开发突破成果报告［R］.
青海省地质调查院.2010a. 青海省拉陵灶火地区 1:5 万区域地质矿产调查报告［R］.
青海省地质调查院.2010b. 青海省喀雅克登塔格地区 1:5 万区域地质矿产调查报告［R］.
青海省地质调查院.2010c. 青海省乌兰乌珠尔－祁漫塔格地区 1:5 万区域地质矿产调查报告［R］.

青海省地质调查院.2008. 青海省那陵郭勒河地区1:5万地质矿产调查报告［R］.
青海省地质调查院.2005. 青海省格尔木市野马泉M4、M5磁异常区铁多金属矿详查报告［R］.
青海省地质矿产局.1991. 青海省区域地质志［M］. 北京：地质出版社，56～540.
青海省地质矿产勘查开发局.2003. 青海省第三轮成矿远景区划研究及找矿靶区预测报告［R］.
青海省地质矿产勘查开发局.2013. 青海省矿产资源潜力评价报告［R］.
青海省第三地质矿产勘查院.2016. 青海省祁漫塔格整装勘查区工作方案［R］.
青海省第四地质矿产勘查院.2012. 青海省东昆仑祁漫塔格地区铜多金属地质矿产调查报告［R］.
青海省第四地质矿产勘查院.2010. 青海省卡尔却卡地区1:5万区域地质矿产调查报告［R］.
青海省第五地质矿产勘查院.2016. 青海省夏日哈木矿区成矿规律研究阶段性报告［R］.
青海省区调综合地质大队.1993. 东昆仑中酸性侵入岩及其成矿作用研究［R］.
任军虎，柳益群，冯乔，等.2009. 东昆仑清水泉辉绿岩脉地球化学及LA－ICP－MS锆石U－Pb定年［J］. 岩石学报，25（5）：1135～1145.
芮宗瑶.1989. 海底喷气沉积矿床研究新进展［J］. 国外矿床地质，（2）：1～5.
桑隆康，马昌前.2012. 岩石学（第2版）［M］. 北京：地质出版社，205.
佘宏全，张德全，景向阳，等.2007. 青海省乌兰乌珠尔斑岩铜矿床地质特征与成因［J］. 中国地质，34（2）：306～314.
沈其韩，宋会侠，赵子然，等.2009. 山东韩旺新太古代条带状铁矿的稀土和微量元素特征［J］. 地球学报，30（6）：693～699.
孙丰月，陈国华，迟效国，等.2003. 新疆－青海东昆仑成矿规律和找矿方向综合研究成果报告［R］.
孙赫，秦克章，李金祥，等.2008. 地幔部分熔融程度对东天山镁铁质－超镁铁质岩铂族元素矿化的约束——以图拉尔根和香山铜镍矿为例［J］. 岩石学报，24（5）：1079～1086.
孙立吉.2013. 红旗岭铜镍硫化物矿床地质地球化学特征及找矿技术方法研究［D］.
孙涛，钱壮志，党新生，等.2010. 喀拉通克铜镍矿床硫同位素组成特征及其地质意义［J］. 地球科学与环境学报，32（4）：344～349.
孙晓明，王生伟，石贵勇，等.2008. 云南白马寨Cu－Ni硫化物矿微量和铂族元素地球化学和矿床成因意义［J］. 矿物岩石地球化学通报，27（3）：239～246.
谈生祥，拜永山，常革红，等.2004. 祁漫塔格地区晋宁期变质侵入岩（体）的发现及其地质意义［J］. 西北地质，37（1）：69～73.
汤蔡联.1990. 符山铁矿磁铁矿的标型特征及其实际意义［J］. 河北地质情报，（4）：32～36.
汤中立，李文渊.1995. 金川铜镍硫化物（含铂）矿床成矿模式及地质对比［M］. 北京：地质出版社，1～209.
唐冬梅，秦克章，孙赫，等.2009. 天宇铜镍矿床的岩相学、锆石U－Pb年代学、地球化学特征：对东疆镁铁—超镁铁质岩体源区和成因的制约［J］. 岩石学报，25（4）：817～831.
田承盛，丰成友，李军红，等.2013. 青海它温查汉铁多金属矿床$^{40}Ar-^{39}Ar$年代学研究及意义［J］. 矿床地质，32（1）：169～176.
王秉璋，罗照华，吴正寿，等.2014a. 祁漫塔格地质走廊域古生代—中生代火成岩岩石构造组合研究［M］. 北京：地质出版社，1～224.
王秉璋，陈静，罗照华，等.2014b. 东昆仑祁漫塔格东段晚二叠世—早侏罗世侵入岩岩石组合时空分布、构造环境的讨论［J］. 岩石学报，30（11）：3213～3228.
王秉璋，罗照华，李怀毅，等.2009. 东昆仑祁漫塔格走廊域晚古生代—早中生代侵入岩岩石组合及时空格架［J］. 中国地质，36（4）：769～782.
王秉璋，罗照华，潘彤，等.2012. 青藏高原祁漫塔格地区早古生代火山岩岩石构造组合和LA－ICP－MS锆石U－Pb年龄［J］. 地质通报，31（6）：860～874.
王秉璋，张雪亭，李建放，等.2005. 东昆仑西段古生代—中生代主要地质事件的证据［J］. 青藏高原东北部地质研究，18～24.
王德滋，舒良树.2007. 花岗岩构造岩浆组合［J］. 高校地质学报，13（3）：362～370.
王冠，李碧乐，李世金，等.2014. 东昆仑夏日哈木铜镍矿镁铁质－超镁铁质岩体岩相学、锆石U－Pb年代学、地球化学及其构造意义［J］. 地学前缘，21（6）：381～401.
王冠，孙丰月，李碧乐，等 . 2013. 东昆仑夏日哈木矿区早泥盆世正长花岗岩锆石 U－Pb 年代学、地球化学及其动力学意义［J］. 大地构造与成矿学，37（4）：685～697.
王奎仁 . 1989. 地球与宇宙成因矿物学［M］. 合肥：安徽教育出版社 .
王力，孙丰月，陈国华，等 . 2003. 青海东昆仑肯德可克金—有色金属矿床矿物特征研究［J］. 世界地质，22（1）：50～56.
王敏芳，夏庆霖，肖凡，等 . 2012. 新疆东天山土墩铜镍硫化物矿床岩石地球化学和铂族元素特征及其对成矿的指示意义［J］. 矿床地质，31（6）：1195～1210.
王瑞廷，毛景文，赫英，等 . 2005. 煎茶岭硫化镍矿床的铂族元素地球化学特征及其意义［J］. 岩石学报，21（1）：219～226.
王润民，等 . 1987. 新疆喀密土墩一黄山一带铜镍硫化物矿床成矿控制条件及找矿方向的研究［J］. 矿物岩石，（1）：21～57.
王松，丰成友，李世金，等 . 2009. 青海祁漫塔格卡尔却卡铜多金属矿区花岗闪长岩锆石 SHRIMPU－Pb 测年及其地质意义［J］. 中国地质，36（1）：74～84.
王松，丰成友 . 2014. 青海祁漫塔格卡尔却卡铜多金属矿成矿物质来源探讨［J］. 中国煤炭地质，26（12）:1674～1803.
王永标，黄继春，骆满生，等 . 1997. 海西－印支早期东昆仑造山带南侧古海洋盆地的演化［J］. 地球科学－中国地质大学学报，22（4）：369～372.
吴福元，李献华，郑永飞，等 . 2007. Lu－Hf 同位素体系及其岩石学应用［J］. 岩石学报，23（2）：185～220.
吴利仁 . 1963. 论中国基性岩、超基性岩的成矿专属性［J］. 地质科学，（1）：29～41.
吴庭祥，李宏录 . 2009. 青海尕林格地区铁多金属矿床的地质特征与地球化学特征［J］. 矿物岩石地球化学通报，（2）：157～161.
吴祥珂，孟繁聪，许虹，等 . 2011. 青海祁漫塔格玛兴大湾晚三叠世花岗岩年代学、地球化学及 Nd－Hf 同位素组成［J］. 岩石学报，27（11）：3380～3394.
吴小霞，保广英，伊有昌，等 . 2007. 青海省尕林格富铁矿床地质特征及成因探讨［J］. 黄金科学技术，15（4）：36～40.
吴言昌，邵桂清，吴炼，等 . 1996. 岩浆矽卡岩及其矿床［J］. 安徽地质，（02）：30～39.
奚仁刚，校培喜，伍跃中，等 . 2010. 东昆仑肯德可克铁矿区二长花岗岩组成、年龄及地质意义［J］. 西北地质，43（4）：195～202.
肖凡，王敏芳，姜楚灵 . 2013. 东天山香山铜镍硫化物矿床铂族元素地球化学特征及其意义［J］. 地质科技情报，32（1）：125～138.
肖晔，丰成友，刘建楠，等 . 2013. 青海肯德可克铁多金属矿区年代学及硫同位素特征［J］. 矿床地质，32（1）：177～186.
徐国端 . 2010. 青海祁漫塔格多金属成矿带典型矿床地质地球化学研究［D］. 昆明理工大学 .
许庆林，孙丰月，李碧乐，等 . 2014. 东昆仑莫河下拉银多金属矿床花岗斑岩年代学、地球化学特征及其构造背景［J］. 大地构造与成矿学，38（2）：421～433.
杨合群 . 1989. 金川铜镍矿床硫同位素地球化学［J］. 西北地质，（2）：20～23.
杨自安，彭省临，石菲菲，等 . 2008. 新疆若羌县维宝铅锌矿床地质特征及成因分析［J］. 矿产与地质，22（6）：503～505.
伊有昌，焦革军，张芬英，等 . 2006. 青海东昆仑肯德可克铁钴多金属矿床特征［J］. 中国地质，42（3）:30～35.
殷鸿福，张克信 . 1998. 中央造山带的演化及其特点［J］. 地球科学（中国地质大学学报），23（5）：438～442.
尹福光，潘桂棠 . 2008. 东昆仑西段晚古生代盆地系［J］. 地球学报，（01）：31～38.
于淼，丰成友，保广英，等 . 2013. 青海尕林格铁矿床矽卡岩矿物学及蚀变分带［J］. 矿床地质，32（1）:55～76.
于淼，丰成友，赵一鸣，等 . 2014. 青海卡而却卡铜多金属矿床流体包裹体地球化学及成因意义［J］. 地质学报，88（5）：903～917.
于学政，邓晋福，罗照华 . 1998. 青藏高原隆升与东昆仑金矿遥感地质研究［M］. 北京：地质出版社，33～158.
於崇文 . 2002. 成矿动力系统在混沌边缘的分形生长——一种新的成矿理论与方法论［J］. 矿物岩石地球化学通报，

（02）：103～113.
翟裕生，邓军，彭润民，等.2002. 成矿系统研究及其资源、环境意义［J］. 高校地质学报，8（1）：1～8.
翟裕生，姚书振，崔彬，等.1996. 成矿系列研究［M］. 武汉：中国地质大学出版社.
翟裕生.2000. 成矿系统及其演化－初步实践到理论思考［J］. 地球科学：中国地质大学学报，25（4）：333～339.
翟裕生.2003. 成矿系统研究与找矿［J］. 地质调查与研究，26（3）：129～135.
翟裕生.2004. 地球系统科学与成矿学研究［J］. 地学前缘，11（1）：1～10.
张爱奎，刘光莲，丰成友，等.2013. 青海虎头崖多金属矿床地球化学特征及成矿－控矿因素研究［J］. 矿床地质，32（1）：94～108.
张爱奎，刘光莲，莫宣学，等.2012. 青海祁漫塔格晚古生代—早中生代侵入岩构造背景与成矿关系［J］. 西北地质，（01）：9～19.
张爱奎，刘永乐，刘光莲，等.2015. 青海祁漫塔格成矿带冰沟南地区成矿类型及找矿前景［J］. 西北地质，48（4）：125～140.
张爱奎，莫宣学，李云平，等.2010a. 青海西部祁漫塔格成矿带找矿新进展及其意义［J］. 地质通报，29（7）：1062～1074.
张爱奎，莫宣学，刘光莲，等.2010b. 野马泉矿床特征及找矿潜力分析［J］. 矿产与地质，24（2）：97～106.
张爱奎，莫宣学，袁万明，等.2016. 东昆仑西部野马泉地区三叠纪花岗岩成因与构造背景［J］. 矿物学报，36（2）：157～173.
张爱奎.2012. 青海野马泉地区晚古生代—早中生代岩浆作用与成矿研究［D］. 中国地质大学（北京）.
张德全，罗照华，崔艳合，等.2001. 柴达木盆地南北缘成矿地质环境及找矿远景研究［R］.215.
张德全，徐文艺，阎升好，等.2004. 东昆仑综合找矿与预测［Z］. 国家科技成果.
张德全.2002. 东昆仑地区综合找矿预测与突破［R］.
张会琼，王京彬，王玉往.2012. 山西灵丘支家地铅锌银矿隐爆角砾岩筒的岩相分带性研究及其勘查意义［J］. 地质论评，58（6）：1046～1055.
张理刚.1978. 含矿流体（溶液）的稳定同位素组成及其研究意义［J］. 地质地球化学，11：1～12.
张连昌，代堰锫，王长乐，等.2014. 鞍山—本溪地区前寒武纪条带状铁建造铁矿时代、物质来源与形成环境［J］. 地球科学与环境学报，36（4）：1～14.
张连昌，翟明国，万渝生，等.2012. 华北克拉通前寒武纪 BIF 铁矿研究：进展与问题［J］. 岩石学报，28（11）：3431～3445.
张旗，金惟俊，李承东，等.2010. 再论花岗岩按照 Sr－Yb 的分类：标志［J］. 岩石学报，26（4）：985～1015.
张秋生.1988. 辽东半岛早期地壳与矿床［M］. 北京：地质出版社.
张少兵，郑永飞.2011. 低 $\delta^{18}O$ 岩浆岩的成因［J］. 岩石学报，27（2）：520～530.
张喜全.2006. 青海省那陵郭勒河东铁矿成矿特征及资源评价［D］. 中国地质大学（北京）.
张晓飞，李智明，贾群子，等.2016. 青海祁漫塔格虎头崖多金属矿区花岗斑岩地球化学年代学及其地质意义［J］. 吉林大学学报（地球科学版），46（3）：749～765.
张雪亭，杨生德，杨站君，等.2007. 青海省板块构造研究［M］. 北京：地质出版社，1～221.
张勇，李泽峰，刘国燕，等.2015. 东昆仑喀雅克登中泥盆世二辉橄榄岩的发现及找矿意义［J］. 矿产勘查，6（4）：405～412.
张雨莲，贾群子，宋忠宝，等.2014. 青海省卡尔却卡铜多金属矿床 A 区斑岩型和 B 区矽卡岩型成矿岩体特征对比［J］. 西北地质，47（4）：114～122.
张招崇，闫升好，陈柏林，等.2006. 阿尔泰造山带南缘镁铁质－超镁铁质杂岩体的 Sr、Nd、O 同位素地球化学及其源区特征探讨［J］. 地质论评，52（1）：38～42.
张照伟，李文渊，钱兵，等.2015. 东昆仑夏日哈木岩浆铜镍硫化物矿床成矿时代的厘定及其找矿意义［J］. 中国地质，42（3）：438～451.
赵斌.1989. 中国主要矽卡岩及矽卡岩型矿床［M］. 北京：科学出版社.
赵财胜，杨富全，代军治.2006. 青海东昆仑肯德可克钴铋金矿床成矿年龄及其意义［J］. 矿床地质，（25）：427～430.
赵鹏大，陈建平，张寿庭.2003. “三联式”成矿预测新进展［J］. 地学前缘，10（2）：455～463.

赵鹏大，陈永清.1998. 地质异常矿体定位的基本途径［J］. 地球科学—中国地质大学学报，23（2）：111～114.
赵鹏大，陈永清.1999. 基于地质异常单元金矿找矿有利地段圈定与评价［J］. 地球科学—中国地质大学学报，24（5）：443～448.
赵鹏大，池顺都，陈永清.1996. 查明地质异常：成矿预测的基础［J］. 高校地质学报，2（4）：80～92.
赵鹏大，李桂范，张金川.2012. 基于地质异常理论的页岩气有利区块圈定与定量评价——以渝东南地区下志留统龙马溪组为例［J］. 天然气工业，32（6）：1～8.
赵鹏大.2001. ‘三联式”资源定量预测与评价—数字找矿理论与实践探讨［J］. 地球科学—中国地质大学学报，27（5）：139～148.
赵鹏大.2007. 成矿定量预测与深部找矿［J］. 地学前缘，14（5）：1～10.
赵淑芳，吴正寿，张爱奎，等.2014. 青海祁漫塔格长山钼矿地质特征、矿床成因及找矿前景［J］. 西北地质，47（1）：179～187.
赵一鸣，丰成友，李大新，等.2013. 青海西部祁漫塔格地区主要矽卡岩铁多金属矿床成矿地质背景和矿化蚀变特征［J］. 矿床地质，32（1）：1～19.
赵一鸣，林文蔚，毕承思，等.2012. 中国矽卡岩矿床北京［M］. 北京：地质出版社，46～99.
赵一鸣，林文蔚，毕承思，等.1986. 中国矽卡岩矿床基本地质特征［J］. 中国地质科学院院报，(03)：59～87.
赵振明，马华东，王秉璋，等.2008. 东昆仑早泥盆世碰撞造山的侵入岩证据［J］. 地质论评，54（1）：47～56.
朱炳泉.1998. 地球科学中同位素体系理论与应用——兼论中国大陆壳幔演化［M］. 北京：科学出版社.
Adachi M, Yamamoto K, Sugisaki R. 1986, Hydrothermal chert and associated siliceous rocks from the Northern Pacific, their geological significance as indication of coean ridge activity［J］. Sediment Geol., 47: 125 – 148.
Allegre C J, Minster J K. 1978. Quantitative models of trace element behavior in magmatic processes［J］. Earth and Planetary Science Letters, 38: 1 – 25.
BakerJ A, Menzies M A, Thirlwall M F, et al. 1997. Petrogenesis of Quaternary intraplate volcanism, Sanaa, Yemen: Implications for plume – lithosphere interaction and polybaric melt hybridization［J］. Journal of Petrology, 38（10）: 1359 – 1390.
Barbarin B. 1999. A review of therelationships between granitoid types, their origrins and their geodynamic environments［J］. Lithos, 46: 605 – 626.
Barbarin B. 1996. Genesis of the two main types of peraluminous granitoids［J］. Geology, 24: 295 – 298.
Barbarin B. 1990. Granitoids main petrogeneticclassifications in relation to origin and tectonic setting［J］. Geology, 25: 227 – 238.
Barker E M, Andrew A S. 1991. Geological, fluid inclusion, and stable isotope studies of the gold – bearing breccia pipe at Kinston, Queesland, Aust ralia［J］. Econ. Geol., 86（4）: 810 – 830.
Barnes S J, Boyd R, Korneliussen A, et al. 1988. The use of mantle normalization and metal ratios in discriminateing between the effects of partial melting, crustal fractionation and sulphide segregation on platinum group elements, gold, nickel and copper: Examples from Norway［M］. Berlin: Springer etherlands, 113 – 143.
Barnes S J, Maier W D. 1999. The fractionation of Ni, Cu, and the noble metals in silicate and sulphide liquids［J］. Geological Association Canada, Short Course Notes, 13: 69 – 106.
Barton P B J, Bethke P M, Roedder E. 1977. Environment of ore deposition in the Creed mining district, San JuanMountains, Colorado: Part Ⅲ, Progress toward interpretation of the chemistry of the ore – forming fluid for the OH vein［J］. Econ. Geol., 72: 1 – 24.
Batchelor R A, Bowden P. 1985. Petrogenetic interpretation of granitoid rock series using multicationic parameters［J］. Chemical geology, 48: 43 – 55
Bau M, Dulski P. 1999. Comparing Yttrium and Rare Earths in Hydrothermal Fluids from the Mid – Atlantic Ridge: Implications for Y and REE Behaviour During Near – vent Mixing and for the Y/Ho Ratio of Protero – zoic Seawater［J］. Chemical Geology, 155（1/2）: 77 – 90.
BauM, Dulski P. 1996. Distribution of Yttrium and Rare – earth Elements in the Penge and Kuruman Iron formations, Transvaal Supergroup, South Africa［J］. Precambrian Research, 79（1/2）: 37 – 55.
Bekker A, Slack J F, Planavsky N, et al. 2010. Iron formation: The sedimentary product of a complex Interplay Among mantle,

tectonic, oceanic, and biospheric processes [J]. Economic Geology, 105 (3): 467 - 508.

BindemanI N, Ponomareva V V, Bailey J C, et al. 2004. Volcanic arc of Kamchatka: A province with high $\delta^{18}O$ magma sourcesand large - scale $^{18}O/^{16}O$ depletion of the uppercrust [J]. Geochim. Cosmochim. Acta, 68: 841 - 865.

BindemanI N. 2008. Oxygen isotopes in mantle and crustal magmas as revealed by single crystal analysis [J]. Rev. Mineral. Geochem., 69 (1): 445 - 478.

Bostrom K, Kramemer T, Gantner S. 1983. Provenace and accumulation rates of opaline silica, Al, Fe, Mn, Ni, and Co in Pacific pelagic sediment [J]. Chemical geology, 11 (1/2): 123 - 148.

Bryner L. 1961. Breccia and pebble columns associated with epigenetic ore deposits [J]. Econ. Geol., 56 (2): 488 - 508.

Byrne R H, Sholkovitz E R. 1996. Chapter 158 Marine chemistry and geochemistry of the lanthanides [J]. Handbook on the Physics & Chemistry of Rare Earths, 23: 497 - 593.

Campbell I H, Griffiths R W. 1993. The evolution of the mantles chemical structure [J]. Lithos, 30 (3): 389 - 399.

Carmichael et al. 1974. High - temperature properties of silicateliquids: applications to the equilibration and ascent of basic magma [A]. Phil. Trans. Roy. Soc. London, 286: 373 - 431.

Chappell B W, White A J R. 1974. Two contrasting granite type [J]. Pacific Geol, 8: 173 - 174.

Clayton R N, O' Neil J R, Mayeda T K. 1972. Oxygen isotope exchange between quartz and water [J]. Journal of Geophysical Research, 77, 3057 - 3067.

Coleman R G. 1977. Ophiolites [M]. Berlin, Heidelberg, New York: Springer - Verlag, 1 - 229.

Collins W J. 1982. Nature and origin of A type granites with paticular reference to Southeastern Australia [J]. Miner. Petro., 80: 189 - 200.

Condie K J. 1997. Plate Tectonics and Crustal Evolution (4th Edition). [M]. Butterworth - Heinemann, Oxford.

Condie K J. 1982. Plate tectonics and crustal evolution [M]. New York: Pergamon, 1 ~ 310.

Danielson A, Moller P, Dulski P. 1992. The europium anomalies in banded iron formations and the thermal history of the oce - anic crust [J]. Chemical Geology, 97, 89 - 100.

DePaolo D J. 1981. Trace el ement and isotopic effects of combined wall rock assimilation and fractional crystallization [J]. Earth and Planetary Science Letters, 53 (2): 189 - 202.

Dick H J B, Bullen T. 1984. Chromian spinel as a petrogenetic indicator in abyssal and alpine - type peridotites and spatially associated lavas [J]. Contrib Mineral Petrol, 86: 54 - 76.

Dickimson W R. 1971. Plate tectonics in geologic history [J]. Science, 174: 107 - 113.

Fleet M E, Crocket J H, Stone W E. 1996. Partitioning of platinumgroup elements (Os, Ir, Ru, Pt, Pd) and gold between sulfide liquid and basalt melt [J]. Geochim. Cosmochim. Acta, 60: 2397 - 2412.

Gross G A. 1980. A Classification of iron formations based on depositional environments [J]. The Canadian Mineralogist, 18 (2): 215 - 222.

Halama R, Marks M, Brugmann G, et al. 2004. Crustal contamination ofmafia magmas: Evidence from a petrological, geochemical and Sr - Nd - Os - O isotopic study of the Proterozoic Isortoq dike swarm, South Greenland [J]. Lithos, 74 (3): 199 - 232.

Hall D L, Sterner S M, Bonder R J. 1988. Freezing point depression of NaCl - KCl - H_2O solutions [J]. Economic geology, (83): 197 - 202.

Henderson P. 1984. General geochemical properties and abundances of therare earth elements. New York: Henderson P. Elsevier, 1 - 30.

Henley R W. 1985. The geological framework of epithermal deposits, In: Berger B R, Bethke P M. Eds. Geology and Geochemistry of Epithermal Systems [J]. Rev. Econ. Geol. Texas: Soci. Econ. Geol., 2: 1 - 24.

Henly R W. 1991. Epithermal gold deposits in the volcanic terranes [A]. In: Forster R P, ed. Gold metallogeny and exploration [C]. Blackie and Sons Ltd., Glasgow, 137 - 142.

Hyndman D W. 1985. Petrology of igneous and metamorphic rocks [M]. McGraw - Hill, New York.

James D E. 1981. The combined use of oxygen and radiogenic isotopes as indicators of crustal contamination [J]. Ann. Rev. Earth Planet. Sci., 15: 395 - 396.

Keays R R. 1995. The role of komatiitic and picritic magmatism and saturation in the formation of ore deposits [J]. Lithos, 34: 1 – 18.

Large D E. 1983. Sediment – hosted massive sulphide lead – zinc deposits: An empirical model. In: Sediment – hosted stratiform lead zinc deposits [J]. Mineralogical Association of Canada Short Course Handbook, 9: 1 – 27.

Large D E. 1986. The paleotectonic setting of Rammelsberg and Meggen, Germany – A basin analysis study, in Tumer R J W and Einaudi M T eds. , The genesis of stratiform sediment – hosted lead and zinc deposits [M]. Conference Proceedings, 20, Stanford University Publications, Geological Sciences.

Larimer J W, Anders E. 1967. Chemical fractionations in meteorites – II Abundance patterns and their interpretatIon [J]. Geochimica et Cosmochimica Acta, 31 (8): 1239 – 1270.

Larsen L M, Pedersen A K. 2000. Processes in High – Mg, High – T Magmas: Evidence from Olivine, Chromite and Glass in Palaeogene Picrites from West Greenland [J]. Journal of Petrology, 41 (7): 1071 – 1098.

LassiterJ C, DePaolo D J. 1997. Plume/lithosphere interaction in the generation of continental and oceanic flood basalts: Chemical and isotopic constraints [M] // Mahone Y J. Large igneous provinces: Contiental, oceanic, and planetary flood volcanism. Washington: American Geophysical Union, 335 – 355.

Le Maitre R W, Bateman P, Dudek A, et al. 1989. A Classification of Igneous Rocks and Glossary of Terms [M]. Blackwell, Oxford.

Li C, Ripley E M, Naldrett A J. 2003. Composinonal variations of olivine and sulfur isotopes in the Noril'sk and Talnakhin trusion Siberia: Implications for ore – forming processes in dyuamic magma conduits [J]. Econ. Geol. , 98: 69 – 86.

Li Chusi, Zhang Zhaowei, Li Wenyuan, et al. 2015. Geochronology, petrology and Hf – S isotope geochemistry of the newly discovered Xiarihamu magmatic Ni – Cu sulfide deposit in the Qinghai – Tibet plateau, western China [J]. Lithos, 216 – 217: 224 – 240.

Loftus, Hills G. 1967. Cobalt nickel and selenium in sulfide as indicators of ore genesis [J]. Mineralium Deposita, 2: 228 – 242.

MacDonaldR, Rogers N W, Fitton J G, et al. 2001. Plume – lithosphere interactions in the generation of the basalts of the Kenya Rift, East Africa [J]. Journal of Petrology, 42 (5): 877 – 900.

Maier W D, Barnes S J, De Waal S A. 1998. Explorat ion for magmatic Ni – Cu – PGE sulphide deposits : A review of recent advances in the use of geochemical tools, and thei rapplication to some South African ores [J]. South African Journal of Geology, 101: 237 – 253.

Maniar P D, Piccoli P M. 1989. Tectonic discrimination ofgelatinoids [J]. Geological society of America Bulletin, 101: 635 – 643.

Martin H. 1999. Adakitic magma: modern analogues of Archean granitods [J]. Lithos, (46), 411 – 429.

Mcdonough W F. 2003. Compositional model for the earth' s core. In: Carlson R W. The Mantle and Core, Treatise on Geochemistry [M]. Amsterdam: Elsevier, 2: 547 – 568.

McDonough W W, Sun S S. 1995. The composition of the Earth [J]. Chemical Geology, 120: 223 – 253.

Mckenzie D, Bickle M J. 1988. The volume and composition of melt generated by extension of the lithosphere [J]. Journal of Petrology, 29 (3): 625 – 679.

Mclennan S M. 1989. Rare earth elements in sedimentary rocks: Influence of provenance and sedimentary processes [J]. Reviews in Mineralogy and Geochemistry, 21 (1): 169 – 200.

Meng F C, Zhang J X, Cui M H. 2013. Discovery of Early Paleozoic eclogite from the East Kunlun, Western China and its tectonic significance [J]. Gondwana Research, 23 (2): 825 – 836.

Middlemost E A K. 1985. Magmas and Magmatic Rocks [M]. London: Longman, 1 – 266.

Mo Xuanxue, Lu Fengxiang, Deng Jinfu. 1991. Volcanism in Sanjiang Tethyan orogenic belt: New facts andconcepts [J]. Jour of China University of Geosciences, 2 (1): 58 – 74.

Moine B, Roche H L. 1968. Nouvelle approche du problem de lórigine des amphibolites à partir de leur composition chimique [J]. Compt. Rend. , 267: 2084 – 2087.

Murray R W, Buchholtz Ten Bringk M R, Gerlach D C, et al. 1992. Rare earth, major and trace element composition of Monterrey and DSDP chert and associated host sediment assessing the influence of chemical fractionation during diagenesis [J]. Geochim. Cosmochim Acta, 56: 2657 -2671.

Ohmoto H, Goldhaber M B. 1997. Sulfur and carbon isotopes [M]. In: Barnes H L (ed.). Geochemistry of Hydrothermal Ore Deposits, New York: John Wiley and Sons, 519 -611.

Peach C L, Mathez E A, Keays R R. 1990. Sulfide melt - silicate melt distribution coefficience for noble metals and other chalcophile elements as deduced from MORB: Implications for partial melting [J]. Geochim Cosmochim Acta, 54: 3379 -3389.

Peach C L, Mathez E A. 1993. Sulfide melt - silicate melt distribution coefficients for nickel and iron and implicat - Ions for the distribution of other chalcophile elements [J]. Geochim Cosmochim Acta, 57: 3013 -3021.

Pearce J A, Cann J R. 1973. Tectonic setting of basic volcanic rocks determined using trace element analysis [J]. Earth Planet Sci Lett, 19: 290 -300.

Pearce J A, Harris N B W, Tindle A G. 1984. Trace element discrimination diagrams for the tectonic interpretation of granitic rocks [J]. Petrology, 25 (4): 956 -983.

Pearce J A, Norry M J. 1979. Petrogenetic Implications of Ti, Zr, Y, and Nb Variations in Volcanic Rocks [J]. Contributions to Mineralogy and Petrology, 69: 33 -47.

Pearce J A. 1982. Trace element characteristics of lavas from destructive plate boundaries. In: Thorpe R S, ed. Andesites: Orogenic Andesites and Related Rocks [M]. Chichester: John Wiley & Sons, 525 ~547.

Peccerillo R, Taylor S R. 1976. Geochemistry of eocene calc - alkaline volcanic rocks from the Kastamonu area, Northern Turkey Contrib [J]. Mineral Petrol, 58: 63 -81.

Pettijohn F J, Potter P E, Siever R. 1972. Sand and Sand stone [M]. New York: Springer - Verlag.

Pirajno F. 1995. Volcanic -hosted epithermal systems in northwest Turkey [J]. S. Afr. J. Geol. 98 (1): 13 -24.

Pitcher W. S. 1983. Granite type and tectonic environment [M]. Mountain Building Processes. Academic Press, London.

Richard W M. 1994. Chemical criteria to identify the depositional environment of chert: general principles and applications [J]. Sedimentary Geology, (90): 213 -232

Richards J P. 1995. Alkalic - type epithermal gold deposits A review [J]. Mineralogical Association of Canada Short Course, 23: 367 -400.

Ripley E M, Li C S. 2007. Applications of stable and radiogenic Isotopes to magmatic Cu - Ni - PGE deposi ts : examples and cautions [J]. Earth Science Frontiers, 14 (5): 124 -131.

Roeder P L, Emslie R F. 1970. Olivine - liquid equilibrium [J]. Contributions to Mineralogy and Petrology, 29 (4): 275 -289.

Rona P A. 1988. Hydrothermal mineralization at oceanicridges. The Canadian Mineralogist - seafloor hydro thermal mineralization [M]. 26 (3): 431 -466.

Rona P A. 1983. Hydrothermal processe states floor spreading centers [M]. New York: Plenum Press, 473 -489.

Ross P S, Jebrak M, Walker B M. 2002. Discharge of hydrothermal fluids from a magma chamber and Concomitant Formation of a stratifyied breccia zone at the Questa porphyry molybdenum deposit, New Mexico [J]. Economic Geology, 97: 1679 -1699.

Sangster D F, H illary E M. 1998. Sedex lead - zinc deposits proposedsub - types and their characteristics [J]. Exploration and Mining Geology, 7 (4): 341 -357.

Sangster D F. 2002. The role of dense brines in the formation of ventdistal sedimentary exhalative (SEDEX) lead - zinc deposits: field and laboratory evidence [J]. Mineralium Deposit, 37 (2): 149 -157.

Saunders A D, Norry M J, Tarney J. 1988. Origin of MORB and chemically depleted mantle reservoirs: Trace Element constraints [J]. Journal of Petrology, Special Volume (1): 415 -445.

Sillitoe R H, Bonham Jr H F. 1990. Sediment - hosted gold deposite: Distal product of magmatic - hydrothermal Systems [J]. Geology, 18: 157 -161.

Sillitoe R H, Halls C, Grant J N. 1975. Porphyry tin deposits in Bolivia [J]. Economic Geology, 70: 913 -927.

Sillitoe R H, Hedenquist J W. 2003. Linkage between volcanotectonic settings, ore fluid compositions, and epithermal precious metal deposits [J]. Society of Econmic Geology, 10: 315 -343.

Sillitoe R H. 1985. Ore -related breccias in volcanoplutonic arcs [J]. Econmic Geology, 80 (6): 1467 -1514.

Simonen A. 1953. Stratigraphy and sedimentation of the Svecofennidic, Early Archean supracrustal rocks in southwestern Finland [J]. Bull. Comm. Geol. Finland, 60 (1): 1-64.

Späth A, Le Roex A P, Opiyo-Akech N. 2001. Plume-litinteraction and the origin of continental rift-related alkaline volcanism: The Chyulu Hills Volcanic Province, southern Kenya [J]. Journal of Petrology, 42 (4): 765-787.

Stanley C R, Russell J K. 1989. Petrologic hypothesis testing with pearce element ratio diagrams: Derivation of Diagram axes [J]. Contributions to Mineralogy and Petrology, 103 (1): 78-89.

Streckeisen A, Le Maitre R W. 1979. A chemical approximation to the modal QAPF classification of the igneous rocks [J]. Neues Jahrb Mineral Abh., 136: 169-206.

Sun S S, McDonough W F. 1989. Chemical and isotopic systematics of oceanic basalts: Implications for mantle composition and processes [M]. In: Saunders A D, Norry M J, eds. Magmatism in the Ocean Basins. Geological Society, London, Special Publications, 42: 313-345.

Tang D M, Qin K Z, Sun H, et al. 2012. The role of crustal contamination in the formation of Ni-Cu sulfide deposits in Eastern Tianshan, Xinjiang, Northwest China: evidence from trace element geochemistry, Re-Os, Sr-Nd, zircon Hf-O, and sulfur isotopes [J]. Journal of Asian Earth Sciences, 49: 145-160.

Taylor S R, McLennan S M. 1985. The continental crust: Its composition and evolution [M]. Oxford: Blackwell scientific, 1-312.

Thompson T B, Tripple A D, Dwelley P C. 1985. Mineralized vein and breccias of the Cripple Creek District, Colorado [J]. Econ. Geol., 80 (6): 1669-1688.

Tischendorf G. 1986. Classification of grantioids [J]. Abroad Geological Science and Technology, 7: 25-33.

Whalen J B, Currie K L, Chappell B W. 1987. A-type granites: geochemical characteristics, discriminatuon and petrogenesis [J]. Contributions to Mineralogy and Petrology, 95: 407-419.

Wyllie P J, Wolf M B, Van der Laan S R. 1997. Conditions for formation of tonalites and trondhjenites: Magmatic sources and products [M]. In de Wit M J & Ashwahl L D eds. Tectonic evolution of Greenstone belts. Oxford Univ. press, 17: 189-209.

Xiong X L, Adam J, Green T H. 2005. Rutile stability and rutile/melt HFSE partitioning during partial melting of hydrous basalt: Implications for TTG genesis [J]. Chemical Geology, 218: 339-359.

Yang K, Bodnar R J. 2004. Orthomagmatic origin for the llkwang Cu-W breccia pipe deposit, southeastern Kyongsang Basin, South Korea [J]. Journal of Asian Earth Sciences, 24 (2): 259-270.

Zartman R E, Doe B R. 1981. Plumbotectonics the model [J]. Tectonophysics, 75: 135-162.

Zinder A, Hart S R. 1986. Chemical geodynamics [J]. Ann. Rev. Earth Planet Sci, 14: 493-573.

Abstract

Qimantage region contains the abundant mineral resources and has many typical ore deposits. In recent years, the great breakthrough of the mineral prospecting for nonferrous metals, precious metals and non - metallic minerals has been made after large - scale manpower - materal investments. Since the discovery of new type and new ore deposits as well as the constraint of the complex geological tectonic evolution, much inconvenient traffic and bad climate - plateau environment, the researches on the mineral types, characteristics of typical ore deposits, ore - controlling factors, ore deposit genesis, metallogenic model, metallogenic series, tectonic evolution and metallogenic regularities are still weak by now. All these issues directly restricted the prospecting and exploration. Based on the study of ore deposit geology, various drawings, especially petrological - tectonic - metallogenic actions, and metallogenic series, the following main achievements and innovative understanding are obtained.

(1) First present that the sedimentary metamorphic iron - graphite deposits from the Qimantage regions was formed in the volcanic - hot water sedimentary basin of the mesoproterozoic active continental margin, and established the metallogenic model of the sedimentary metamorphic iron - graphite deposit.

(2) Confirm the magmatic liquation type of nickel - copper - cobalt ore deposits was formed in extension orogenic setting between the late collision stage and post collision in Early Paleozoic, establish the metallogenic model of asthenosphere mantle material upwelling.

(3) Reveal the contact metasomatic skarn type of polymeatal deposits are related to the rock body ages in the Qimantage regions. Mineralization is mainly controlled by the rock combination of rock mass and surrounding rock. A large amount of ore bodies are far from the contact zone of rock body, which was controlled by the developing calcium - silicon interface in the surrounding rock.

(4) Found cryptoexplosive breccia type of lead - zinc deposits and hydrothermal type of gold deposits in Qimantage area and proposes that the two new types of ore deposits were related with porphyry activities.

(5) Systematicly summarize the metallogenic types and the space - time distribution regulations of ore deposit in Qimantage region, and establish the metallogenic models for both typical ore deposits and regional mineralization. Four main metallogenic series are divided and the relationship among the structure of the metallogenic series, the evolution and the tectonic setting are summarized.

(6) Deepen understanding the relationship between the major tectonic events and mineralization, and proposed that the intense crust - mantle interaction caused by the tectonic transformation from compresses to stretch is the deep control factor of the Triassic concentrated mineralization.

(7) Based on the research on metallogenic regularity, concretely indicate the prospecting potential and prospecting direction for the main metallogenic series in Qimantage area.